기적의 문제해결법

초등 4-2

길벗스쿨

유형 탄생의 비밀을 알면

최상위 수학문제도 만만해!

최상위 수학학습, 사고하는 과정이 중요하다!

개념 이해를 확인하는 기본 수학문제는 보는 순간 쉽게 풀어 정답을 구할 수 있습니다.
이때는 문제가 비교적 단순해서 깊은 사고가 필요하지 않습니다.
그렇다면 어려운 수학문제는 어떨까요?
'도대체 무엇을 구하라는 것이지? 어떤 방법으로 풀어야 하지?' 등 문제를 이해하는 것부터 어떤 개념을 적용하여 어떤 순서로 해결할지 여러 가지 생각을 하게 됩니다.
만약 답이 틀렸다면 문제를 다시 읽고, 왜 틀렸는지 생각하고, 옳은 답을 구하기 위해 다시 계획하고 실행하는 사고 과정을 반복하게 됩니다. 이처럼 어려운 문제를 해결하기 위해 논리적으로 사고하는 과정 속에서 수학적 사고력과 문제해결력이 향상됩니다. 이것이 바로 최상위 수학학습을 해야 하는 이유입니다.

최상위 수학학습, 초등에서는 달라야 한다!

어려운 수학문제를 논리적으로 생각해서 풀기란 쉽지 않습니다.
논리적 사고가 완전히 발달하지 못한 초등학생에게는 더더욱 힘든 일입니다.
피아제의 인지발달 단계에 따르면 추상적인 개념에 대한 논리적이고 체계적인 사고는 11세 이후 발달하며, 그 이전에는 자신이 직접 경험한 구체적 경험 중심의 직관적, 논리적 조작사고가 이루어집니다.
이에 초등학생의 최상위 수학학습은 중고등학생과는 달라야 합니다.
초등학생의 심화학습은 학생의 인지발달 단계에 맞게 구체적 경험을 통해 논리적으로 조작하는 사고 방법을 익히는 것에 중점을 두어야 합니다.
그래야만 학년이 올라감에 따라 체계적, 논리적 사고를 활용하여 학습할 수 있습니다.

초등학생은 아직 추상적
개념에 대한 논리적 사고력이
부족하므로 중고등학생과는 다른
학습설계가 필요합니다.

초등 1, 2학년	• 암기력이 가장 좋은 시기 • 구구단과 같은 암기 위주의 단순반복 학습, 개념을 확장하는 선행심화 학습 • 호기심이나 상상을 촉진하는 다양한 활동을 통한 경험심화 학습
초등 3, 4학년	• 구체적 사물들 간의 관계성을 통하여 사고를 확대해 나가는 시기 • 배운 개념이 다른 개념으로 어떻게 확장, 응용되는지 구체적인 문제들을 통해 인지하고, 그 사이의 인과관계를 유추하는 응용심화 학습
초등 5, 6학년	• 추상적, 논리적 사고가 시작되는 시기 • 공부의 양보다는 생각의 깊이를 더해 주는 사고심화 학습

유형 탄생의 비밀을 알면 해결전략이 보인다!

중고등학생은 다양한 문제를 학습하면서 스스로 조직화하고 정교화할 수 있지만
초등학생은 아직 논리적 사고가 미약하기에 스스로 조직화하며 학습하기가 어렵습니다.
그러므로 최상위 수학학습을 시작할 때 무작정 다양한 문제를 풀기보다 어려운 문제들을 관련 있는 것끼리 묶어 함께 학습하는 것이 효과적입니다. 문제와 문제가 어떻게 유기적으로 연결, 발전되는지 파악하고, 그에 따라 해결전략은 어떻게 바뀌는지 구체적으로 비교하며 학습하는 것이 좋습니다.
그래야 문제를 이해하기 쉽고, 비슷한 문제에 응용하기도 쉽습니다.

⊙ 최상위 수학문제를 조직화하는 3가지 원리 ⊙

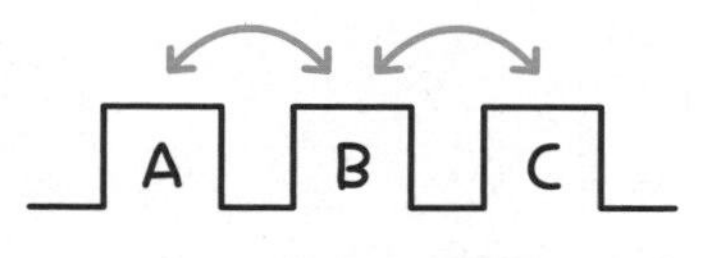

해결전략이나 문제형태가
비슷해 보이는 유형

1. 비교설계

비슷해 보이지만 다른 해결전략을 적용해야 하는 경우와 똑같은 해결전략을 활용하지만 표현 방식이나 소재가 다른 경우는 함께 비교하며 학습해야 해결전략의 공통점과 차이점을 확실히 알 수 있습니다. 이 유형의 문제들은 서로 혼동하여 틀리기 쉬우므로 문제별 이용되는 해결전략을 꼭 구분하여 기억합니다.

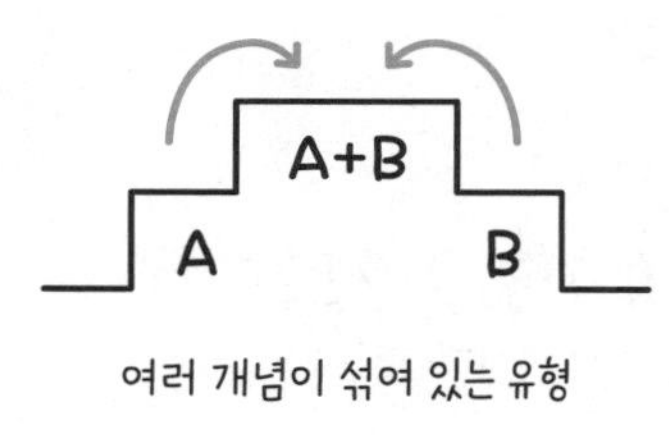

여러 개념이 섞여 있는 유형

2. 결합설계

수학은 나선형 학습! 한 번 배우고 끝나는 것이 아니라 개념에 개념을 더하며 확장해 나갑니다. 문제도 여러 개념을 섞어 종합적으로 확인하는 최상위 문제가 있습니다. 각각의 개념을 먼저 명확히 알고 있어야 여러 개념이 결합된 문제를 해결할 수 있습니다. 이에 각각의 개념을 확인하는 문제를 먼저 학습한 다음, 결합문제를 풀면서 어떤 개념을 먼저 적용하는지 해결순서에 주의하며 학습합니다.

문제의 조건이 변하며
난이도가 올라가는 유형

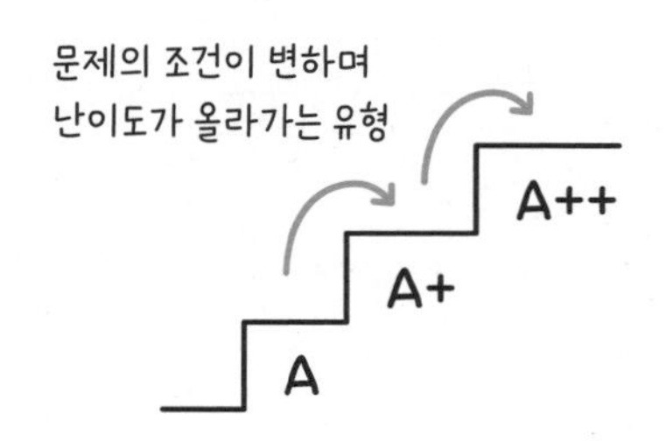

3. 심화설계

어려운 문제는 기본 문제에서 조건을 하나씩 추가하거나 낯설게 변형하여 만듭니다. 이때 문제의 조건이 바뀜에 따라 해결전략, 풀이 과정이 알고 있는 것과 어떻게 달라지는지를 비교하면서 학습하면 문제 이해도 빠르고, 해결도 쉽습니다. 나아가 더 어려운 문제가 주어졌을 때 어떻게 적용할지 알 수 있어 문제해결력을 키울 수 있습니다.

유형 탄생의 세 가지 비밀과 공략법
1. 비교설계 : 해결전략의 공통점과 차이점을 기억하기
2. 결합설계 : 개념 적용 순서를 주의하기
3. 심화설계 : 조건변화에 따른 해결과정을 비교하기

해결전략과 문제해결과정을 쉽게 익히는

기적의 문제해결법 학습설계

기적의 문제해결법은 최상위 수학문제를 출제 원리에 따라 분리 설계하여 문제와 문제가 어떻게 유기적으로 연결, 발전되는지, 그에 따른 해결전략은 어떻게 달라지는지 구체적으로 비교 학습할 수 있도록 구성되어 있습니다.

1 해결전략의 공통점과 차이점을 비교할 수 있는 'ABC 비교설계'

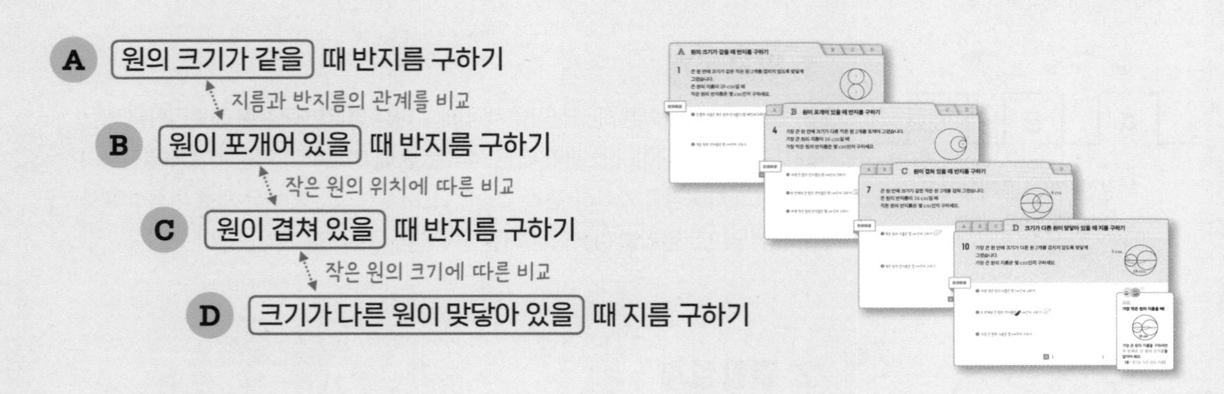

2 각 개념을 먼저 학습 후 결합문제를 해결하는 'A+B 결합설계'

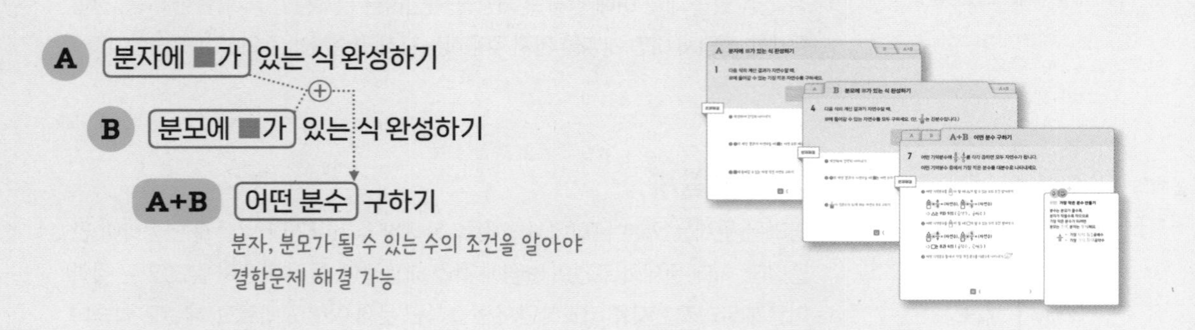

3 조건 변화에 따른 풀이의 변화를 파악할 수 있는 'A++ 심화설계'

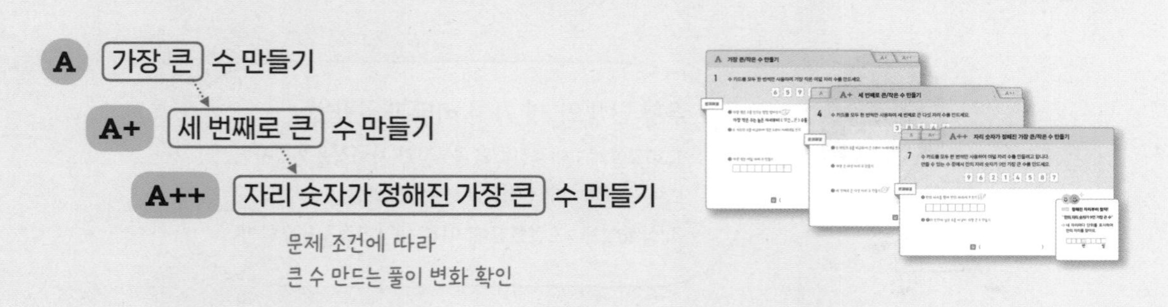

수학적 문제해결력을 키우는

기적의 문제해결법 구성

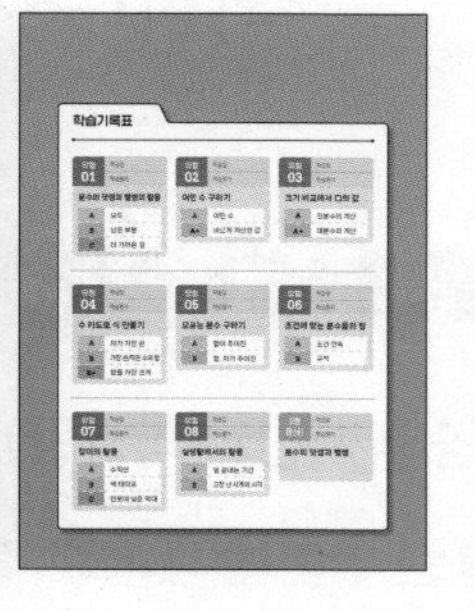

언제, 얼마나 공부할지 스스로 계획하고, 학습 후 기억에 남는 내용을 기록하며 스스로 평가합니다. 이때, 내일 다시 도전할 문제, 한 번 더 풀어 볼 문제, 비슷한 문제를 찾아 더 풀어 보기 등 구체적으로 나의 학습 상태를 기록하는 것이 좋습니다.

Step 2
단계별로 문제해결

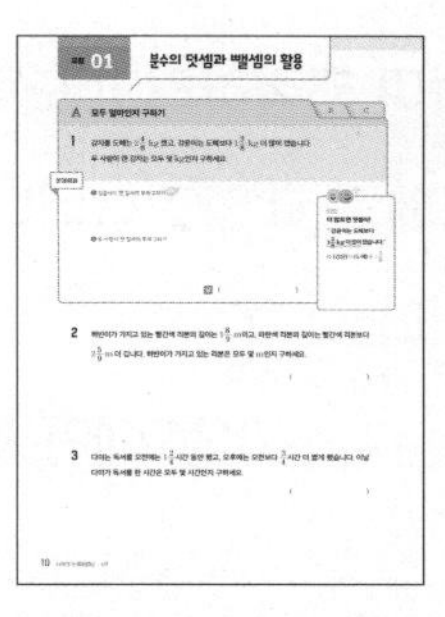

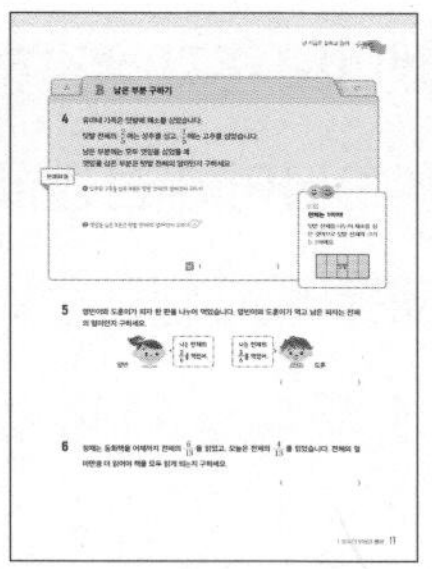

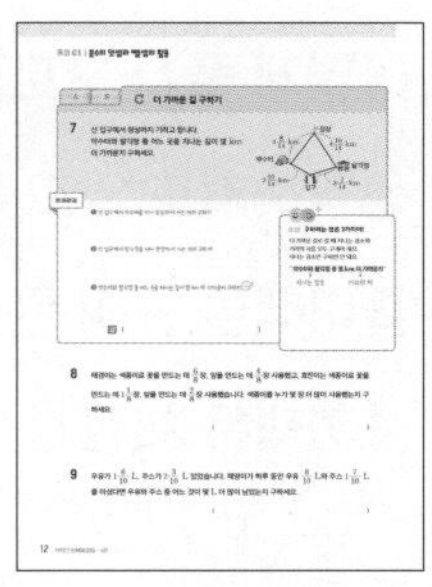

학기별 대표 최상위 수학문제 40여 가지를 엄선!
다양한 변형 문제들을 3가지 원리에 따라 조직화하여
해결전략과 해결과정을 비교하면서 학습할 수 있습니다.

Step 3
스스로 문제해결

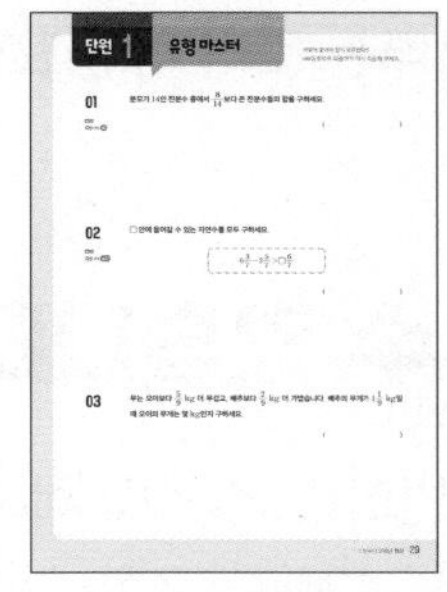

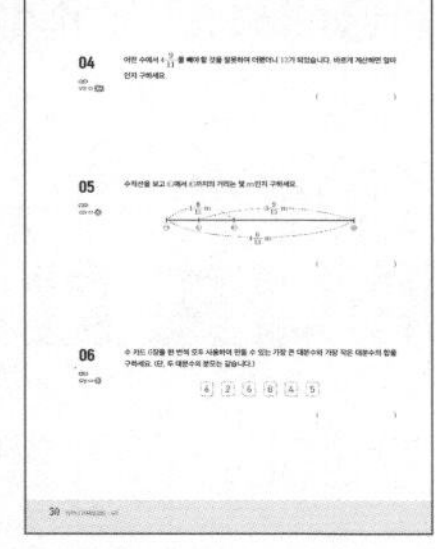

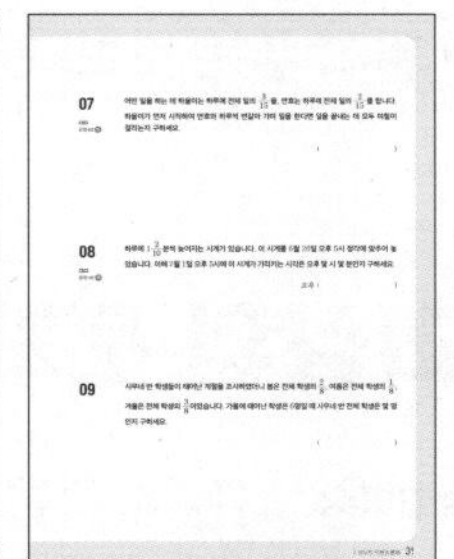

정답을 맞히는 것도 중요하지만, 어떻게 이해하고 논리적으로 사고하는지가 더 중요합니다. 정답뿐만 아니라 해결과정에 오류나 허점은 없는지 꼼꼼하게 확인하고, 이해되지 않는 문제는 관련 유형으로 돌아가서 재점검하여 이해도를 높입니다.

이름

의 공부 다짐

나 은(는) 「기적의 문제해결법」을 공부할 때

1 스스로 계획하고 실천하겠습니다.

- 언제, 얼마만큼(공부 시간과 학습량) 공부할 것인지 나에게 맞게, 내가 정하겠습니다.
- 채점을 하면서 틀린 부분은 없는지, 틀렸다면 왜 틀렸는지도 살펴보겠습니다.
- 오늘 공부를 반성하며 다음에 더 필요한 공부도 계획하겠습니다.

2 일단, 내 힘으로 풀어 보겠습니다.

- 어떻게 풀지 모르겠어도 혼자 생각하며 해결하려고 노력하겠습니다.
- 생각하지도 않고 부모님이나 선생님께 묻지 않겠습니다.
- 풀이책을 보며 문제를 풀지 않겠습니다.
  풀이책은 채점할 때, 채점 후 왜 틀렸는지 알아볼 때만 사용하겠습니다.

3 딱! 집중하겠습니다.

- 딴짓하지 않고, 문제를 해결하는 것에만 딱! 집중하겠습니다.
- 목표로 한 양(또는 시간)을 다 풀 때까지 책상에서 일어나지 않겠습니다.
- 빨리 푸는 것보다 집중해서 정확하게 푸는 것이 더 중요함을 기억하겠습니다.

4 최상위 문제! 나도 할 수 있습니다.

- 매일 '나는 수학을 잘한다, 수학이 만만하다, 수학이 재미있다'라고 생각하겠습니다.
- 모르니까 공부하는 것! 많이 틀렸어도 절대로 실망하거나 자신감을 잃지 않겠습니다.
- 어려워도 포기하지 않고 계속! 도전하겠습니다.

차례

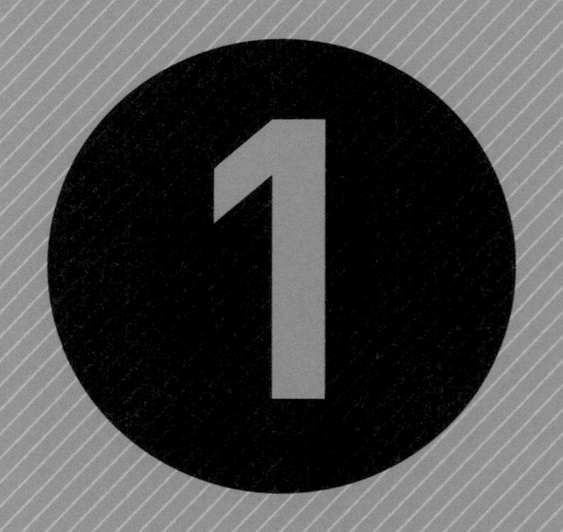

분수의 덧셈과 뺄셈

학습계열표

3-1 **6. 분수와 소수**
- 분수
- 분모가 같은 분수와 단위분수의 크기 비교

3-2 **4. 분수**
- 대분수와 가분수
- 분모가 같은 분수의 크기 비교

4-2 **1. 분수의 덧셈과 뺄셈**
- 분모가 같은 분수의 덧셈
- 분모가 같은 분수의 뺄셈

5-1 **5. 분수의 덧셈과 뺄셈**
- 분모가 다른 분수의 덧셈
- 분모가 다른 분수의 뺄셈

5-2 **2. 분수의 곱셈**
- (분수)×(자연수), (자연수)×(분수)
- (분수)×(분수)

학습기록표

유형 01
학습일
학습평가

분수의 덧셈과 뺄셈의 활용

A	모두
B	남은 부분
C	더 가까운 길

유형 02
학습일
학습평가

어떤 수 구하기

A	어떤 수
A+	바르게 계산한 값

유형 03
학습일
학습평가

크기 비교에서 □의 값

A	진분수의 계산
A+	대분수의 계산

유형 04
학습일
학습평가

수 카드로 식 만들기

A	차가 가장 큰
B	가장 큰/작은 수의 합
B+	합을 가장 크게

유형 05
학습일
학습평가

모르는 분수 구하기

A	합이 주어진
B	합, 차가 주어진

유형 06
학습일
학습평가

조건에 맞는 분수들의 합

A	조건 만족
B	규칙

유형 07
학습일
학습평가

길이의 활용

A	수직선
B	색 테이프
C	연못에 넣은 막대

유형 08
학습일
학습평가

실생활에서의 활용

A	일 끝내는 기간
B	고장 난 시계의 시각

유형 마스터
학습일
학습평가

분수의 덧셈과 뺄셈

유형 01

분수의 덧셈과 뺄셈의 활용

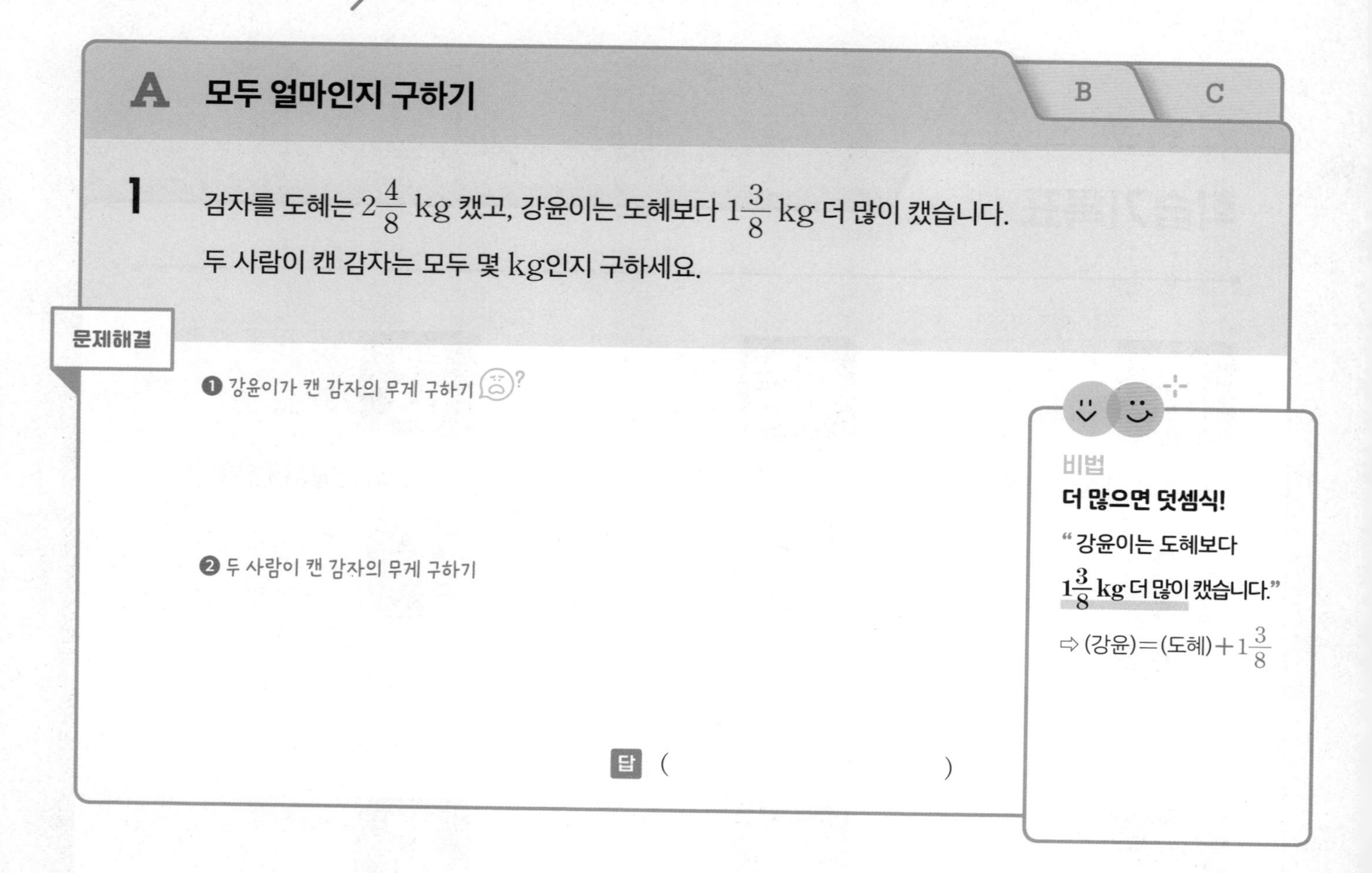

A 모두 얼마인지 구하기

B C

1 감자를 도혜는 $2\frac{4}{8}$ kg 캤고, 강윤이는 도혜보다 $1\frac{3}{8}$ kg 더 많이 캤습니다. 두 사람이 캔 감자는 모두 몇 kg인지 구하세요.

문제해결

❶ 강윤이가 캔 감자의 무게 구하기

❷ 두 사람이 캔 감자의 무게 구하기

답 (　　　　　　)

비법
더 많으면 덧셈식!
"강윤이는 도혜보다 $1\frac{3}{8}$ kg 더 많이 캤습니다."
⇨ (강윤)=(도혜)+$1\frac{3}{8}$

2 하빈이가 가지고 있는 빨간색 리본의 길이는 $1\frac{8}{9}$ m이고, 파란색 리본의 길이는 빨간색 리본보다 $2\frac{5}{9}$ m 더 깁니다. 하빈이가 가지고 있는 리본은 모두 몇 m인지 구하세요.

(　　　　　　)

3 다미는 독서를 오전에는 $1\frac{2}{4}$시간 동안 했고, 오후에는 오전보다 $\frac{3}{4}$시간 더 짧게 했습니다. 이날 다미가 독서를 한 시간은 모두 몇 시간인지 구하세요.

(　　　　　　)

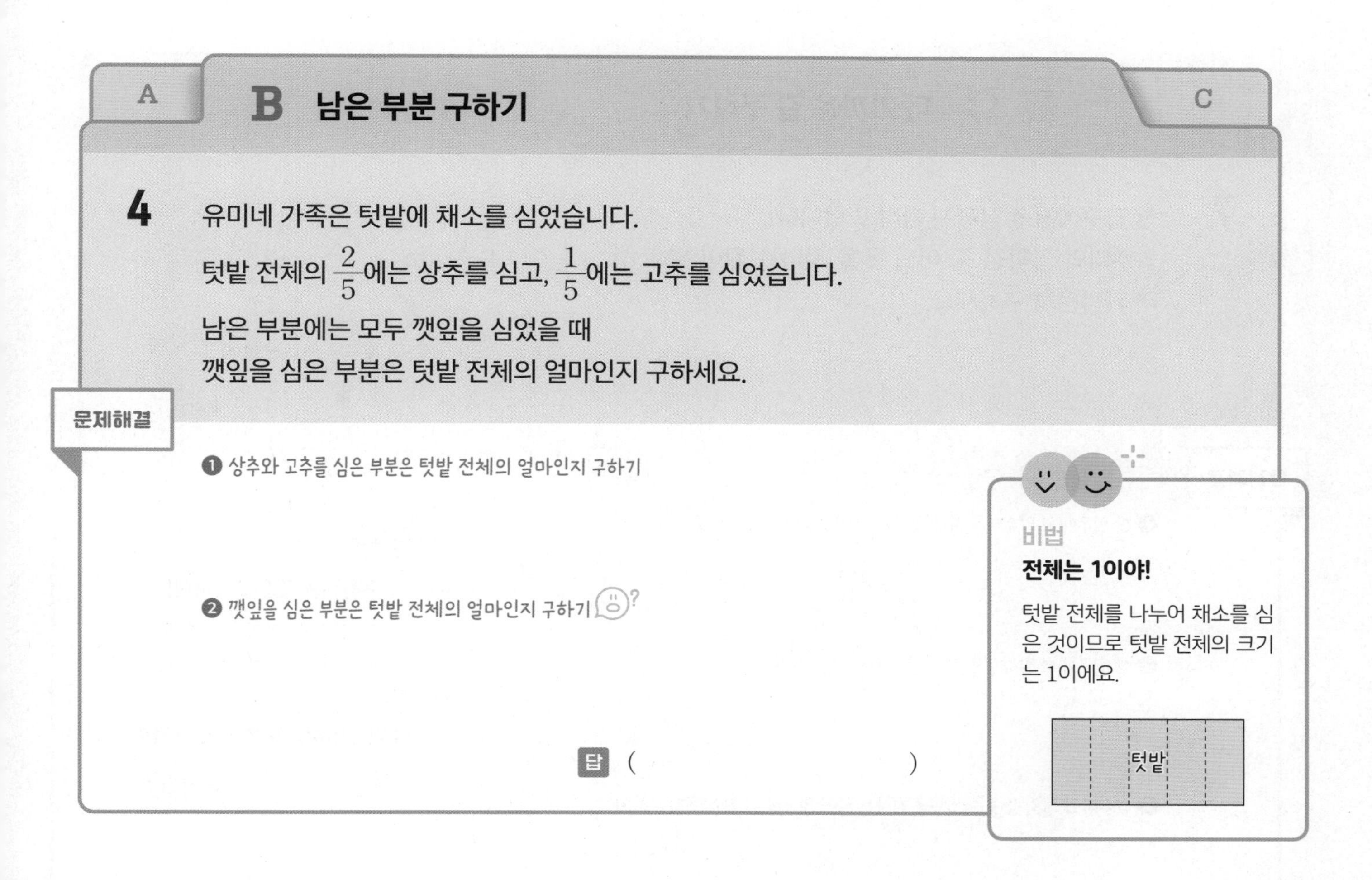

B 남은 부분 구하기

4 유미네 가족은 텃밭에 채소를 심었습니다.
텃밭 전체의 $\frac{2}{5}$에는 상추를 심고, $\frac{1}{5}$에는 고추를 심었습니다.
남은 부분에는 모두 깻잎을 심었을 때
깻잎을 심은 부분은 텃밭 전체의 얼마인지 구하세요.

문제해결

❶ 상추와 고추를 심은 부분은 텃밭 전체의 얼마인지 구하기

❷ 깻잎을 심은 부분은 텃밭 전체의 얼마인지 구하기

답 (   )

비법
전체는 1이야!
텃밭 전체를 나누어 채소를 심은 것이므로 텃밭 전체의 크기는 1이에요.

5 영빈이와 도훈이가 피자 한 판을 나누어 먹었습니다. 영빈이와 도훈이가 먹고 남은 피자는 전체의 얼마인지 구하세요.

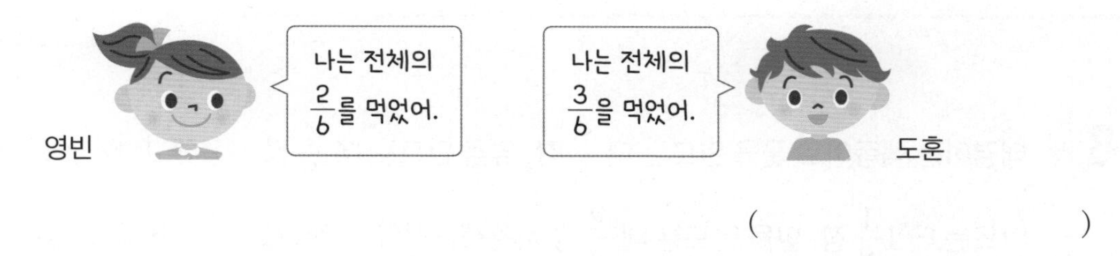

나는 전체의 $\frac{2}{6}$를 먹었어.
나는 전체의 $\frac{3}{6}$을 먹었어.
영빈
도훈

(   )

6 정재는 동화책을 어제까지 전체의 $\frac{6}{13}$을 읽었고, 오늘은 전체의 $\frac{4}{13}$를 읽었습니다. 전체의 얼마만큼 더 읽어야 책을 모두 읽게 되는지 구하세요.

(   )

A B **C 더 가까운 길 구하기**

7 산 입구에서 정상까지 가려고 합니다.
약수터와 팔각정 중 어느 곳을 지나는 길이 몇 km 더 가까운지 구하세요.

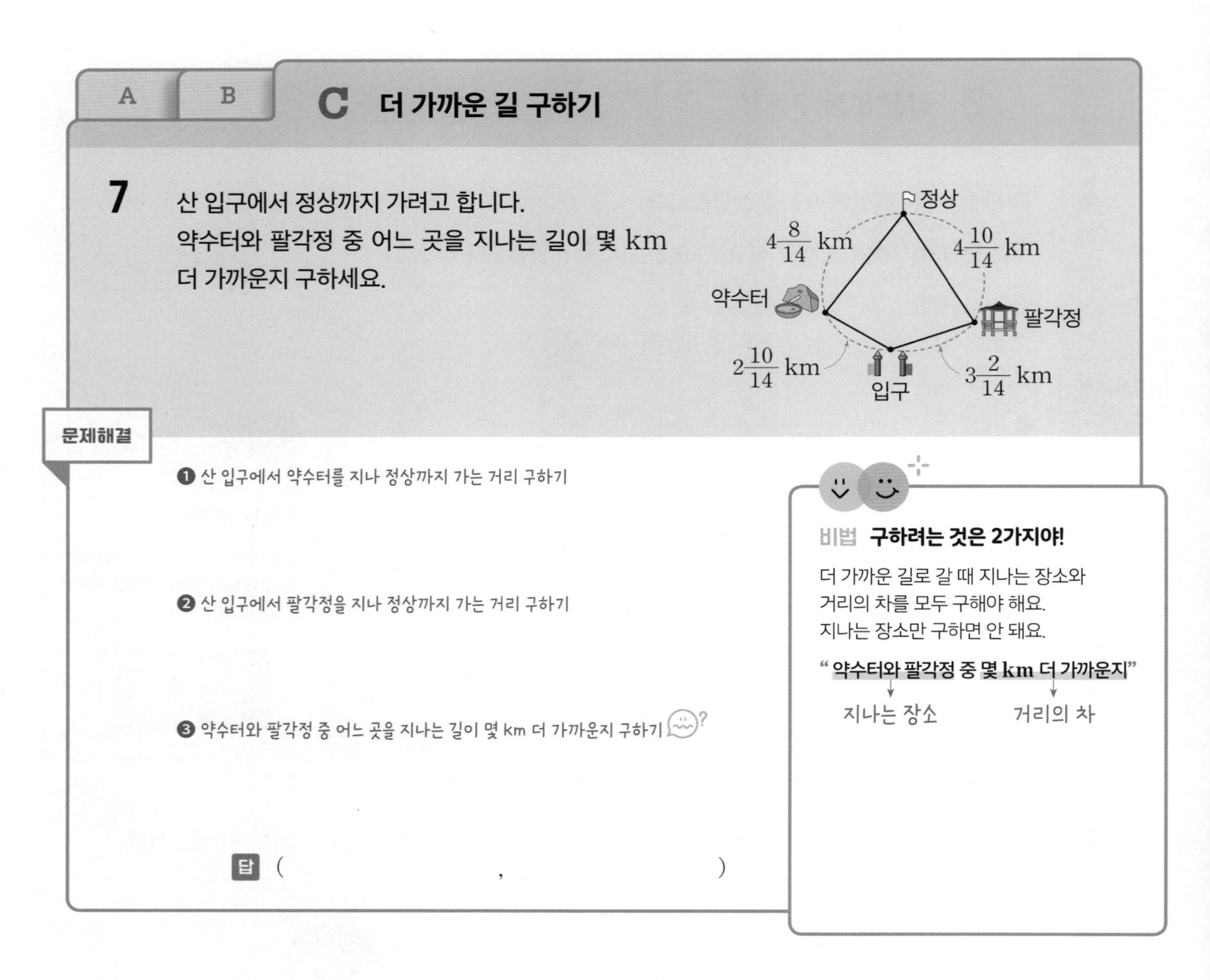

문제해결

❶ 산 입구에서 약수터를 지나 정상까지 가는 거리 구하기

❷ 산 입구에서 팔각정을 지나 정상까지 가는 거리 구하기

❸ 약수터와 팔각정 중 어느 곳을 지나는 길이 몇 km 더 가까운지 구하기

답 (,)

비법 구하려는 것은 2가지야!

더 가까운 길로 갈 때 지나는 장소와 거리의 차를 모두 구해야 해요. 지나는 장소만 구하면 안 돼요.

"약수터와 팔각정 중 몇 km 더 가까운지"
→ 지나는 장소 / 거리의 차

8 태겸이는 색종이로 꽃을 만드는 데 $\frac{6}{8}$장, 잎을 만드는 데 $\frac{4}{8}$장 사용했고, 호진이는 색종이로 꽃을 만드는 데 $1\frac{1}{8}$장, 잎을 만드는 데 $\frac{2}{8}$장 사용했습니다. 색종이를 누가 몇 장 더 많이 사용했는지 구하세요.

(,)

9 우유가 $1\frac{6}{10}$ L, 주스가 $2\frac{3}{10}$ L 있었습니다. 채영이가 하루 동안 우유 $\frac{8}{10}$ L와 주스 $1\frac{7}{10}$ L를 마셨다면 우유와 주스 중 어느 것이 몇 L 더 많이 남았는지 구하세요.

(,)

유형 02 어떤 수 구하기

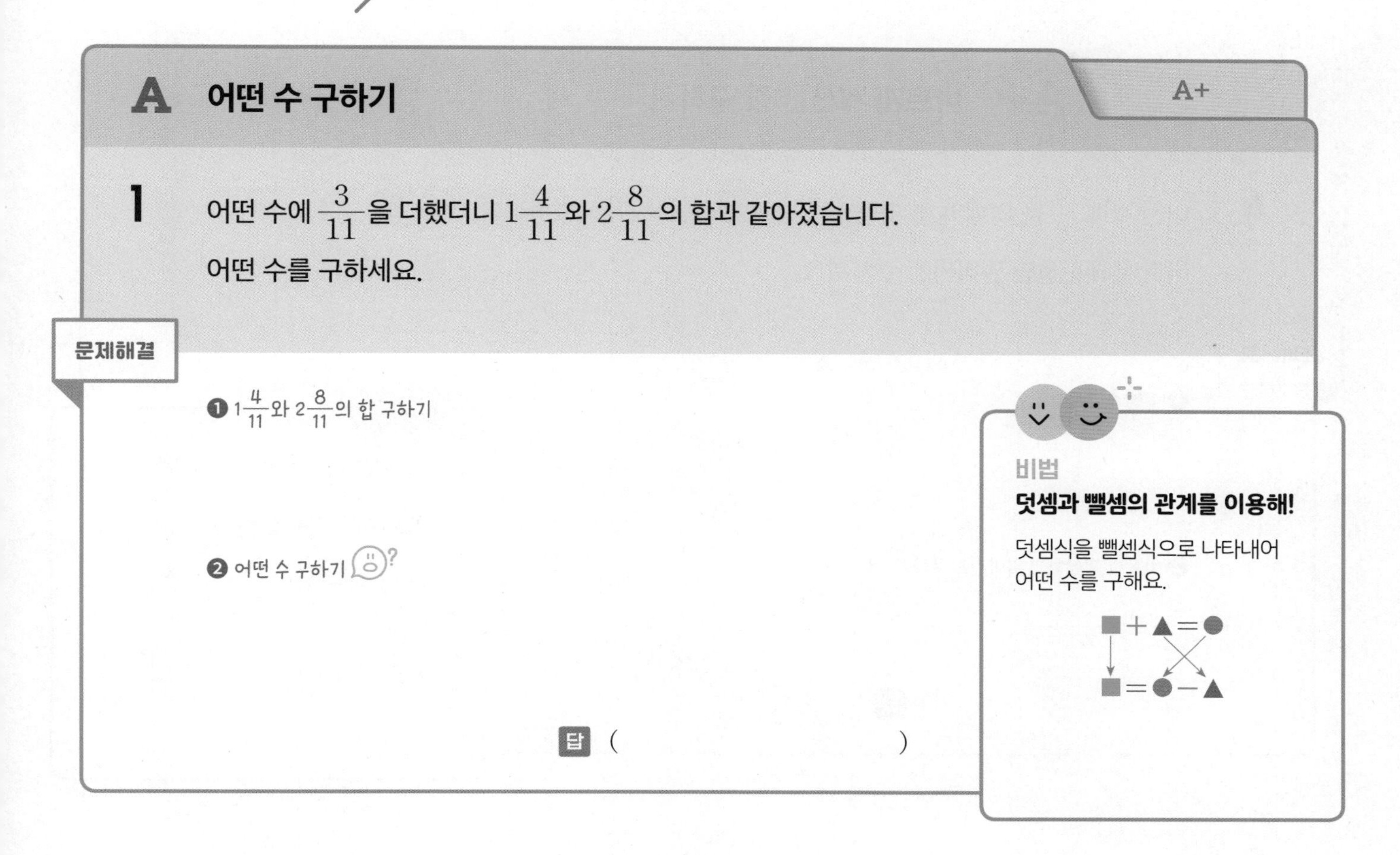

A 어떤 수 구하기

A+

1 어떤 수에 $\frac{3}{11}$을 더했더니 $1\frac{4}{11}$와 $2\frac{8}{11}$의 합과 같아졌습니다. 어떤 수를 구하세요.

문제해결

❶ $1\frac{4}{11}$와 $2\frac{8}{11}$의 합 구하기

❷ 어떤 수 구하기

답 (   )

비법
덧셈과 뺄셈의 관계를 이용해!
덧셈식을 뺄셈식으로 나타내어
어떤 수를 구해요.
■+▲=●
■=●−▲

2 어떤 수에서 $3\frac{5}{9}$를 뺐더니 $4\frac{4}{9}$와 $2\frac{7}{9}$의 차와 같아졌습니다. 어떤 수를 구하세요.

(   )

3 어떤 수에 $\frac{3}{7}$을 더했더니 $1\frac{6}{7}$과 $3\frac{1}{7}$의 차와 같아졌습니다. 어떤 수를 구하세요.

(   )

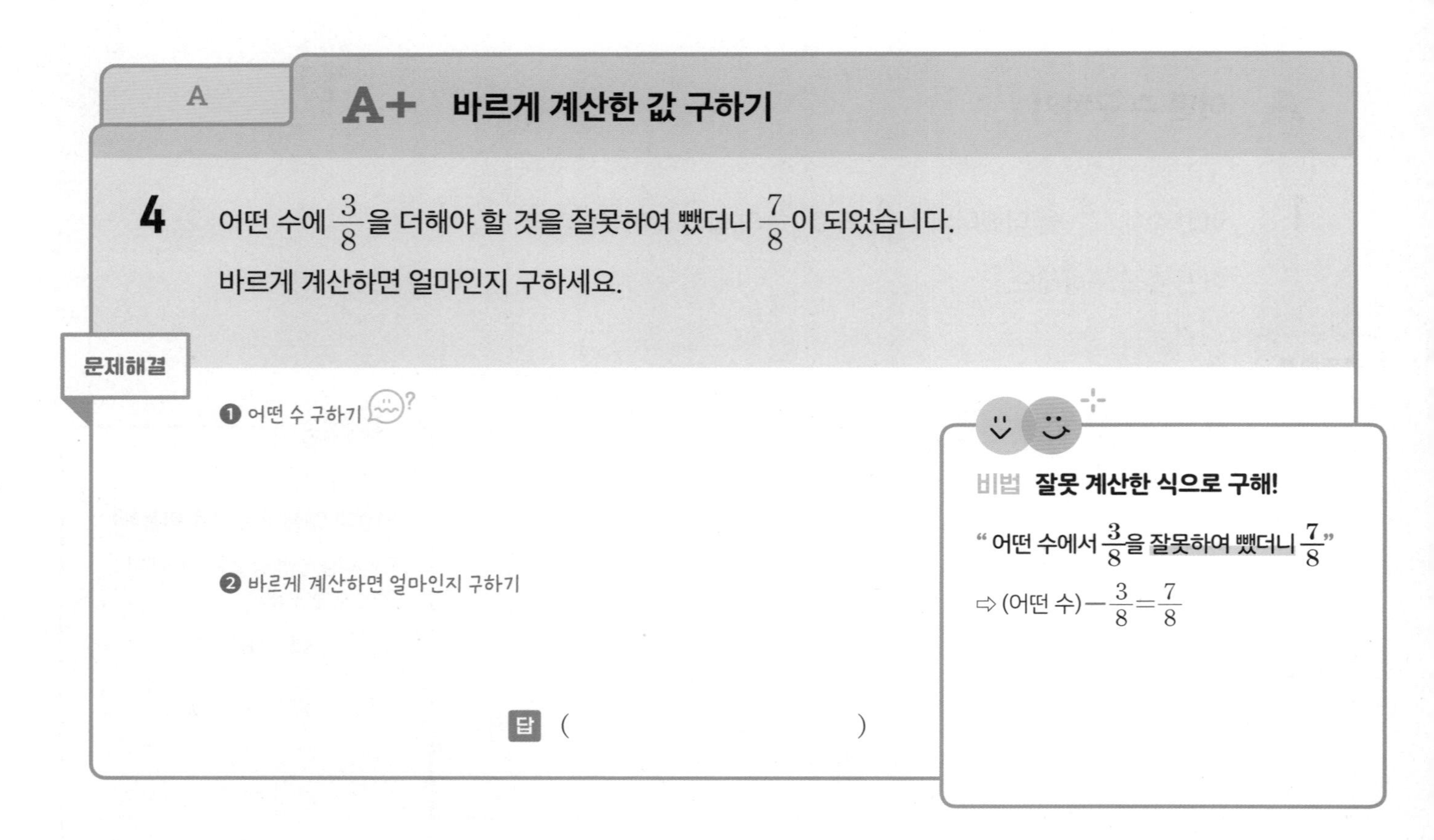

A
A+ 바르게 계산한 값 구하기
4 어떤 수에 $\frac{3}{8}$을 더해야 할 것을 잘못하여 뺐더니 $\frac{7}{8}$이 되었습니다.
바르게 계산하면 얼마인지 구하세요.
문제해결
❶ 어떤 수 구하기
❷ 바르게 계산하면 얼마인지 구하기
답 ( )
비법 잘못 계산한 식으로 구해!
" 어떤 수에서 $\frac{3}{8}$을 잘못하여 뺐더니 $\frac{7}{8}$"
⇨ (어떤 수) $-\frac{3}{8}=\frac{7}{8}$

5 어떤 수에서 $3\frac{4}{5}$를 빼야 할 것을 잘못하여 더했더니 $8\frac{1}{5}$이 되었습니다. 바르게 계산하면 얼마인지 구하세요.

( )

6 $10\frac{2}{12}$에서 어떤 수를 빼야 할 것을 잘못하여 $2\frac{10}{12}$에 어떤 수를 더했더니 $4\frac{8}{12}$이 되었습니다. 바르게 계산하면 얼마인지 구하세요.

( )

유형 03 크기 비교에서 □의 값

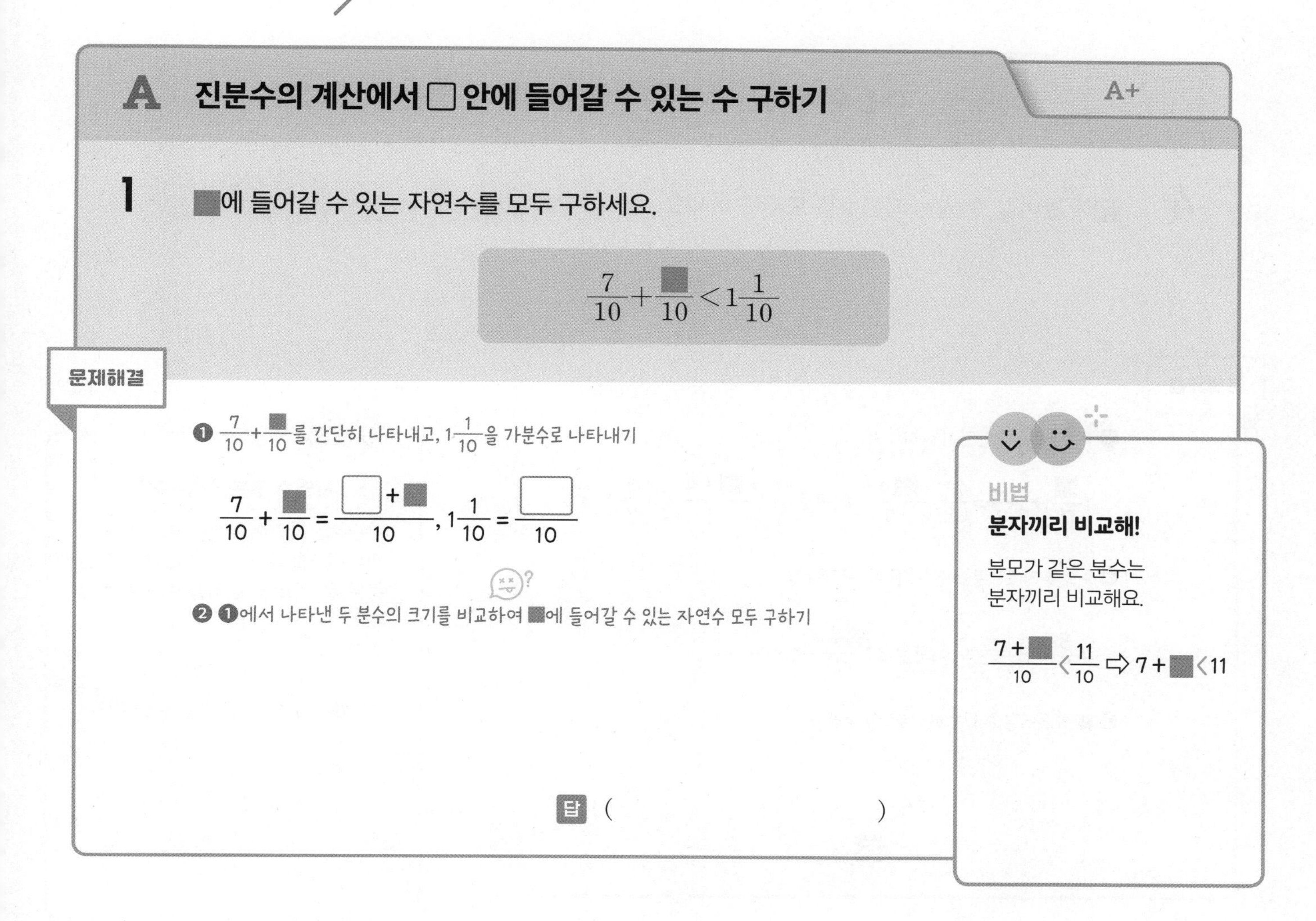

A 진분수의 계산에서 □ 안에 들어갈 수 있는 수 구하기

A+

1 ■에 들어갈 수 있는 자연수를 모두 구하세요.

$$\frac{7}{10}+\frac{■}{10}<1\frac{1}{10}$$

문제해결

❶ $\frac{7}{10}+\frac{■}{10}$를 간단히 나타내고, $1\frac{1}{10}$을 가분수로 나타내기

$$\frac{7}{10}+\frac{■}{10}=\frac{□+■}{10},\ 1\frac{1}{10}=\frac{□}{10}$$

❷ ❶에서 나타낸 두 분수의 크기를 비교하여 ■에 들어갈 수 있는 자연수 모두 구하기

답 (   )

비법
분자끼리 비교해!
분모가 같은 분수는
분자끼리 비교해요.

$$\frac{7+■}{10}<\frac{11}{10} \Rightarrow 7+■<11$$

2 □ 안에 들어갈 수 있는 자연수를 모두 구하세요.

$$\frac{□}{16}+\frac{14}{16}<1\frac{3}{16}$$

(   )

3 □ 안에 들어갈 수 있는 자연수는 모두 몇 개인지 구하세요. (단, $\frac{□}{11}$는 진분수입니다.)

$$1<\frac{□}{11}+\frac{5}{11}$$

(   )

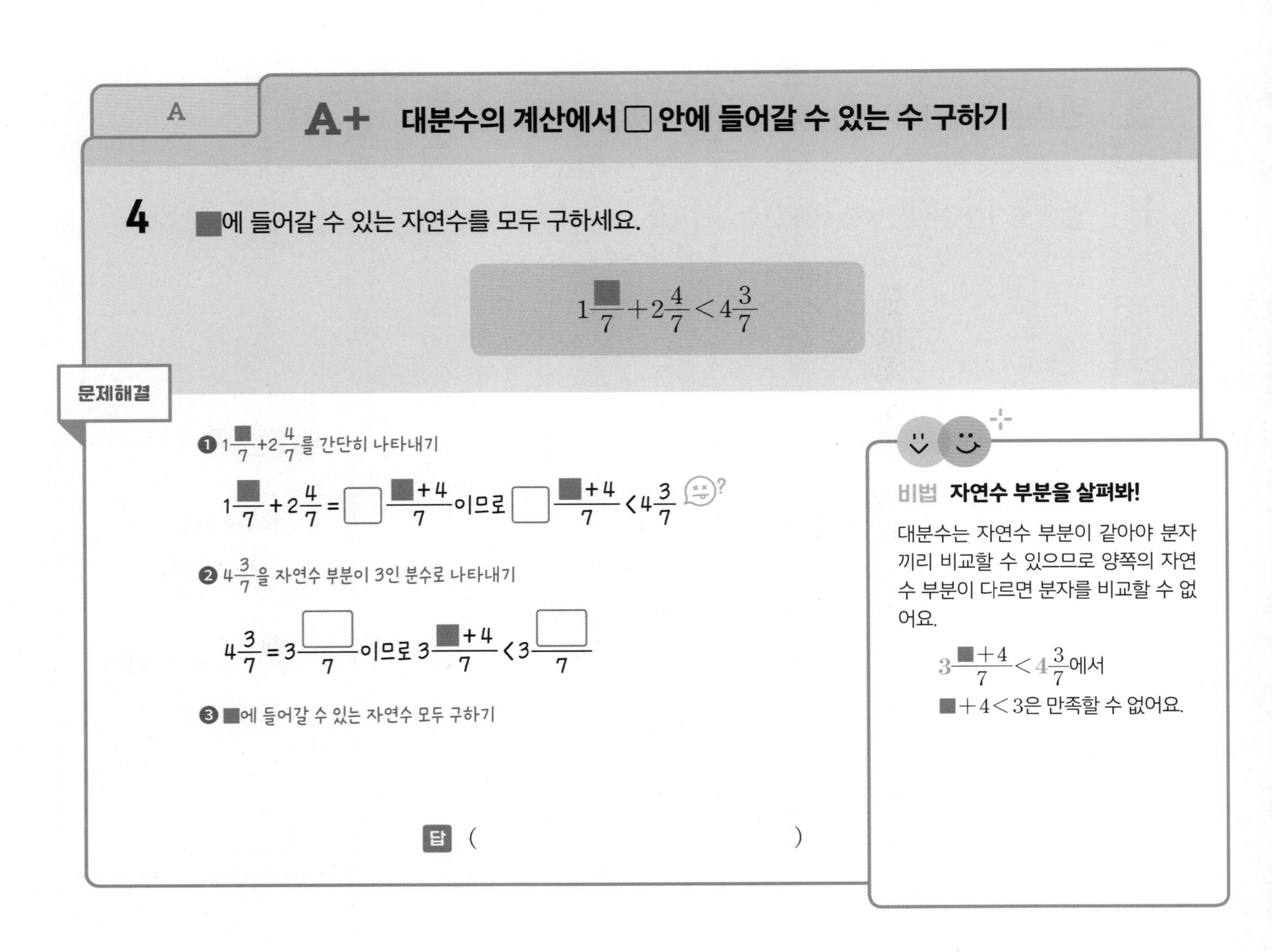
A
A+ 대분수의 계산에서 □ 안에 들어갈 수 있는 수 구하기
4 ■에 들어갈 수 있는 자연수를 모두 구하세요.
$1\frac{■}{7}+2\frac{4}{7}<4\frac{3}{7}$
문제해결
❶ $1\frac{■}{7}+2\frac{4}{7}$를 간단히 나타내기
$1\frac{■}{7}+2\frac{4}{7}=□\frac{■+4}{7}$이므로 $□\frac{■+4}{7}<4\frac{3}{7}$
❷ $4\frac{3}{7}$을 자연수 부분이 3인 분수로 나타내기
$4\frac{3}{7}=3\frac{□}{7}$이므로 $3\frac{■+4}{7}<3\frac{□}{7}$
❸ ■에 들어갈 수 있는 자연수 모두 구하기
답 (　　　　　)
비법 자연수 부분을 살펴봐!
대분수는 자연수 부분이 같아야 분자끼리 비교할 수 있으므로 양쪽의 자연수 부분이 다르면 분자를 비교할 수 없어요.
$3\frac{■+4}{7}<4\frac{3}{7}$에서
■$+4<3$은 만족할 수 없어요.

5 □ 안에 들어갈 수 있는 자연수를 모두 구하세요.

$$4\frac{□}{12}+2\frac{10}{12}<7\frac{1}{12}$$

(　　　　　)

6 □ 안에 들어갈 수 있는 자연수를 모두 구하세요.

$$5\frac{1}{9}-3\frac{□}{9}>1\frac{6}{9}$$

(　　　　　)

유형 04

수 카드로 식 만들기

A 차가 가장 큰/작은 뺄셈식 완성하기

B B+

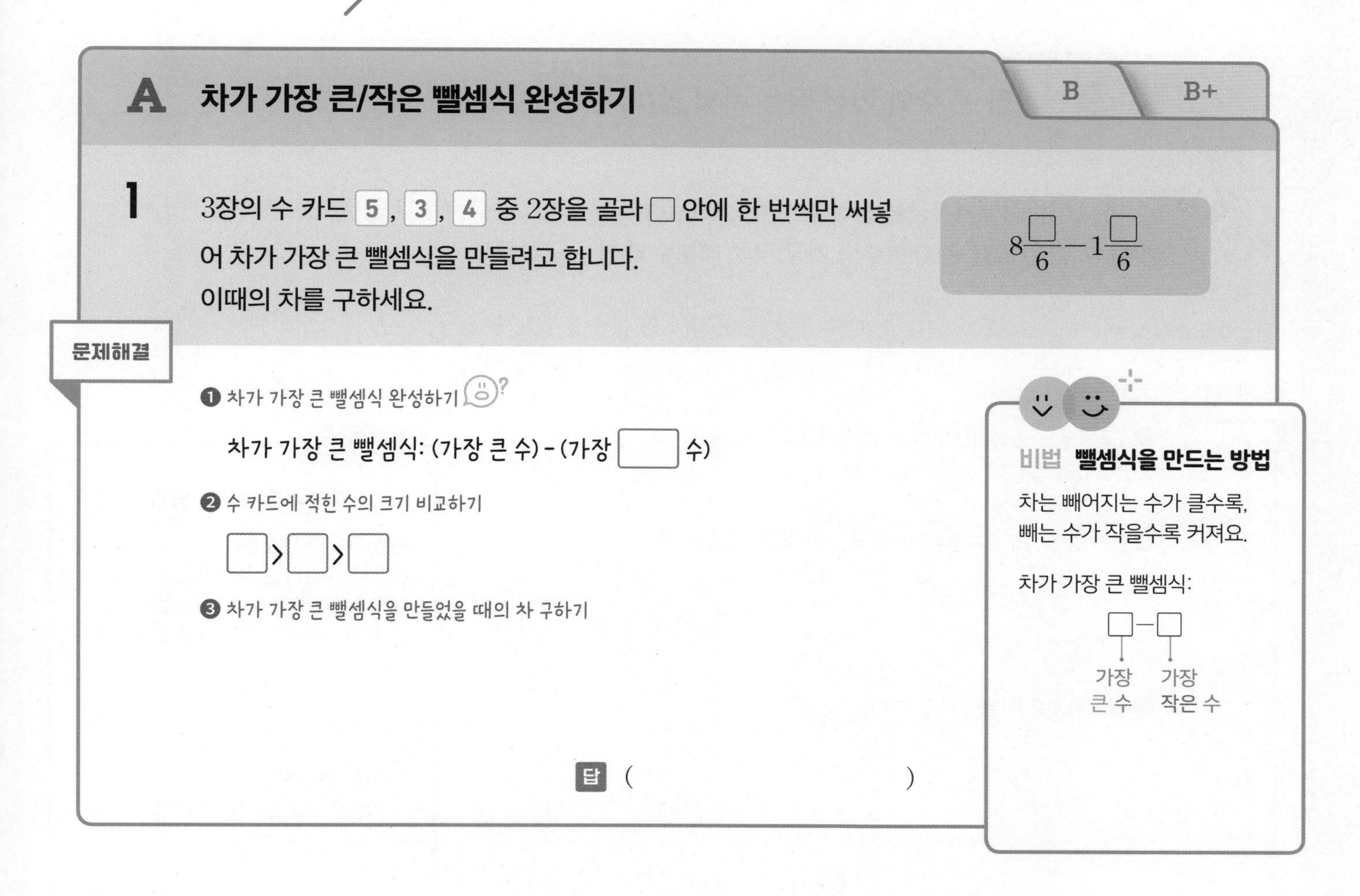

1 3장의 수 카드 5, 3, 4 중 2장을 골라 □ 안에 한 번씩만 써넣어 차가 가장 큰 뺄셈식을 만들려고 합니다.
이때의 차를 구하세요.

$8\frac{□}{6}-1\frac{□}{6}$

문제해결

❶ 차가 가장 큰 뺄셈식 완성하기

차가 가장 큰 뺄셈식: (가장 큰 수) - (가장 □ 수)

❷ 수 카드에 적힌 수의 크기 비교하기

□ > □ > □

❸ 차가 가장 큰 뺄셈식을 만들었을 때의 차 구하기

답 (   )

비법 **뺄셈식을 만드는 방법**

차는 빼어지는 수가 클수록, 빼는 수가 작을수록 커져요.

차가 가장 큰 뺄셈식:

□−□

가장 큰 수 　가장 작은 수

2 수 카드를 한 번씩 모두 사용하여 분모가 11인 두 대분수의 뺄셈식을 만들려고 합니다. 차가 가장 큰 뺄셈식을 만들고, 이때의 차를 구하세요.

8 6 7 9

$□\frac{□}{11}-□\frac{□}{11}$

(   )

3 1, 4, 2 중 두 수를 골라 □ 안에 한 번씩만 써넣어 차가 가장 작은 뺄셈식을 만들려고 합니다. 이때의 차를 구하세요.

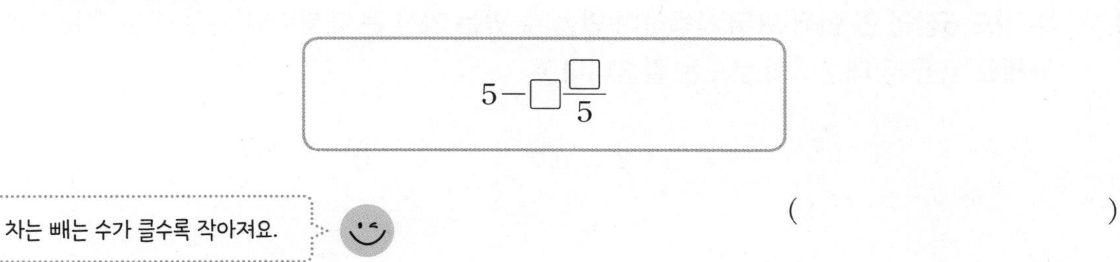

$5-□\frac{□}{5}$

차는 빼는 수가 클수록 작아져요.

(   )

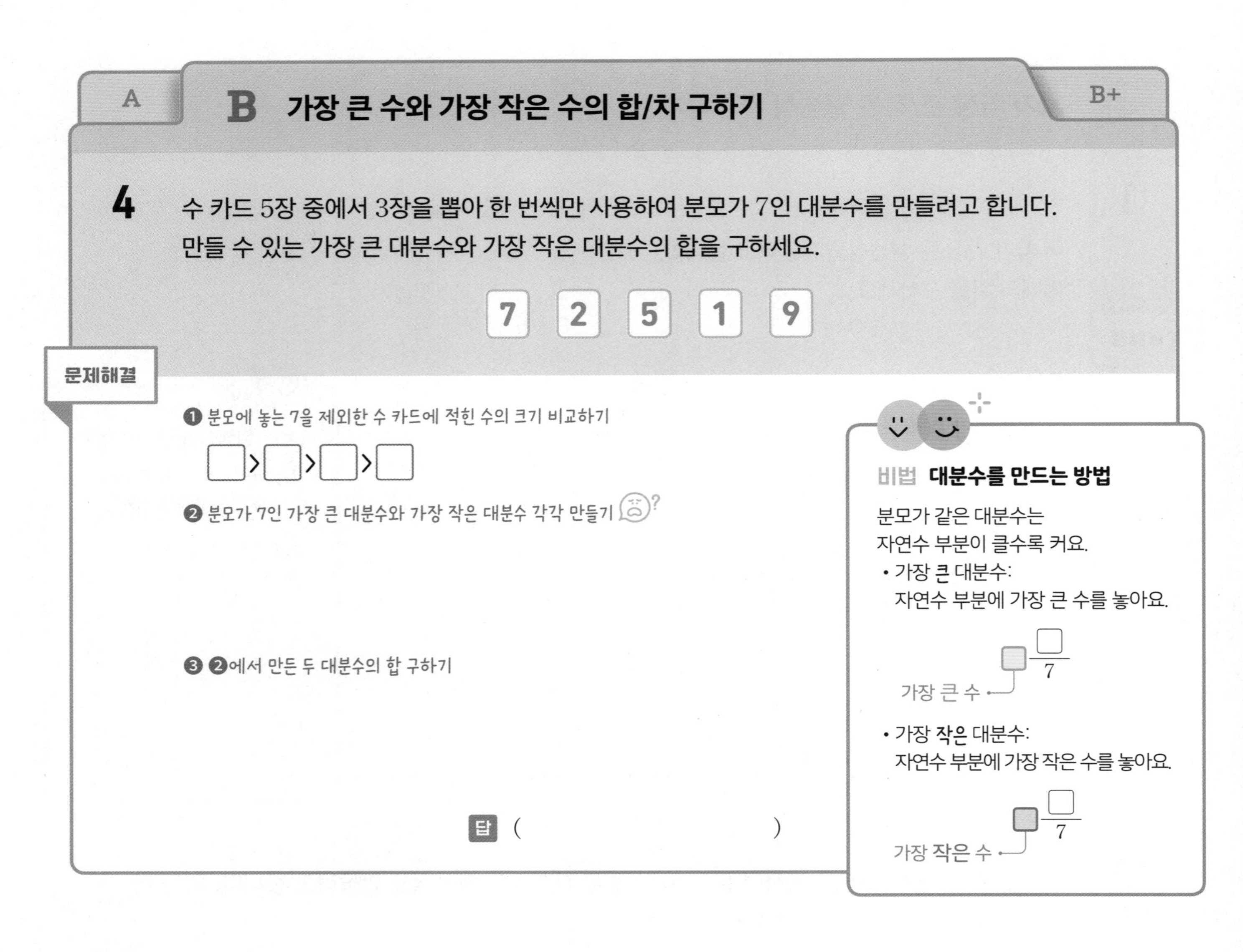

A
B 가장 큰 수와 가장 작은 수의 합/차 구하기
B+
4 수 카드 5장 중에서 3장을 뽑아 한 번씩만 사용하여 분모가 7인 대분수를 만들려고 합니다. 만들 수 있는 가장 큰 대분수와 가장 작은 대분수의 합을 구하세요.
7 2 5 1 9
문제해결
❶ 분모에 놓는 7을 제외한 수 카드에 적힌 수의 크기 비교하기
❷ 분모가 7인 가장 큰 대분수와 가장 작은 대분수 각각 만들기
❸ ❷에서 만든 두 대분수의 합 구하기
답 (
비법 대분수를 만드는 방법
분모가 같은 대분수는
자연수 부분이 클수록 커요.
• 가장 큰 대분수:
자연수 부분에 가장 큰 수를 놓아요.
7
가장 큰 수
• 가장 작은 대분수:
자연수 부분에 가장 작은 수를 놓아요.
7
가장 작은 수

5 수 카드 5장 중에서 3장을 뽑아 한 번씩만 사용하여 분모가 8인 대분수를 만들려고 합니다. 만들 수 있는 가장 큰 대분수와 가장 작은 대분수의 차를 구하세요.

4 1 3 8 6

( )

6 수 카드 6장을 한 번씩 모두 사용하여 만들 수 있는 가장 큰 대분수와 가장 작은 대분수의 합을 구하세요. (단, 두 대분수의 분모는 같습니다.)

( )

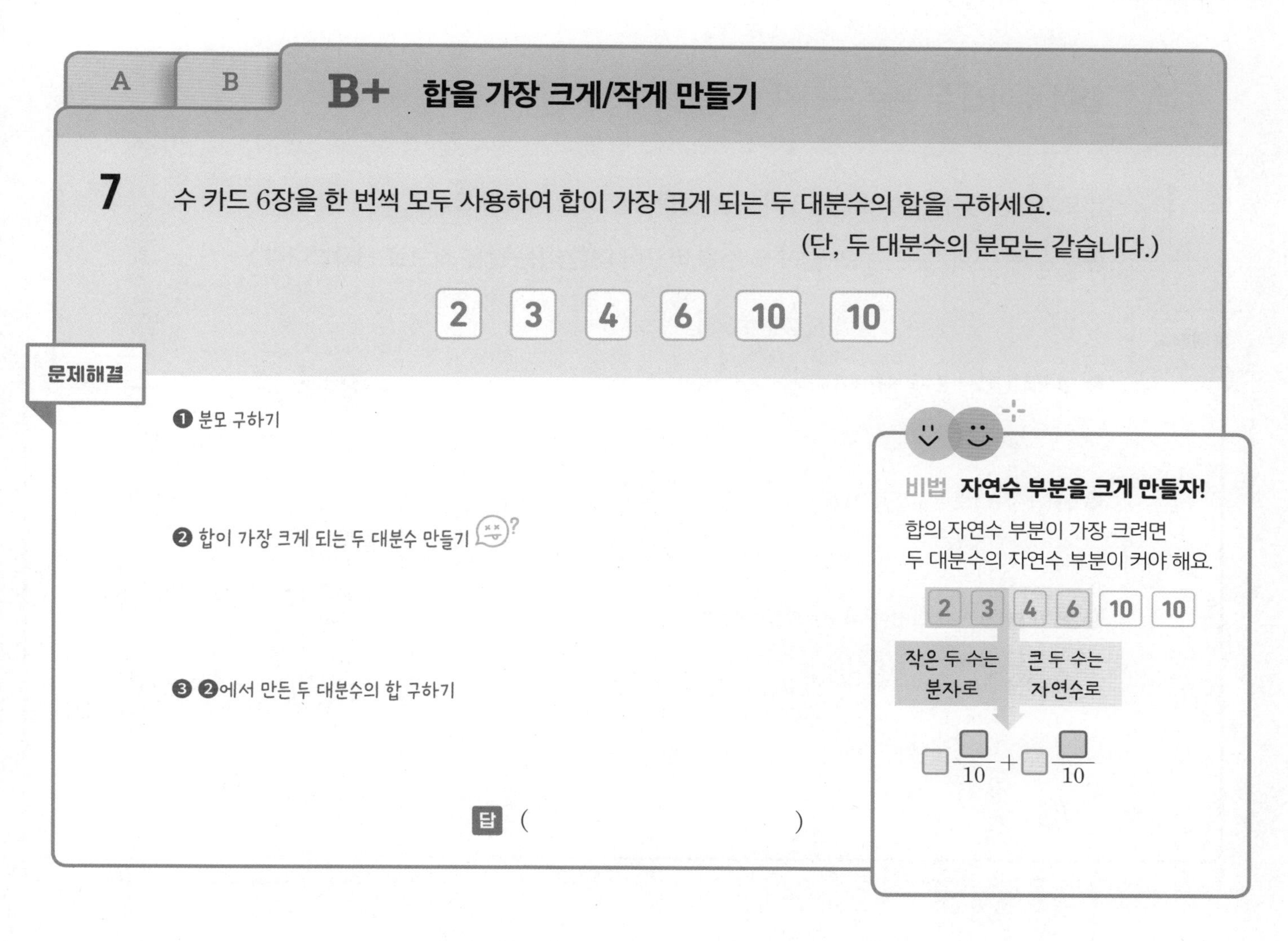

A B

B+ 합을 가장 크게/작게 만들기

7 수 카드 6장을 한 번씩 모두 사용하여 합이 가장 크게 되는 두 대분수의 합을 구하세요. (단, 두 대분수의 분모는 같습니다.)

2 3 4 6 10 10

문제해결

❶ 분모 구하기

❷ 합이 가장 크게 되는 두 대분수 만들기

❸ ❷에서 만든 두 대분수의 합 구하기

답 (　　　　　　　　)

비법 자연수 부분을 크게 만들자!

합의 자연수 부분이 가장 크려면
두 대분수의 자연수 부분이 커야 해요.

2 3 4 6 10 10

작은 두 수는 분자로 / 큰 두 수는 자연수로

$\square\frac{\square}{10}+\square\frac{\square}{10}$

8 수 카드 6장을 한 번씩 모두 사용하여 합이 가장 작게 되는 두 대분수의 합을 구하세요. (단, 두 대분수의 분모는 같습니다.)

1 12 5 9 12 7

(　　　　　　　　)

9 수 카드 4장 중에서 2장을 뽑아 한 번씩만 사용하여 진분수를 만들고, 3장을 뽑아 한 번씩만 사용하여 대분수를 만들려고 합니다. 합이 가장 작게 되는 진분수와 대분수의 합을 구하세요.

11 8 2 15

진분수와 대분수가 가장 작으려면
분모에 가장 큰 수를 놓아야 해요.

(　　　　　　　　)

유형 05

모르는 분수 구하기

A 합이 주어진 두 분수 구하기

B

1 분모가 8인 두 진분수의 합이 1이 되는 덧셈식을 모두 써 보세요.
(단, $\frac{1}{8}+\frac{2}{8}$와 $\frac{2}{8}+\frac{1}{8}$과 같이 두 수를 바꾸어 더한 식은 같은 식으로 생각합니다.)

문제해결

❶ 1을 분모가 8인 가분수로 나타내기

❷ 분자가 될 수 있는 두 수 모두 구하기

❸ 분모가 8인 두 진분수의 합이 1이 되는 덧셈식 모두 쓰기

답 (　　　　　　　　　　　　　　)

비법 **1을 분수로 나타내!**

$1=\frac{2}{2}=\frac{3}{3}=\cdots\cdots$으로 나타낼 수 있어요.

"분모가 8인 두 진분수의 합이 1"

⇨ $\frac{■}{8}+\frac{▲}{8}=1$

⇨ 분모가 8인 두 진분수의 합이므로 1을 분모가 8인 가분수로 나타내요.

2 분모가 7인 두 진분수의 합이 $1\frac{2}{7}$가 되는 덧셈식을 모두 써 보세요. (단, $\frac{1}{7}+\frac{2}{7}$와 $\frac{2}{7}+\frac{1}{7}$과 같이 두 수를 바꾸어 더한 식은 같은 식으로 생각합니다.)

(　　　　　　　　　　　　　　)

3 분모가 6인 두 가분수의 합이 $3\frac{1}{6}$이 되는 덧셈식을 모두 써 보세요. (단, $\frac{1}{6}+\frac{2}{6}$와 $\frac{2}{6}+\frac{1}{6}$과 같이 두 수를 바꾸어 더한 식은 같은 식으로 생각합니다.)

(　　　　　　　　　　　　　　)

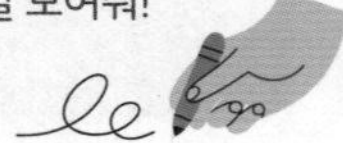

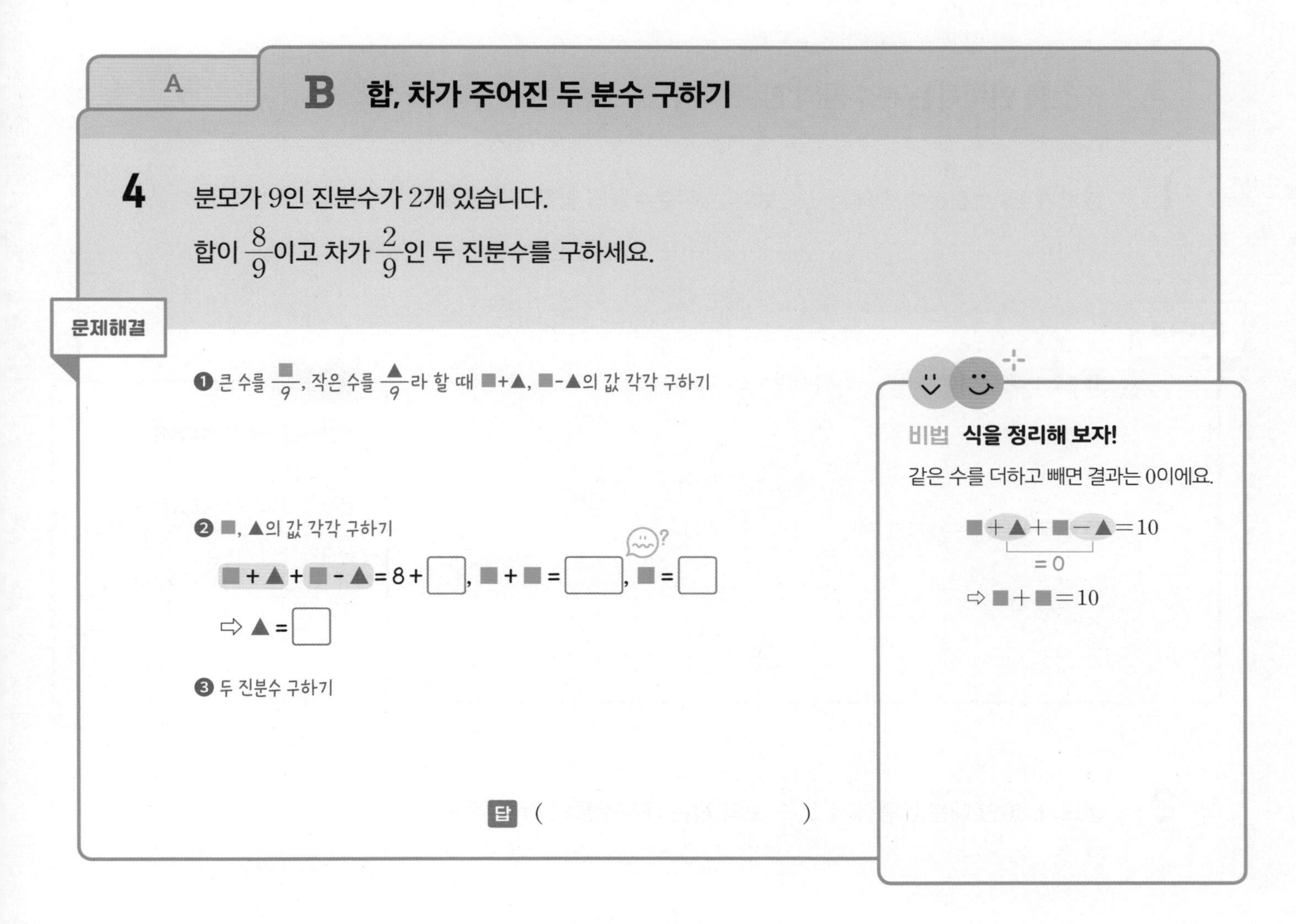

A

B 합, 차가 주어진 두 분수 구하기

4 분모가 9인 진분수가 2개 있습니다.
합이 $\frac{8}{9}$이고 차가 $\frac{2}{9}$인 두 진분수를 구하세요.

문제해결

❶ 큰 수를 $\frac{■}{9}$, 작은 수를 $\frac{▲}{9}$라 할 때 ■+▲, ■-▲의 값 각각 구하기

❷ ■, ▲의 값 각각 구하기

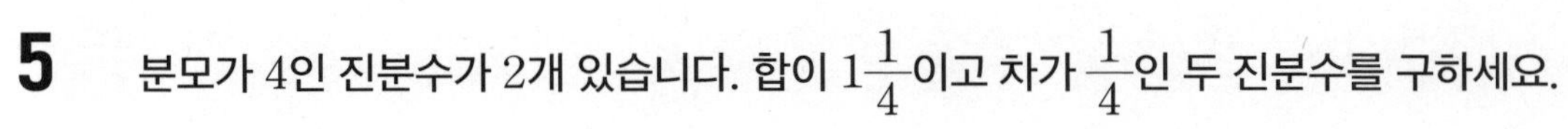

■+▲+■-▲=8+□, ■+■=□, ■=□

⇨ ▲=□

❸ 두 진분수 구하기

답 (　　　　　　　　　　　　)

비법 **식을 정리해 보자!**

같은 수를 더하고 빼면 결과는 0이에요.

■+▲+■−▲=10
=0
⇨ ■+■=10

5 분모가 4인 진분수가 2개 있습니다. 합이 $1\frac{1}{4}$이고 차가 $\frac{1}{4}$인 두 진분수를 구하세요.

(　　　　　　　　　　　　)

6 분모가 5인 대분수가 2개 있습니다. 합이 $4\frac{4}{5}$이고 차가 $1\frac{3}{5}$인 두 대분수를 구하세요.

(　　　　　　　　　　　　)

유형 06

조건에 맞는 분수들의 합

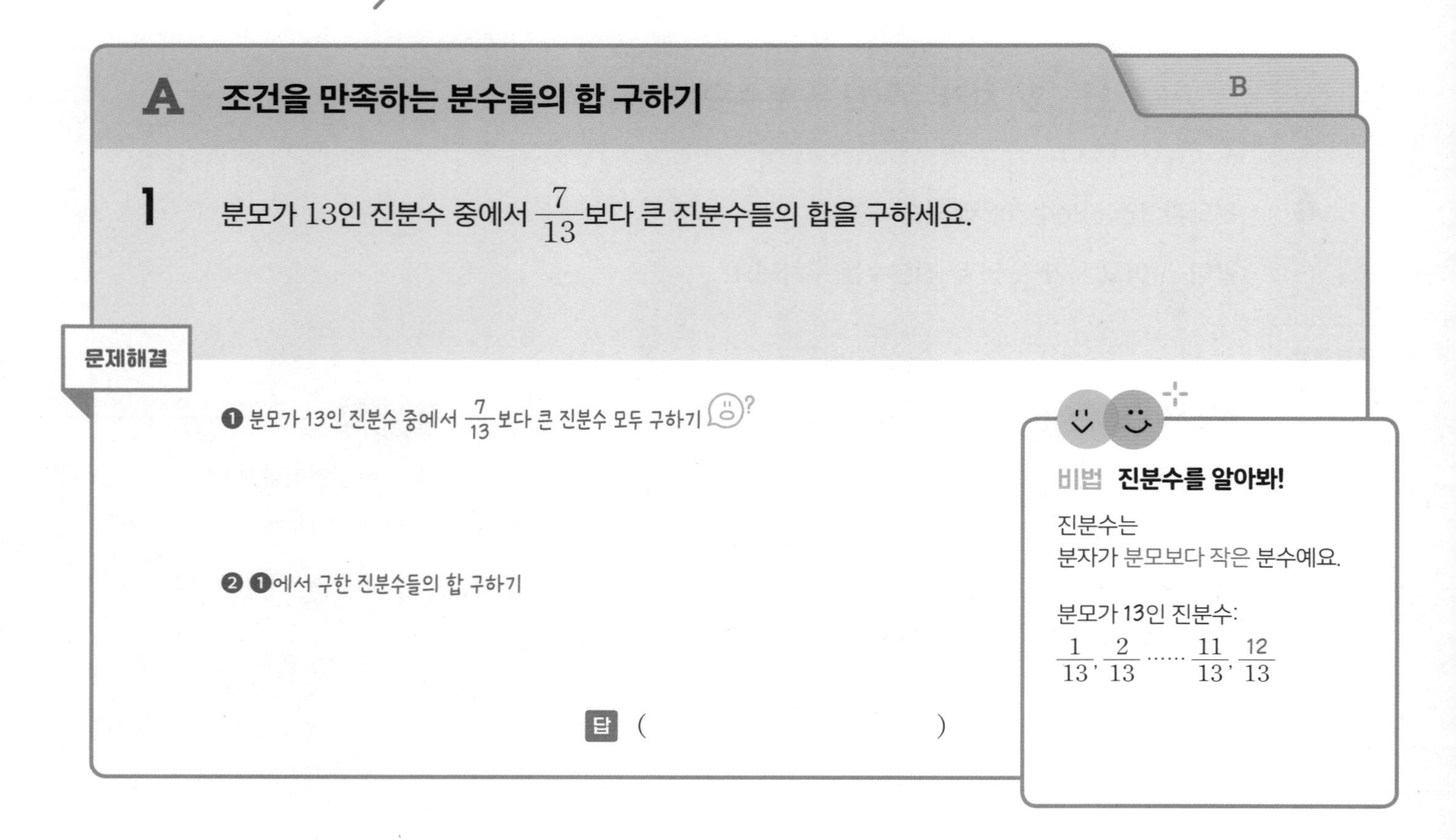

A 조건을 만족하는 분수들의 합 구하기
B
1 분모가 13인 진분수 중에서 $\frac{7}{13}$보다 큰 진분수들의 합을 구하세요.
문제해결
❶ 분모가 13인 진분수 중에서 $\frac{7}{13}$보다 큰 진분수 모두 구하기
❷ ❶에서 구한 진분수들의 합 구하기
답 (   )
비법 진분수를 알아봐!
진분수는
분자가 분모보다 작은 분수예요.
분모가 13인 진분수:
$\frac{1}{13}, \frac{2}{13}, \cdots\cdots \frac{11}{13}, \frac{12}{13}$

2 분모가 20인 대분수 중에서 $1\frac{6}{20}$보다 작은 대분수들의 합을 구하세요.

(   )

3 분모가 15인 대분수 중에서 $2\frac{10}{15}$보다 크고 3보다 작은 대분수들의 합을 구하세요.

(   )

A

B 규칙에 따라 늘어놓은 수들의 합 구하기

4 일정한 규칙에 따라 분수 8개를 늘어놓은 것입니다.
늘어놓은 분수들의 합을 구하세요.

$$\frac{1}{2}, \frac{2}{2}, \frac{3}{2}, \frac{4}{2} \cdots\cdots \frac{8}{2}$$

문제해결

❶ 늘어놓은 분수들의 분모, 분자에서 각각 규칙 찾기

❷ 늘어놓은 분수들의 합 구하기

답 (　　　　　　　　　　)

비법 계산을 쉽게 하는 방법

같은 수씩 일정하게 커지는 수들은 앞의 수와 뒤의 수를 두 수씩 순서대로 짝지으면 쉽게 계산할 수 있어요.

$1+2+3+4+5+6+7+8=9\times4$

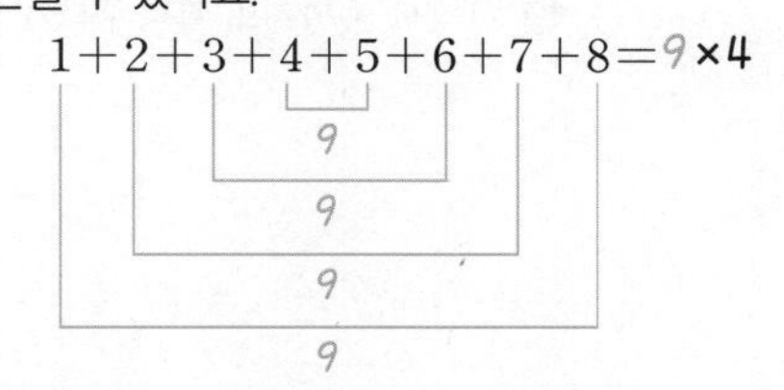

5 일정한 규칙에 따라 분수 10개를 늘어놓은 것입니다. 늘어놓은 분수들의 합을 구하세요.

$$\frac{3}{10}, \frac{5}{10}, \frac{7}{10}, \frac{9}{10} \cdots\cdots \frac{21}{10}$$

(　　　　　　　　　　)

6 일정한 규칙에 따라 분수 9개를 늘어놓은 것입니다. 늘어놓은 분수들의 합을 구하세요.

$$1\frac{9}{14}, 2\frac{8}{14}, 3\frac{7}{14}, 4\frac{6}{14} \cdots\cdots 9\frac{1}{14}$$

(　　　　　　　　　　)

유형 07

길이의 활용

A 수직선에서 거리 구하기

B C

1 수직선을 보고 ㉡에서 ㉢까지의 거리는 몇 km인지 구하세요.

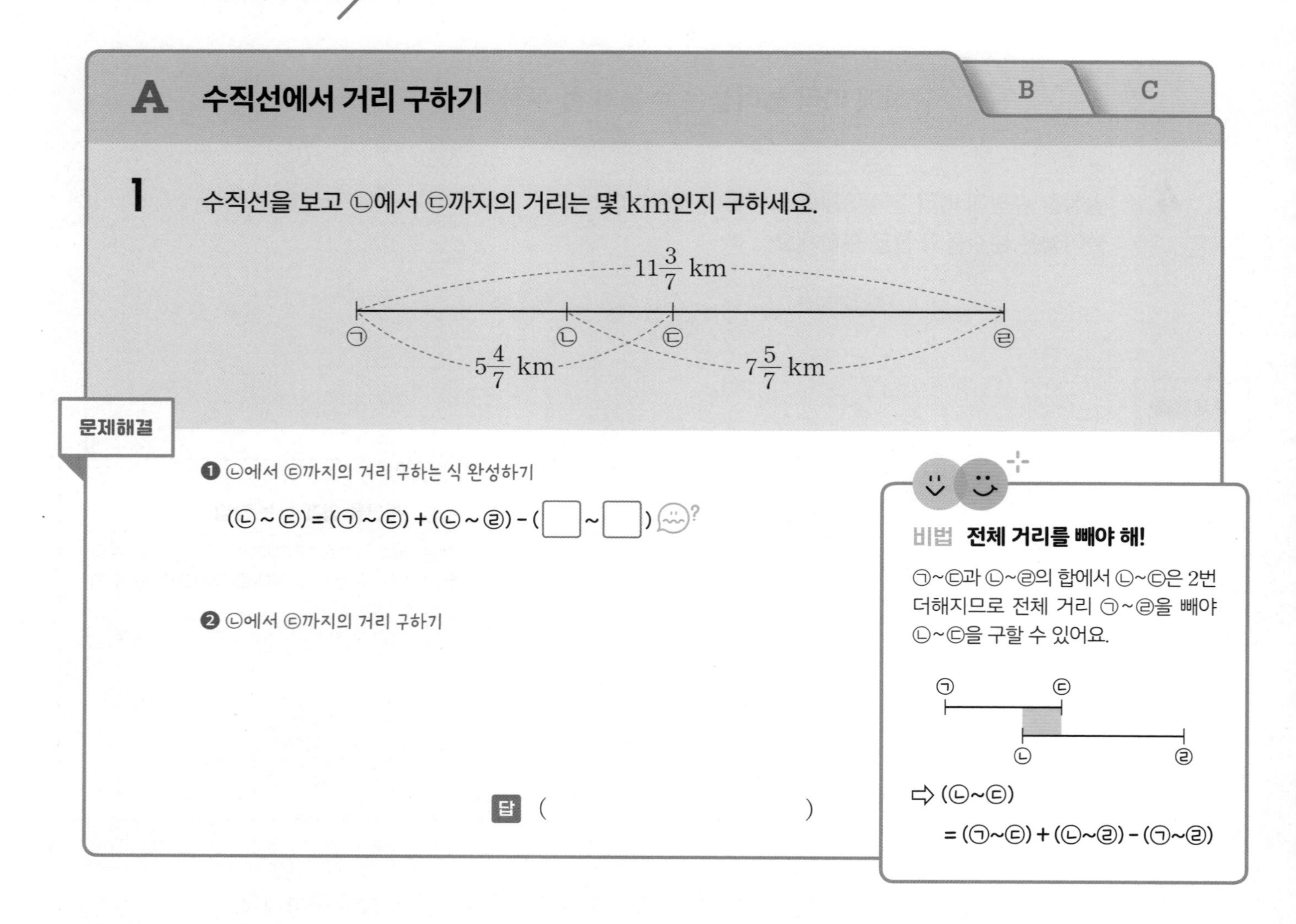

문제해결

❶ ㉡에서 ㉢까지의 거리 구하는 식 완성하기

(㉡~㉢) = (㉠~㉢) + (㉡~㉣) − (□~□)

❷ ㉡에서 ㉢까지의 거리 구하기

답 (　　　　　　　　)

비법 전체 거리를 빼야 해!

㉠~㉢과 ㉡~㉣의 합에서 ㉡~㉢은 2번 더해지므로 전체 거리 ㉠~㉣을 빼야 ㉡~㉢을 구할 수 있어요.

⇨ (㉡~㉢)
= (㉠~㉢) + (㉡~㉣) − (㉠~㉣)

2 수직선을 보고 ㉡에서 ㉢까지의 거리는 몇 m인지 구하세요.

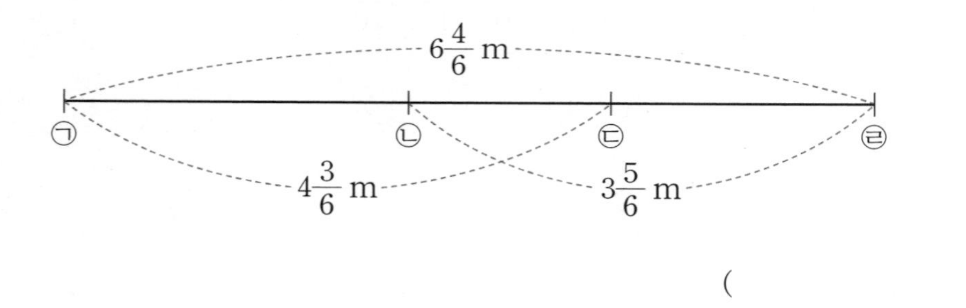

(　　　　　　　　)

3 학교에서 우체국까지의 거리는 몇 km인지 구하세요.

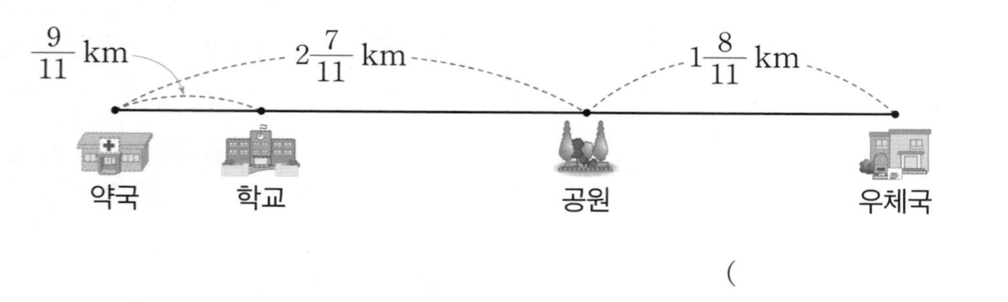

(　　　　　　　　)

어려워도 차근차근 풀면 풀 수 있을 테니 포기하지 마.

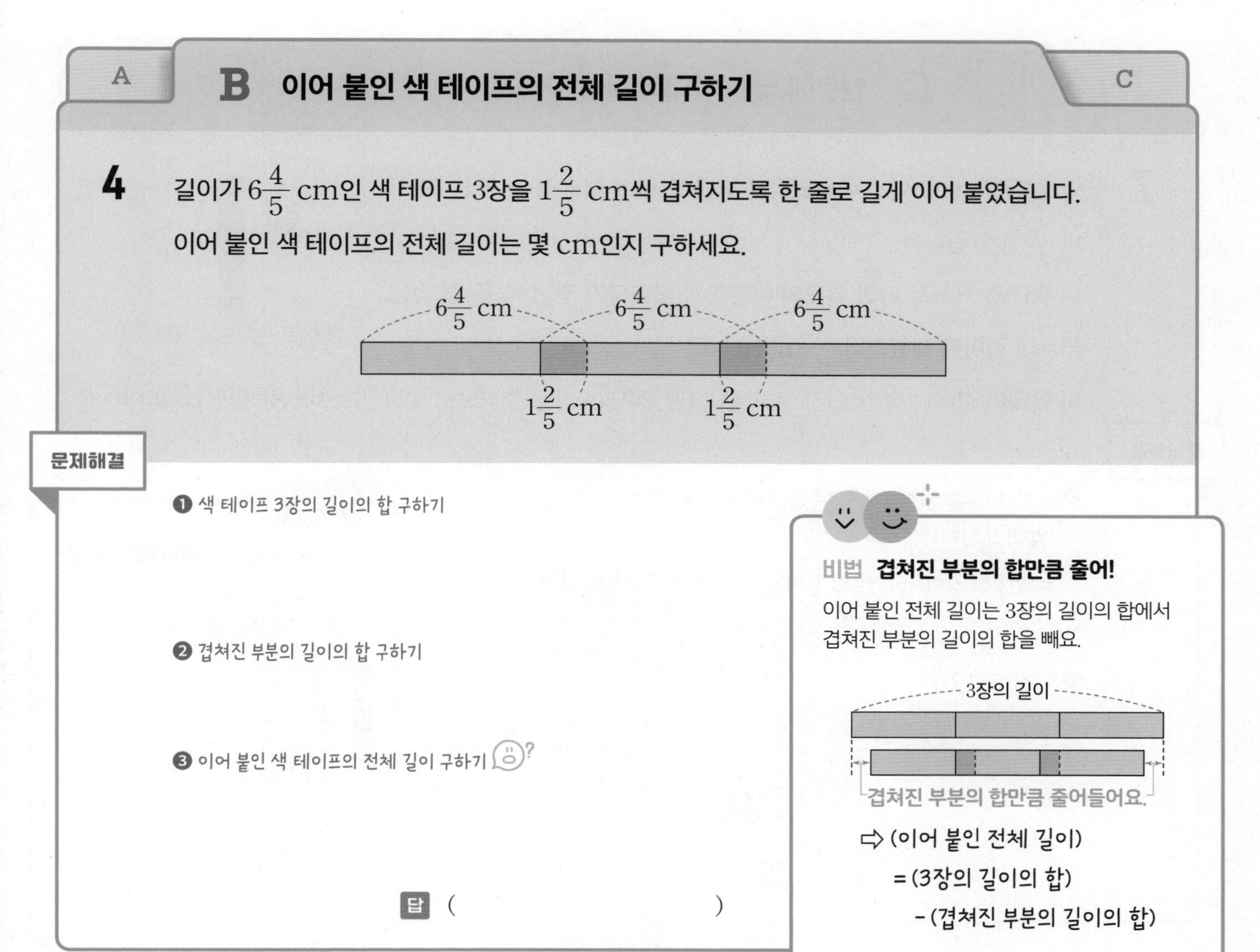

A

B 이어 붙인 색 테이프의 전체 길이 구하기

C

4 길이가 $6\frac{4}{5}$ cm인 색 테이프 3장을 $1\frac{2}{5}$ cm씩 겹쳐지도록 한 줄로 길게 이어 붙였습니다. 이어 붙인 색 테이프의 전체 길이는 몇 cm인지 구하세요.

문제해결

❶ 색 테이프 3장의 길이의 합 구하기

❷ 겹쳐진 부분의 길이의 합 구하기

❸ 이어 붙인 색 테이프의 전체 길이 구하기

답 ( )

비법 겹쳐진 부분의 합만큼 줄어!

이어 붙인 전체 길이는 3장의 길이의 합에서 겹쳐진 부분의 길이의 합을 빼요.

3장의 길이

겹쳐진 부분의 합만큼 줄어들어요.

⇨ (이어 붙인 전체 길이)
= (3장의 길이의 합)
− (겹쳐진 부분의 길이의 합)

5 길이가 8 cm인 색 테이프 3장을 $1\frac{3}{4}$ cm씩 겹쳐지도록 한 줄로 길게 이어 붙였습니다. 이어 붙인 색 테이프의 전체 길이는 몇 cm인지 구하세요.

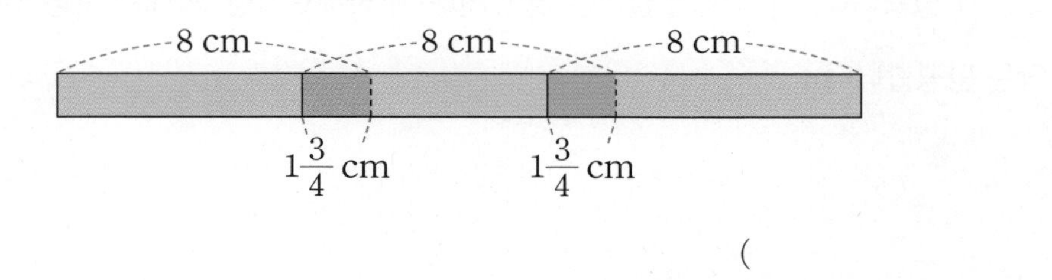

( )

6 길이가 $\frac{7}{10}$ m인 색 테이프 3장을 같은 길이만큼 겹쳐서 한 줄로 길게 이어 붙였더니 색 테이프의 전체 길이가 $1\frac{7}{10}$ m가 되었습니다. 색 테이프를 몇 m씩 겹쳐서 이어 붙였는지 구하세요.

( )

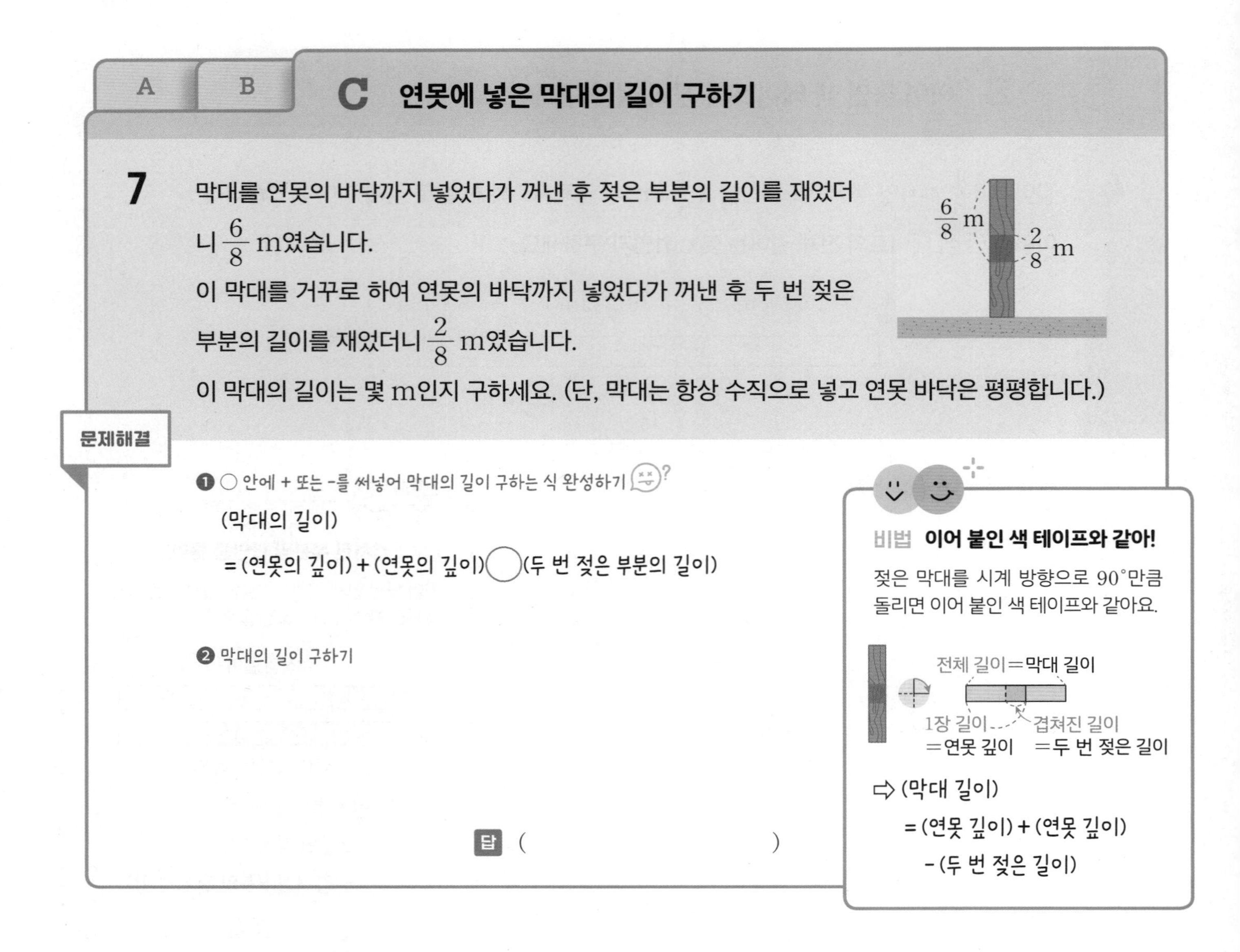

C 연못에 넣은 막대의 길이 구하기

7 막대를 연못의 바닥까지 넣었다가 꺼낸 후 젖은 부분의 길이를 재었더니 $\frac{6}{8}$ m였습니다.
이 막대를 거꾸로 하여 연못의 바닥까지 넣었다가 꺼낸 후 두 번 젖은 부분의 길이를 재었더니 $\frac{2}{8}$ m였습니다.
이 막대의 길이는 몇 m인지 구하세요. (단, 막대는 항상 수직으로 넣고 연못 바닥은 평평합니다.)

문제해결

❶ ○ 안에 + 또는 -를 써넣어 막대의 길이 구하는 식 완성하기

(막대의 길이)
= (연못의 깊이) + (연못의 깊이) ○ (두 번 젖은 부분의 길이)

❷ 막대의 길이 구하기

답 (   )

비법 이어 붙인 색 테이프와 같아!

젖은 막대를 시계 방향으로 90°만큼 돌리면 이어 붙인 색 테이프와 같아요.

전체 길이=막대 길이
1장 길이=연못 깊이
겹쳐진 길이=두 번 젖은 길이

⇨ (막대 길이)
= (연못 길이) + (연못 길이)
- (두 번 젖은 길이)

8 막대를 호수의 바닥까지 넣었다가 꺼낸 후 젖은 부분의 길이를 재었더니 $2\frac{9}{13}$ m였습니다. 이 막대를 거꾸로 하여 호수의 바닥까지 넣었다가 꺼낸 후 두 번 젖은 부분의 길이를 재었더니 $\frac{6}{13}$ m였습니다. 이 막대의 길이는 몇 m인지 구하세요. (단, 막대는 항상 수직으로 넣고 호수 바닥은 평평합니다.)

(   )

9 길이가 $7\frac{11}{14}$ m인 막대를 깊이가 $4\frac{8}{14}$ m인 저수지의 바닥까지 넣었다가 꺼낸 후 다시 막대를 거꾸로 하여 바닥까지 넣었다가 꺼냈습니다. 두 번 젖은 부분의 길이는 몇 m인지 구하세요.
(단, 막대는 항상 수직으로 넣고 저수지 바닥은 평평합니다.)

(   )

유형 08 실생활에서의 활용

A 일을 끝내는 데 걸리는 기간 구하기

B

1 어떤 일을 하는 데 윤우는 하루에 전체 일의 $\frac{2}{10}$를,

지현이는 하루에 전체 일의 $\frac{3}{10}$을 합니다.

윤우와 지현이가 함께 일을 한다면 일을 끝내는 데 모두 며칠이 걸리는지 구하세요.

문제해결

❶ 윤우와 지현이가 함께 하루에 하는 일은 전체 일의 얼마인지 구하기

❷ 일을 끝내는 데 걸리는 기간 구하기

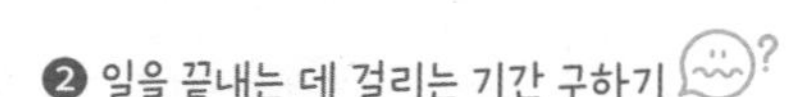

답 (   )

비법 1이 될 때까지 더해!

전체 일의 양이 1이므로
두 사람이 함께 하루에 하는 일의 양을
더해서 1이 되면 일을 끝낼 수 있어요.

예 두 사람이 하루에 $\frac{3}{6}$만큼 한다면

$\frac{3}{6}+\frac{3}{6}=\frac{6}{6}=1$ ⇨ 2일

2번

2 ㉮, ㉯ 두 수도꼭지로 물통에 물을 받으려고 합니다. ㉮ 수도꼭지로는 한 시간에 전체 물통의 $\frac{3}{16}$을, ㉯ 수도꼭지로는 한 시간에 전체 물통의 $\frac{1}{16}$을 받을 수 있습니다. ㉮, ㉯ 두 수도꼭지로 물을 동시에 받는다면 물통에 물을 가득 받는 데 몇 시간이 걸리는지 구하세요.

(   )

3 아버지와 어머니가 모내기를 하려고 합니다. 모내기를 하는 데 아버지는 하루에 전체 일의 $\frac{2}{12}$를, 어머니는 하루에 전체 일의 $\frac{1}{12}$을 합니다. 아버지가 5일 동안 혼자 한 다음 나머지 일은 어머니가 혼자 하려고 합니다. 어머니가 일을 끝내는 데 며칠이 걸리는지 구하세요.

(   )

아버지가 5일 동안 혼자 한 일의 양과
어머니가 혼자 한 일의 양의 합이 1이 되어야 해요.

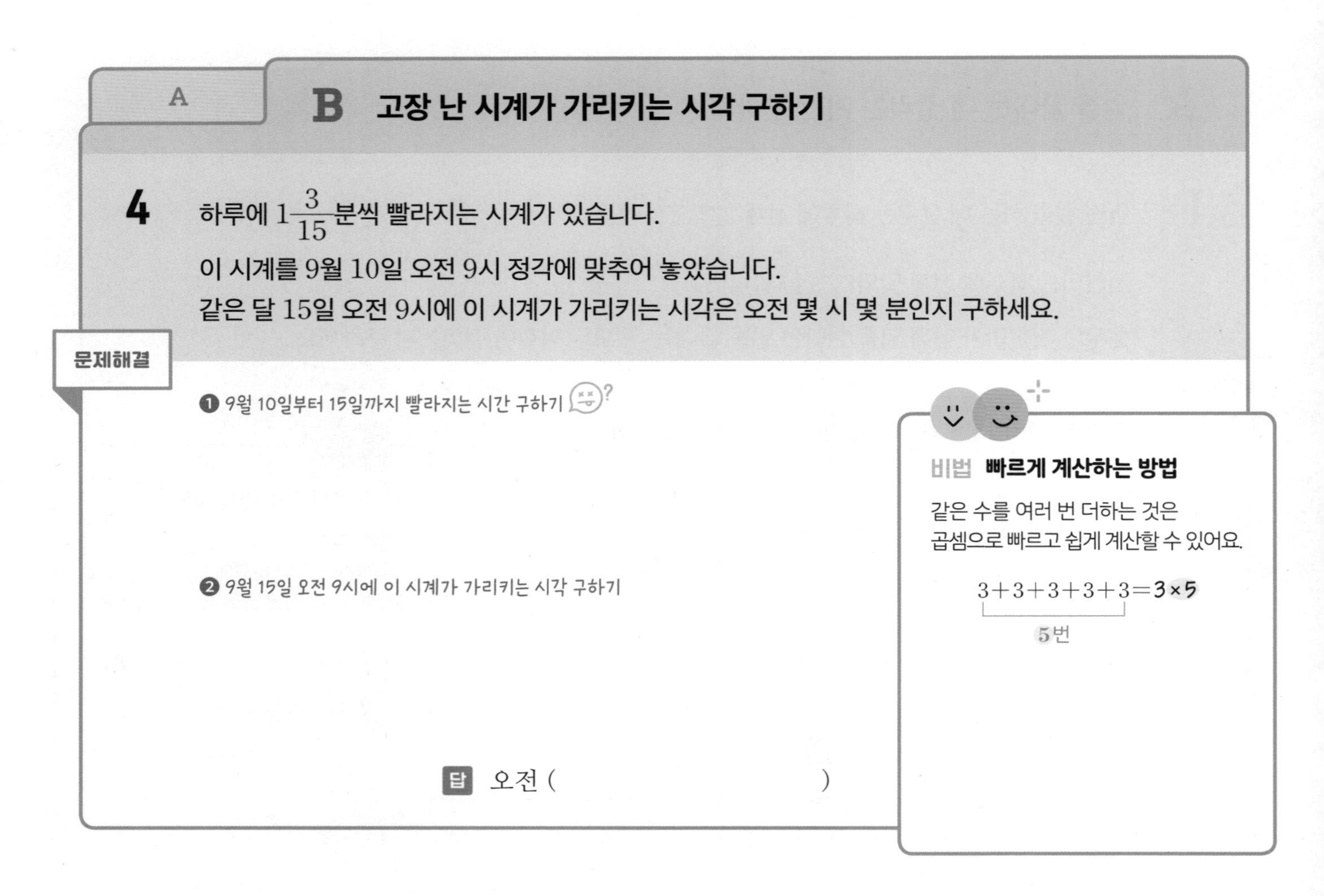

A

B 고장 난 시계가 가리키는 시각 구하기

4 하루에 $1\frac{3}{15}$분씩 빨라지는 시계가 있습니다.
이 시계를 9월 10일 오전 9시 정각에 맞추어 놓았습니다.
같은 달 15일 오전 9시에 이 시계가 가리키는 시각은 오전 몇 시 몇 분인지 구하세요.

문제해결

❶ 9월 10일부터 15일까지 빨라지는 시간 구하기

❷ 9월 15일 오전 9시에 이 시계가 가리키는 시각 구하기

답 오전 (   )

비법 빠르게 계산하는 방법
같은 수를 여러 번 더하는 것은
곱셈으로 빠르고 쉽게 계산할 수 있어요.

$3+3+3+3+3=3\times5$
5번

5 하루에 $2\frac{4}{12}$분씩 빨라지는 시계가 있습니다. 이 시계를 11월 18일 오후 2시 정각에 맞추어 놓았습니다. 같은 달 21일 오후 2시에 이 시계가 가리키는 시각은 오후 몇 시 몇 분인지 구하세요.

오후 (   )

6 하루에 $2\frac{1}{6}$분씩 늦어지는 시계가 있습니다. 이 시계를 월요일 오전 10시 정각에 맞추어 놓았습니다. 같은 주 일요일 오전 10시에 이 시계가 가리키는 시각은 오전 몇 시 몇 분인지 구하세요.

오전 (   )

유형 마스터

어떻게 풀어야 할지 모르겠다면
유형으로 되돌아가 다시 학습해 보세요.

01

분모가 14인 진분수 중에서 $\frac{8}{14}$보다 큰 진분수들의 합을 구하세요.

유형 06 A

(　　　　　　　　　　)

02

□ 안에 들어갈 수 있는 자연수를 모두 구하세요.

유형 03 A+

$$6\frac{3}{7}-2\frac{5}{7}>\square\frac{6}{7}$$

(　　　　　　　　　　)

03

무는 오이보다 $\frac{5}{9}$ kg 더 무겁고, 배추보다 $\frac{2}{9}$ kg 더 가볍습니다. 배추의 무게가 $1\frac{1}{9}$ kg일 때 오이의 무게는 몇 kg인지 구하세요.

(　　　　　　　　　　)

04

유형 02 A+

어떤 수에서 $4\frac{9}{11}$를 빼야 할 것을 잘못하여 더했더니 12가 되었습니다. 바르게 계산하면 얼마인지 구하세요.

(   )

05

유형 07 A

수직선을 보고 ㉡에서 ㉢까지의 거리는 몇 m인지 구하세요.

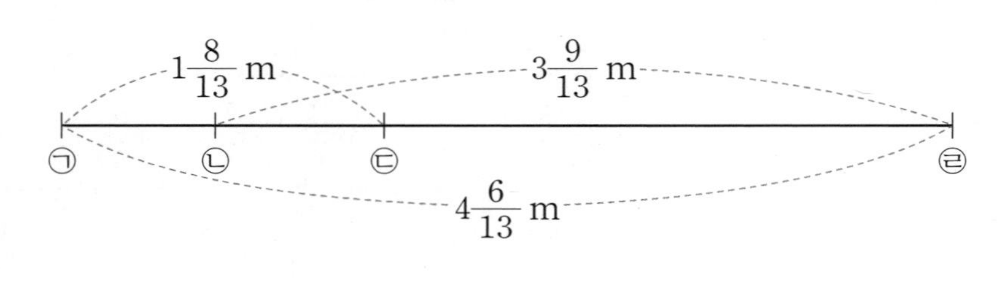

(   )

06

유형 04 B

수 카드 6장을 한 번씩 모두 사용하여 만들 수 있는 가장 큰 대분수와 가장 작은 대분수의 합을 구하세요. (단, 두 대분수의 분모는 같습니다.)

6 2 6 8 4 5

(   )

07

유형 08 A

어떤 일을 하는 데 하율이는 하루에 전체 일의 $\frac{3}{15}$을, 연호는 하루에 전체 일의 $\frac{2}{15}$를 합니다. 하율이가 먼저 시작하여 연호와 하루씩 번갈아 가며 일을 한다면 일을 끝내는 데 모두 며칠이 걸리는지 구하세요.

(   )

08

유형 08 B

하루에 $1\frac{2}{10}$분씩 늦어지는 시계가 있습니다. 이 시계를 6월 26일 오후 5시 정각에 맞추어 놓았습니다. 이해 7월 1일 오후 5시에 이 시계가 가리키는 시각은 오후 몇 시 몇 분인지 구하세요.

오후 (   )

09

시우네 반 학생들이 태어난 계절을 조사하였더니 봄은 전체 학생의 $\frac{2}{8}$, 여름은 전체 학생의 $\frac{1}{8}$, 겨울은 전체 학생의 $\frac{3}{8}$이었습니다. 가을에 태어난 학생은 6명일 때 시우네 반 전체 학생은 몇 명인지 구하세요.

(   )

2

삼각형

학습계열표

3-1 **2. 평면도형**
- 직각
- 직각삼각형

4-1 **2. 각도**
- 예각과 둔각
- 삼각형, 사각형의 모든 각의 크기의 합

4-2 **2. 삼각형**
- 이등변삼각형, 정삼각형
- 예각삼각형, 둔각삼각형

4-2 **4. 사각형**
- 수직과 평행
- 사다리꼴, 평행사변형, 마름모

4-2 **6. 다각형**
- 다각형과 정다각형
- 대각선

학습기록표

유형 01
학습일

학습평가

크고 작은 삼각형의 개수

A	둔각삼각형
B	정삼각형

유형 02
학습일

학습평가

이등변삼각형의 변의 성질

A	길이가 다른 변
B	길이가 같은 한 변
A+B	두 변의 길이

유형 03
학습일

학습평가

모든 변의 길이의 합

A	정삼각형 겹친 도형
B	정삼각형 붙인 도형
C	이등변삼각형 붙인 도형

유형 04
학습일

학습평가

이등변삼각형의 각의 성질

A	외각
A+	크기가 같은 한 각
B	크기가 다른 각
C	접은 종이에서 각도

유형 05
학습일

학습평가

이등변삼각형의 활용

A	길이 같은 변 알 때
B	원 위에 놓인 삼각형
C	정다각형으로 만든 도형

유형 마스터
학습일

학습평가

삼각형

유형 01

크고 작은 삼각형의 개수

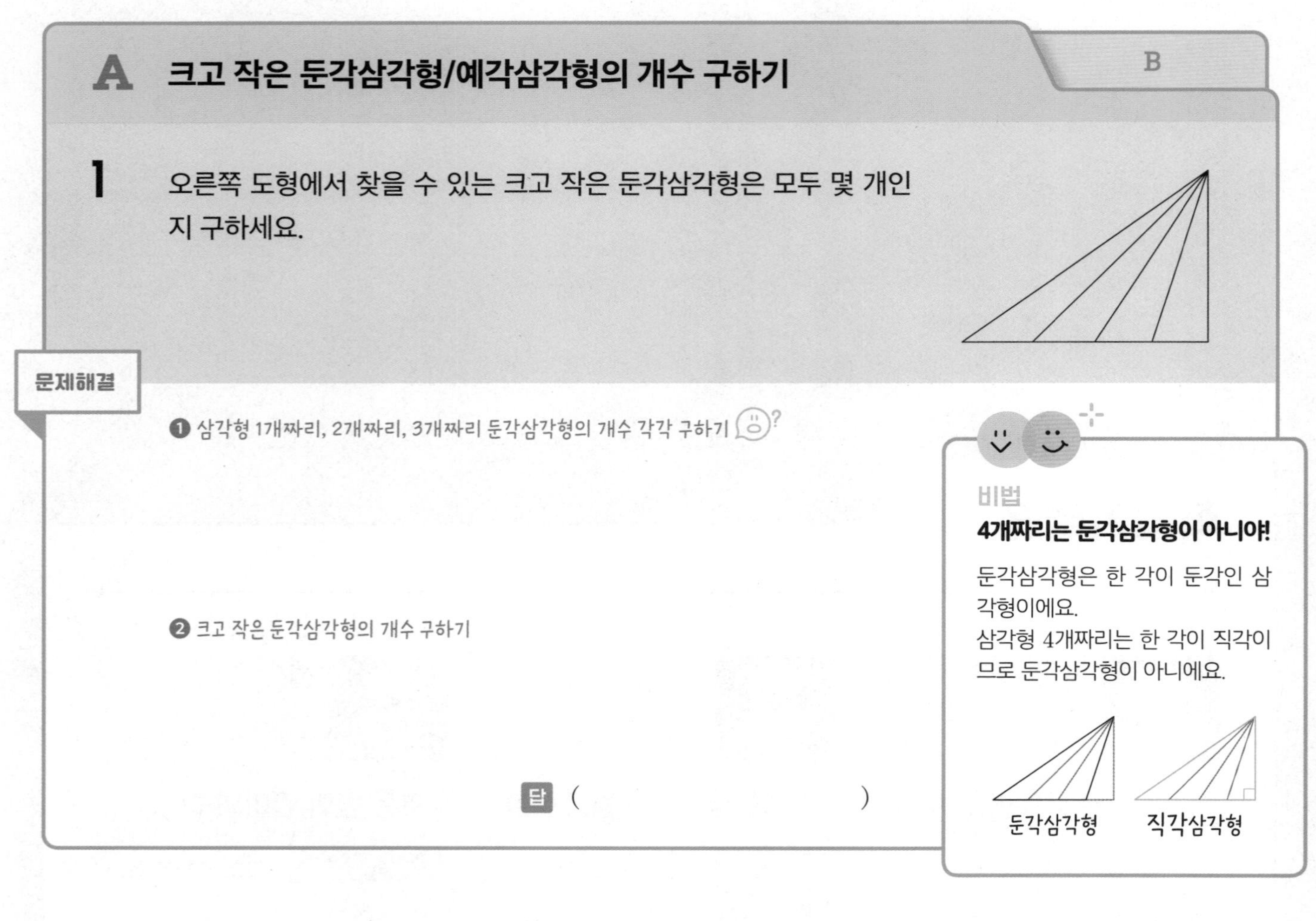

A 크고 작은 둔각삼각형/예각삼각형의 개수 구하기

B

1 오른쪽 도형에서 찾을 수 있는 크고 작은 둔각삼각형은 모두 몇 개인지 구하세요.

문제해결

❶ 삼각형 1개짜리, 2개짜리, 3개짜리 둔각삼각형의 개수 각각 구하기

❷ 크고 작은 둔각삼각형의 개수 구하기

답 (   )

비법

4개짜리는 둔각삼각형이 아니야!

둔각삼각형은 한 각이 둔각인 삼각형이에요.
삼각형 4개짜리는 한 각이 직각이므로 둔각삼각형이 아니에요.

둔각삼각형　직각삼각형

2 오른쪽 도형에서 찾을 수 있는 크고 작은 둔각삼각형은 모두 몇 개인지 구하세요.

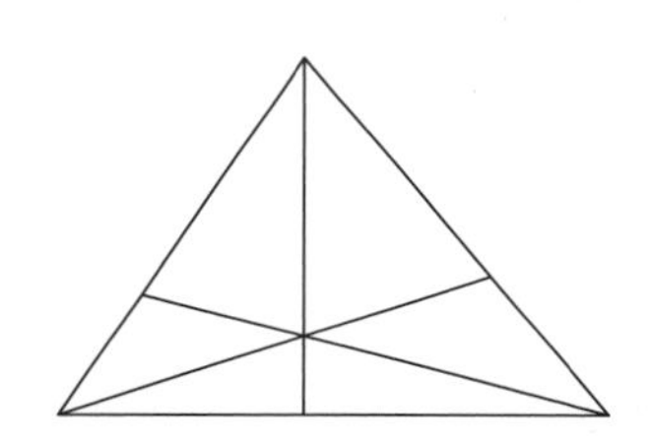

(   )

3 오른쪽 도형에서 찾을 수 있는 크고 작은 예각삼각형은 모두 몇 개인지 구하세요.

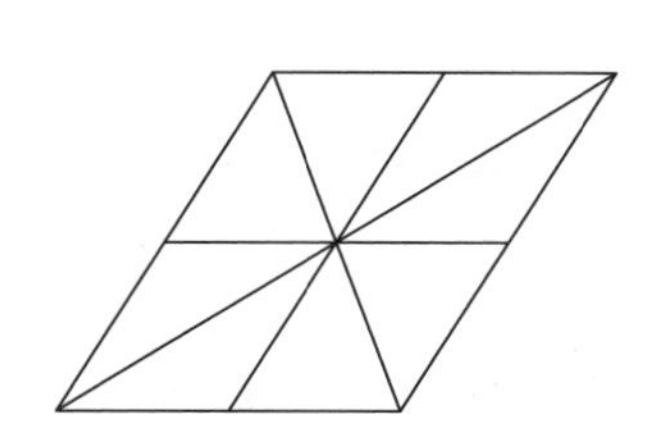

(   )

A

B 크고 작은 정삼각형/이등변삼각형의 개수 구하기

4 오른쪽 도형은 크기가 같은 정삼각형을 겹치지 않게 이어 붙여 만든 것입니다.
이 도형에서 찾을 수 있는 크고 작은 정삼각형은 모두 몇 개인지 구하세요.

문제해결

❶ 정삼각형 1개짜리, 4개짜리 정삼각형의 개수 각각 구하기

❷ 크고 작은 정삼각형의 개수 구하기

답 (　　　　　　　　　　)

비법

4개짜리도 세어야 해!

작은 정삼각형 1개짜리만 세면 안 돼요.
작은 정삼각형 4개를 모아서 만든 큰 정삼각형도 세어야 해요.

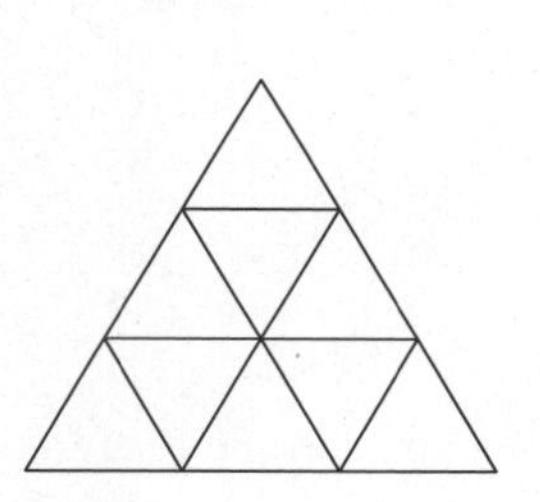

5 오른쪽 도형은 크기가 같은 정삼각형을 겹치지 않게 이어 붙여 만든 것입니다. 이 도형에서 찾을 수 있는 크고 작은 정삼각형은 모두 몇 개인지 구하세요.

(　　　　　　　　　　)

6 오른쪽 도형은 정사각형 4개를 각각 삼각형 2개로 똑같이 나눈 것입니다. 이 도형에서 찾을 수 있는 크고 작은 이등변삼각형은 모두 몇 개인지 구하세요.

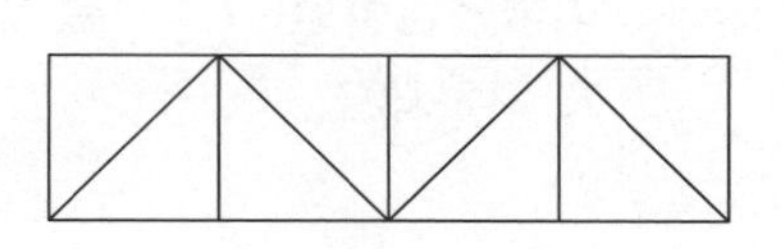

(　　　　　　　　　　)

유형 02

이등변삼각형의 변의 성질

A 길이가 다른 변의 길이 구하기

B A+B

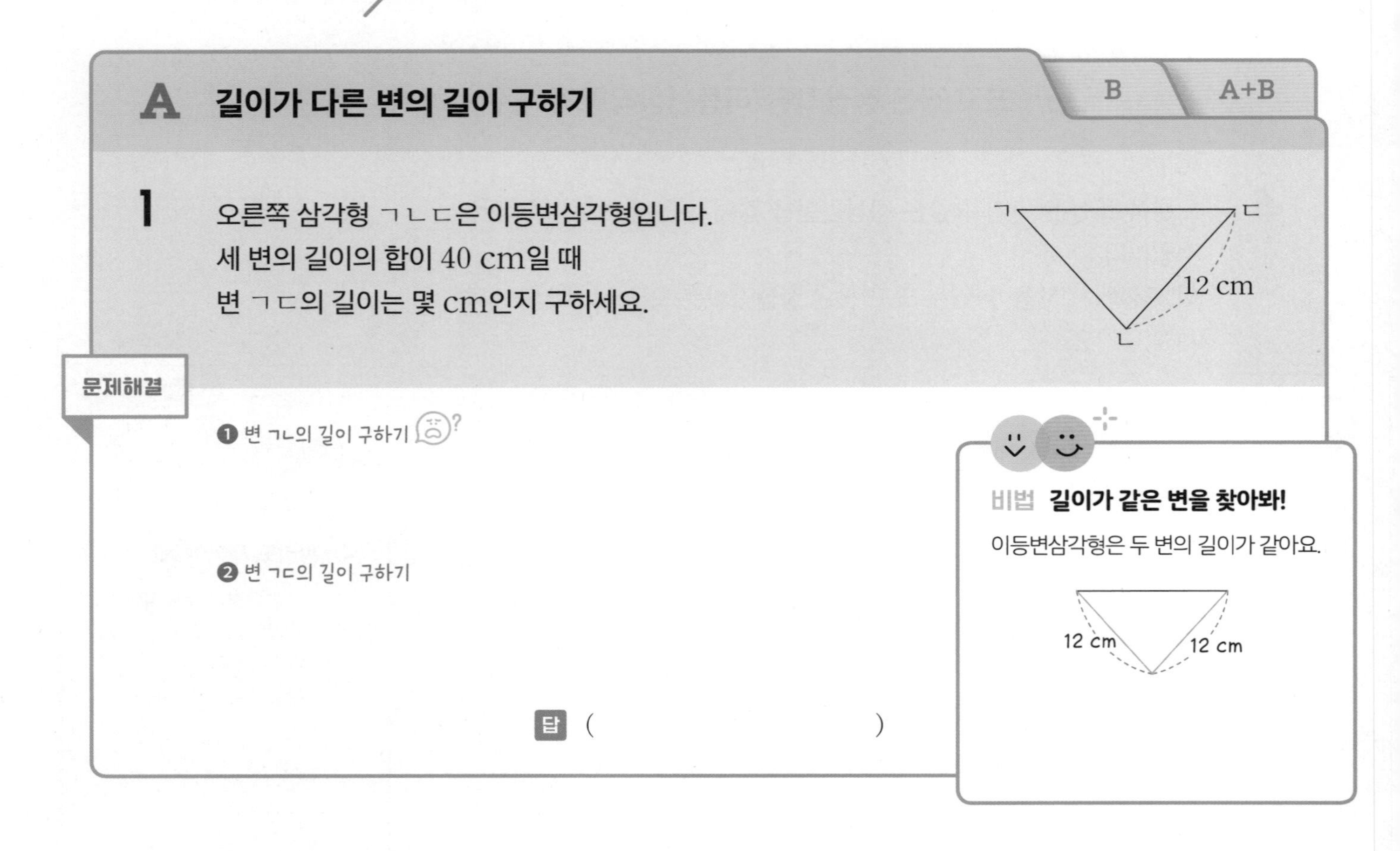

1 오른쪽 삼각형 ㄱㄴㄷ은 이등변삼각형입니다.
세 변의 길이의 합이 40 cm일 때
변 ㄱㄷ의 길이는 몇 cm인지 구하세요.

문제해결

❶ 변 ㄱㄴ의 길이 구하기

❷ 변 ㄱㄷ의 길이 구하기

답 (　　　　　　　　)

2 오른쪽 삼각형은 이등변삼각형입니다. 세 변의 길이의 합이 28 cm일 때 □ 안에 알맞은 수를 써넣으세요.

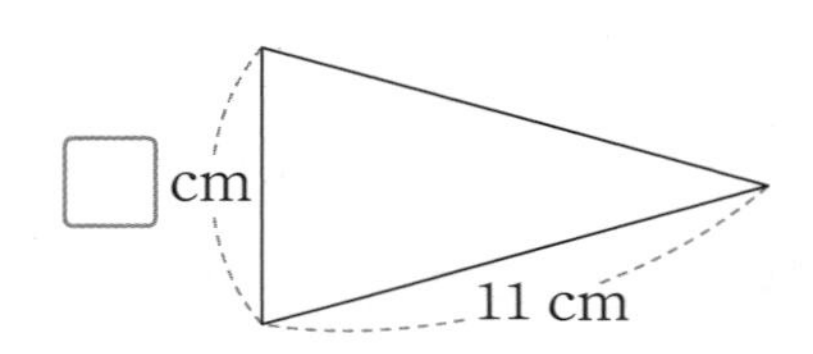

3 길이가 55 cm인 철사를 겹치지 않게 모두 사용하여 오른쪽과 같은 이등변삼각형 ㄱㄴㄷ을 만들었습니다. 변 ㄱㄴ의 길이는 몇 cm인지 구하세요.

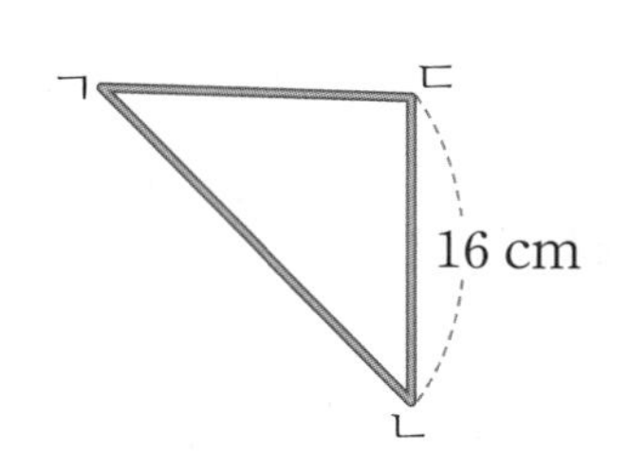

(　　　　　　　　)

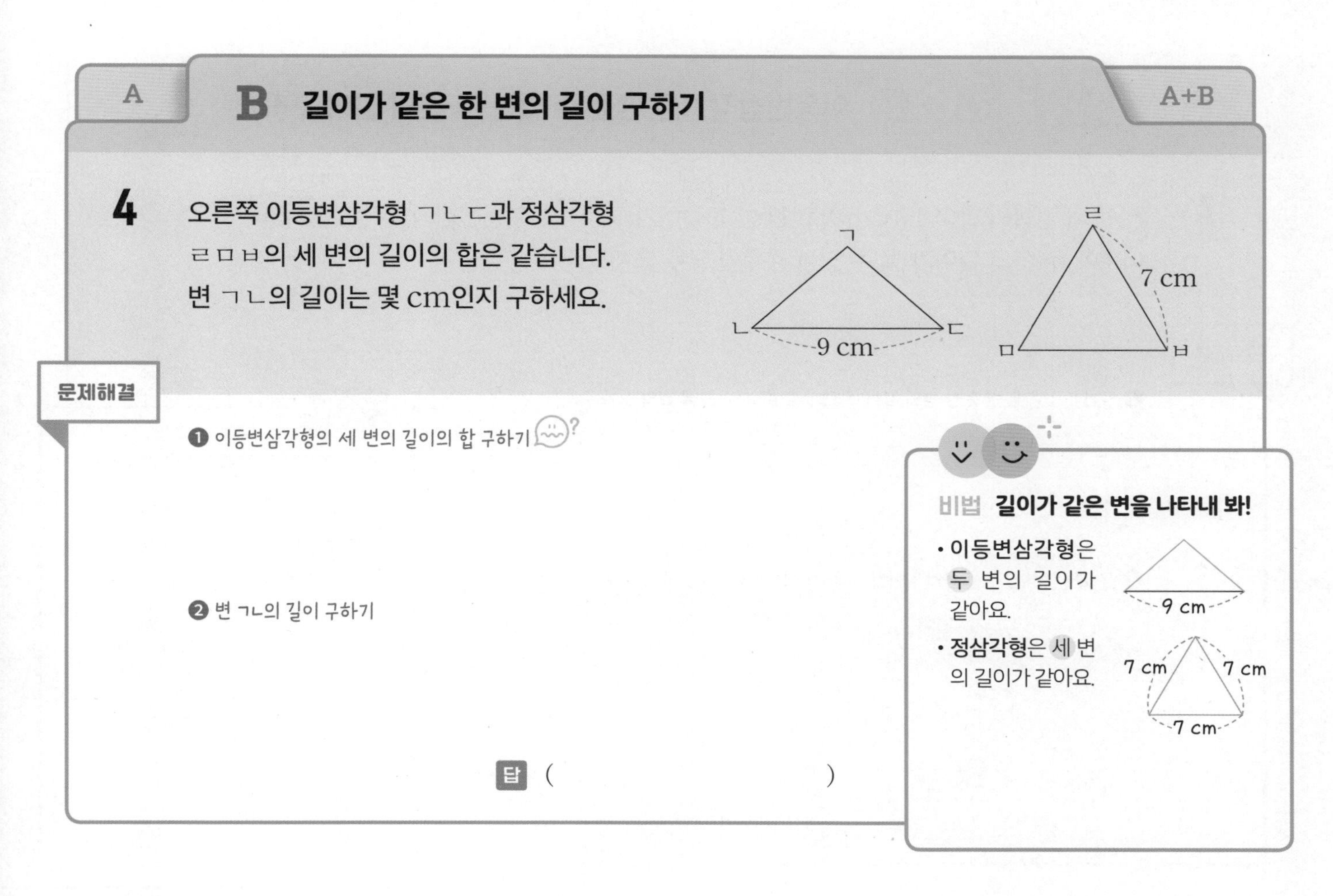

A | **B 길이가 같은 한 변의 길이 구하기** | A+B

4 오른쪽 이등변삼각형 ㄱㄴㄷ과 정삼각형 ㄹㅁㅂ의 세 변의 길이의 합은 같습니다. 변 ㄱㄴ의 길이는 몇 cm인지 구하세요.

문제해결

❶ 이등변삼각형의 세 변의 길이의 합 구하기

❷ 변 ㄱㄴ의 길이 구하기

답 (   )

비법 길이가 같은 변을 나타내 봐!

- 이등변삼각형은 두 변의 길이가 같아요.
- 정삼각형은 세 변의 길이가 같아요.

5 한 변의 길이가 12 cm인 정삼각형과 세 변의 길이의 합이 같은 이등변삼각형 ㄱㄴㄷ을 오른쪽과 같이 그리려고 합니다. 변 ㄱㄴ의 길이는 몇 cm로 해야 하는지 구하세요.

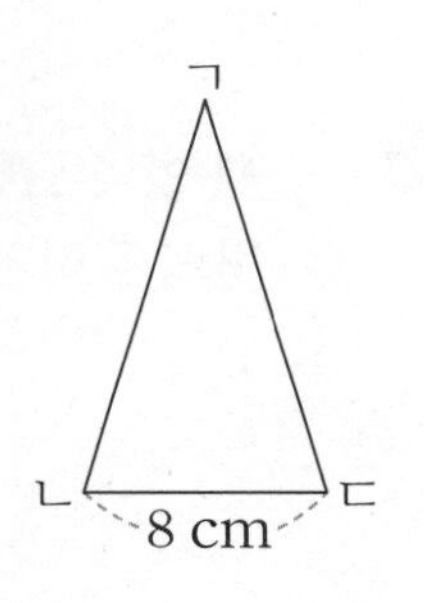

(   )

6 정사각형 ㄱㄴㄷㄹ의 네 변의 길이의 합과 이등변삼각형 ㅁㅂㅅ의 세 변의 길이의 합이 같습니다. 변 ㅁㅅ의 길이는 몇 cm인지 구하세요.

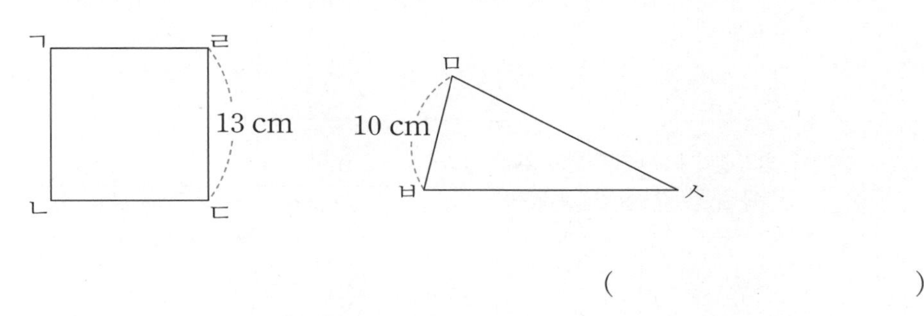

(   )

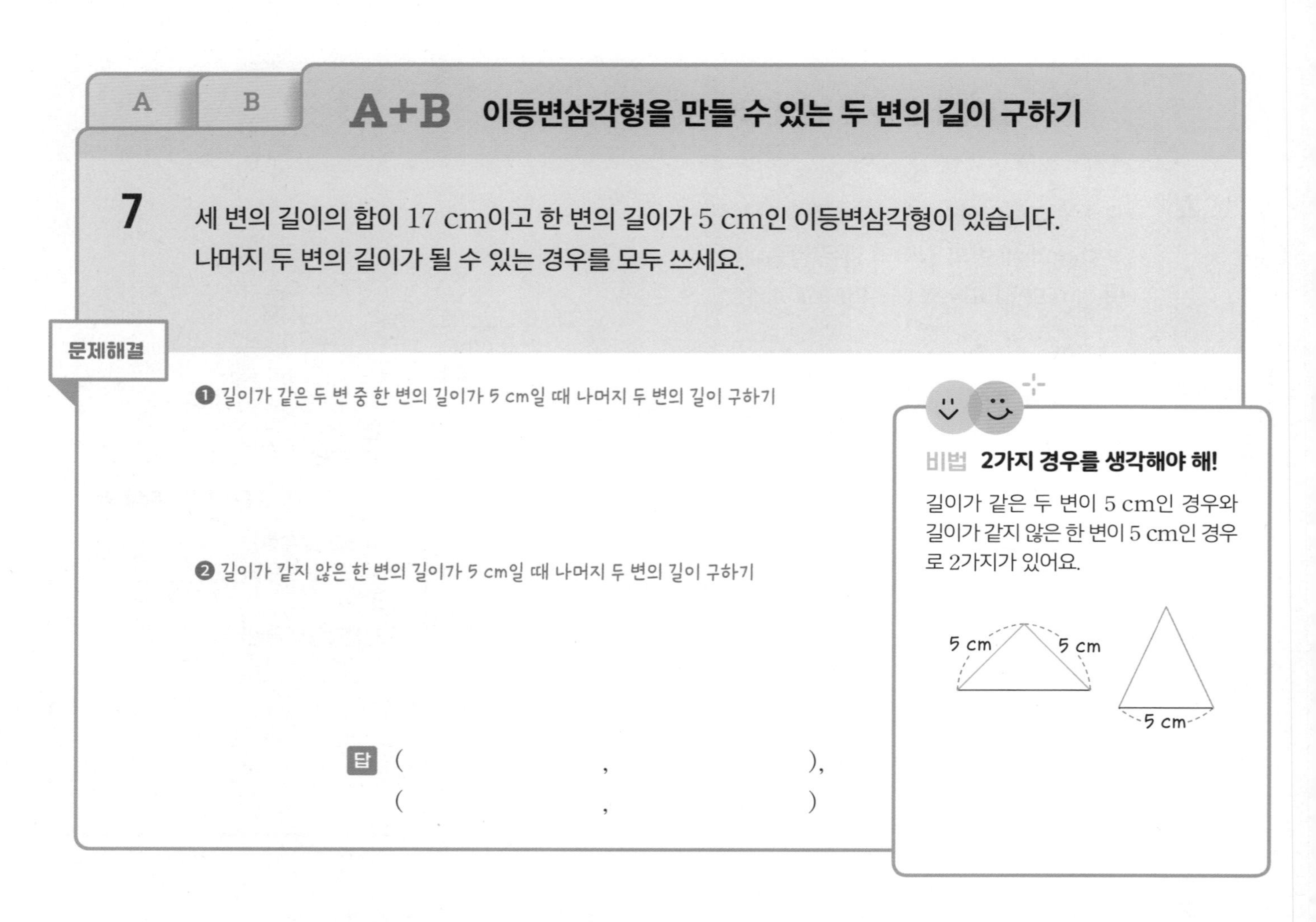

A+B 이등변삼각형을 만들 수 있는 두 변의 길이 구하기

7 세 변의 길이의 합이 17 cm이고 한 변의 길이가 5 cm인 이등변삼각형이 있습니다. 나머지 두 변의 길이가 될 수 있는 경우를 모두 쓰세요.

문제해결

❶ 길이가 같은 두 변 중 한 변의 길이가 5 cm일 때 나머지 두 변의 길이 구하기

❷ 길이가 같지 않은 한 변의 길이가 5 cm일 때 나머지 두 변의 길이 구하기

답 (　　　　,　　　　), (　　　　,　　　　)

비법 2가지 경우를 생각해야 해!
길이가 같은 두 변이 5 cm인 경우와 길이가 같지 않은 한 변이 5 cm인 경우로 2가지가 있어요.

8 세 변의 길이의 합이 22 cm이고 한 변의 길이가 8 cm인 이등변삼각형이 있습니다. 나머지 두 변의 길이가 될 수 있는 경우를 모두 쓰세요.

(　　　　,　　　　), (　　　　,　　　　)

9 길이가 40 cm인 철사를 겹치지 않게 모두 사용하여 한 변의 길이가 10 cm인 이등변삼각형을 만들었습니다. 만든 이등변삼각형의 세 변의 길이는 각각 몇 cm인지 구하세요.

(　　　　　　　　)

가장 긴 변의 길이가 나머지 두 변의 길이의 합과 같거나 길면 삼각형을 만들 수 없어요.

5 cm 5 cm 10 cm　　4 cm 4 cm 10 cm

유형 03 모든 변의 길이의 합

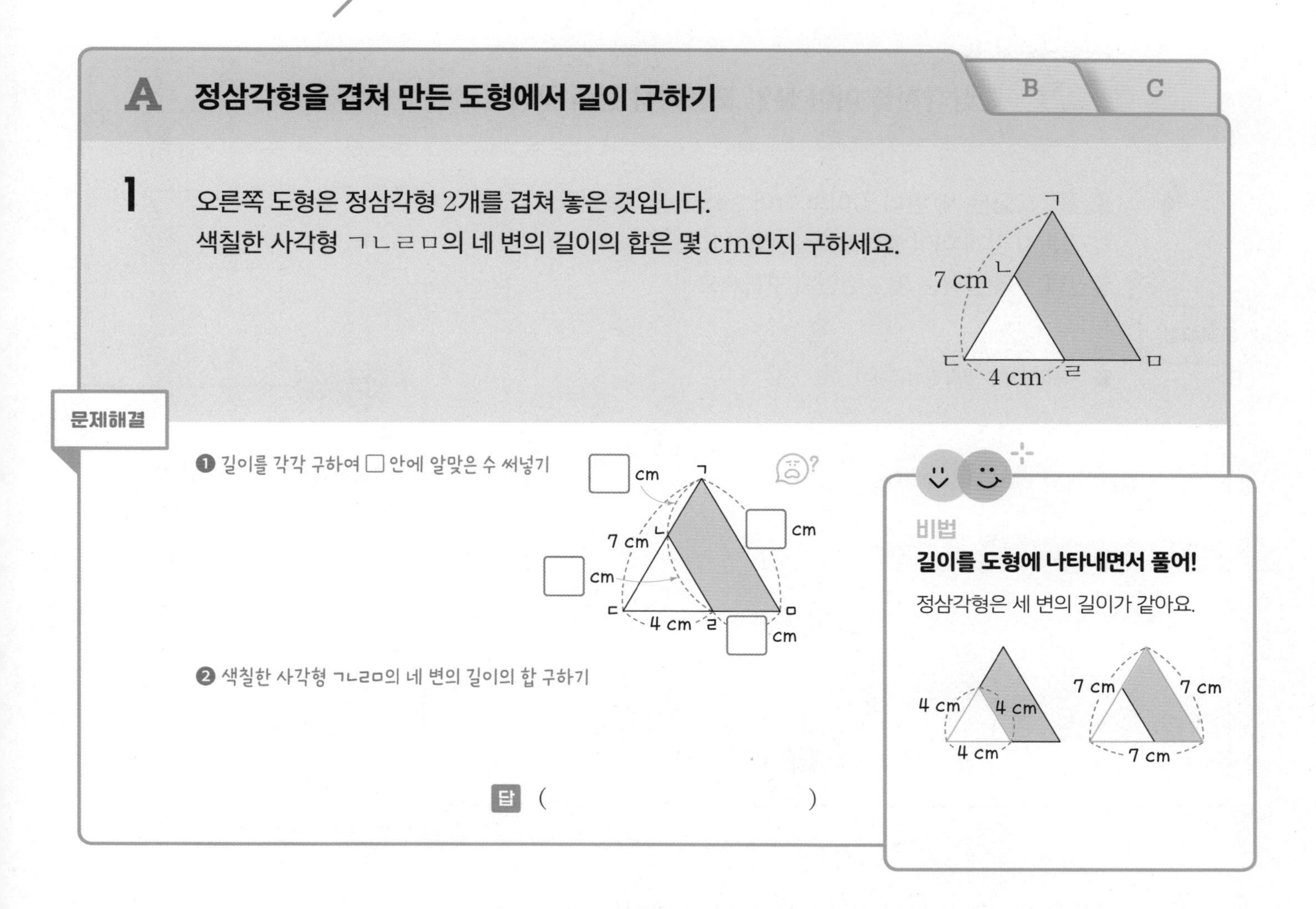

A 정삼각형을 겹쳐 만든 도형에서 길이 구하기

B C

1 오른쪽 도형은 정삼각형 2개를 겹쳐 놓은 것입니다.
색칠한 사각형 ㄱㄴㄹㅁ의 네 변의 길이의 합은 몇 cm인지 구하세요.

문제해결

❶ 길이를 각각 구하여 □ 안에 알맞은 수 써넣기

❷ 색칠한 사각형 ㄱㄴㄹㅁ의 네 변의 길이의 합 구하기

답 (   )

비법

길이를 도형에 나타내면서 풀어!

정삼각형은 세 변의 길이가 같아요.

2 오른쪽 도형에서 삼각형 ㄱㄷㄹ과 삼각형 ㄱㄴㅁ은 각각 정삼각형입니다. 사각형 ㄴㄷㄹㅁ의 네 변의 길이의 합은 몇 cm인지 구하세요.

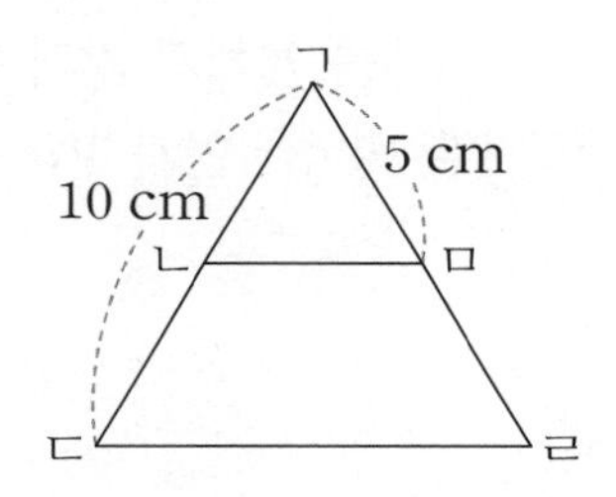

(   )

3 오른쪽 도형에서 삼각형 ㄱㄴㄷ은 정삼각형이고, 삼각형 ㄹㄴㄷ의 세 변의 길이의 합은 27 cm입니다. 색칠한 부분의 모든 변의 길이의 합은 몇 cm인지 구하세요.

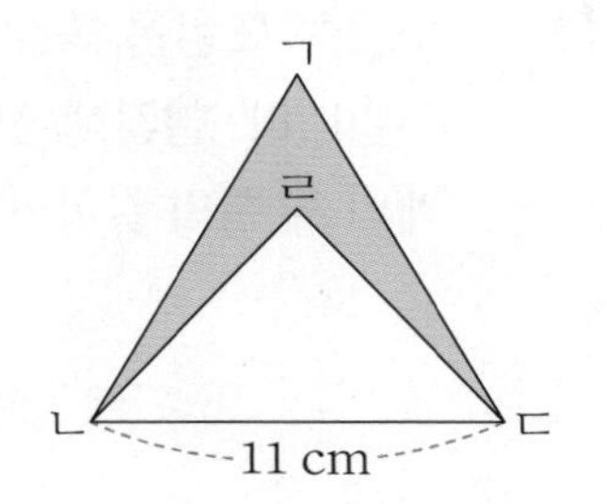

변 ㄴㄹ과 변 ㄹㄷ의 길이를
각각 구할 수 없어요!

(   )

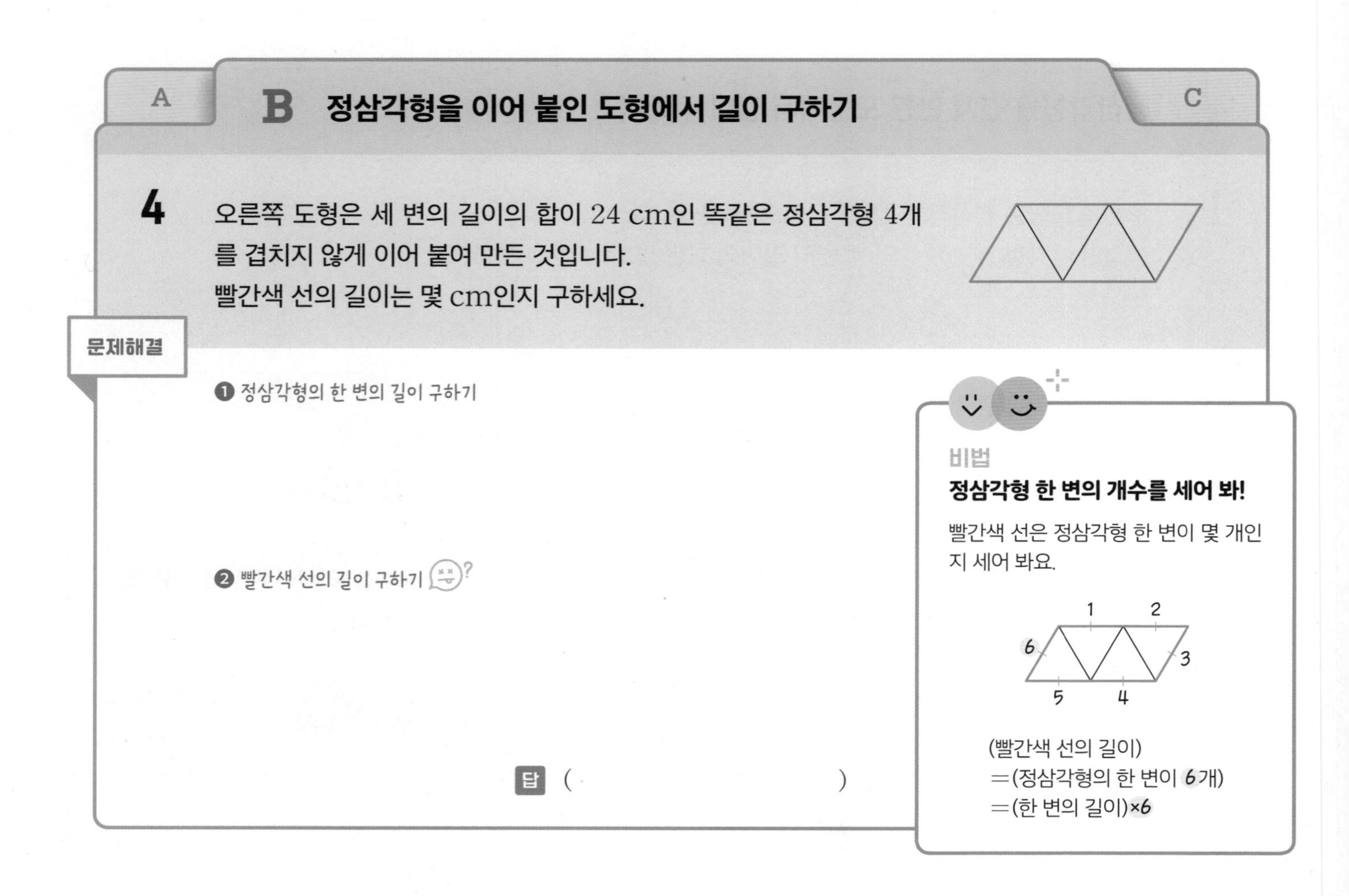

A

B 정삼각형을 이어 붙인 도형에서 길이 구하기

C

4 오른쪽 도형은 세 변의 길이의 합이 24 cm인 똑같은 정삼각형 4개를 겹치지 않게 이어 붙여 만든 것입니다.
빨간색 선의 길이는 몇 cm인지 구하세요.

문제해결

❶ 정삼각형의 한 변의 길이 구하기

❷ 빨간색 선의 길이 구하기

답 (　　　　　　　　)

비법

정삼각형 한 변의 개수를 세어 봐!

빨간색 선은 정삼각형 한 변이 몇 개인지 세어 봐요.

(빨간색 선의 길이)
=(정삼각형의 한 변이 6개)
=(한 변의 길이)×6

5 오른쪽 도형은 세 변의 길이의 합이 33 cm인 똑같은 정삼각형 5개를 겹치지 않게 이어 붙여 만든 것입니다. 빨간색 선의 길이는 몇 cm인지 구하세요.

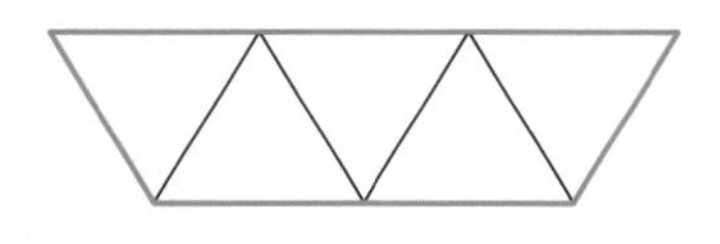

(　　　　　　　　)

6 오른쪽 도형은 똑같은 정삼각형 9개를 겹치지 않게 이어 붙여 만든 것입니다. 빨간색 선의 길이가 54 cm일 때 가장 작은 정삼각형 한 개의 세 변의 길이의 합은 몇 cm인지 구하세요.

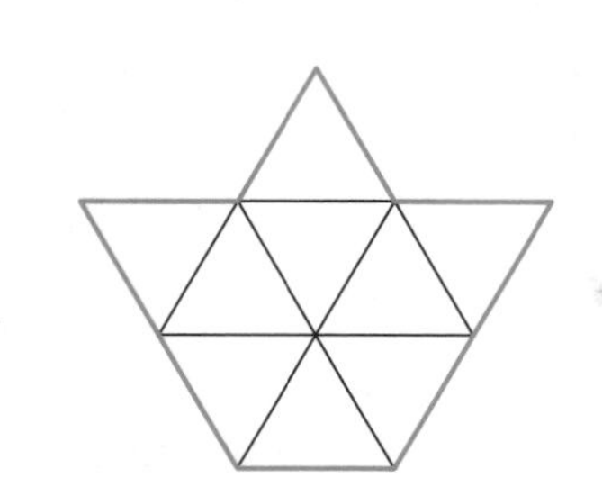

(　　　　　　　　)

A B

C 정삼각형, 이등변삼각형을 이어 붙인 도형에서 길이 구하기

7 오른쪽 도형에서 삼각형 ㄱㄴㄷ은 이등변삼각형이고,
삼각형 ㄱㄷㄹ은 정삼각형입니다.
삼각형 ㄱㄴㄷ의 세 변의 길이의 합이 30 cm일 때
사각형 ㄱㄴㄷㄹ의 네 변의 길이의 합은 몇 cm인지 구하세요.

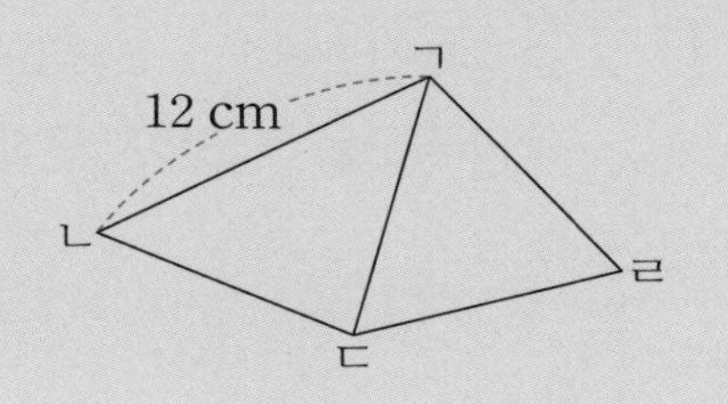

문제해결

❶ 변 ㄴㄷ의 길이 구하기

❷ 변 ㄷㄹ, 변 ㄱㄹ의 길이 각각 구하기

❸ 사각형 ㄱㄴㄷㄹ의 네 변의 길이의 합 구하기

답 (　　　　　　　　)

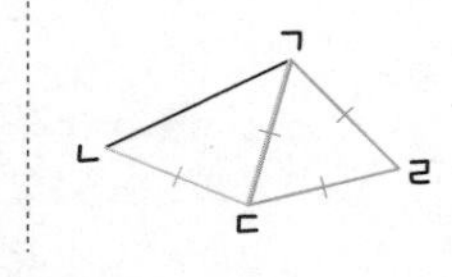

비법 길이가 같은 변을 알아봐!

이등변삼각형은 두 변의 길이가 같아요.

정삼각형은 세 변의 길이가 같아요.

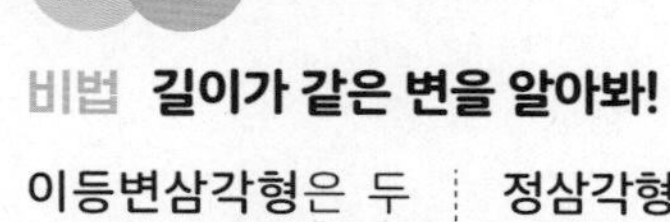

⇨ (변 ㄴㄷ)=(변 ㄱㄷ)
=(변 ㄷㄹ)=(변 ㄱㄹ)

8 오른쪽 도형에서 삼각형 ㄱㄴㄷ은 정삼각형이고, 삼각형 ㄱㄷㄹ은 이등변삼각형입니다. 삼각형 ㄱㄷㄹ의 세 변의 길이의 합이 51 cm일 때 사각형 ㄱㄴㄷㄹ의 네 변의 길이의 합은 몇 cm인지 구하세요.

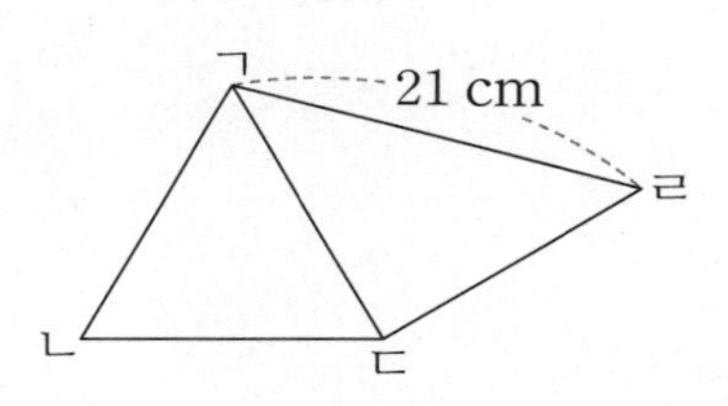

(　　　　　　　　)

9 오른쪽 도형은 정삼각형 ㉮, 정사각형 ㉯, 이등변삼각형 ㉰를 겹치지 않게 이어 붙여 만든 육각형입니다. 이등변삼각형 ㉰의 세 변의 길이의 합이 49 cm일 때 육각형의 여섯 변의 길이의 합은 몇 cm인지 구하세요.

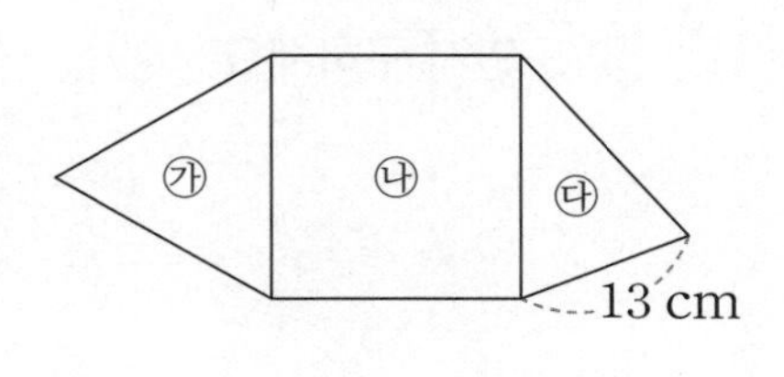

(　　　　　　　　)

유형 04

이등변삼각형의 각의 성질

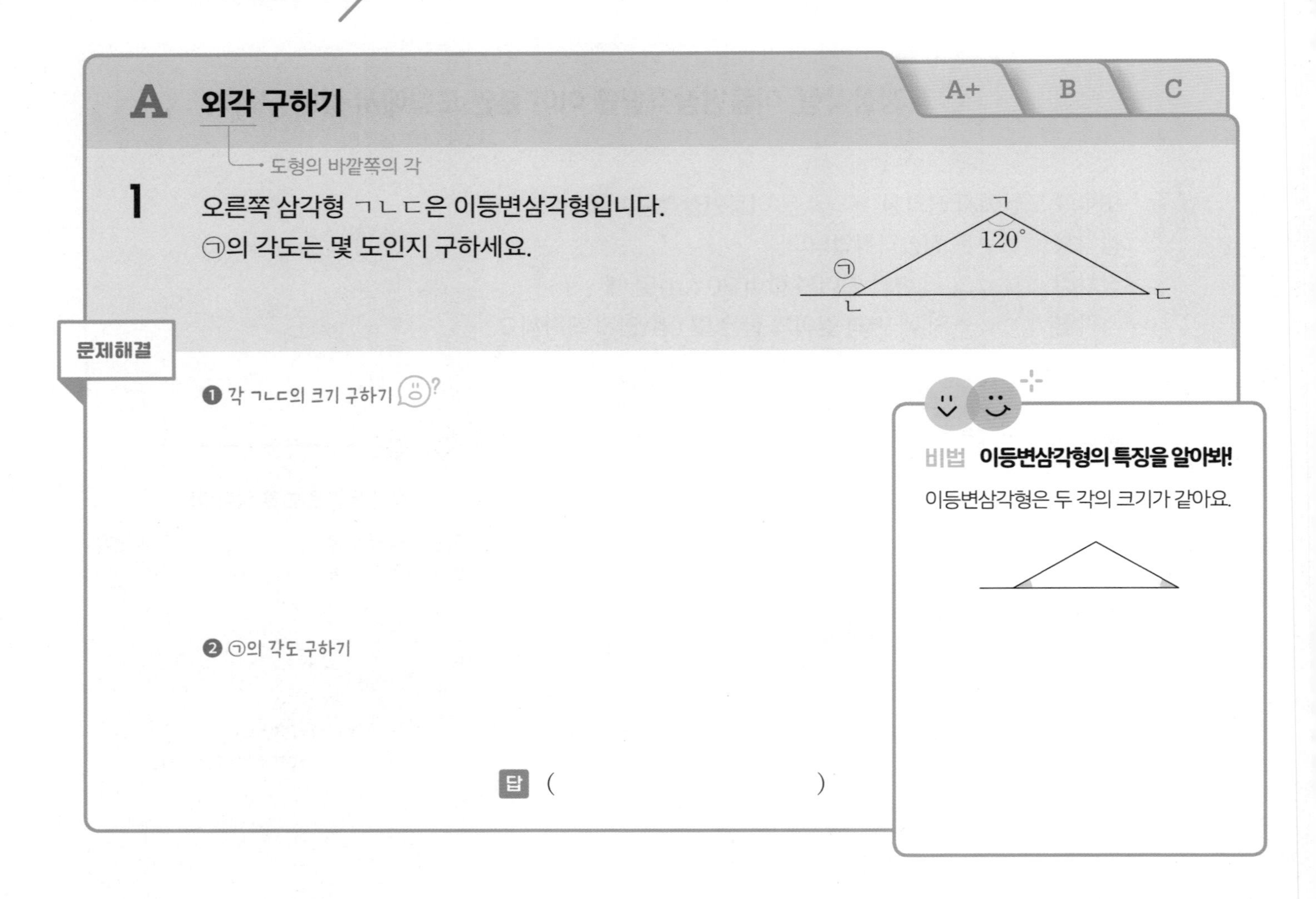

A 외각 구하기

도형의 바깥쪽의 각

1 오른쪽 삼각형 ㄱㄴㄷ은 이등변삼각형입니다. ㉠의 각도는 몇 도인지 구하세요.

문제해결

❶ 각 ㄱㄴㄷ의 크기 구하기

❷ ㉠의 각도 구하기

답 (　　　　　　　　)

비법 **이등변삼각형의 특징을 알아봐!**

이등변삼각형은 두 각의 크기가 같아요.

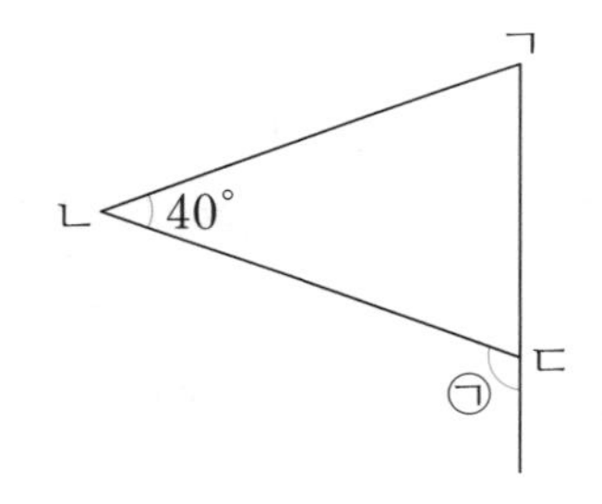

2 오른쪽 삼각형 ㄱㄴㄷ은 이등변삼각형입니다. ㉠의 각도는 몇 도인지 구하세요.

(　　　　　　　　)

3 오른쪽 삼각형 ㄱㄴㄷ은 이등변삼각형입니다. ㉠과 ㉡의 각도의 차는 몇 도인지 구하세요.

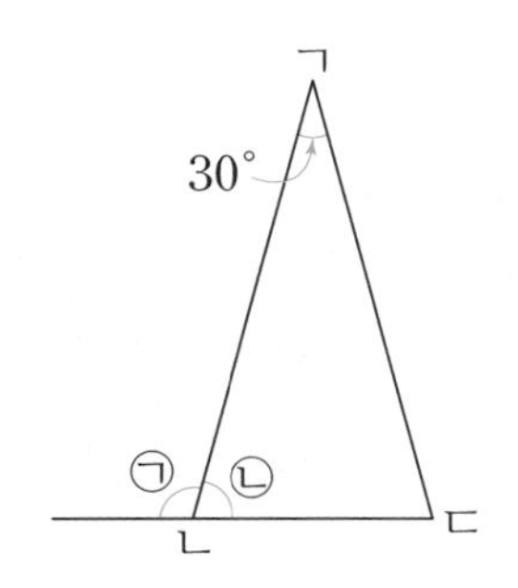

(　　　　　　　　)

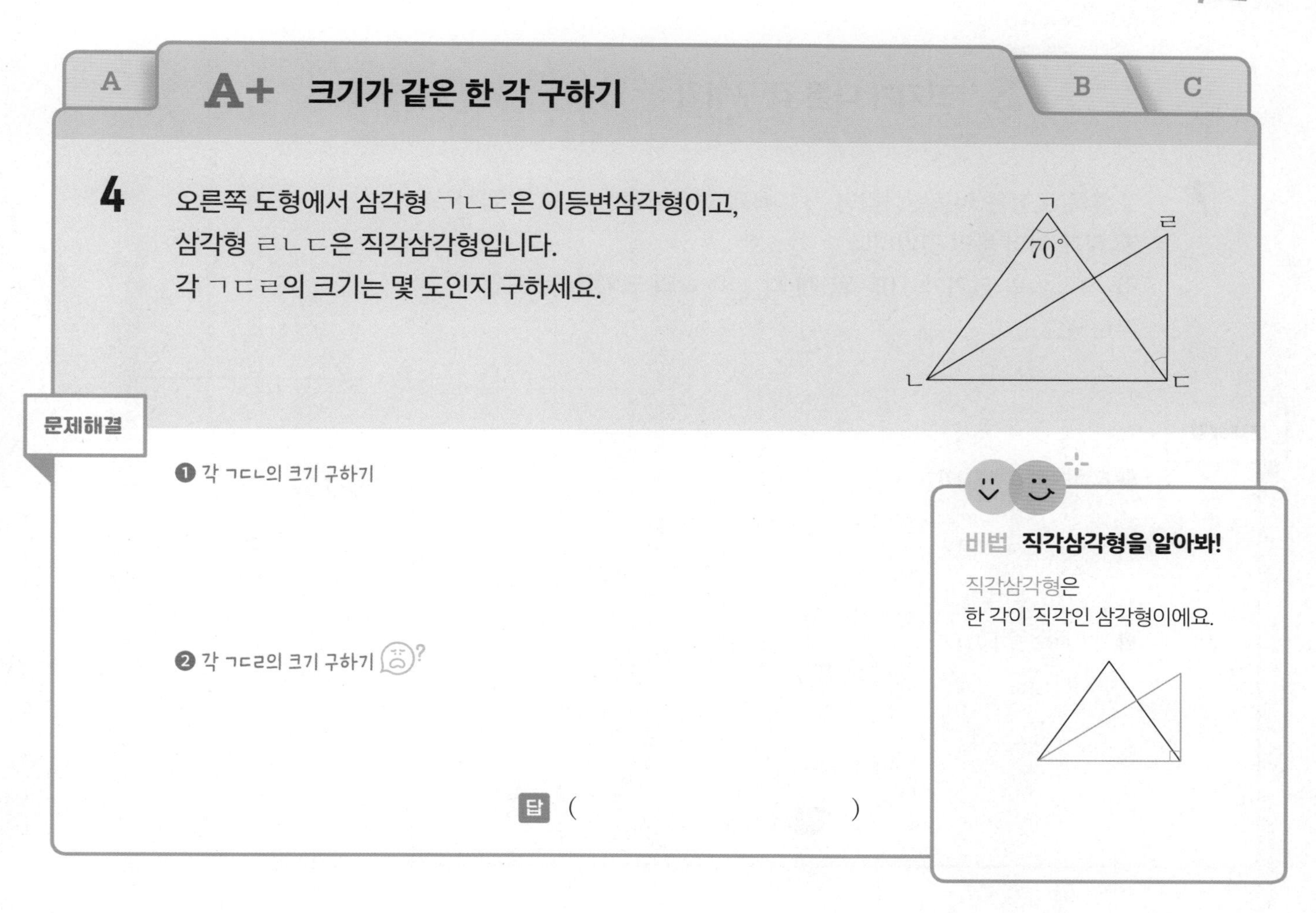

A B C

A+ 크기가 같은 한 각 구하기

4 오른쪽 도형에서 삼각형 ㄱㄴㄷ은 이등변삼각형이고,
삼각형 ㄹㄴㄷ은 직각삼각형입니다.
각 ㄱㄷㄹ의 크기는 몇 도인지 구하세요.

문제해결

❶ 각 ㄱㄷㄴ의 크기 구하기

❷ 각 ㄱㄷㄹ의 크기 구하기

답 (   )

비법 직각삼각형을 알아봐!

직각삼각형은
한 각이 직각인 삼각형이에요.

5 오른쪽 도형에서 삼각형 ㄱㄴㄷ은 직각삼각형이고, 삼각형 ㄹㄴㄷ은 이등변삼각형입니다. 각 ㄱㄴㄹ의 크기는 몇 도인지 구하세요.

(   )

ㄱ
ㄹ
130°
ㄴ
ㄷ

6 오른쪽 도형에서 삼각형 ㄱㄴㄹ은 직각삼각형이고, 삼각형 ㄱㄴㄷ은 이등변삼각형입니다. 각 ㄴㄱㄹ의 크기는 몇 도인지 구하세요.

(   )

ㄱ
140°
ㄴ
ㄷ
ㄹ

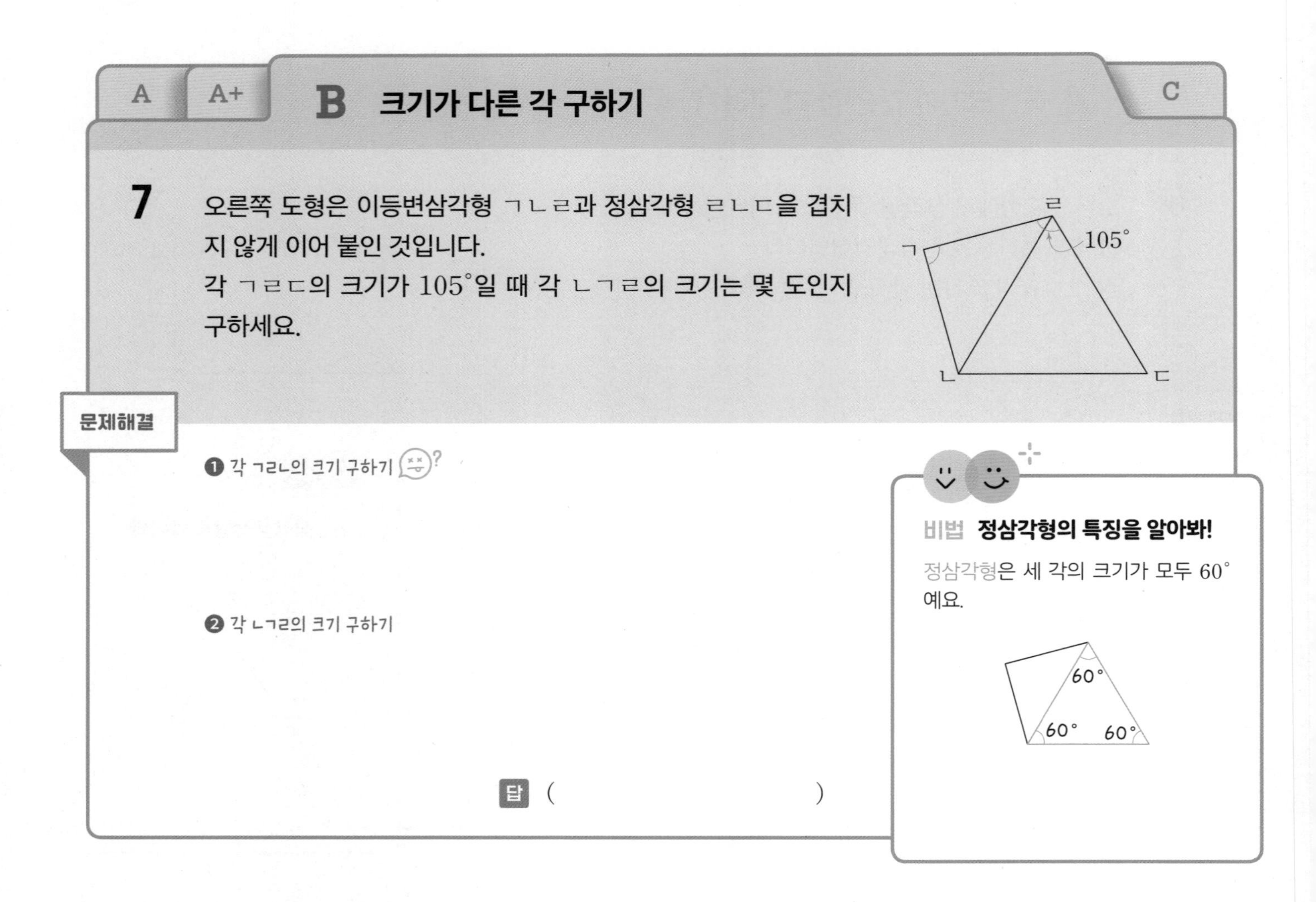

7 오른쪽 도형은 이등변삼각형 ㄱㄴㄹ과 정삼각형 ㄹㄴㄷ을 겹치지 않게 이어 붙인 것입니다.
각 ㄱㄹㄷ의 크기가 105°일 때 각 ㄴㄱㄹ의 크기는 몇 도인지 구하세요.

문제해결

❶ 각 ㄱㄹㄴ의 크기 구하기

❷ 각 ㄴㄱㄹ의 크기 구하기

답 (　　　　　　　　)

8 오른쪽과 같이 정삼각형 ㄱㄴㄷ과 이등변삼각형 ㅁㄴㄹ을 겹쳐 놓았습니다. 각 ㄴㅁㄹ의 크기는 몇 도인지 구하세요.

(　　　　　　　　)

9 오른쪽 도형에서 삼각형 ㄱㄴㄷ과 삼각형 ㄹㄴㄷ은 각각 이등변삼각형입니다. 각 ㄴㄱㄷ의 크기는 몇 도인지 구하세요.

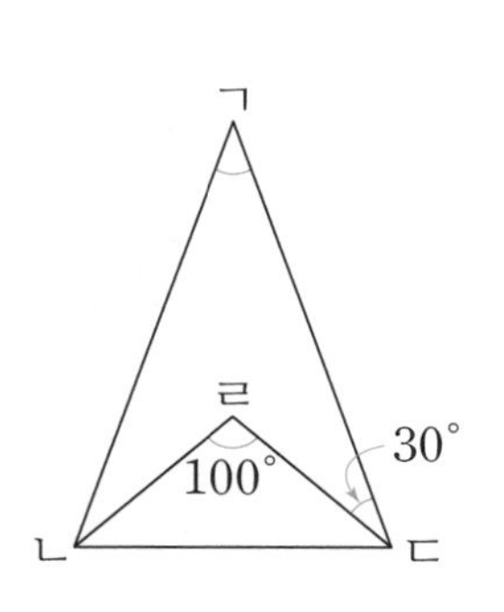

(　　　　　　　　)

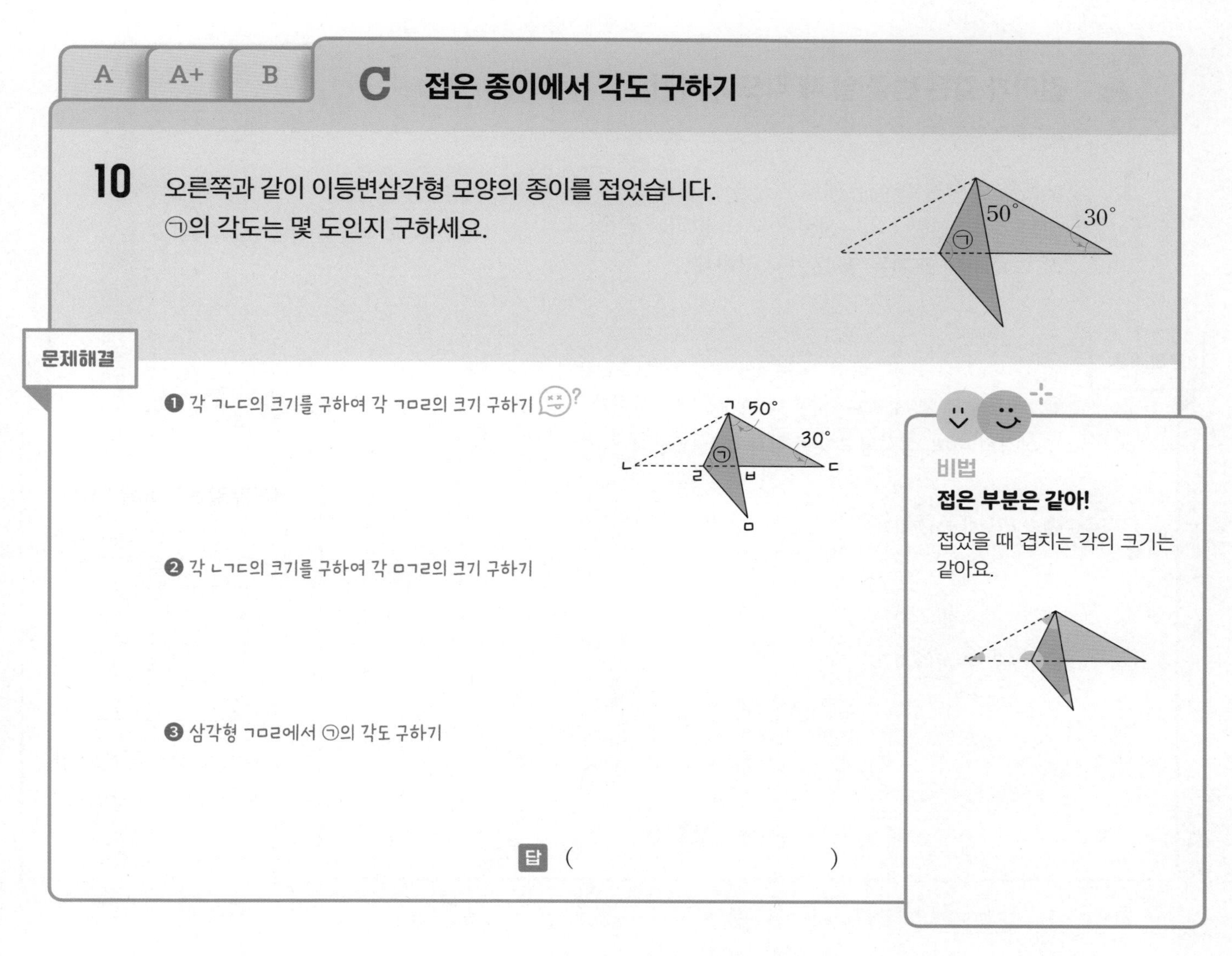

A A+ B

C 접은 종이에서 각도 구하기

10 오른쪽과 같이 이등변삼각형 모양의 종이를 접었습니다. ㉠의 각도는 몇 도인지 구하세요.

문제해결

❶ 각 ㄱㄴㄷ의 크기를 구하여 각 ㄱㅁㄹ의 크기 구하기

❷ 각 ㄴㄱㄷ의 크기를 구하여 각 ㅁㄱㄹ의 크기 구하기

❸ 삼각형 ㄱㅁㄹ에서 ㉠의 각도 구하기

답 (   )

비법
접은 부분은 같아!
접었을 때 겹치는 각의 크기는 같아요.

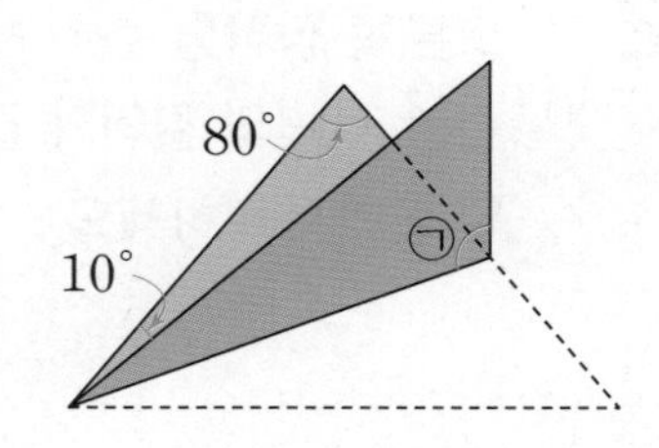

11 오른쪽과 같이 이등변삼각형 모양의 종이를 접었습니다. ㉠의 각도는 몇 도인지 구하세요.

(   )

12 오른쪽과 같이 정삼각형 모양의 종이를 접었습니다. ㉠의 각도는 몇 도인지 구하세요.

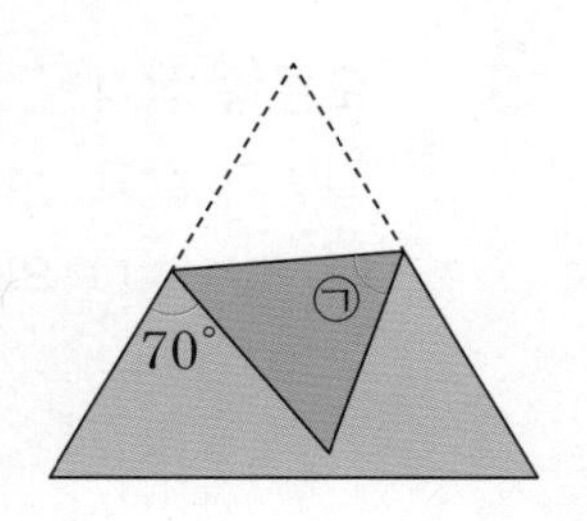

(   )

유형 05 이등변삼각형의 활용

A 길이가 같은 변을 알 때 각도 구하기

B C

1 오른쪽 삼각형 ㄱㄷㄹ에서
선분 ㄴㄷ, 선분 ㄴㄹ, 선분 ㄱㄹ의 길이가 같습니다.
각 ㄴㄹㄱ의 크기는 몇 도인지 구하세요.

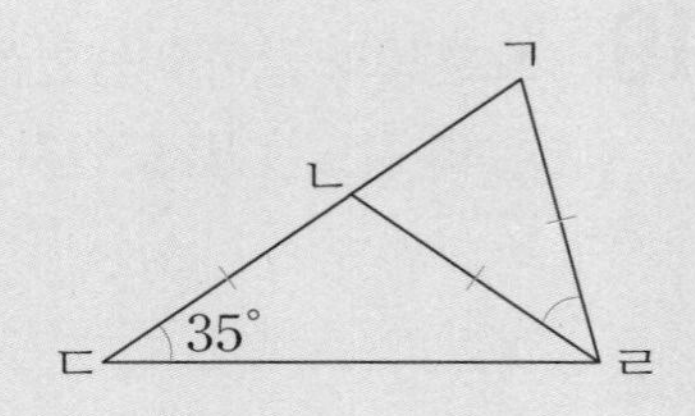

문제해결

❶ 삼각형 ㄴㄷㄹ, 삼각형 ㄹㄱㄴ은 각각 어떤 삼각형인지 ○표 하기
삼각형 ㄴㄷㄹ, 삼각형 ㄹㄱㄴ은 각각 (이등변삼각형 , 정삼각형)입니다.

❷ 각 ㄷㄴㄹ의 크기 구하기

❸ 각 ㄴㄹㄱ의 크기 구하기

답 ( )

비법
크기가 같은 각을 알아봐!
두 변의 길이가 같으면 이등변삼각형이고, 이등변삼각형은 두 각의 크기가 같아요.

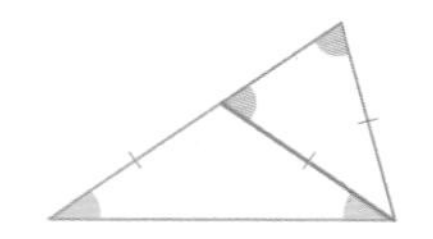

⇨ 길이가 같은 두 변의 양 끝 각의 크기가 같아요.

2 오른쪽 삼각형 ㄱㄴㄹ에서 선분 ㄱㄴ, 선분 ㄱㄷ, 선분 ㄷㄹ의 길이가 같습니다. 각 ㄴㄱㄷ의 크기는 몇 도인지 구하세요.

( )

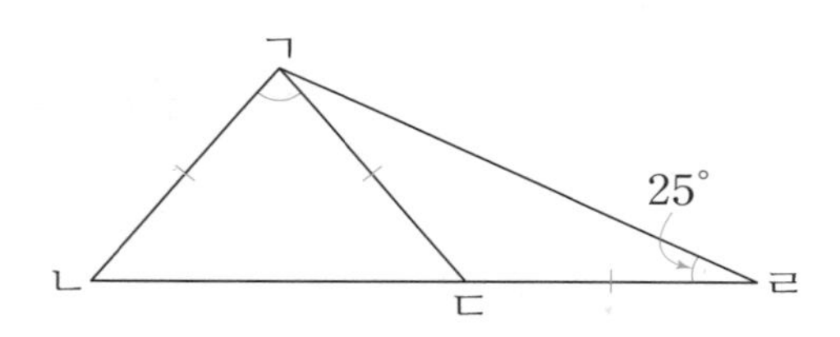

3 오른쪽 삼각형 ㄱㄴㄹ에서 선분 ㄴㄷ과 선분 ㄱㄷ의 길이가 같고, 선분 ㄷㄹ과 선분 ㄱㄹ의 길이가 같습니다. 각 ㄴㄱㄹ의 크기는 몇 도인지 구하세요.

( )

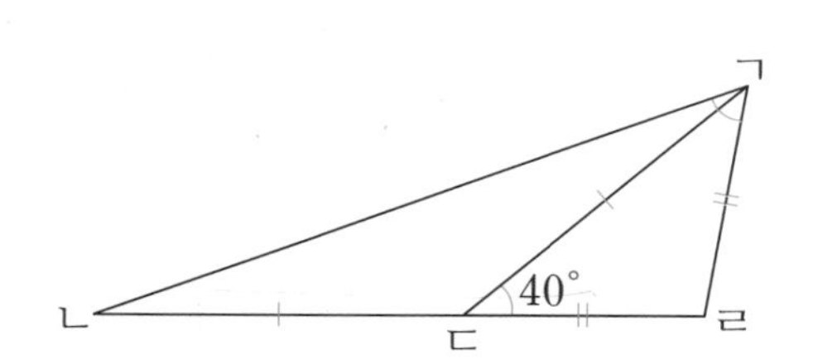

A

B 원 위에 놓인 삼각형에서 각도 구하기

C

4 오른쪽 도형에서 점 ㅇ은 원의 중심이고
삼각형 ㄱㄴㄷ은 원 위의 세 점을 이어 그린 것입니다.
각 ㅇㄷㄴ의 크기는 몇 도인지 구하세요.

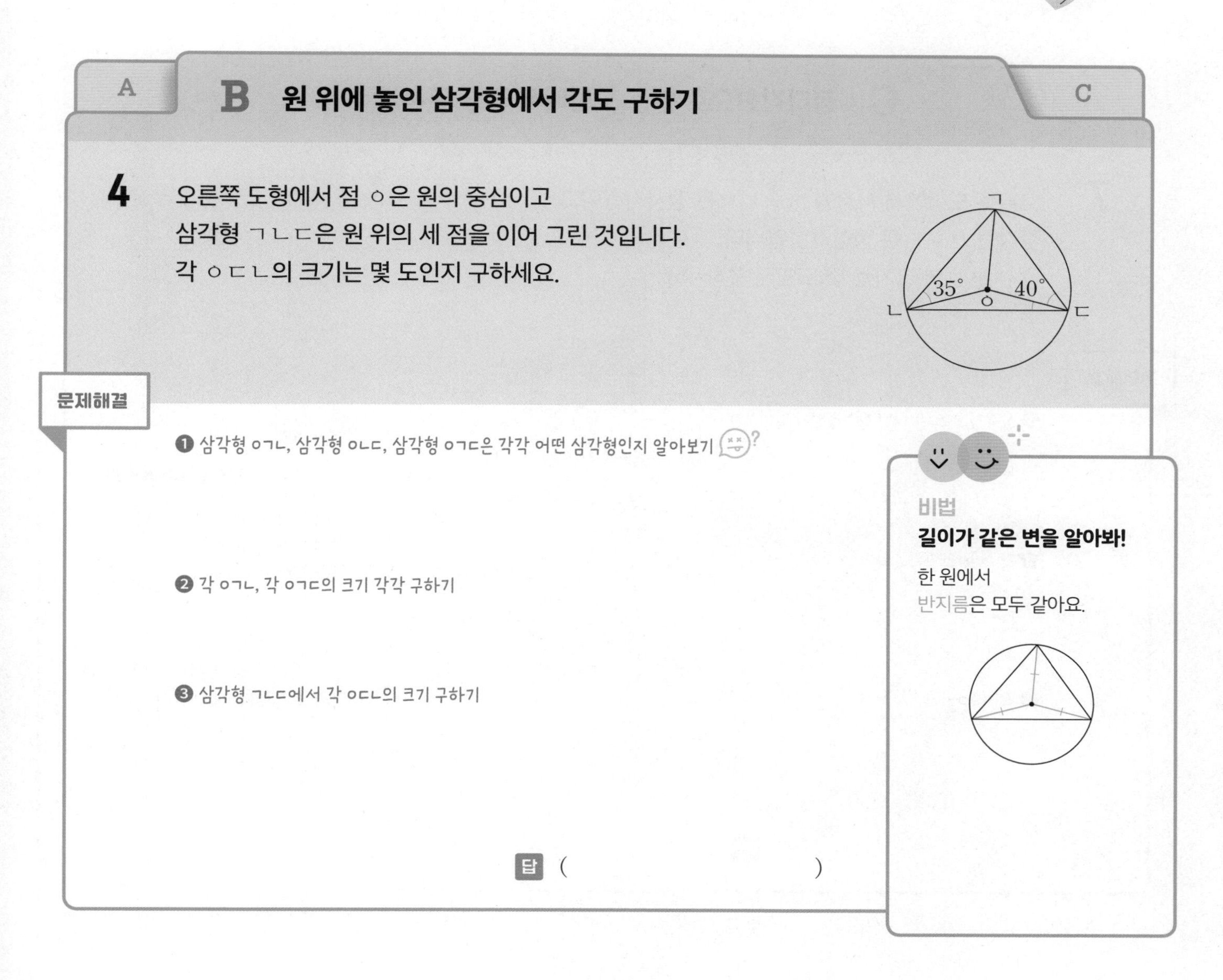

문제해결

❶ 삼각형 ㅇㄱㄴ, 삼각형 ㅇㄴㄷ, 삼각형 ㅇㄱㄷ은 각각 어떤 삼각형인지 알아보기

❷ 각 ㅇㄱㄴ, 각 ㅇㄱㄷ의 크기 각각 구하기

❸ 삼각형 ㄱㄴㄷ에서 각 ㅇㄷㄴ의 크기 구하기

답 (   )

비법
길이가 같은 변을 알아봐!
한 원에서
반지름은 모두 같아요.

5 오른쪽 도형에서 점 ㅇ은 원의 중심이고 삼각형 ㄱㄴㄷ은 원 위의 세 점을 이어 그린 것입니다. ㉠의 각도는 몇 도인지 구하세요.

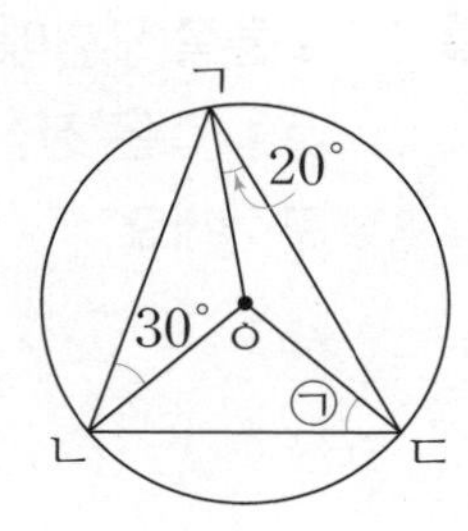

(   )

6 오른쪽 도형에서 점 ㅇ은 원의 중심이고 삼각형 ㄱㄴㄷ은 원 위의 세 점을 이어 그린 것입니다. 각 ㅇㄷㄱ의 크기는 몇 도인지 구하세요.

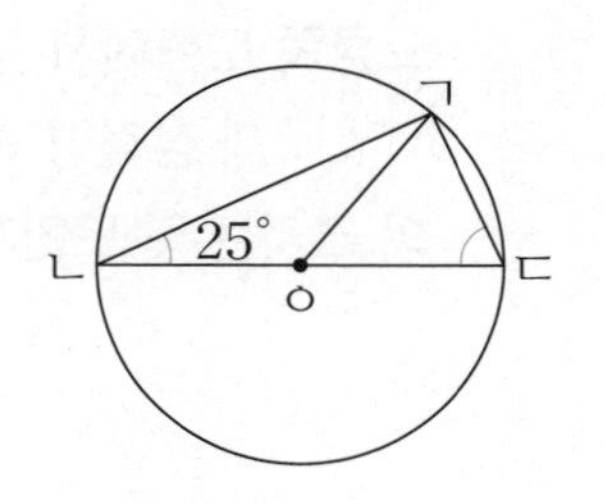

(   )

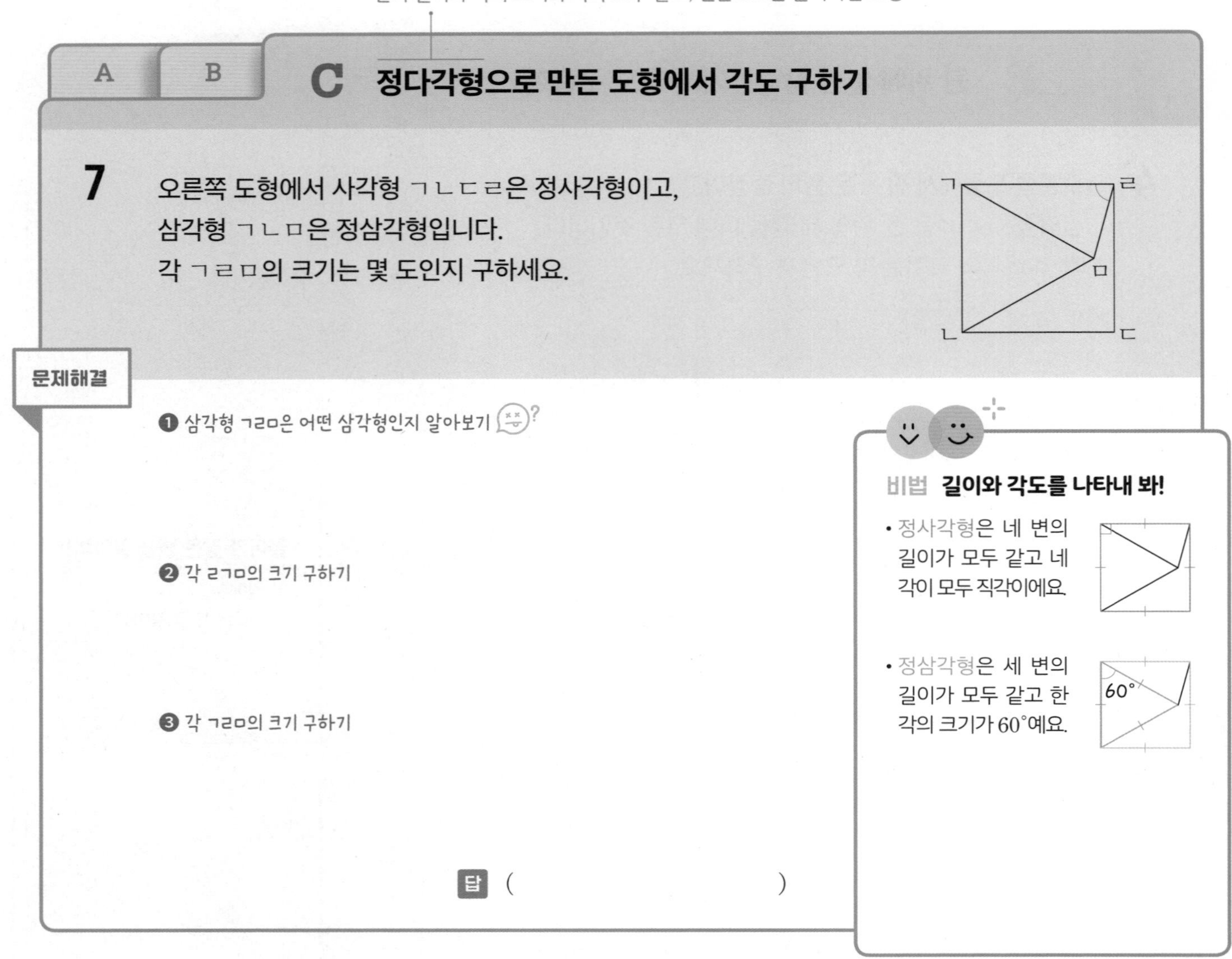

변의 길이와 각의 크기가 각각 모두 같고, 선분으로만 둘러싸인 도형

A B

C 정다각형으로 만든 도형에서 각도 구하기

7 오른쪽 도형에서 사각형 ㄱㄴㄷㄹ은 정사각형이고,
삼각형 ㄱㄴㅁ은 정삼각형입니다.
각 ㄱㄹㅁ의 크기는 몇 도인지 구하세요.

문제해결

❶ 삼각형 ㄱㄹㅁ은 어떤 삼각형인지 알아보기

❷ 각 ㄹㄱㅁ의 크기 구하기

❸ 각 ㄱㄹㅁ의 크기 구하기

답 (   )

비법 **길이와 각도를 나타내 봐!**

- 정사각형은 네 변의 길이가 모두 같고 네 각이 모두 직각이에요.
- 정삼각형은 세 변의 길이가 모두 같고 한 각의 크기가 60°예요.

8 오른쪽 도형에서 사각형 ㄱㄷㄹㅁ은 정사각형이고, 삼각형 ㄱㄴㄷ은 정삼각형입니다. 각 ㄷㄴㄹ의 크기는 몇 도인지 구하세요.

(   )

9 오른쪽 도형에서 사각형 ㄱㄴㄷㄹ은 정사각형이고, 삼각형 ㅁㄴㄷ과 삼각형 ㄹㄷㅅ은 각각 정삼각형입니다. 각 ㄷㅁㅅ의 크기는 몇 도인지 구하세요.

(   )

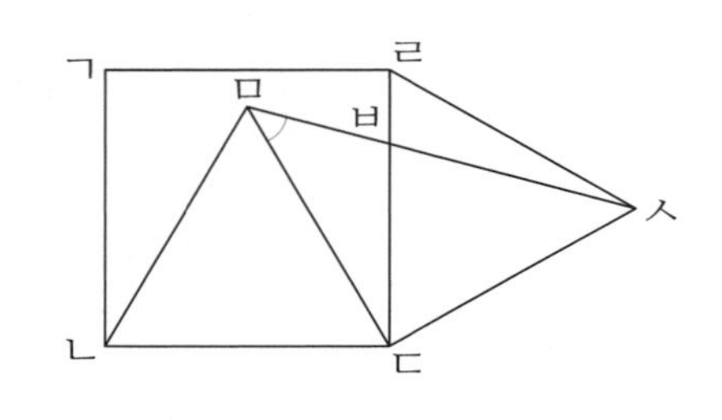

어떻게 풀어야 할지 모르겠다면
유형으로 되돌아가 다시 학습해 보세요.

01 이등변삼각형 ㄱㄴㄷ과 정삼각형 ㄹㅁㅂ의 세 변의 길이의 합은 같습니다. 변 ㄹㅁ의 길이는 몇 cm인지 구하세요.

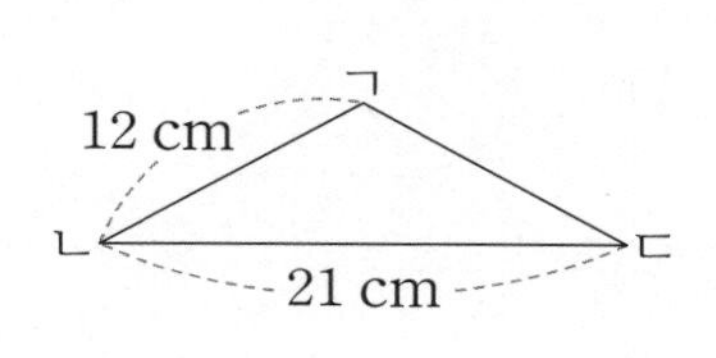

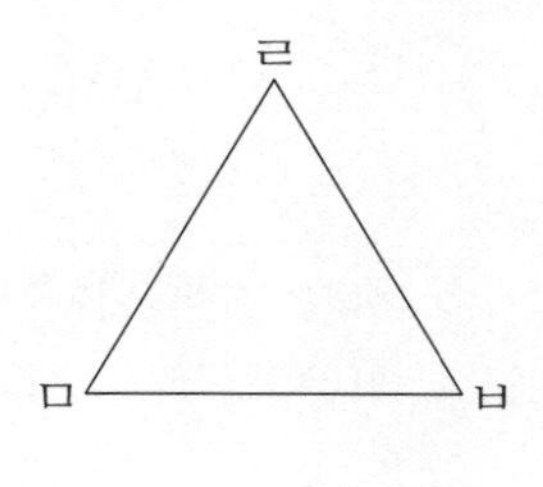

( )

02 오른쪽 도형은 세 변의 길이의 합이 12 cm인 똑같은 정삼각형 8개를 겹치지 않게 이어 붙여 만든 것입니다. 빨간색 선의 길이는 몇 cm인지 구하세요.

유형 03 B

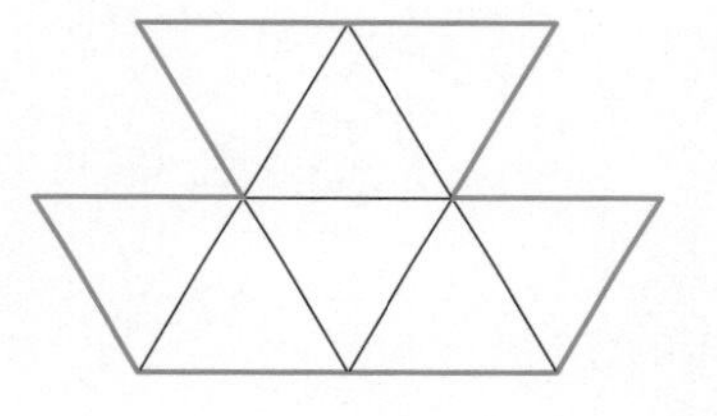

( )

03 오른쪽 도형에서 찾을 수 있는 크고 작은 예각삼각형은 둔각삼각형보다 몇 개 더 많은지 구하세요.

유형 01 A

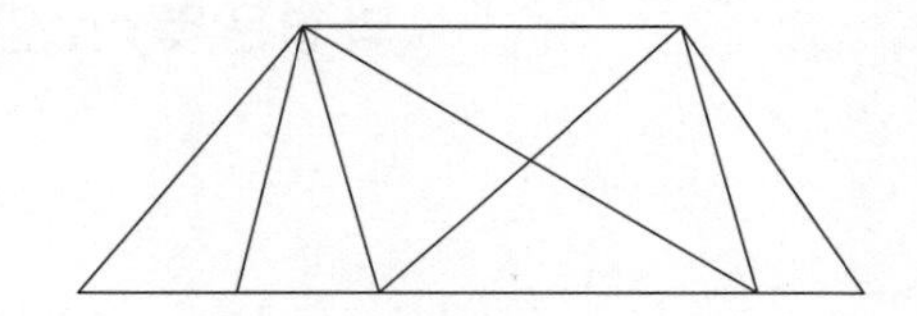

( )

04

세 변의 길이의 합이 46 cm이고 한 변의 길이가 14 cm인 이등변삼각형이 있습니다. 나머지 두 변의 길이가 될 수 있는 경우를 모두 쓰세요.

유형 02 A+B

(,), (,)

05

오른쪽 삼각형 ㄱㄴㄹ은 삼각형 ㄱㄴㄷ과 이등변삼각형 ㄱㄷㄹ을 겹치지 않게 이어 붙여 만든 것입니다. 각 ㄷㄹㄱ의 크기는 몇 도인지 구하세요.

유형 04 A+

ㄱ
80°
60°
ㄴ ㄷ ㄹ

( )

06

오른쪽 도형에서 삼각형 ㄱㄴㄷ은 이등변삼각형이고, 삼각형 ㄱㄷㄹ은 정삼각형입니다. 삼각형 ㄱㄴㄷ의 세 변의 길이의 합이 29 cm일 때 사각형 ㄱㄴㄷㄹ의 네 변의 길이의 합은 몇 cm인지 구하세요.

유형 03 C

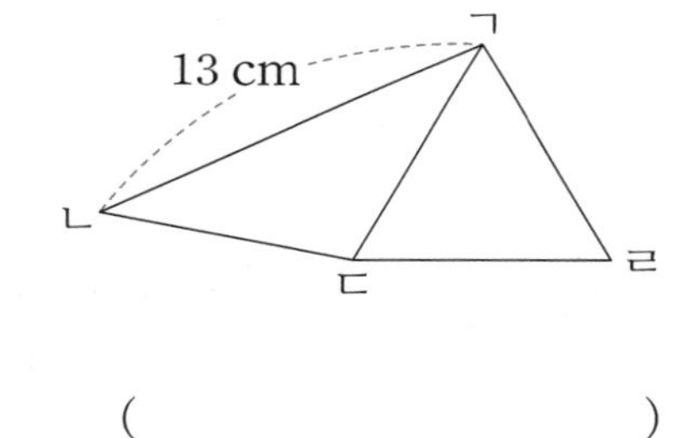

( )

07

유형 05 B

오른쪽 도형에서 점 ㅇ은 원의 중심이고, 삼각형 ㄱㄴㄷ은 원 위의 세 점을 이어 그린 것입니다. 각 ㅇㄱㄷ의 크기는 몇 도인지 구하세요.

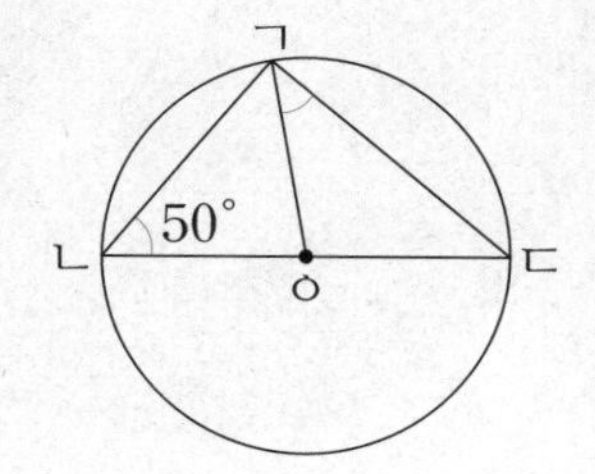

(　　　　　　　　)

08

오른쪽 도형은 긴 변의 길이가 짧은 변의 길이의 2배인 이등변삼각형입니다. 이 삼각형의 세 변의 길이의 합이 25 cm일 때 긴 변의 길이는 몇 cm인지 구하세요.

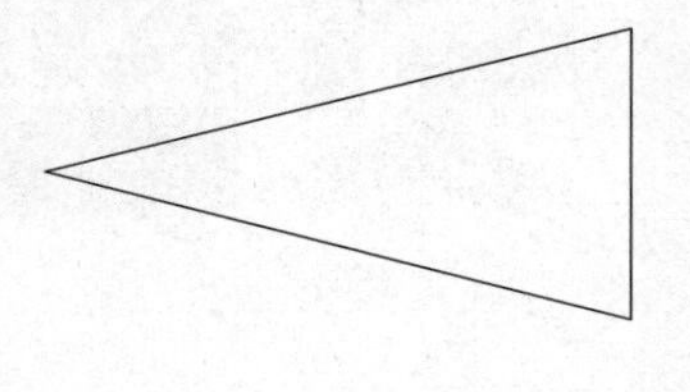

(　　　　　　　　)

09

오른쪽 도형은 정삼각형의 각 변의 한가운데 점을 이어 가면서 정삼각형을 만든 것입니다. 가장 큰 정삼각형의 한 변의 길이가 36 cm일 때 색칠한 부분의 모든 변의 길이의 합은 몇 cm인지 구하세요.

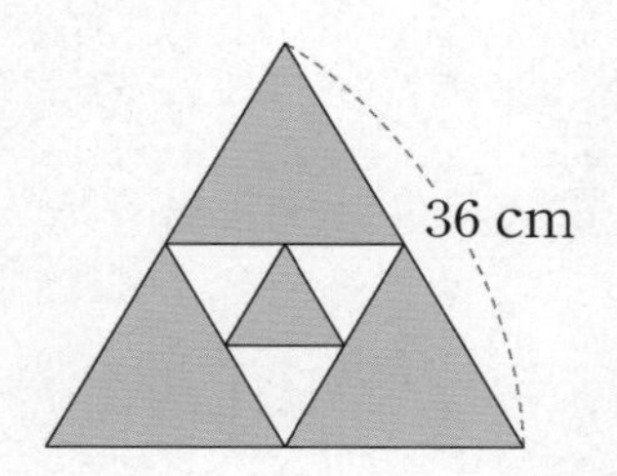

(　　　　　　　　)

소수의 덧셈과 뺄셈

학습계열표

3-1 **6. 분수와 소수**
- 소수
- 소수의 크기 비교

4-2 **3. 소수의 덧셈과 뺄셈**
- 소수 두 자리 수, 소수 세 자리 수
- (소수 세 자리 수)±(소수 세 자리 수)

5-2 **4. 소수의 곱셈**
- (소수)×(자연수), (자연수)×(소수)
- (소수)×(소수)

6-1 **3. 소수의 나눗셈**
- (소수)÷(자연수)
- 몫이 소수인 (자연수)÷(자연수)

학습기록표

유형 01
학습일
학습평가

세로셈 완성하기
A	덧셈식
B	뺄셈식

유형 02
학습일
학습평가

소수의 덧셈과 뺄셈의 활용
A	모두
B	더 부어야 하는 양
C	남은 길이
D	두 지점 사이의 거리

유형 03
학습일
학습평가

소수로 나타내기
A	자릿값 표현
B	수직선에 나타낸 수
C	조건 만족

유형 04
학습일
학습평가

소수에서 규칙 찾기
A	다음 수와의 규칙
A+	2번 뛰어 센 규칙

유형 05
학습일
학습평가

소수 사이의 관계
A	관계
A+	관계로 어떤 수 구하기

유형 06
학습일
학습평가

덧셈과 뺄셈의 관계
A	모르는 수
B	바르게 계산

유형 07
학습일
학습평가

□가 있는 소수의 크기 비교
A	□의 값
A+	공통인 □의 값
B	0, 9 넣어 비교

유형 08
학습일
학습평가

수 카드로 소수 만들기
A	자리 수 알 때
A+	자리 수 모를 때
A++	수 만들어 합, 차

유형 마스터
학습일
학습평가

소수의 덧셈과 뺄셈

유형 01

세로셈 완성하기

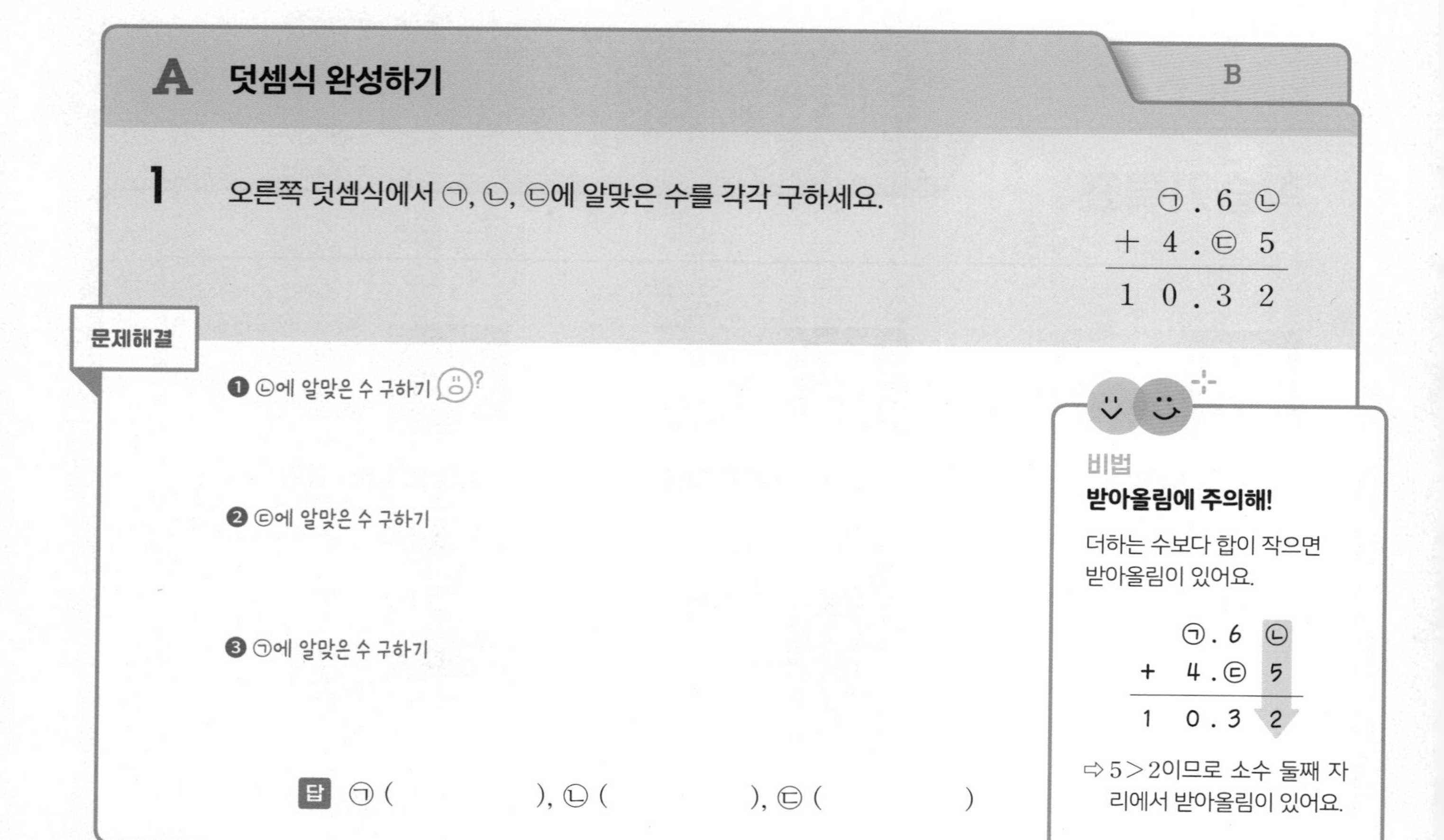

A 덧셈식 완성하기

B

1 오른쪽 덧셈식에서 ㉠, ㉡, ㉢에 알맞은 수를 각각 구하세요.

$$\begin{array}{r} ㉠.6\,㉡ \\ +\ 4.㉢\,5 \\ \hline 10.3\,2 \end{array}$$

문제해결

❶ ㉡에 알맞은 수 구하기

❷ ㉢에 알맞은 수 구하기

❸ ㉠에 알맞은 수 구하기

답 ㉠ (　　　　), ㉡ (　　　　), ㉢ (　　　　)

비법

받아올림에 주의해!

더하는 수보다 합이 작으면 받아올림이 있어요.

$$\begin{array}{r} ㉠.6\,㉡ \\ +\ 4.㉢\,5 \\ \hline 10.3\,2 \end{array}$$

⇨ 5 > 2이므로 소수 둘째 자리에서 받아올림이 있어요.

2 오른쪽 덧셈식에서 □ 안에 알맞은 수를 써넣으세요.

$$\begin{array}{r} \square.3\,9 \\ +\ 5.\square\,6\,\square \\ \hline 12.0\,5\,2 \end{array}$$

3 오른쪽 덧셈식에서 ㉠, ㉡, ㉢, ㉣은 서로 다른 수이고, 같은 기호는 같은 수를 나타냅니다. 소수 ㉠.㉡㉢㉣을 구하세요.

$$\begin{array}{r} ㉠.㉡㉢㉣ \\ +\ ㉠㉡.㉢㉣ \\ \hline 34.419 \end{array}$$

(　　　　　　　　)

A

B 뺄셈식 완성하기

4 오른쪽 뺄셈식에서 ㉠, ㉡, ㉢에 알맞은 수를 각각 구하세요.

$$\begin{array}{r} 9.2㉠ \\ -\ ㉡.68 \\ \hline 7.㉢5 \end{array}$$

문제해결

❶ ㉠에 알맞은 수 구하기

❷ ㉢에 알맞은 수 구하기 ?

❸ ㉡에 알맞은 수 구하기

답 ㉠ (　　　　), ㉡ (　　　　), ㉢ (　　　　)

비법
받아내림에 주의해!
각 자리 수끼리 뺄 수 없으면 받아내림이 있어요.

$$\begin{array}{r} 9.2㉠ \\ -\ ㉡.68 \\ \hline 7.㉢5 \end{array}$$

⇨ 2－6은 계산할 수 없으므로 일의 자리에서 받아내림이 있어요.

5 오른쪽 뺄셈식에서 □ 안에 알맞은 수를 써넣으세요.

$$\begin{array}{r} \square.8\ 1\ 1 \\ -\ 1.\square\ 3\ \square \\ \hline 3.8\ \square\ 8 \end{array}$$

6 오른쪽 뺄셈식에서 ㉠, ㉡, ㉢은 서로 다른 수이고, 같은 기호는 같은 수를 나타냅니다. ㉠, ㉡, ㉢에 알맞은 수를 각각 구하세요.

$$\begin{array}{r} ㉠㉡.㉢ \\ -\ ㉠.㉡㉢ \\ \hline 23.76 \end{array}$$

㉠ (　　　　), ㉡ (　　　　), ㉢ (　　　　)

유형 02 소수의 덧셈과 뺄셈의 활용

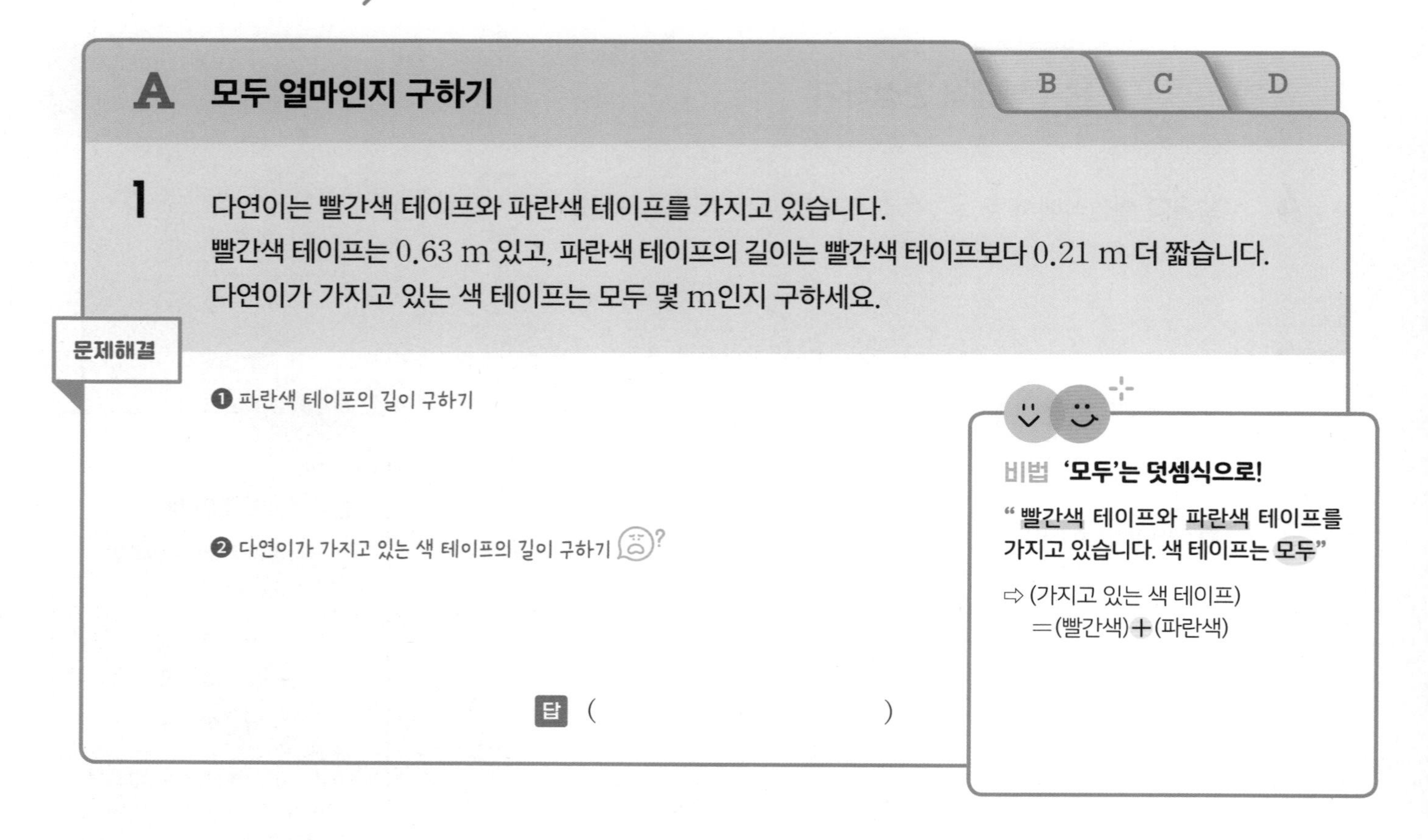

A 모두 얼마인지 구하기
B
C
D
1
다연이는 빨간색 테이프와 파란색 테이프를 가지고 있습니다.
빨간색 테이프는 0.63 m 있고, 파란색 테이프의 길이는 빨간색 테이프보다 0.21 m 더 짧습니다.
다연이가 가지고 있는 색 테이프는 모두 몇 m인지 구하세요.
문제해결
❶ 파란색 테이프의 길이 구하기
❷ 다연이가 가지고 있는 색 테이프의 길이 구하기
답 (　　　　　　　　)
비법 '모두'는 덧셈식으로!
" 빨간색 테이프와 파란색 테이프를 가지고 있습니다. 색 테이프는 모두"
⇨ (가지고 있는 색 테이프)
=(빨간색)+(파란색)

2 미술 시간에 찰흙을 기범이네 모둠은 1.94 kg 사용했고, 한별이네 모둠은 기범이네 모둠보다 0.386 kg 더 많이 사용했습니다. 두 모둠이 사용한 찰흙은 모두 몇 kg인지 구하세요.

(　　　　　　　　)

3 사과 주스는 1.35 L, 오렌지 주스는 1.1 L 있고, 포도 주스는 오렌지 주스보다 0.52 L 더 적게 있습니다. 주스는 모두 몇 L 있는지 구하세요.

(　　　　　　　　)

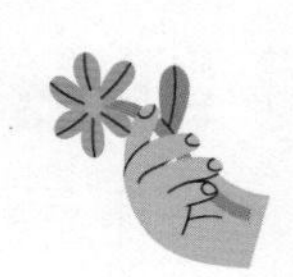

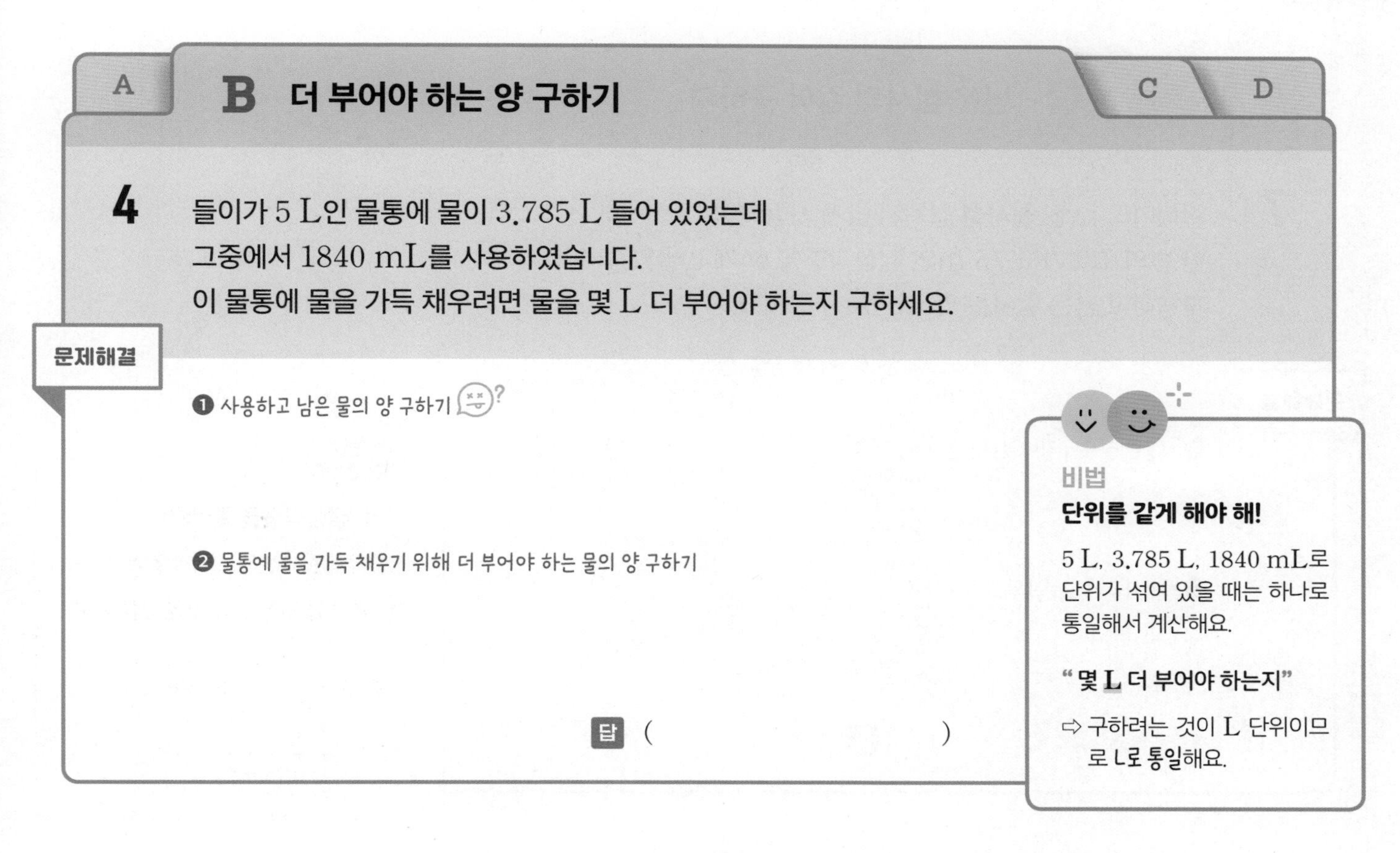

A

B 더 부어야 하는 양 구하기

C D

4 들이가 5 L인 물통에 물이 3.785 L 들어 있었는데
그중에서 1840 mL를 사용하였습니다.
이 물통에 물을 가득 채우려면 물을 몇 L 더 부어야 하는지 구하세요.

문제해결

❶ 사용하고 남은 물의 양 구하기

❷ 물통에 물을 가득 채우기 위해 더 부어야 하는 물의 양 구하기

답 (   )

비법
단위를 같게 해야 해!
5 L, 3.785 L, 1840 mL로 단위가 섞여 있을 때는 하나로 통일해서 계산해요.

" 몇 L 더 부어야 하는지"
⇨ 구하려는 것이 L 단위이므로 L로 통일해요.

5 3 t까지 실을 수 있는 트럭에 사과를 1.46 t 싣고, 배를 940 kg 실었습니다. 이 트럭에 감을 가득 실으려면 감은 몇 t까지 실을 수 있는지 구하세요.

(   )

6 밀가루 4 kg 중 2.4 kg을 빵 만드는 데 사용하고, 밀가루 1500 g을 더 샀습니다. 지금 있는 밀가루는 모두 몇 kg인지 구하세요.

(   )

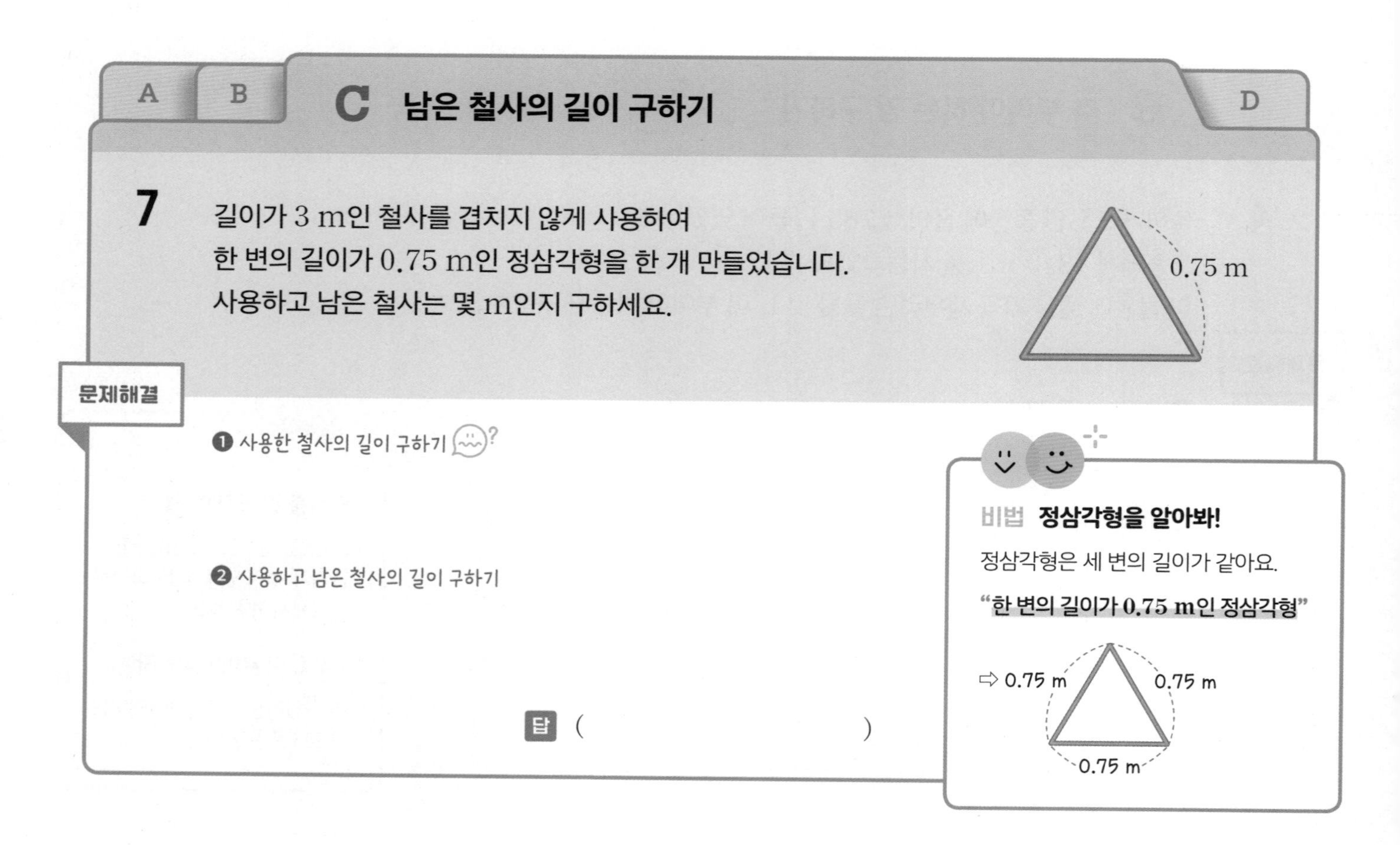

A B **C 남은 철사의 길이 구하기** D

7 길이가 3 m인 철사를 겹치지 않게 사용하여
한 변의 길이가 0.75 m인 정삼각형을 한 개 만들었습니다.
사용하고 남은 철사는 몇 m인지 구하세요.

문제해결

❶ 사용한 철사의 길이 구하기

❷ 사용하고 남은 철사의 길이 구하기

답 (   )

비법 정삼각형을 알아봐!

정삼각형은 세 변의 길이가 같아요.

"한 변의 길이가 0.75 m인 정삼각형"

⇨ 0.75 m 0.75 m 0.75 m

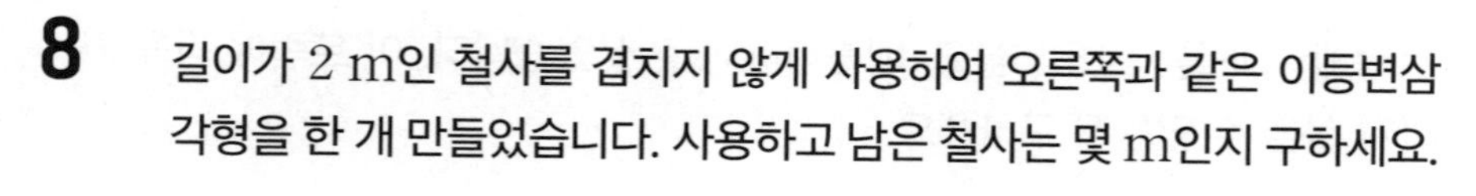

8 길이가 2 m인 철사를 겹치지 않게 사용하여 오른쪽과 같은 이등변삼각형을 한 개 만들었습니다. 사용하고 남은 철사는 몇 m인지 구하세요.

(   )

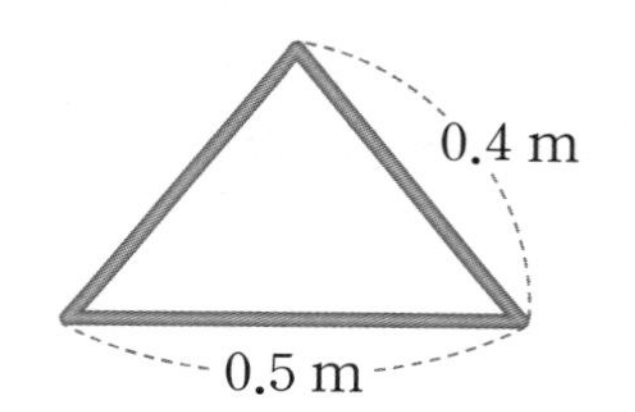

9 한 변의 길이가 0.8 m인 정사각형 모양의 액자가 있습니다. 길이가 4.15 m인 끈을 이 액자의 네 변을 따라 겹치지 않게 이어 붙였습니다. 사용하고 남은 끈은 몇 m인지 구하세요.

(   )

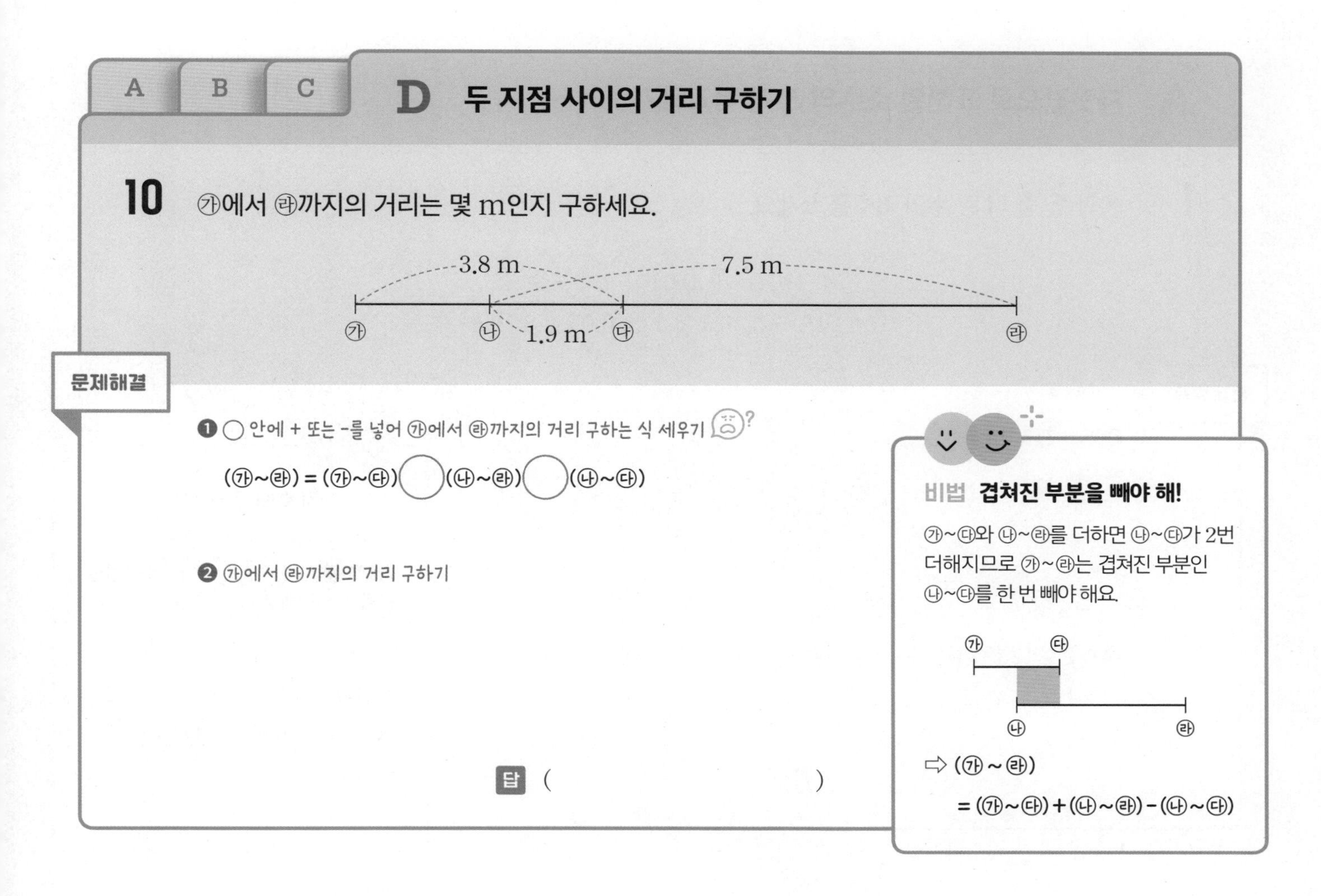

A B C

D 두 지점 사이의 거리 구하기

10 ㉮에서 ㉱까지의 거리는 몇 m인지 구하세요.

문제해결

❶ ◯ 안에 + 또는 -를 넣어 ㉮에서 ㉱까지의 거리 구하는 식 세우기

(㉮~㉱) = (㉮~㉰) ◯ (㉯~㉱) ◯ (㉯~㉰)

❷ ㉮에서 ㉱까지의 거리 구하기

답 (   )

비법 겹쳐진 부분을 빼야 해!

㉮~㉰와 ㉯~㉱를 더하면 ㉯~㉰가 2번 더해지므로 ㉮~㉱는 겹쳐진 부분인 ㉯~㉰를 한 번 빼야 해요.

⇨ (㉮ ~ ㉱)
= (㉮~㉰) + (㉯~㉱) - (㉯~㉰)

11 ㉮에서 ㉱까지의 거리는 몇 km인지 구하세요.

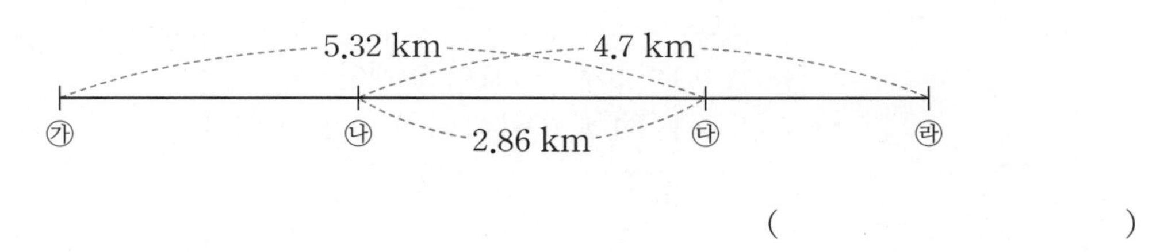

(   )

12 꽃집에서 우체국까지의 거리가 7.79 km일 때 마트에서 은행까지의 거리는 몇 km인지 구하세요.

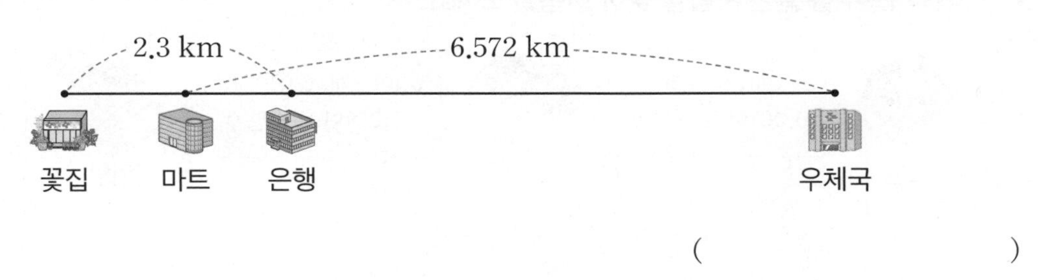

(   )

소수로 나타내기

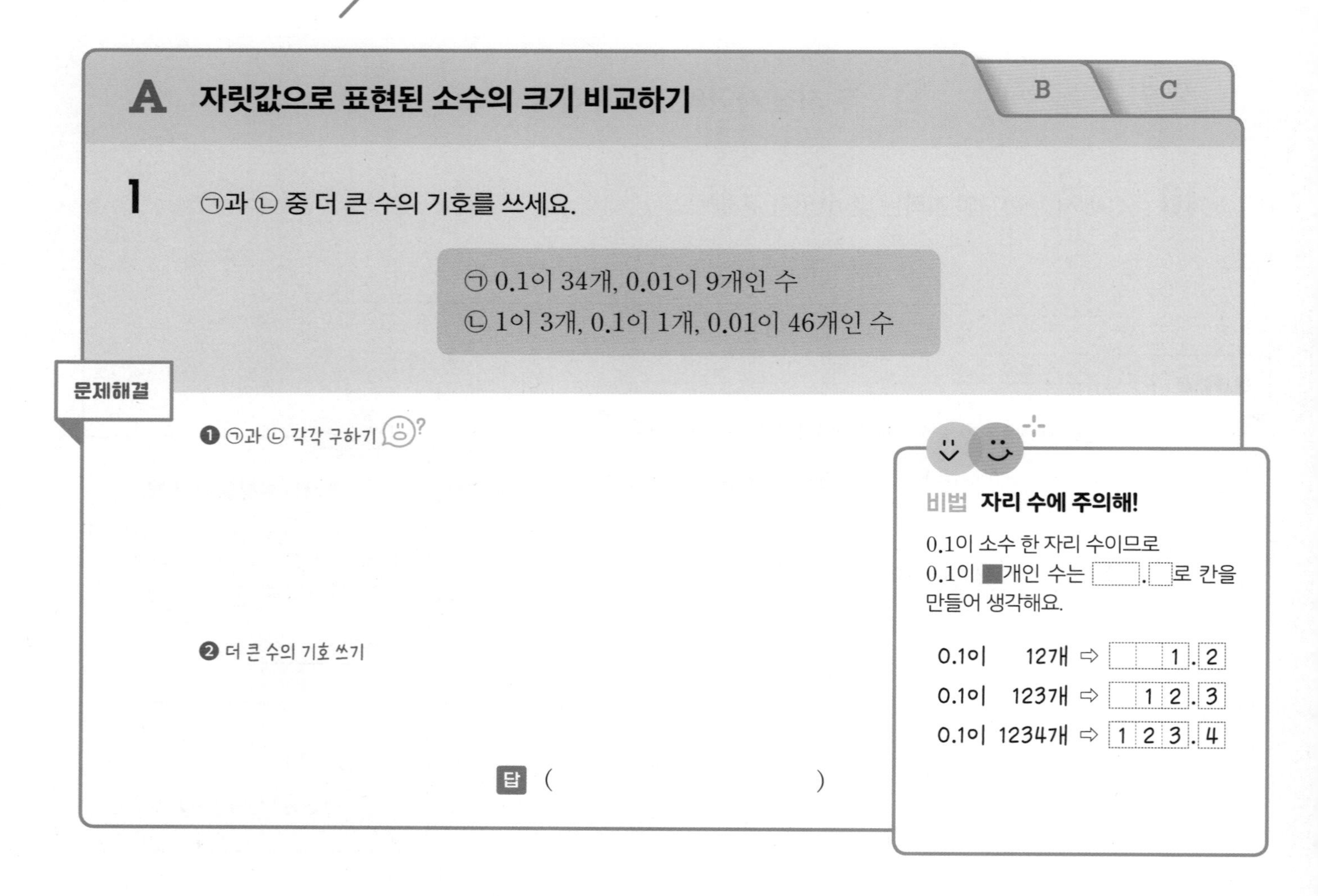

A 자릿값으로 표현된 소수의 크기 비교하기

B C

1 ㉠과 ㉡ 중 더 큰 수의 기호를 쓰세요.

㉠ 0.1이 34개, 0.01이 9개인 수
㉡ 1이 3개, 0.1이 1개, 0.01이 46개인 수

문제해결

❶ ㉠과 ㉡ 각각 구하기

❷ 더 큰 수의 기호 쓰기

답 (   )

비법 자리 수에 주의해!

0.1이 소수 한 자리 수이므로
0.1이 ■개인 수는 □.□로 칸을 만들어 생각해요.

0.1이 12개 ⇨ 1.2
0.1이 123개 ⇨ 12.3
0.1이 1234개 ⇨ 123.4

2 ㉠과 ㉡ 중 더 작은 수의 기호를 쓰세요.

㉠ 0.1이 5개, 0.001이 58개인 수
㉡ 0.1이 1개, 0.01이 45개, 0.001이 7개인 수

(   )

3 가장 큰 수를 말한 사람을 찾아 이름을 쓰세요.

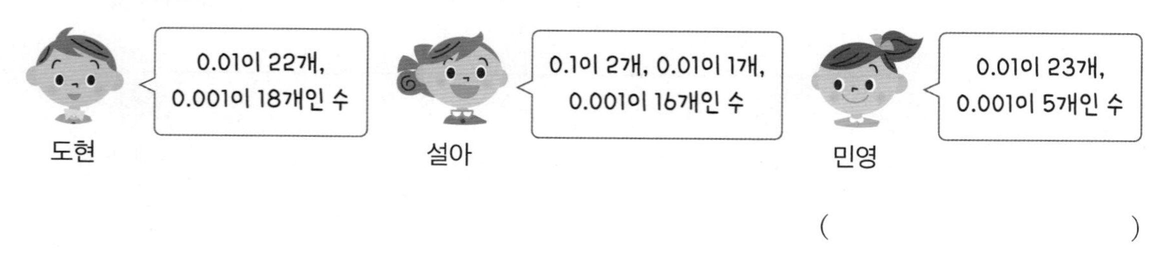

0.01이 22개,
0.001이 18개인 수
도현
0.1이 2개, 0.01이 1개,
0.001이 16개인 수
설아
0.01이 23개,
0.001이 5개인 수
민영

(   )

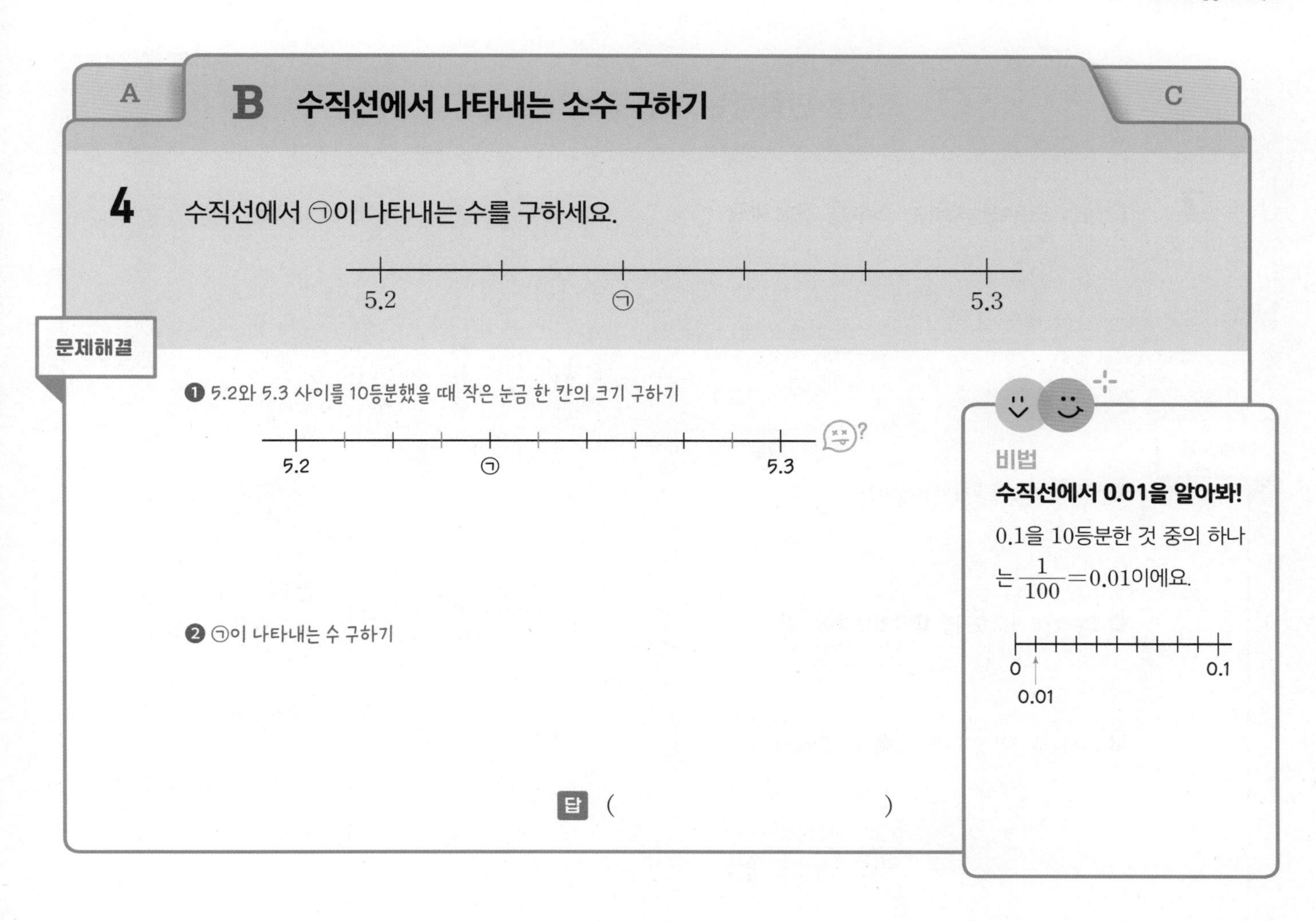

A | **B 수직선에서 나타내는 소수 구하기** | C

4 수직선에서 ㉠이 나타내는 수를 구하세요.

문제해결

❶ 5.2와 5.3 사이를 10등분했을 때 작은 눈금 한 칸의 크기 구하기

❷ ㉠이 나타내는 수 구하기

답 (   )

비법
수직선에서 0.01을 알아봐!
0.1을 10등분한 것 중의 하나는 $\frac{1}{100}$=0.01이에요.

5 수직선에서 □ 안에 알맞은 수를 써넣으세요.

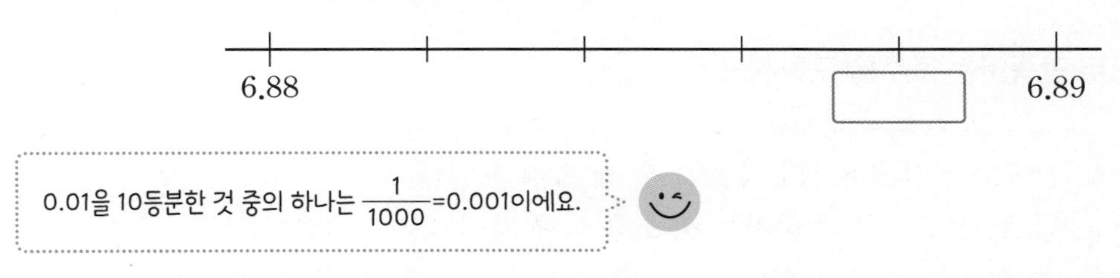

0.01을 10등분한 것 중의 하나는 $\frac{1}{1000}$=0.001이에요.

6 수직선에서 ㉠이 나타내는 수는 얼마인지 구하세요.

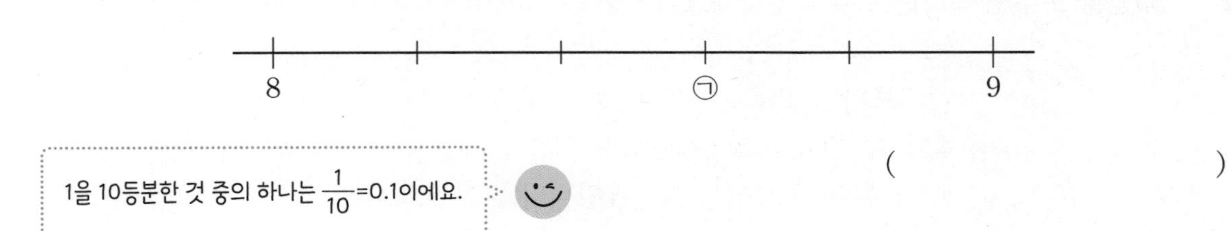

1을 10등분한 것 중의 하나는 $\frac{1}{10}$=0.1이에요.

(   )

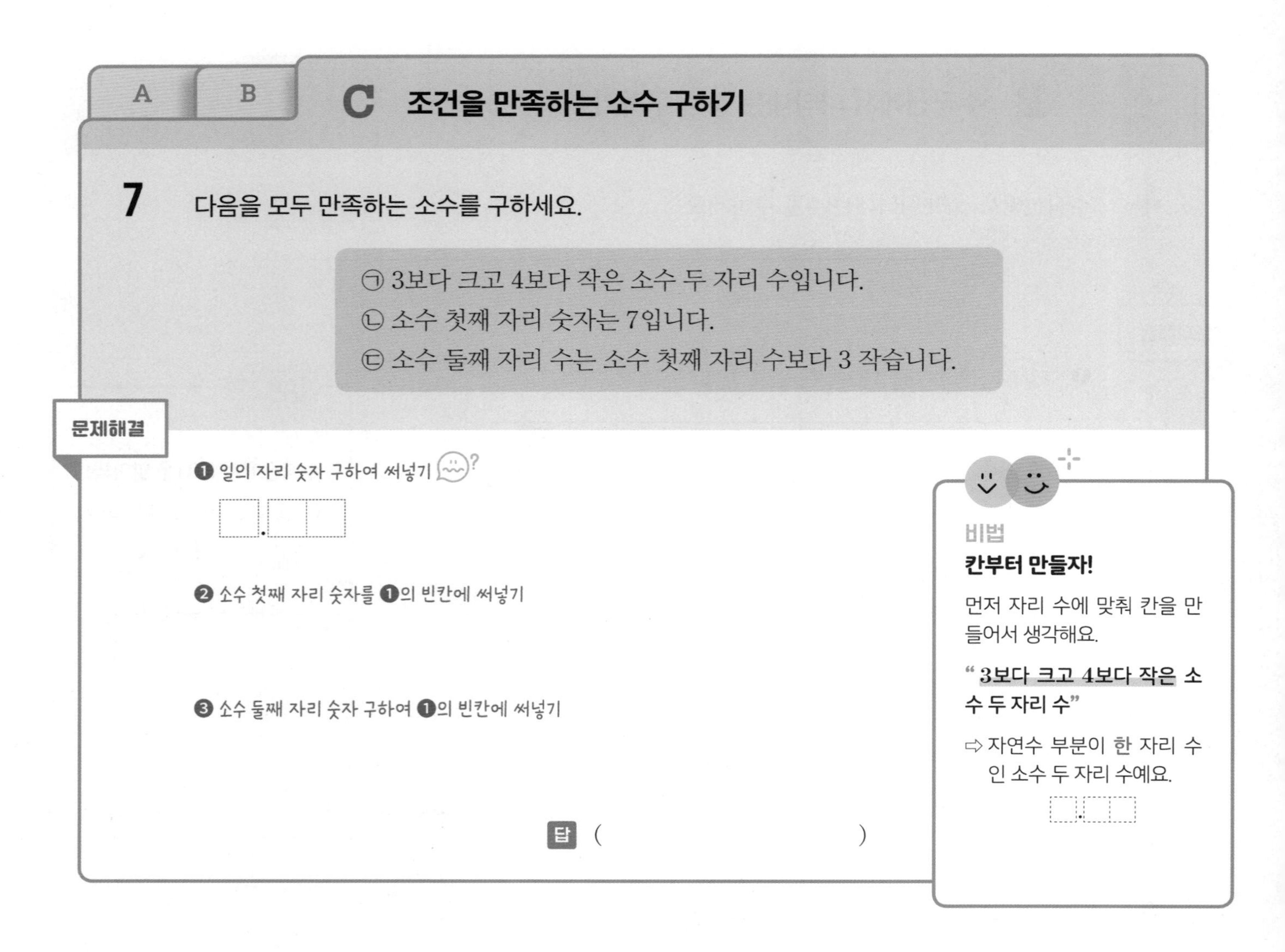

A
B
C 조건을 만족하는 소수 구하기
7 다음을 모두 만족하는 소수를 구하세요.
㉠ 3보다 크고 4보다 작은 소수 두 자리 수입니다.
㉡ 소수 첫째 자리 숫자는 7입니다.
㉢ 소수 둘째 자리 수는 소수 첫째 자리 수보다 3 작습니다.
문제해결
❶ 일의 자리 숫자 구하여 써넣기
❷ 소수 첫째 자리 숫자를 ❶의 빈칸에 써넣기
❸ 소수 둘째 자리 숫자 구하여 ❶의 빈칸에 써넣기
답 (　　　　)
비법
칸부터 만들자!
먼저 자리 수에 맞춰 칸을 만들어서 생각해요.
"3보다 크고 4보다 작은 소수 두 자리 수"
⇨ 자연수 부분이 한 자리 수인 소수 두 자리 수예요.

8 다음을 모두 만족하는 소수를 구하세요.

㉠ 7보다 크고 8보다 작은 소수 세 자리 수입니다.
㉡ 소수 첫째 자리 숫자는 6, 소수 둘째 자리 숫자는 8입니다.
㉢ 소수 첫째 자리 수를 3으로 나눈 몫이 소수 셋째 자리 수입니다.

(　　　　　　　　)

9 다음을 모두 만족하는 소수를 구하세요.

㉠ 5보다 크고 6보다 작은 소수 세 자리 수입니다.
㉡ 소수 첫째 자리 수와 어떤 수를 곱하면 항상 0이 됩니다.
㉢ 소수 둘째 자리 숫자는 1입니다.
㉣ 소수 셋째 자리 수는 일의 자리 수보다 4 큽니다.

(　　　　　　　　)

유형 04

소수에서 규칙 찾기

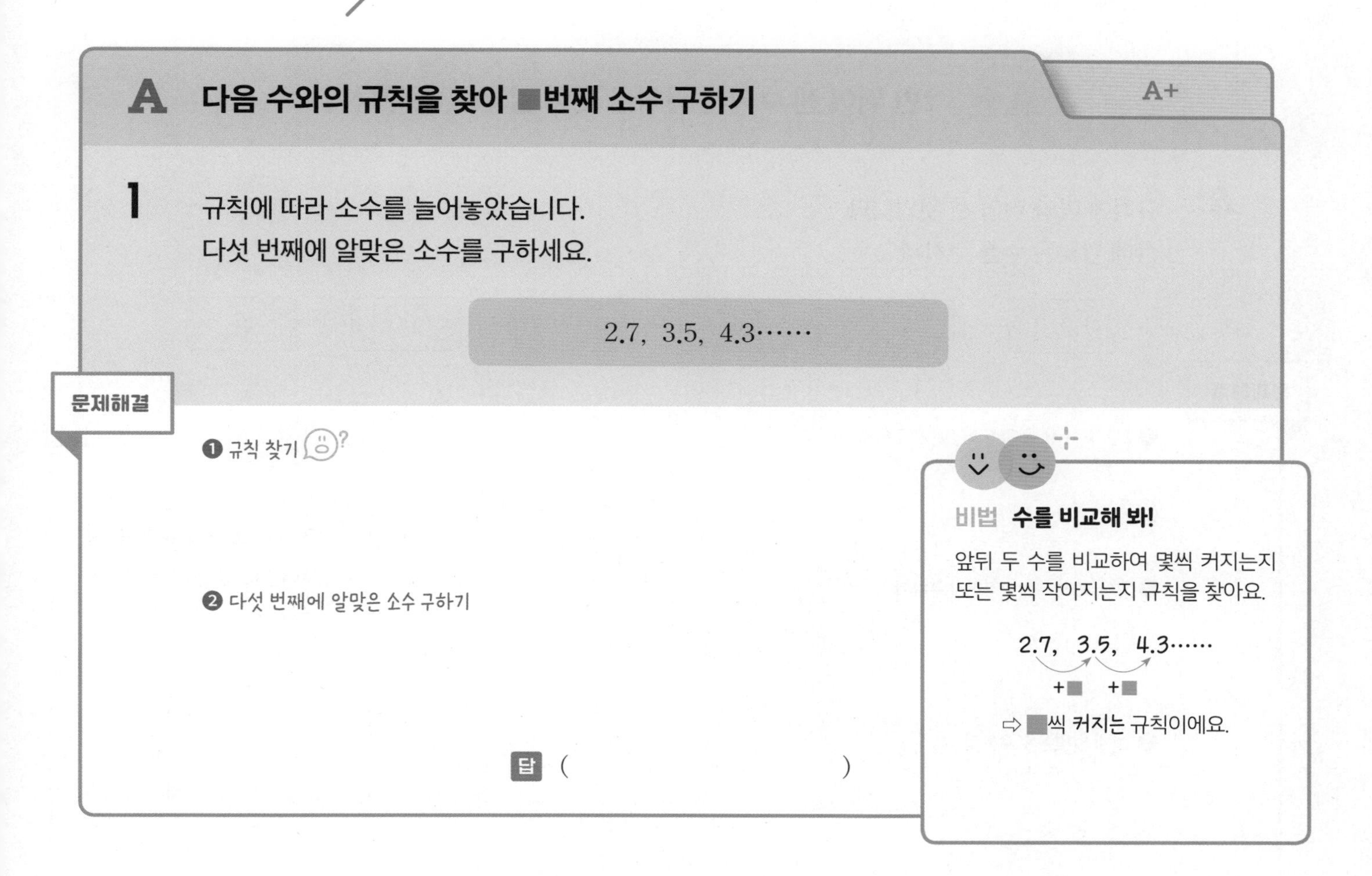

A 다음 수와의 규칙을 찾아 ■번째 소수 구하기

A+

1 규칙에 따라 소수를 늘어놓았습니다.
다섯 번째에 알맞은 소수를 구하세요.

2.7, 3.5, 4.3······

문제해결

❶ 규칙 찾기

❷ 다섯 번째에 알맞은 소수 구하기

답 (   )

비법 **수를 비교해 봐!**

앞뒤 두 수를 비교하여 몇씩 커지는지 또는 몇씩 작아지는지 규칙을 찾아요.

2.7, 3.5, 4.3······
+■ +■

⇨ ■씩 커지는 규칙이에요.

2 규칙에 따라 소수를 늘어놓았습니다. 여섯 번째에 알맞은 소수를 구하세요.

0.95, 2.7, 4.45······

(   )

3 규칙에 따라 소수를 늘어놓았습니다. 다섯 번째에 알맞은 소수를 구하세요.

21.036, 18.636, 16.236······

(   )

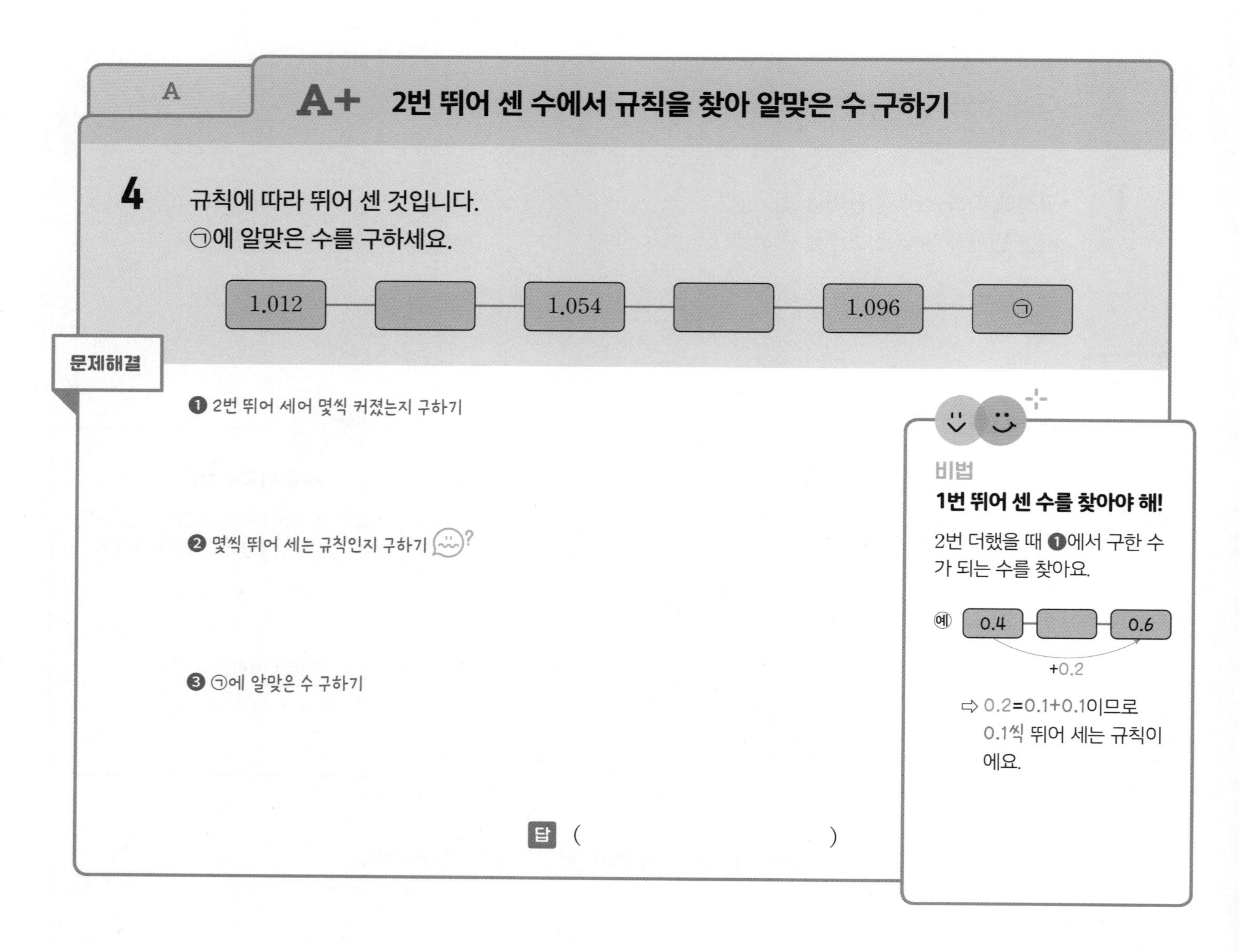

A

A+ 2번 뛰어 센 수에서 규칙을 찾아 알맞은 수 구하기

4 규칙에 따라 뛰어 센 것입니다.
㉠에 알맞은 수를 구하세요.

문제해결

❶ 2번 뛰어 세어 몇씩 커졌는지 구하기

❷ 몇씩 뛰어 세는 규칙인지 구하기

❸ ㉠에 알맞은 수 구하기

답 (　　　　　　　　)

비법
1번 뛰어 센 수를 찾아야 해!
2번 더했을 때 ❶에서 구한 수가 되는 수를 찾아요.

예 0.4 — □ — 0.6 (+0.2)

⇨ 0.2=0.1+0.1이므로 0.1씩 뛰어 세는 규칙이에요.

5 규칙에 따라 뛰어 센 것입니다. ㉠에 알맞은 수를 구하세요.

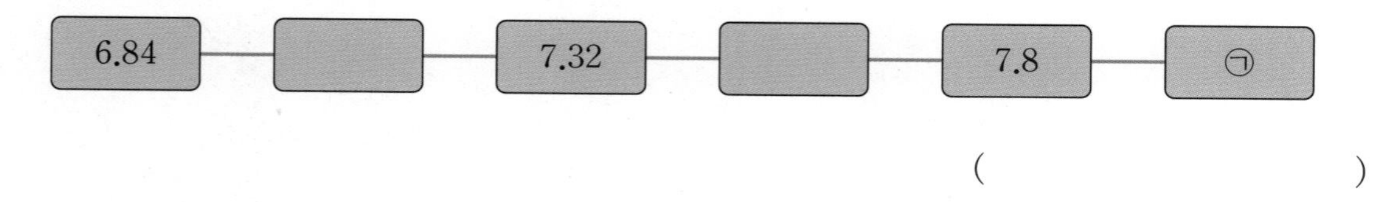

(　　　　　　　　)

6 규칙에 따라 뛰어 센 것입니다. ㉠에 알맞은 수를 구하세요.

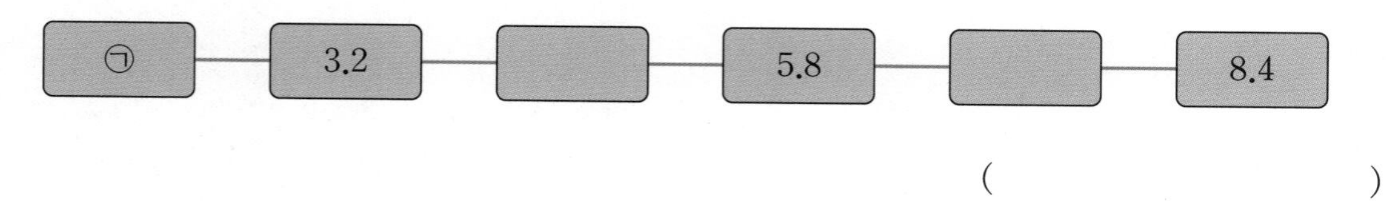

(　　　　　　　　)

유형 05

소수 사이의 관계

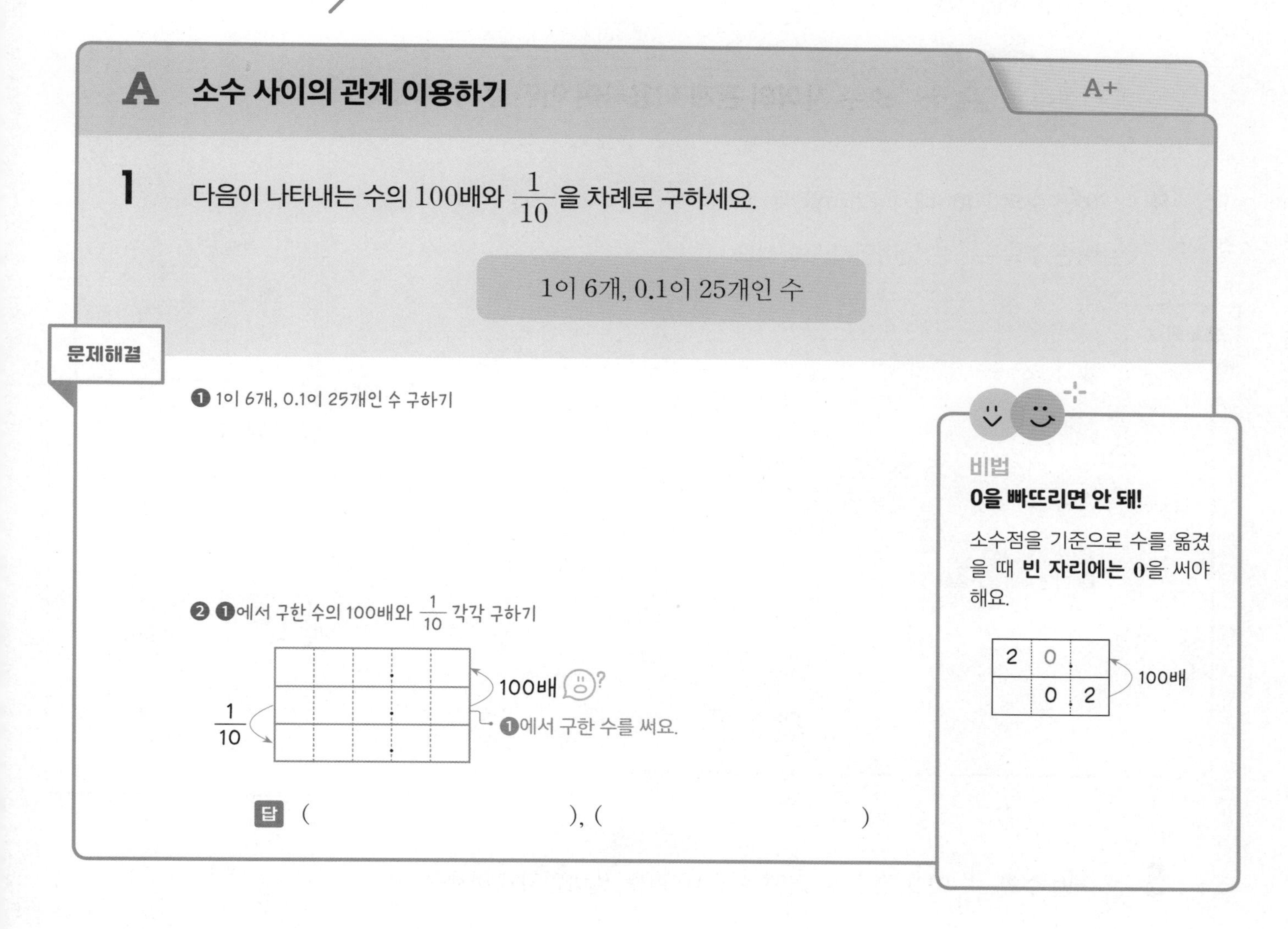

A 소수 사이의 관계 이용하기
A+
1 다음이 나타내는 수의 100배와 $\frac{1}{10}$을 차례로 구하세요.
1이 6개, 0.1이 25개인 수
문제해결
❶ 1이 6개, 0.1이 25개인 수 구하기
❷ ❶에서 구한 수의 100배와 $\frac{1}{10}$ 각각 구하기
100배
❶에서 구한 수를 써요.
$\frac{1}{10}$
답 ( ), ( )
비법
0을 빠뜨리면 안 돼!
소수점을 기준으로 수를 옮겼을 때 빈 자리에는 0을 써야 해요.
2 0 .
0 . 2
100배

2 다음이 나타내는 수의 10배와 $\frac{1}{100}$을 차례로 구하세요.

1이 2개, 0.1이 73개인 수

( ), ( )

3 다음이 나타내는 수의 1000배와 $\frac{1}{10}$을 차례로 구하세요.

0.1이 31개, 0.01이 58개인 수

( ), ( )

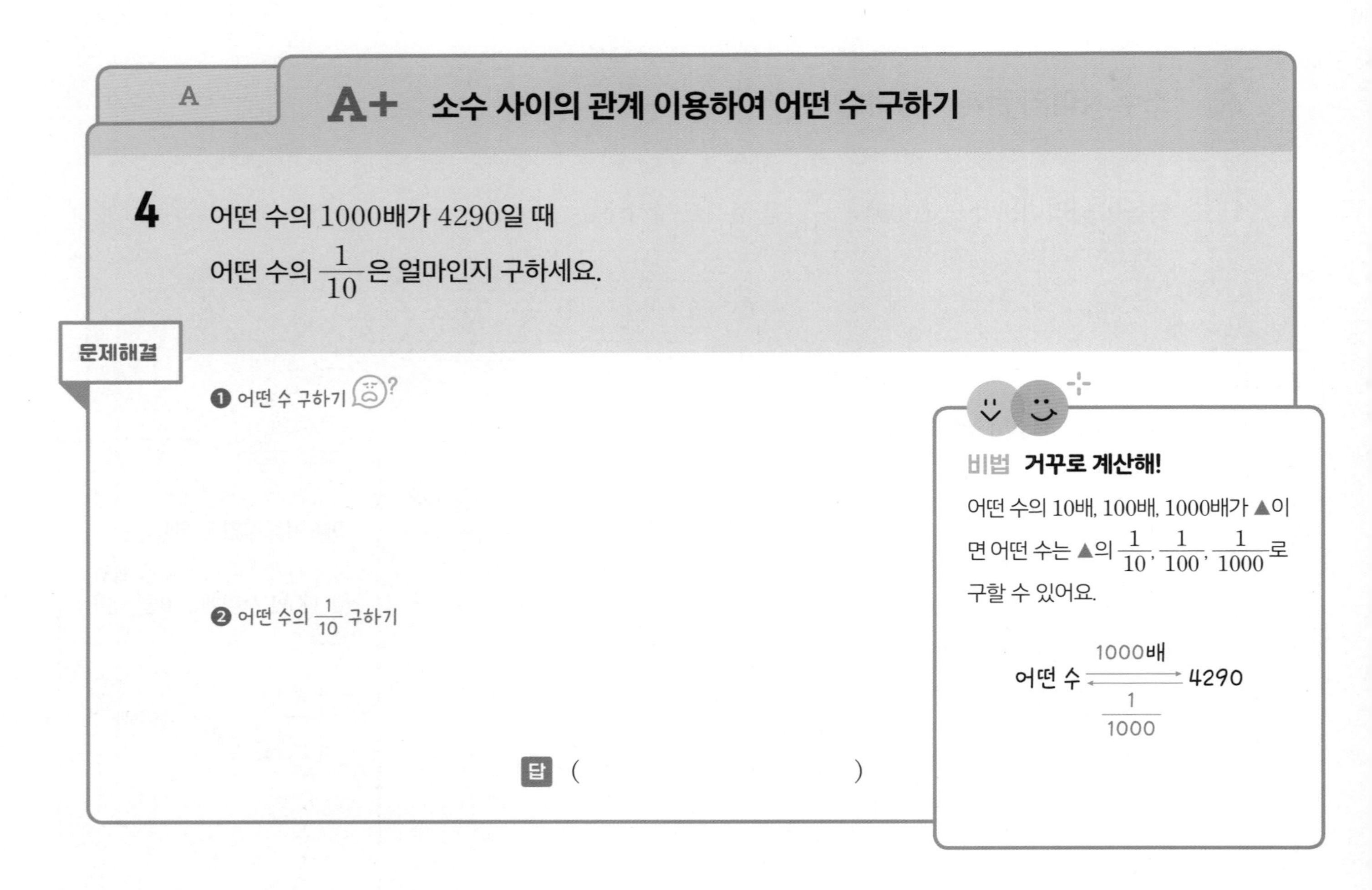

A A+ 소수 사이의 관계 이용하여 어떤 수 구하기

4 어떤 수의 1000배가 4290일 때
어떤 수의 $\frac{1}{10}$은 얼마인지 구하세요.

문제해결

❶ 어떤 수 구하기

❷ 어떤 수의 $\frac{1}{10}$ 구하기

답 (　　　　　　)

비법 거꾸로 계산해!
어떤 수의 10배, 100배, 1000배가 ▲이면 어떤 수는 ▲의 $\frac{1}{10}$, $\frac{1}{100}$, $\frac{1}{1000}$로 구할 수 있어요.

5 어떤 수의 $\frac{1}{10}$이 2.78일 때 어떤 수의 100배는 얼마인지 구하세요.

(　　　　　　)

6 어떤 수의 100배는 6410입니다. 어떤 수의 $\frac{1}{100}$인 수에서 4가 나타내는 수는 얼마인지 구하세요.

(　　　　　　)

유형 06 덧셈과 뺄셈의 관계

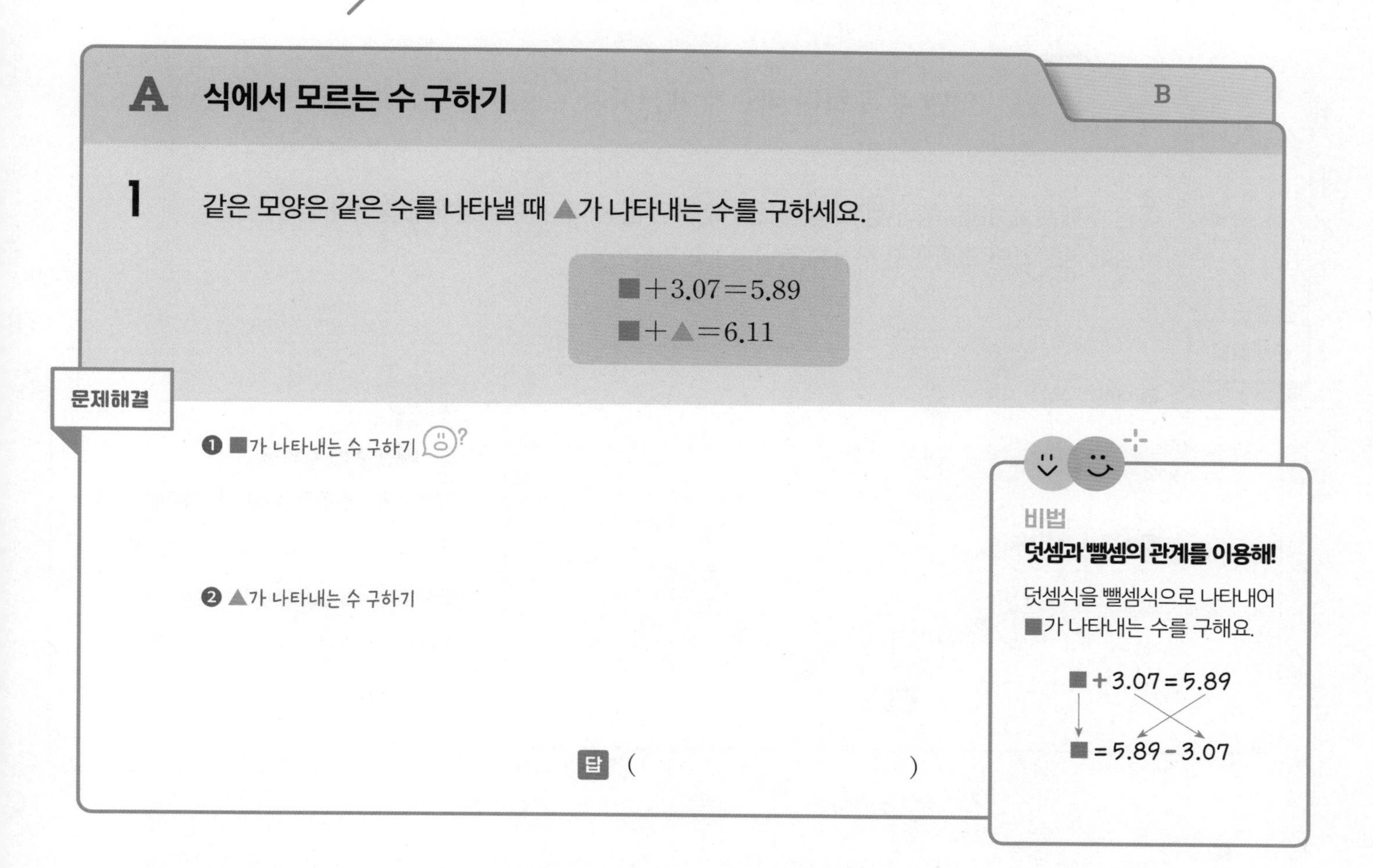

A 식에서 모르는 수 구하기

B

1 같은 모양은 같은 수를 나타낼 때 ▲가 나타내는 수를 구하세요.

■+3.07=5.89
■+▲=6.11

문제해결

❶ ■가 나타내는 수 구하기

❷ ▲가 나타내는 수 구하기

답 (　　　　　　　　)

비법
덧셈과 뺄셈의 관계를 이용해!
덧셈식을 뺄셈식으로 나타내어
■가 나타내는 수를 구해요.

■+3.07=5.89
■=5.89-3.07

2 같은 모양은 같은 수를 나타낼 때 ●가 나타내는 수를 구하세요.

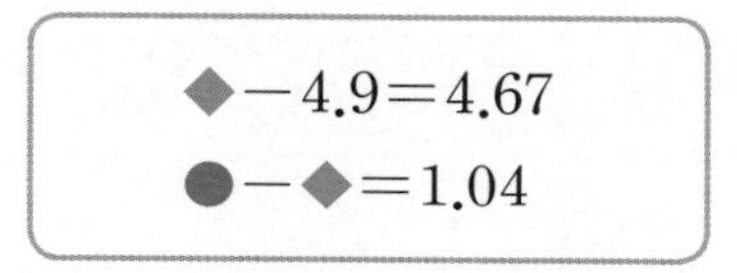

◆-4.9=4.67
●-◆=1.04

(　　　　　　　　)

3 같은 모양은 같은 수를 나타낼 때 ♥가 나타내는 수를 구하세요.

9.1-★=6.72
★-♥=0.348

(　　　　　　　　)

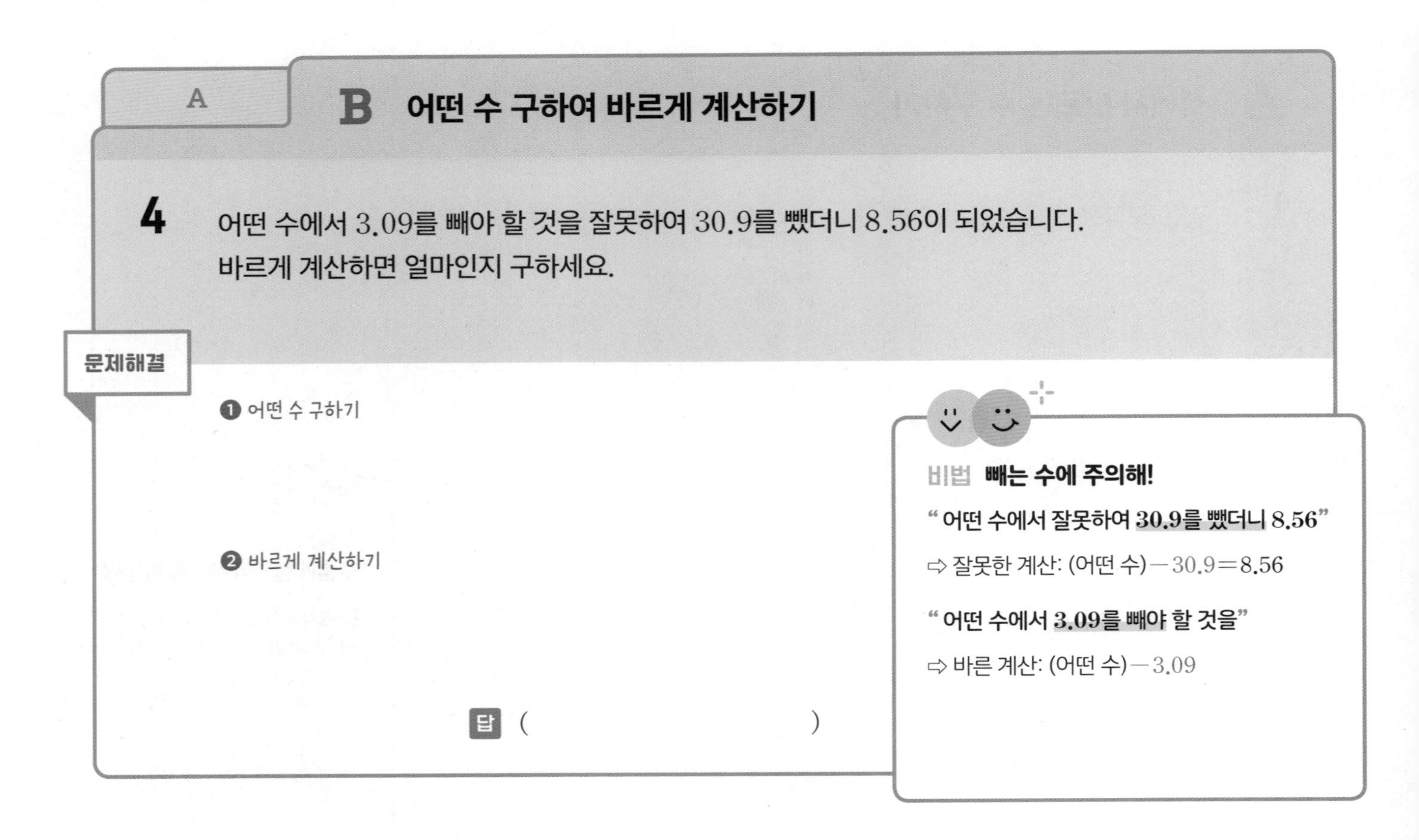

A
B 어떤 수 구하여 바르게 계산하기
문제해결
① 어떤 수 구하기
② 바르게 계산하기
답 (　　　　　)
비법 빼는 수에 주의해!
“어떤 수에서 잘못하여 30.9를 뺐더니 8.56”
⇨ 잘못한 계산: (어떤 수)−30.9=8.56
“어떤 수에서 3.09를 빼야 할 것을”
⇨ 바른 계산: (어떤 수)−3.09

4 어떤 수에서 3.09를 빼야 할 것을 잘못하여 30.9를 뺐더니 8.56이 되었습니다. 바르게 계산하면 얼마인지 구하세요.

5 어떤 수에 7.5를 더해야 할 것을 잘못하여 0.75를 더했더니 6.2가 되었습니다. 바르게 계산하면 얼마인지 구하세요.

(　　　　　)

6 어떤 수에 1.447을 더해야 할 것을 잘못하여 뺐더니 4.158이 되었습니다. 바르게 계산하면 얼마인지 구하세요.

(　　　　　)

유형 07 □가 있는 소수의 크기 비교

A 크기를 비교하여 □ 안에 들어갈 수 있는 수 구하기

A+ B

1 0부터 9까지의 수 중에서 ■에 들어갈 수 있는 수를 모두 구하세요.

$$2.4-0.94>1.■9$$

문제해결

❶ 식 간단하게 나타내기

2.4 - 0.94 = □ 이므로 □ > 1.■9

❷ ■에 들어갈 수 있는 수 모두 구하기

답 (   )

비법 ■의 오른쪽 자리도 비교해!

■와 같은 자리에 놓인 숫자를 ■에 넣고 ■의 오른쪽 자리를 비교해요.

예 1.35 > 1.■9에서
1.35 < 1.39
└5 < 9┘
⇨ ■ = 0, 1, 2

2 0부터 9까지의 수 중에서 □ 안에 들어갈 수 있는 수를 모두 구하세요.

$$7.658+1.515<9.1□2$$

(   )

3 0부터 9까지의 수 중에서 □ 안에 들어갈 수 있는 가장 큰 수를 구하세요.

$$5.4□1<8.3-5.7+2.872$$

(   )

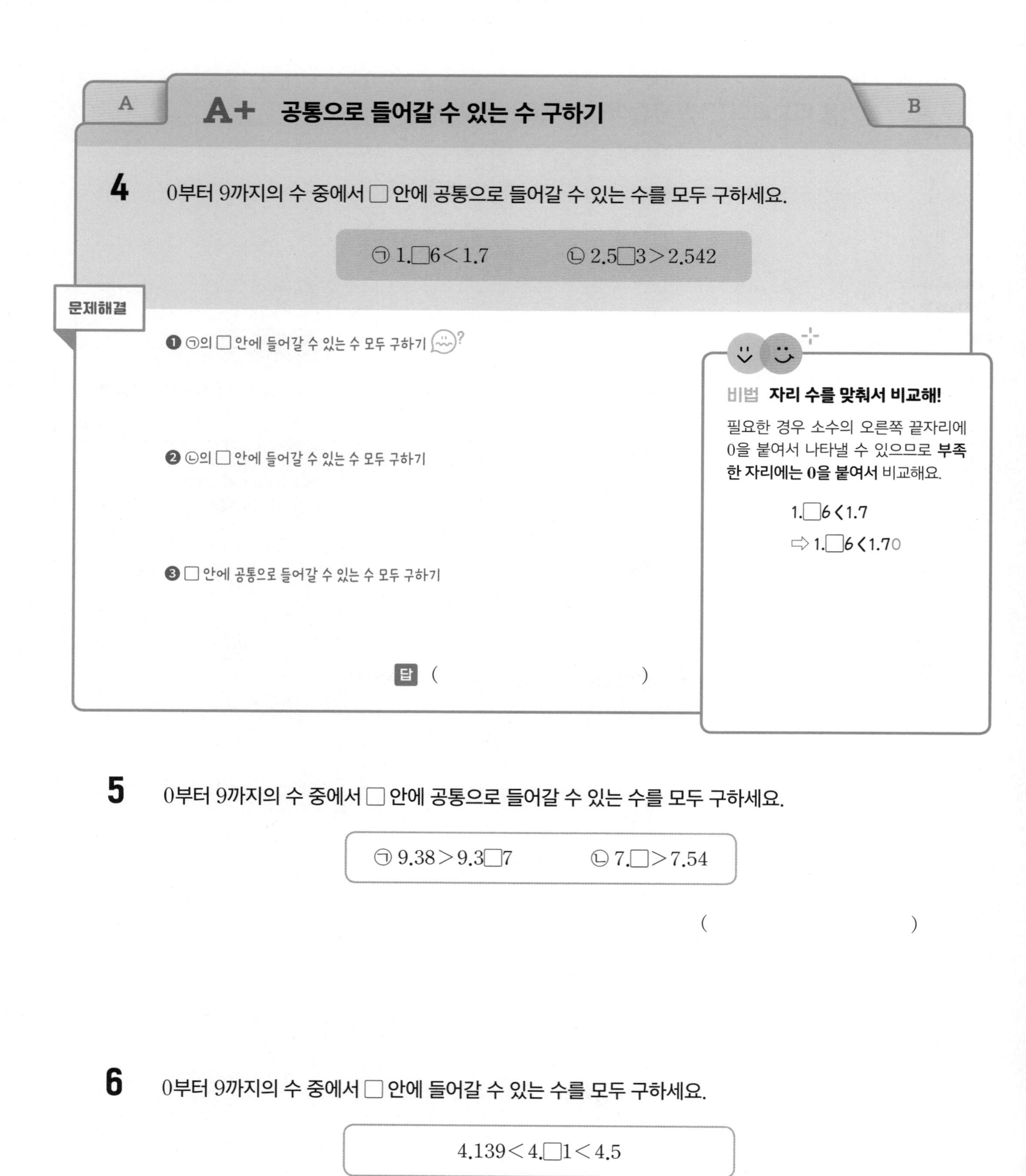

A+ 공통으로 들어갈 수 있는 수 구하기

4 0부터 9까지의 수 중에서 □ 안에 공통으로 들어갈 수 있는 수를 모두 구하세요.

㉠ 1.□6 < 1.7　　　㉡ 2.5□3 > 2.542

문제해결

❶ ㉠의 □ 안에 들어갈 수 있는 수 모두 구하기

❷ ㉡의 □ 안에 들어갈 수 있는 수 모두 구하기

❸ □ 안에 공통으로 들어갈 수 있는 수 모두 구하기

답 (　　　　　　　　)

비법 **자리 수를 맞춰서 비교해!**

필요한 경우 소수의 오른쪽 끝자리에 0을 붙여서 나타낼 수 있으므로 **부족한 자리에는 0을 붙여서** 비교해요.

1.□6 < 1.7

⇨ 1.□6 < 1.70

5 0부터 9까지의 수 중에서 □ 안에 공통으로 들어갈 수 있는 수를 모두 구하세요.

㉠ 9.38 > 9.3□7　　　㉡ 7.□ > 7.54

(　　　　　　　　)

6 0부터 9까지의 수 중에서 □ 안에 들어갈 수 있는 수를 모두 구하세요.

4.139 < 4.□1 < 4.5

(　　　　　　　　)

포기하지 마. 넌 할 수 있어!

A A+

B □ 안에 0 또는 9를 넣어 크기 비교하기

7 □ 안에는 0부터 9까지 어느 수를 넣어도 됩니다.
큰 수부터 차례대로 기호를 쓰세요.

㉠ 40.5□ ㉡ 39.□6 ㉢ 3□.02

문제해결

❶ 십의 자리 수를 비교하여 가장 큰 수 구하기

❷ ❶에서 구한 가장 큰 수를 제외한 나머지 두 수의 크기 비교하기

□은 □보다 큽니다.

❸ 큰 수부터 차례대로 기호 쓰기

답 ( )

비법 □ 안에 0이나 9를 넣어 비교해!

"□ 안에는 0부터 9까지 어느 수를 넣어도"

⇨ □ 안에 0, 1 …… 9를 넣어도 크기 비교는 바뀌지 않아요.

예 1□.23, 19.4□에서
1[9].23 < 19.4[0]
(2 < 4)

⇨ 1□.23의 □ 안에 가장 큰 수인 9, 19.4□의 □ 안에 가장 작은 수인 0을 넣어도 19.4□가 크므로 19.4□가 항상 커요.

8 □ 안에는 0부터 9까지 어느 수를 넣어도 됩니다. 큰 수부터 차례대로 기호를 쓰세요.

㉠ 2□.024 ㉡ 29.8□3 ㉢ 3□.157

( )

9 □ 안에는 0부터 9까지 어느 수를 넣어도 됩니다. 작은 수부터 차례대로 기호를 쓰세요.

㉠ 69.□56 ㉡ 69.97□ ㉢ 6□.048

( )

유형 08

수 카드로 소수 만들기

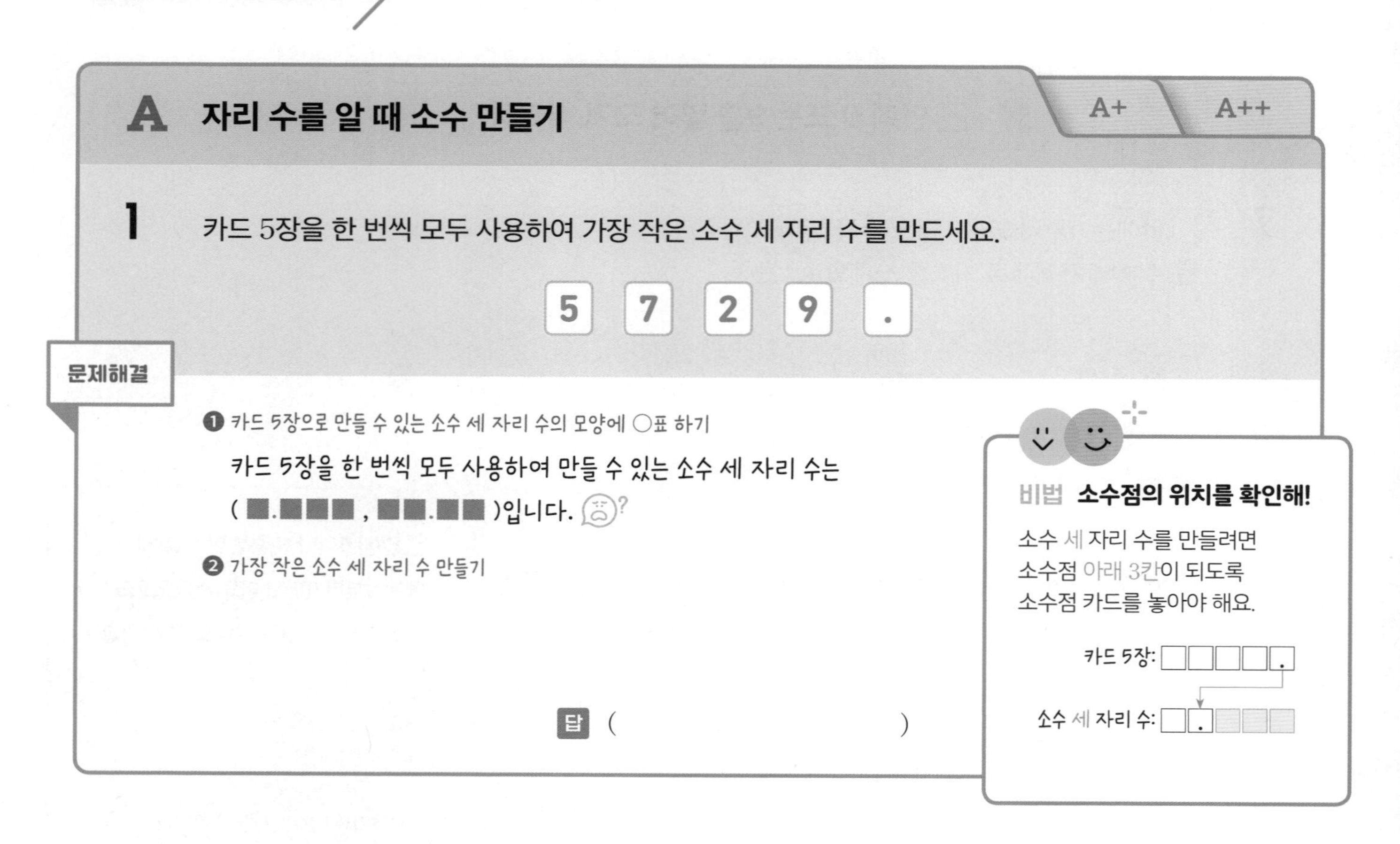

A 자리 수를 알 때 소수 만들기

A+ A++

1 카드 5장을 한 번씩 모두 사용하여 가장 작은 소수 세 자리 수를 만드세요.

5 7 2 9 .

문제해결

❶ 카드 5장으로 만들 수 있는 소수 세 자리 수의 모양에 ○표 하기

카드 5장을 한 번씩 모두 사용하여 만들 수 있는 소수 세 자리 수는 (■.■■■ , ■■.■■)입니다.

❷ 가장 작은 소수 세 자리 수 만들기

답 (　　　　　　)

비법 **소수점의 위치를 확인해!**

소수 세 자리 수를 만들려면 소수점 아래 3칸이 되도록 소수점 카드를 놓아야 해요.

카드 5장: □□□□.

소수 세 자리 수: □.□□□

2 카드 4장을 한 번씩 모두 사용하여 가장 큰 소수 두 자리 수를 만드세요.

8 6 4 .

(　　　　　　)

3 카드 5장을 한 번씩 모두 사용하여 소수 세 자리 수를 만들려고 합니다. 두 번째로 작은 소수 세 자리 수를 만드세요.

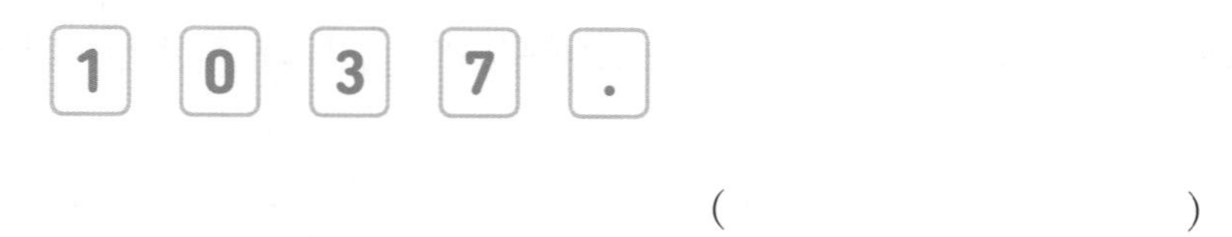

1 0 3 7 .

(　　　　　　)

잘 읽고 잘 풀자. 오늘도 파이팅!

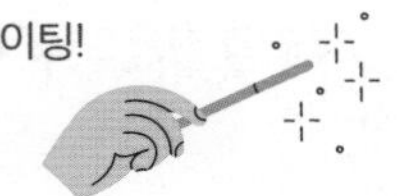

A | **A+ 자리 수를 모를 때 소수 만들기** | A++

4 카드 4장을 한 번씩 모두 사용하여 가장 큰 소수와 가장 작은 소수를 각각 만드세요.

3 1 6 .

문제해결

❶ 카드 4장으로 만들 수 있는 가장 큰 소수와 가장 작은 소수의 모양에 ○표 하기

만들 수 있는 가장 큰 소수는 (■.■■ , ■■.■) 이고,

가장 작은 소수는 (■.■■ , ■■.■)입니다.

❷ 가장 큰 소수 만들기

❸ 가장 작은 소수 만들기

답 가장 큰 소수 (　　　　　　)

가장 작은 소수 (　　　　　　)

비법

가장 큰 수는 자연수 부분이 많게, 가장 작은 수는 자연수 부분이 적게!

소수는 자연수 부분이 클수록 큰 수예요.

• 가장 큰 소수:
자연수 부분 자리가 많게 소수점 아래가 1칸이 되어야 해요.

□□□.□

• 가장 작은 소수:
자연수 부분 자리가 적게 자연수 부분이 1칸이 되어야 해요.

□.□□□

5 카드 5장을 한 번씩 모두 사용하여 가장 큰 소수와 가장 작은 소수를 각각 만드세요.

4 2 7 1 .

가장 큰 소수 (　　　　　　)

가장 작은 소수 (　　　　　　)

6 5장의 카드 5, 9, 8, 3, . 을 각각 한 번씩 모두 사용하여 도진이와 선경이가 만든 수를 각각 구하세요.

도진: 난 가장 작은 소수를 만들었어.
선경: 난 두 번째로 큰 소수를 만들었지.

도진 (　　　　　　), 선경 (　　　　　　)

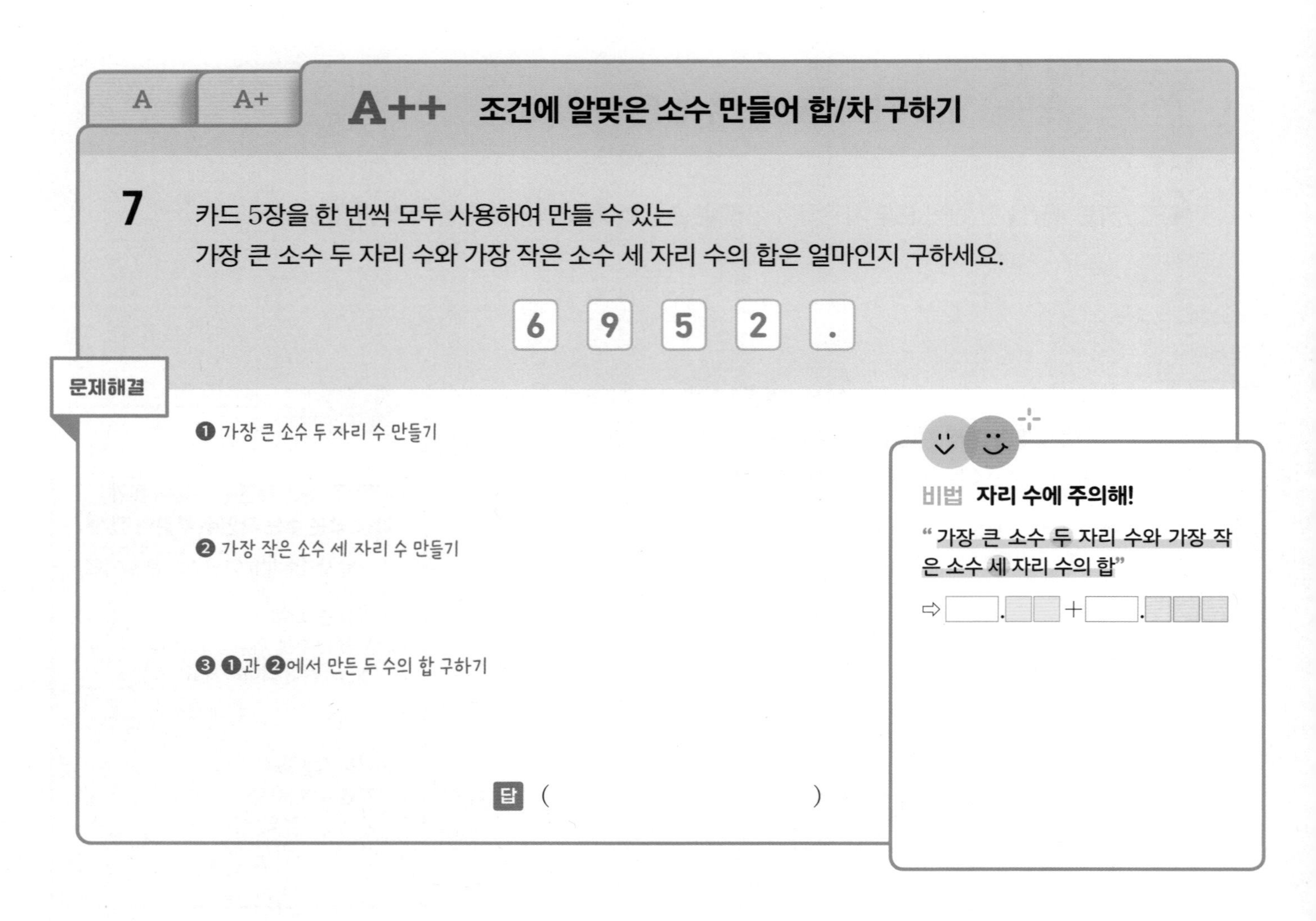

A A+ **A++ 조건에 알맞은 소수 만들어 합/차 구하기**

7 카드 5장을 한 번씩 모두 사용하여 만들 수 있는
가장 큰 소수 두 자리 수와 가장 작은 소수 세 자리 수의 합은 얼마인지 구하세요.

6 9 5 2 .

문제해결

❶ 가장 큰 소수 두 자리 수 만들기

❷ 가장 작은 소수 세 자리 수 만들기

❸ ❶과 ❷에서 만든 두 수의 합 구하기

답 (　　　　　　　　　　)

비법 자리 수에 주의해!

" 가장 큰 소수 두 자리 수와 가장 작은 소수 세 자리 수의 합"

⇨ □.□□ + □.□□□

8 카드 4장을 한 번씩 모두 사용하여 만들 수 있는 가장 큰 소수 두 자리 수와 가장 작은 소수 한 자리 수의 차는 얼마인지 구하세요.

(　　　　　　　　　　)

9 세연이와 주한이는 6장의 카드 8, 4, 7, 0, 3, . 중에서 각각 4장을 뽑아 한 번씩만 사용하여 소수를 만들었습니다. 두 사람이 만든 수의 합은 얼마인지 구하세요.

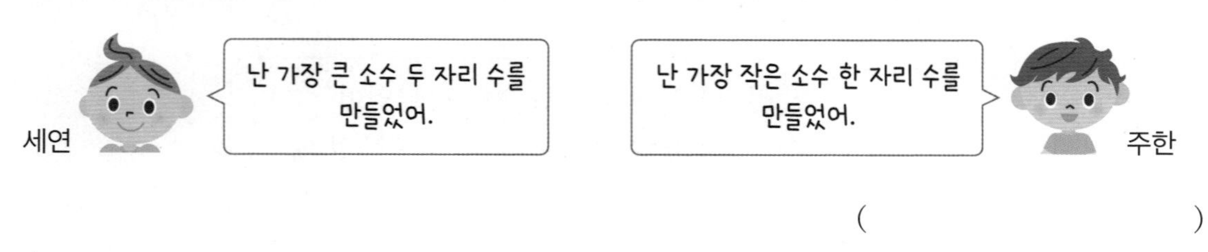

세연
난 가장 큰 소수 두 자리 수를 만들었어.
난 가장 작은 소수 한 자리 수를 만들었어.
주한

(　　　　　　　　　　)

어떻게 풀어야 할지 모르겠다면
유형으로 되돌아가 다시 학습해 보세요.

01

유형 02 B

우유 2.3 L 중에서 1290 mL를 마시고, 우유 1.8 L를 더 샀습니다. 지금 있는 우유는 모두 몇 L인지 구하세요.

( )

02

유형 02 D

㉮에서 ㉮까지의 거리는 몇 km인지 구하세요.

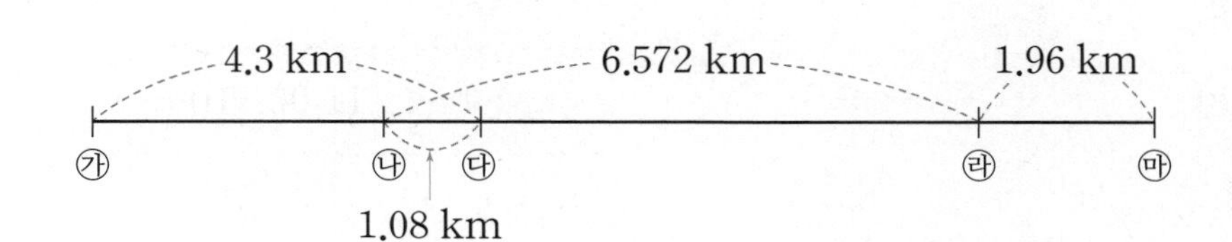

( )

03

유형 06 A

같은 모양은 같은 수를 나타낼 때 ♥가 나타내는 수를 구하세요.

★－0.83＝9.21
★－♥＝3.4

( )

04

유형 05 A+

어떤 수의 $\frac{1}{100}$인 수는 10이 3개, 1이 2개, 0.1이 55개, 0.01이 17개인 수와 같습니다. 어떤 수는 얼마인지 구하세요.

( )

05

유형 04 A

규칙에 따라 수를 늘어놓았습니다. 여섯 번째에 알맞은 수를 구하세요.

12.1, 11.05, 10……

( )

06

유형 03 C

다음을 모두 만족하는 소수를 구하세요.

㉠ 6보다 크고 7보다 작은 소수 세 자리 수입니다.
㉡ 소수 첫째 자리 숫자는 1입니다.
㉢ 소수 둘째 자리 숫자는 9입니다.
㉣ 소수 셋째 자리 수는 2로 나누어떨어지는 가장 큰 수입니다.

( )

07

카드 4장을 한 번씩 모두 사용하여 만들 수 있는 가장 큰 소수와 가장 작은 소수의 합은 얼마인지 구하세요.

유형 08 A++

8 5 2 .

( )

08

떨어뜨린 높이의 $\frac{1}{10}$만큼씩 튀어 오르는 공이 있습니다. 이 공을 $20\ \mathrm{m}$ 높이에서 떨어뜨렸다면 두 번째로 튀어 오른 공의 높이는 몇 m인지 구하세요.

( )

09

소수 세 자리 수의 크기를 비교한 것입니다. 0부터 9까지의 수 중에서 ■, ▲, ●에 알맞은 수를 각각 구하세요.

19.9■6＜19.▲13＜1●.919

■ ( ), ▲ ( ), ● ( )

사각형

학습계열표

3-1 **2. 평면도형**
- 직각
- 직각삼각형

4-1 **2. 각도**
- 예각과 둔각
- 사각형의 네 각의 크기의 합

4-2 **4. 사각형**
- 수직과 평행, 평행선 사이의 거리
- 사다리꼴, 평행사변형, 마름모

4-2 **6. 다각형**
- 다각형과 정다각형
- 대각선

5-1 **6. 다각형의 둘레와 넓이**
- 다각형의 둘레
- 여러 가지 사각형의 넓이

학습기록표

유형 01	학습일 / 학습평가
평행선 찾기	
A	직선에서
A+	도형에서

유형 02	학습일 / 학습평가
평행선 사이의 거리	
A	도형에서
A+	직선에서

유형 03	학습일 / 학습평가
크고 작은 도형의 개수	
A	평행사변형/마름모
B	사다리꼴

유형 04	학습일 / 학습평가
수직으로 만날 때 각도	
A	직선에서
B	도형에서

유형 05	학습일 / 학습평가
평행할 때 각도	
A	같은 위치
B	엇갈린 위치
C	평행선 긋기
D	평행선 이용

유형 06	학습일 / 학습평가
변의 길이	
A	두 사각형 붙인
B	사다리꼴
C	평행사변형

유형 07	학습일 / 학습평가
이어 붙여 만든 도형에서 각도	
A	두 사각형 붙인
B	사각형, 삼각형 붙인
C	이등변삼각형 찾아

유형 08	학습일 / 학습평가
접은 종이에서 각도	
A	접은 부분이 삼각형
B	접은 부분이 사각형

유형 마스터	학습일 / 학습평가
사각형	

유형 01

평행선 찾기

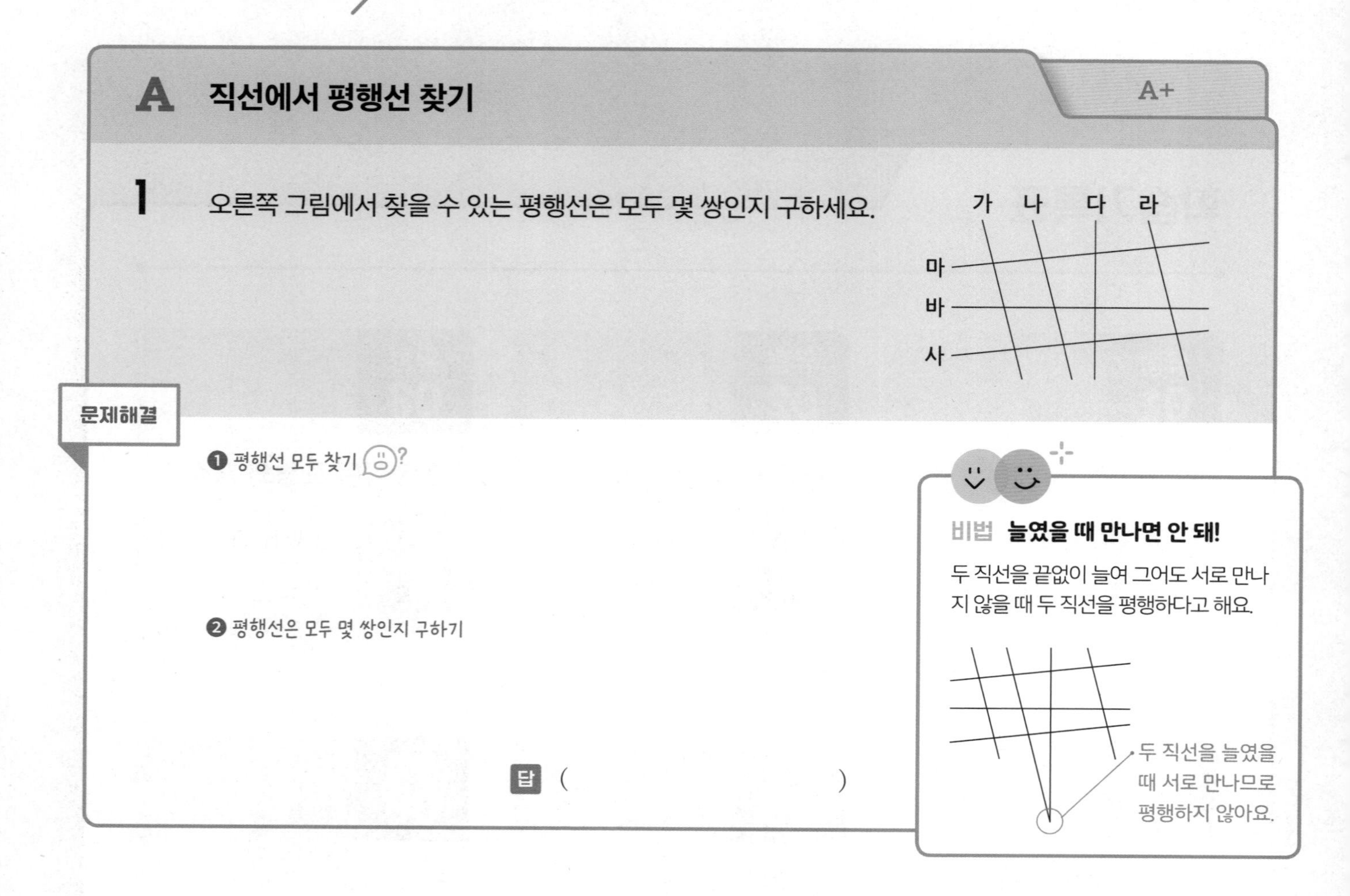

A 직선에서 평행선 찾기

A+

1 오른쪽 그림에서 찾을 수 있는 평행선은 모두 몇 쌍인지 구하세요.

문제해결

❶ 평행선 모두 찾기

❷ 평행선은 모두 몇 쌍인지 구하기

답 (   )

비법 늘였을 때 만나면 안 돼!

두 직선을 끝없이 늘여 그어도 서로 만나지 않을 때 두 직선을 평행하다고 해요.

두 직선을 늘였을 때 서로 만나므로 평행하지 않아요.

2 오른쪽 그림에서 찾을 수 있는 평행선은 모두 몇 쌍인지 구하세요.

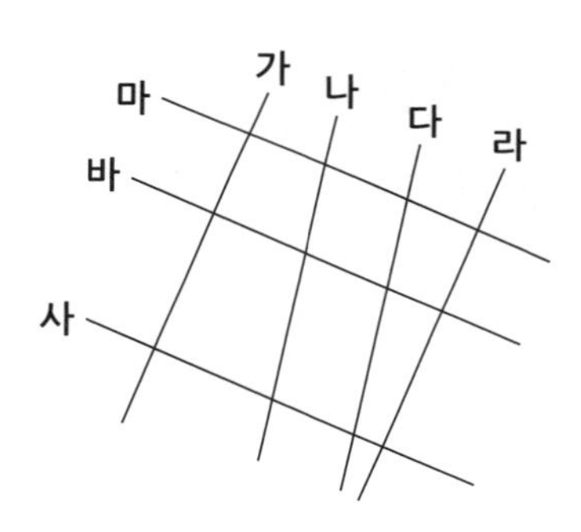

(   )

3 오른쪽 그림에서 찾을 수 있는 평행한 직선과 수직인 직선은 각각 몇 쌍인지 구하세요.

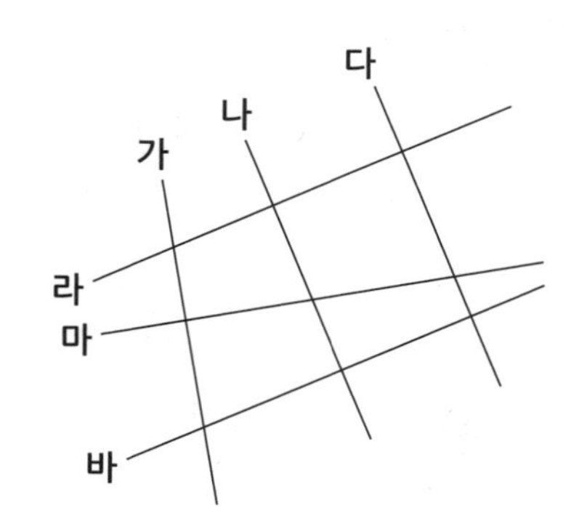

평행한 직선 (   )

수직인 직선 (   )

A

A+ 도형에서 평행선 찾기

4 오른쪽 도형에서 찾을 수 있는 평행선은 모두 몇 쌍인지 구하세요.

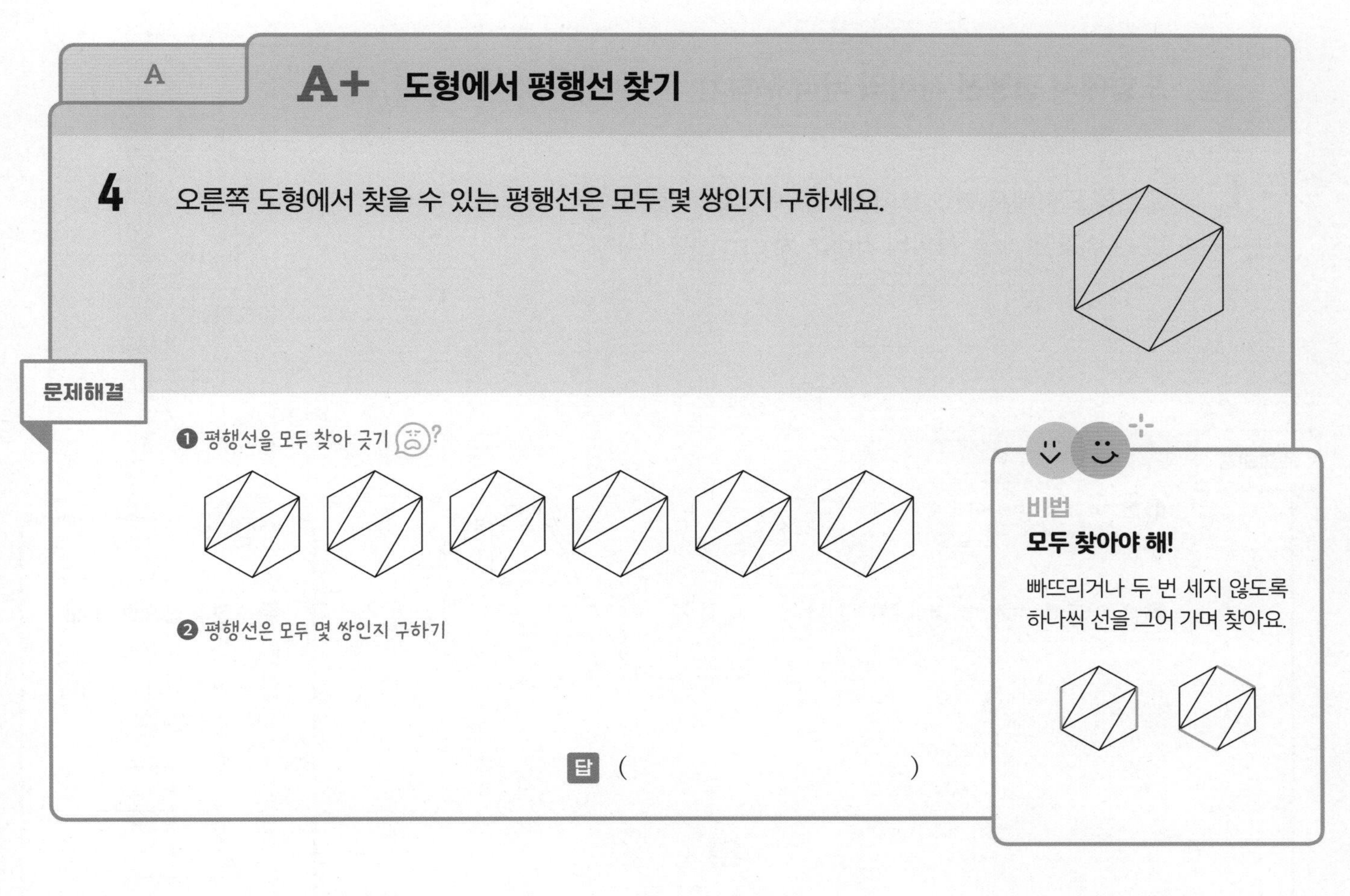

문제해결

❶ 평행선을 모두 찾아 긋기

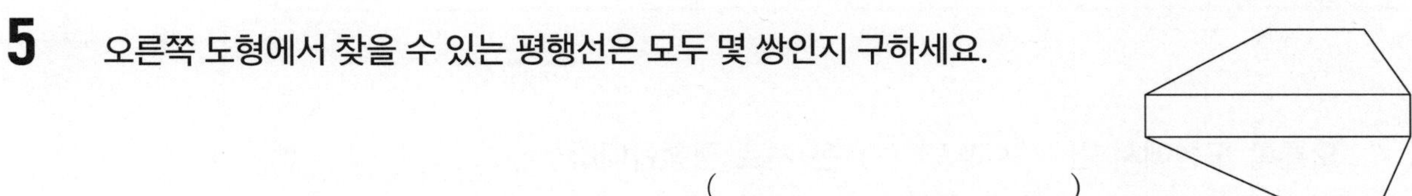

❷ 평행선은 모두 몇 쌍인지 구하기

답 (   )

비법
모두 찾아야 해!
빠뜨리거나 두 번 세지 않도록 하나씩 선을 그어 가며 찾아요.

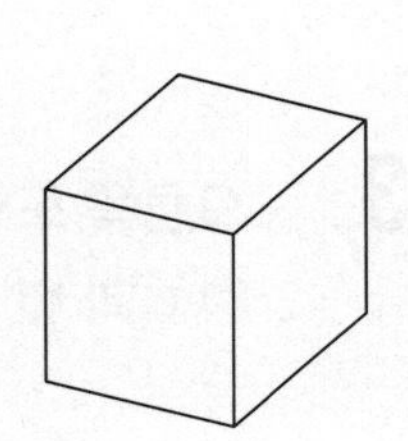

5 오른쪽 도형에서 찾을 수 있는 평행선은 모두 몇 쌍인지 구하세요.

(   )

6 오른쪽 도형에서 찾을 수 있는 평행선은 모두 몇 쌍인지 구하세요.

(   )

유형 02

평행선 사이의 거리

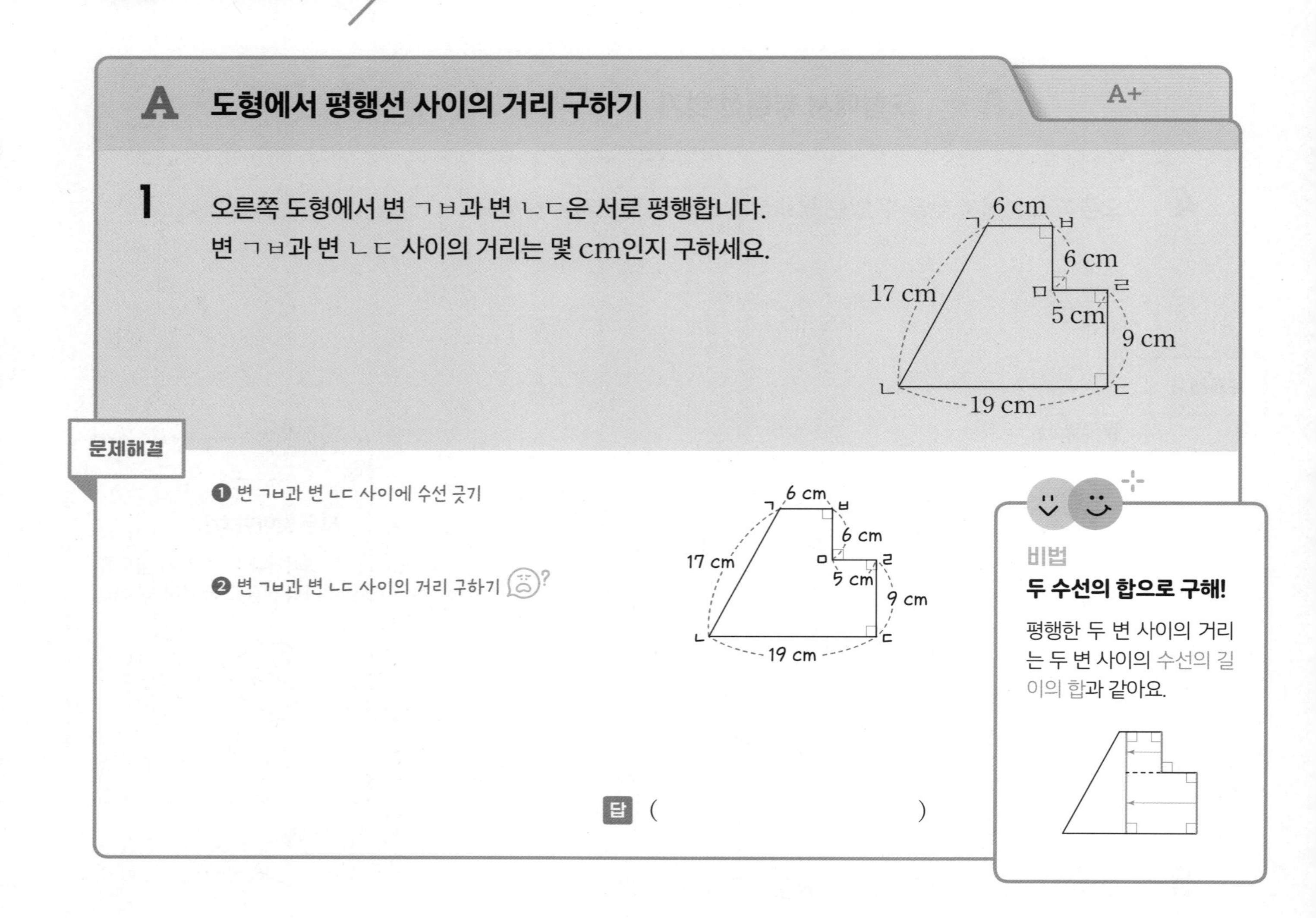

A 도형에서 평행선 사이의 거리 구하기

A+

1 오른쪽 도형에서 변 ㄱㅂ과 변 ㄴㄷ은 서로 평행합니다.
변 ㄱㅂ과 변 ㄴㄷ 사이의 거리는 몇 cm인지 구하세요.

문제해결

❶ 변 ㄱㅂ과 변 ㄴㄷ 사이에 수선 긋기

❷ 변 ㄱㅂ과 변 ㄴㄷ 사이의 거리 구하기

답 (　　　　　　　　　　)

비법
두 수선의 합으로 구해!
평행한 두 변 사이의 거리는 두 변 사이의 수선의 길이의 합과 같아요.

2 오른쪽 도형에서 변 ㄱㅅ과 변 ㄹㅁ은 서로 평행합니다.
변 ㄱㅅ과 변 ㄹㅁ 사이의 거리는 몇 cm인지 구하세요.

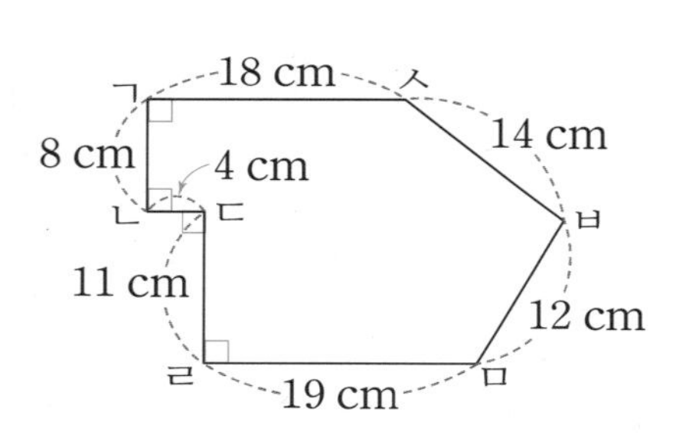

(　　　　　　　　　　)

3 오른쪽 도형에서 변 ㄱㄴ과 변 ㄹㄷ은 서로 평행합니다. 변 ㄱㄴ과 변 ㄹㄷ 사이의 거리는 몇 cm인지 구하세요.

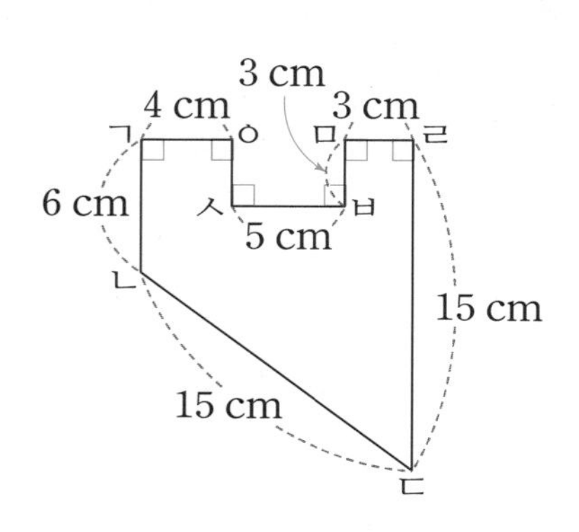

(　　　　　　　　　　)

A

A+ 직선에서 평행선 사이의 거리 구하기

4 오른쪽 그림에서 세 직선 가, 나, 다는 서로 평행합니다. 직선 가와 직선 다 사이의 거리는 몇 cm인지 구하세요.

가 나 다
15 cm 10 cm
12 cm 8 cm 6 cm

문제해결

❶ 직선 가와 직선 나 사이의 거리 구하기

❷ 직선 나와 직선 다 사이의 거리 구하기

❸ 직선 가와 직선 다 사이의 거리 구하기

답 (　　　　　　　　)

비법
수선을 찾아야 해!
평행선 사이의 거리는 평행선 사이의 수선의 길이이므로 평행선 사이의 수직인 선분을 먼저 찾아요.

수선

5 오른쪽 그림에서 세 직선 가, 나, 다는 서로 평행합니다. 직선 가와 직선 다 사이의 거리는 몇 cm인지 구하세요.

(　　　　　　　　)

가 나 다
16 cm 12 cm 8 cm
10 cm 15 cm 20 cm

6 오른쪽 그림에서 세 직선 가, 나, 다는 서로 평행합니다. 직선 나와 직선 다 사이의 거리는 몇 cm인지 구하세요.

(　　　　　　　　)

가 나 다
6 cm 12 cm 14 cm
19 cm 16 cm

유형 03

크고 작은 도형의 개수

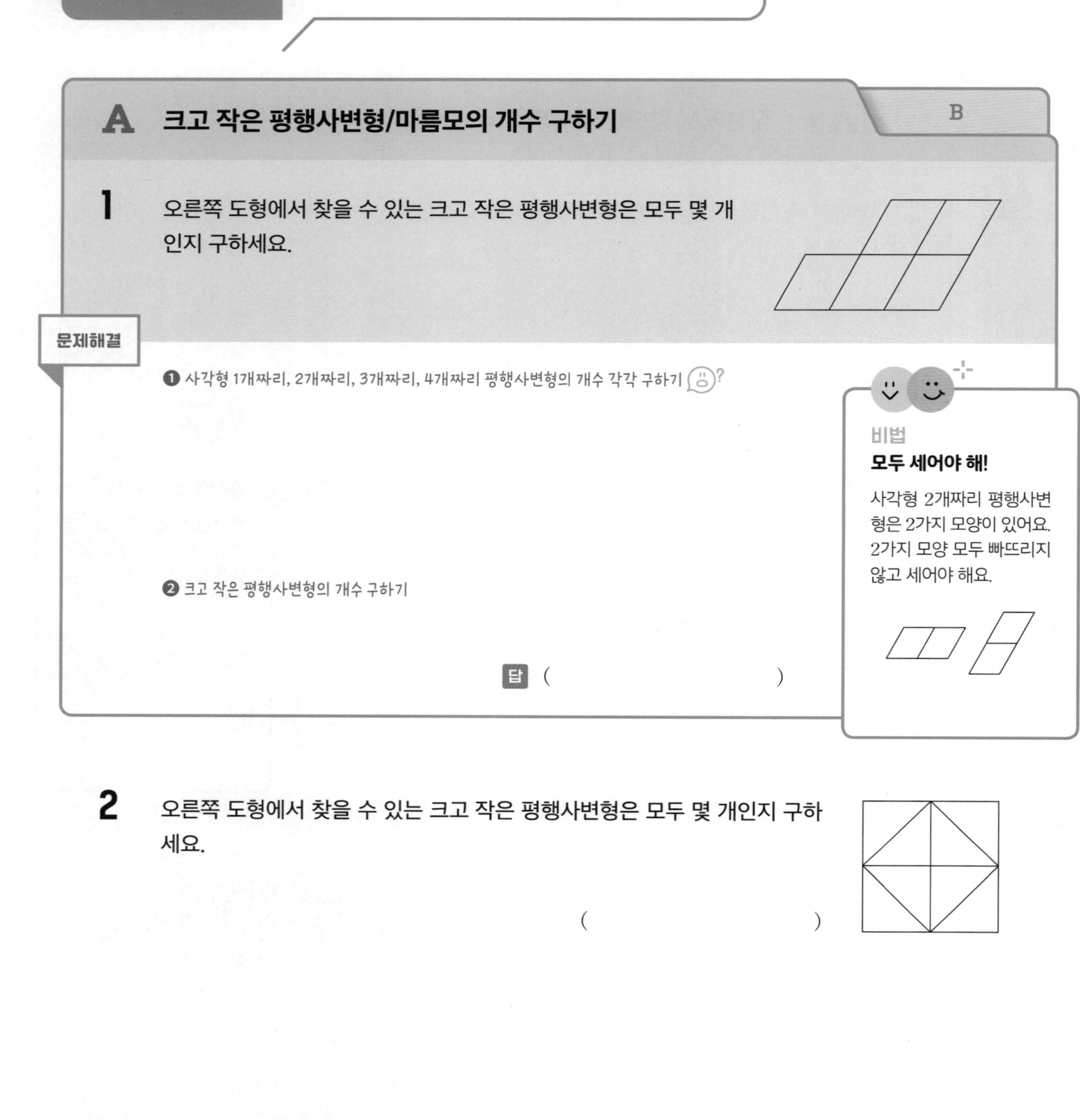

A 크고 작은 평행사변형/마름모의 개수 구하기

B

1 오른쪽 도형에서 찾을 수 있는 크고 작은 평행사변형은 모두 몇 개인지 구하세요.

문제해결

❶ 사각형 1개짜리, 2개짜리, 3개짜리, 4개짜리 평행사변형의 개수 각각 구하기

❷ 크고 작은 평행사변형의 개수 구하기

답 (   )

비법
모두 세어야 해!
사각형 2개짜리 평행사변형은 2가지 모양이 있어요. 2가지 모양 모두 빠뜨리지 않고 세어야 해요.

2 오른쪽 도형에서 찾을 수 있는 크고 작은 평행사변형은 모두 몇 개인지 구하세요.

(   )

3 오른쪽 도형은 크기가 같은 정삼각형을 겹치지 않게 이어 붙여 만든 것입니다. 이 도형에서 찾을 수 있는 크고 작은 마름모는 모두 몇 개인지 구하세요.

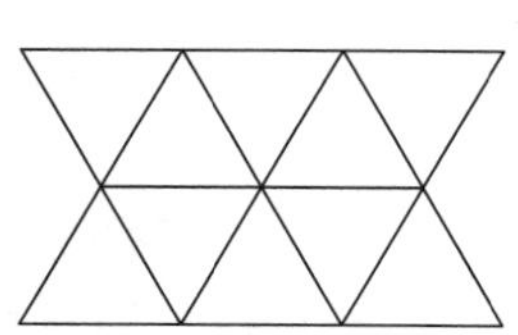

네 변의 길이가 모두 같은 사각형을 찾아요. 

(   )

A

B 크고 작은 사다리꼴의 개수 구하기

4 오른쪽 도형에서 찾을 수 있는 크고 작은 사다리꼴은 모두 몇 개인지 구하세요.

문제해결

❶ 사각형 1개짜리, 2개짜리, 4개짜리 사다리꼴의 개수 각각 구하기

❷ 크고 작은 사다리꼴의 개수 구하기

답 (   )

비법
평행한 변이 2쌍인 사각형도 찾아!

사다리꼴은 평행한 변이 한 쌍이라도 있는 사각형이므로 평행한 변이 **2쌍인 사각형도 사다리꼴**이에요.

평행 ⇨ 사다리꼴

5 오른쪽 도형에서 찾을 수 있는 크고 작은 사다리꼴은 모두 몇 개인지 구하세요.

(   )

6 오른쪽 도형에서 찾을 수 있는 크고 작은 사다리꼴은 모두 몇 개인지 구하세요.

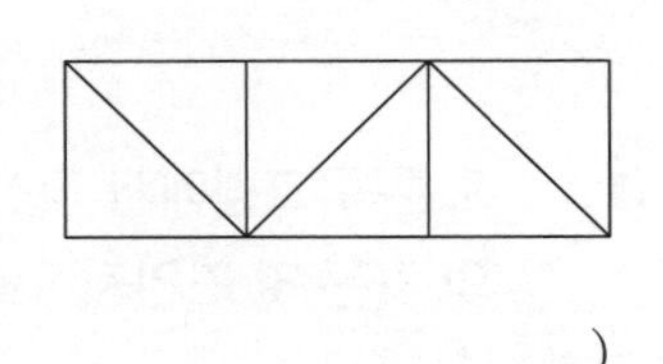

(   )

유형 04 수직으로 만날 때 각도

A 수직으로 만나는 직선에서 각도 구하기

B

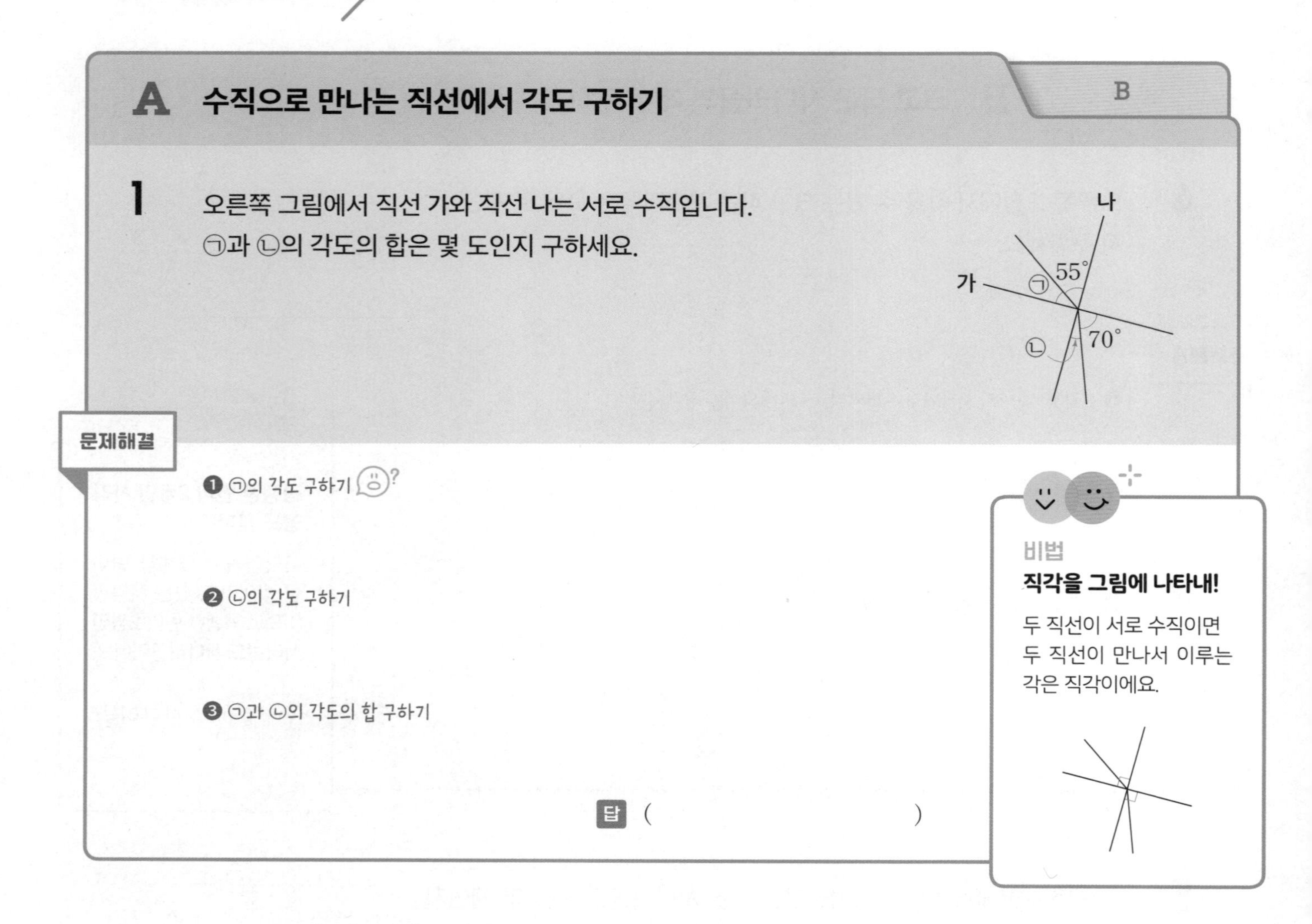

1 오른쪽 그림에서 직선 가와 직선 나는 서로 수직입니다.
㉠과 ㉡의 각도의 합은 몇 도인지 구하세요.

문제해결

❶ ㉠의 각도 구하기

❷ ㉡의 각도 구하기

❸ ㉠과 ㉡의 각도의 합 구하기

답 (　　　　　　　　)

비법
직각을 그림에 나타내!
두 직선이 서로 수직이면 두 직선이 만나서 이루는 각은 직각이에요.

2 오른쪽 그림에서 직선 가와 직선 나는 서로 수직입니다. ㉠과 ㉡의 각도의 합은 몇 도인지 구하세요.

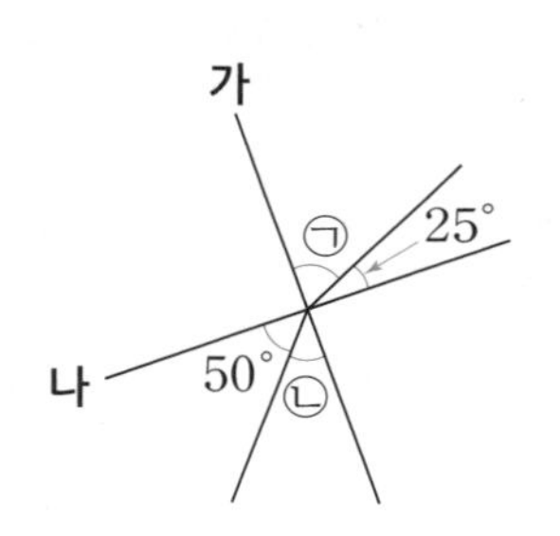

(　　　　　　　　)

3 오른쪽 그림에서 직선 가와 직선 나는 서로 수직입니다. ㉠과 ㉡의 각도의 차는 몇 도인지 구하세요.

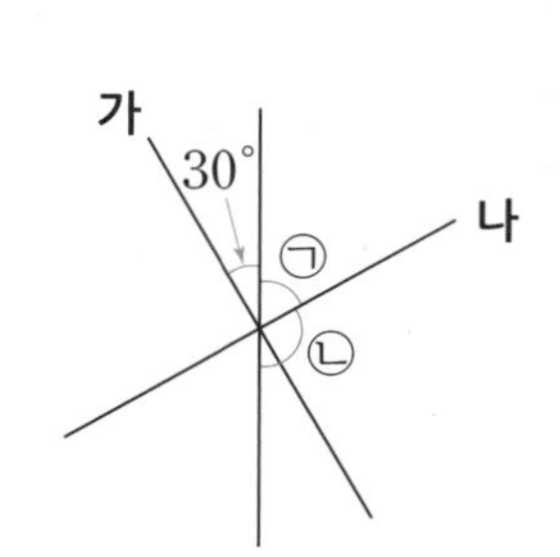

(　　　　　　　　)

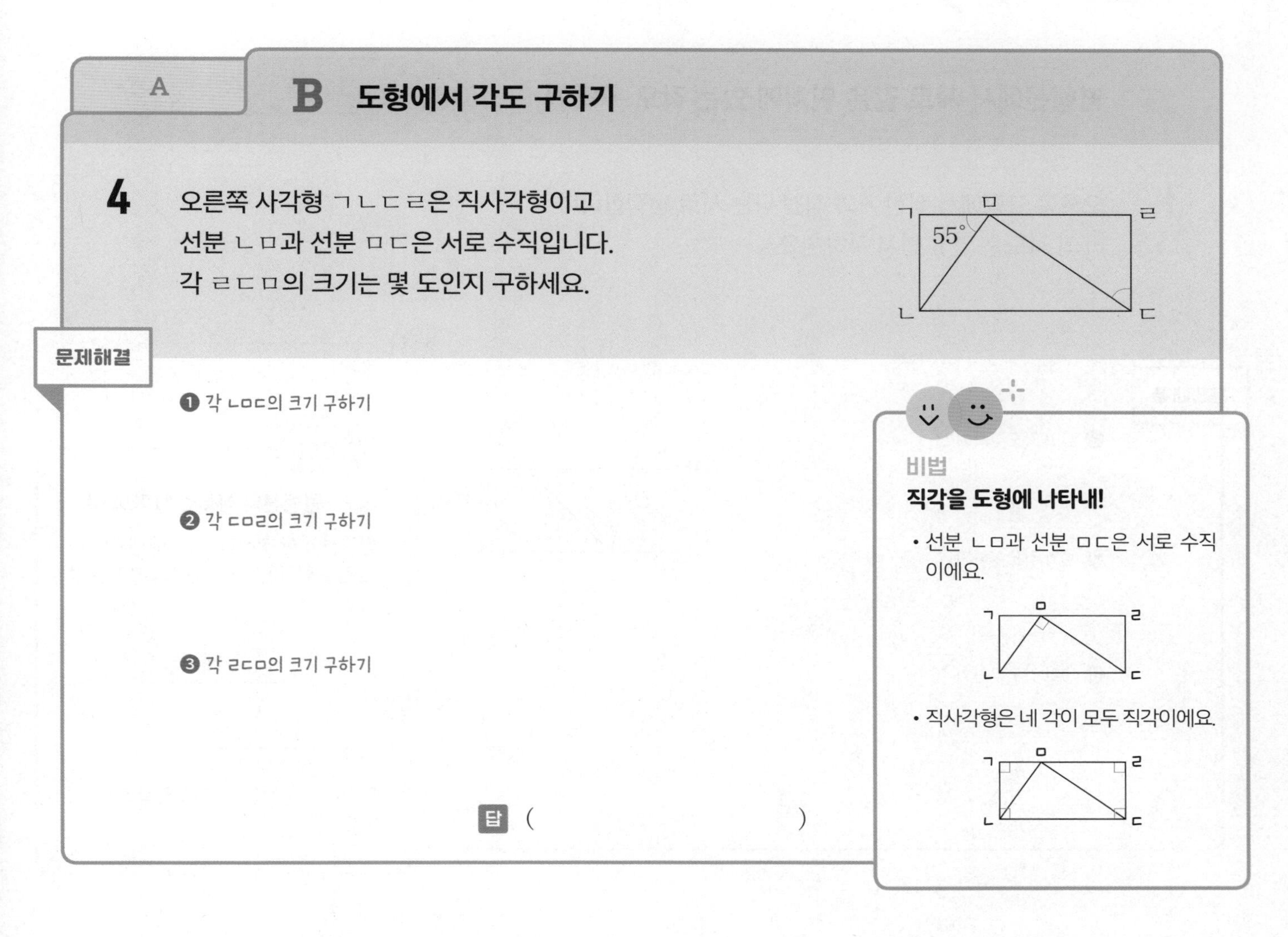

A

B 도형에서 각도 구하기

4 오른쪽 사각형 ㄱㄴㄷㄹ은 직사각형이고 선분 ㄴㅁ과 선분 ㅁㄷ은 서로 수직입니다. 각 ㄹㄷㅁ의 크기는 몇 도인지 구하세요.

문제해결

❶ 각 ㄴㅁㄷ의 크기 구하기

❷ 각 ㄷㅁㄹ의 크기 구하기

❸ 각 ㄹㄷㅁ의 크기 구하기

답 (　　　　　　　)

비법

직각을 도형에 나타내!

- 선분 ㄴㅁ과 선분 ㅁㄷ은 서로 수직이에요.
- 직사각형은 네 각이 모두 직각이에요.

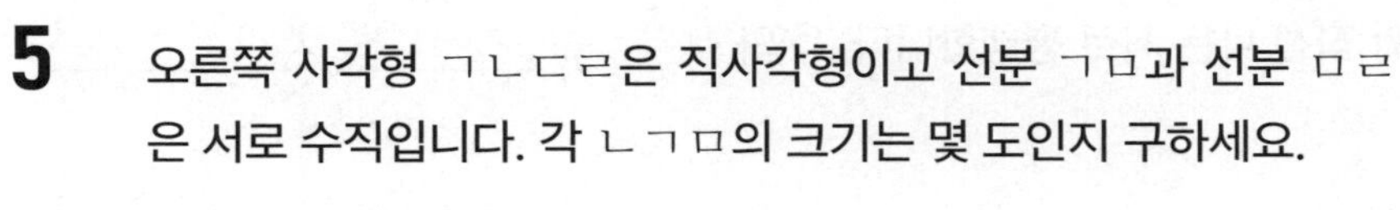

5 오른쪽 사각형 ㄱㄴㄷㄹ은 직사각형이고 선분 ㄱㅁ과 선분 ㅁㄹ은 서로 수직입니다. 각 ㄴㄱㅁ의 크기는 몇 도인지 구하세요.

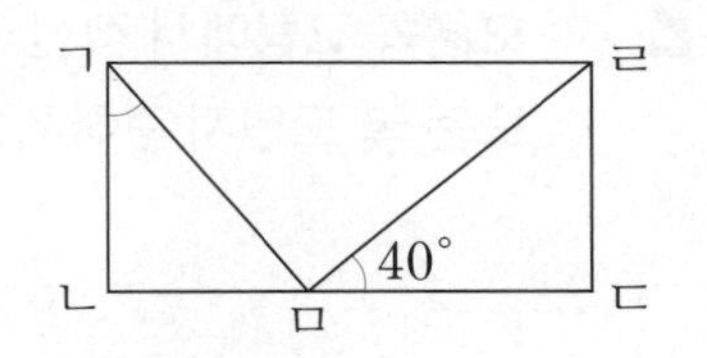

(　　　　　　　)

6 사각형 ㄱㄴㄷㄹ은 직사각형이고 선분 ㄴㅂ과 선분 ㅂㄷ은 서로 수직입니다. 각 ㄹㄷㅁ의 크기는 몇 도인지 구하세요.

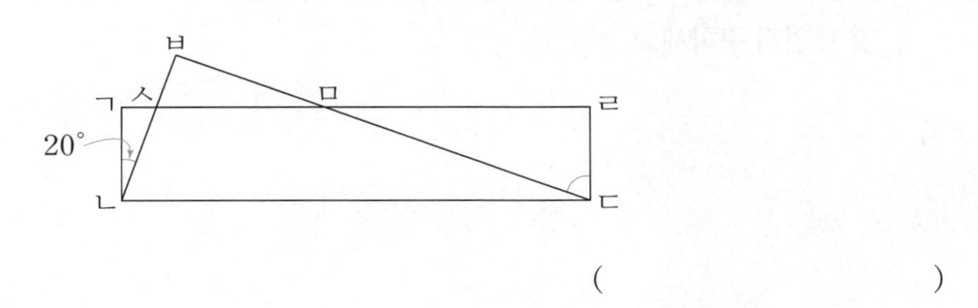

(　　　　　　　)

유형 05 평행할 때 각도

A 평행선에서 서로 같은 위치에 있는 각도 구하기

B C D

1 오른쪽 그림에서 직선 가와 직선 나는 서로 평행합니다. ㉠의 각도는 몇 도인지 구하세요.

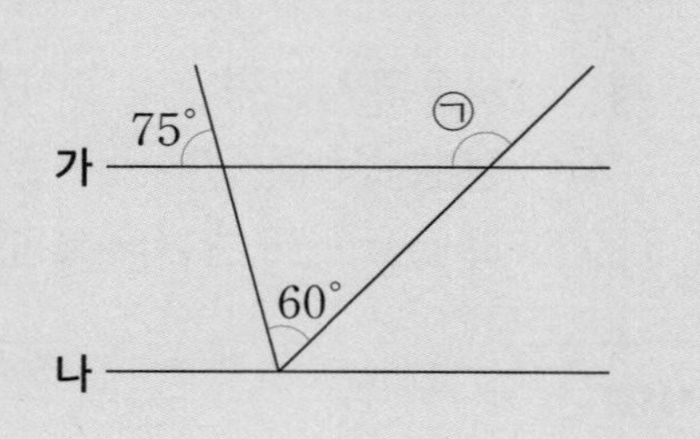

문제해결

❶ ㉡의 각도 구하기

❷ ㉢의 각도 구하기

❸ ㉠의 각도 구하기

답 (   )

비법 평행선의 성질을 알아보자!

평행선이 한 직선과 만날 때 생기는 서로 **같은 위치**에 있는 두 각의 크기는 **같아요.**

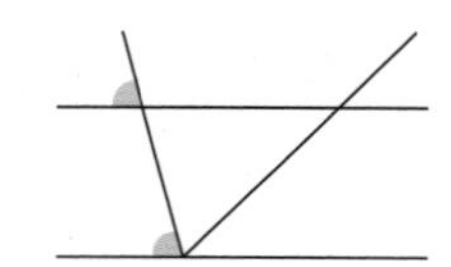

이러한 평행선의 성질은 중학교 때 배워요.

2 오른쪽 그림에서 직선 가와 직선 나는 서로 평행합니다. ㉠의 각도는 몇 도인지 구하세요.

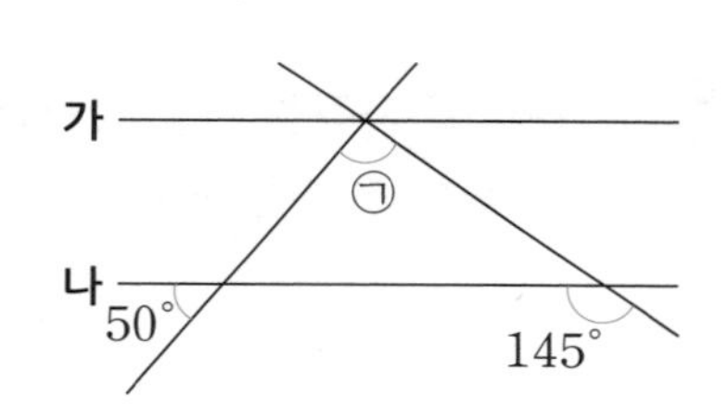

(   )

3 오른쪽 그림에서 직선 가와 직선 나는 서로 평행합니다. ㉠의 각도는 몇 도인지 구하세요.

(   )

A | **B 평행선에서 서로 엇갈린 위치에 있는 각도 구하기** | C | D

4 오른쪽 그림에서 직선 가와 직선 나는 서로 평행합니다.
㉠의 각도는 몇 도인지 구하세요.

가 ㉠ 55° 50° 나

문제해결

❶ ㉡의 각도 구하기

가 55° ㉠ 50° ㉢ ㉡ 나

❷ ㉢의 각도 구하기

❸ ㉠의 각도 구하기 ?

답 (   )

비법 평행선의 성질을 알아보자!

평행선이 한 직선과 만날 때 생기는 서로 엇갈린 위치에 있는 두 각의 크기는 같아요.

이러한 평행선의 성질은 중학교 때 배워요.

5 오른쪽 그림에서 직선 가와 직선 나는 서로 평행합니다. ㉠의 각도는 몇 도인지 구하세요.

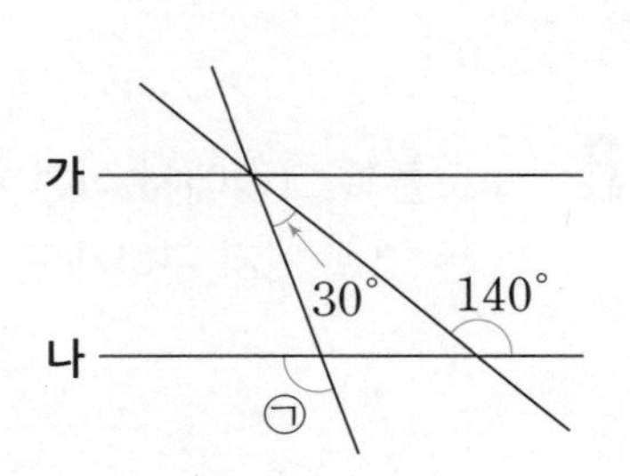

(   )

6 오른쪽 그림에서 직선 가와 직선 나는 서로 평행합니다. ㉠의 각도는 몇 도인지 구하세요.

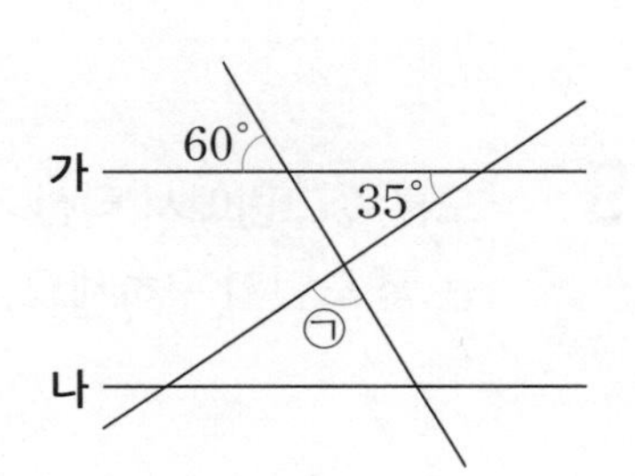

(   )

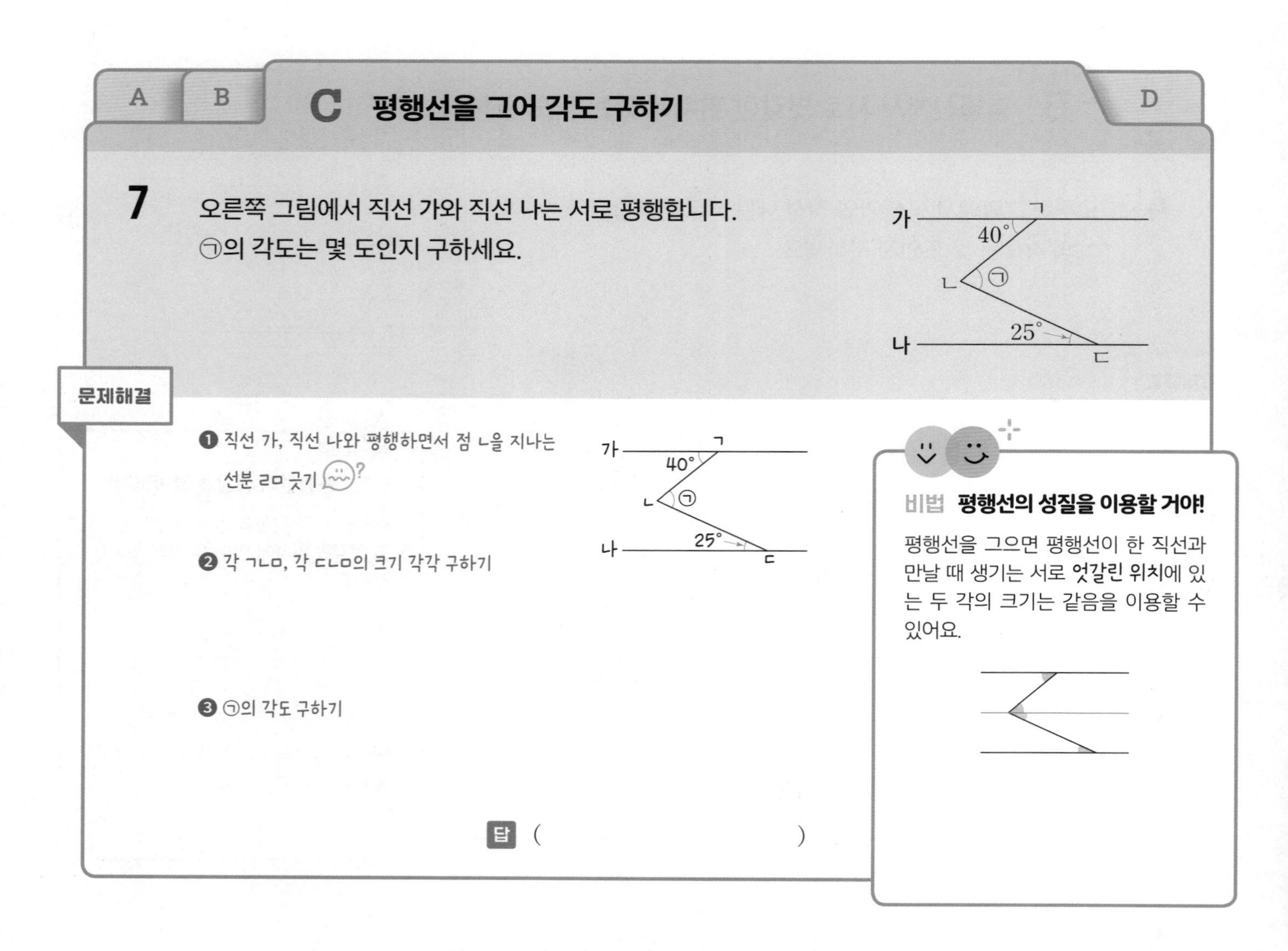

A B **C 평행선을 그어 각도 구하기** D

7 오른쪽 그림에서 직선 가와 직선 나는 서로 평행합니다. ㉠의 각도는 몇 도인지 구하세요.

문제해결

❶ 직선 가, 직선 나와 평행하면서 점 ㄴ을 지나는 선분 ㄹㅁ 긋기

❷ 각 ㄱㄴㅁ, 각 ㄷㄴㅁ의 크기 각각 구하기

❸ ㉠의 각도 구하기

답 (   )

비법 평행선의 성질을 이용할 거야!

평행선을 그으면 평행선이 한 직선과 만날 때 생기는 서로 **엇갈린 위치**에 있는 두 각의 크기는 같음을 이용할 수 있어요.

8 오른쪽 그림에서 직선 가와 직선 나는 서로 평행합니다. ㉠의 각도는 몇 도인지 구하세요.

(   )

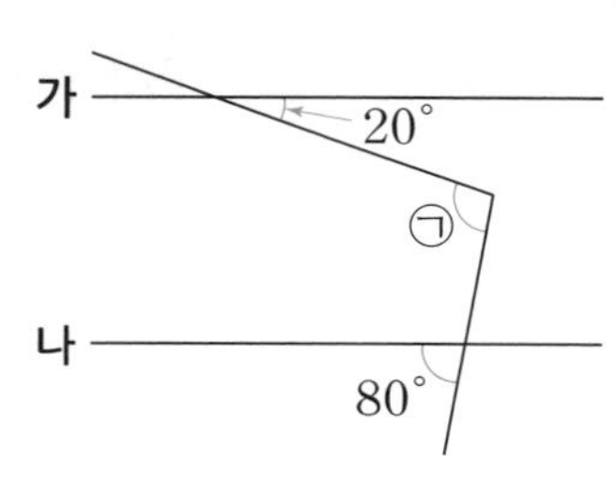

9 오른쪽 그림에서 직선 가와 직선 나는 서로 평행합니다. ㉠의 각도는 몇 도인지 구하세요.

(   )

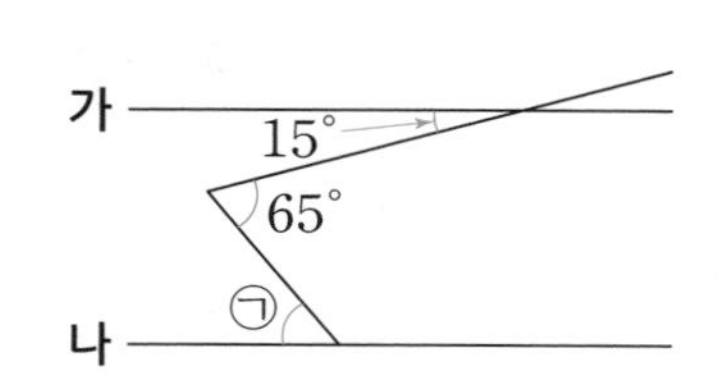

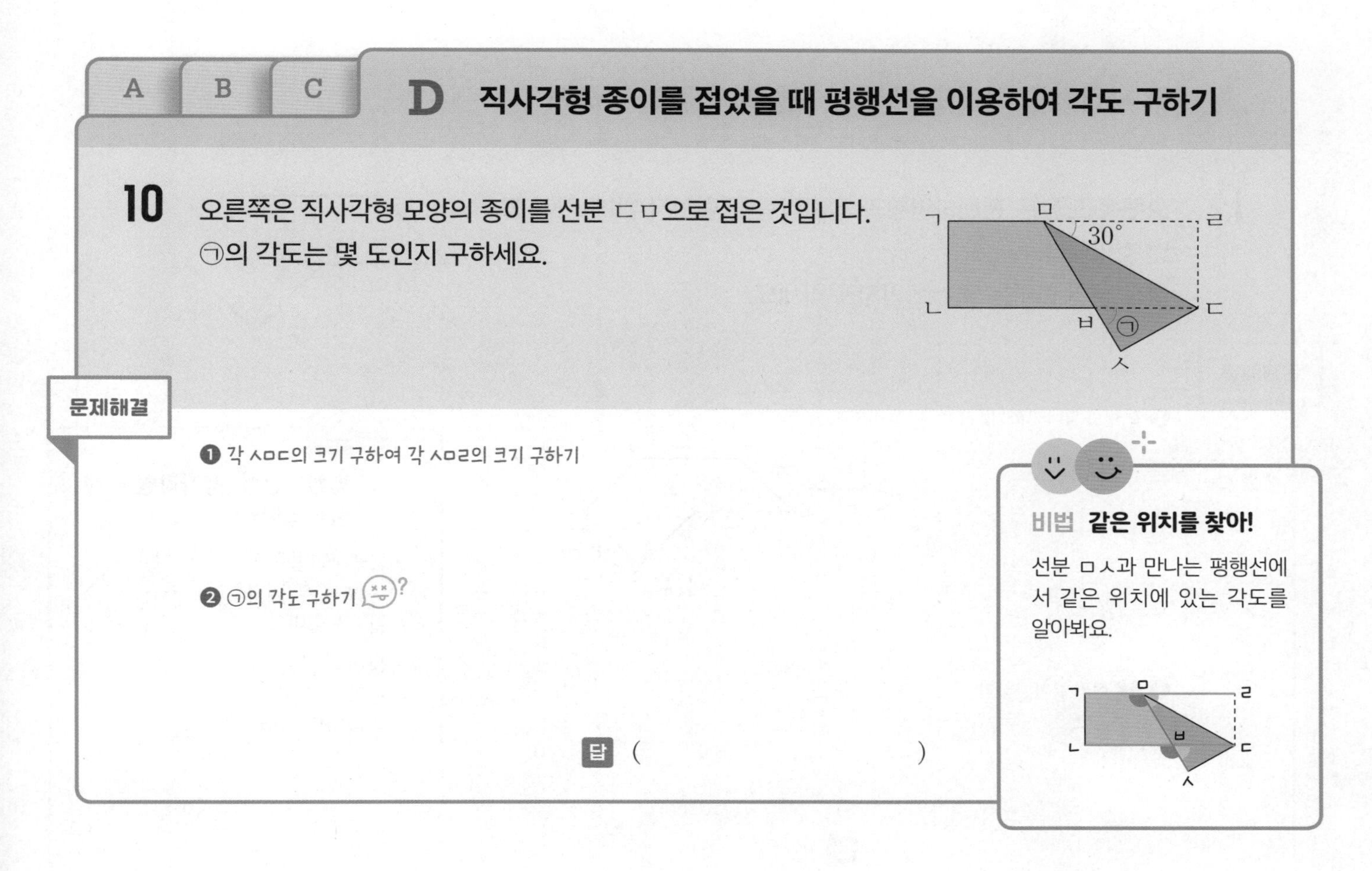

A B C

D 직사각형 종이를 접었을 때 평행선을 이용하여 각도 구하기

10 오른쪽은 직사각형 모양의 종이를 선분 ㄷㅁ으로 접은 것입니다. ㉠의 각도는 몇 도인지 구하세요.

문제해결

❶ 각 ㅅㅁㄷ의 크기 구하여 각 ㅅㅁㄹ의 크기 구하기

❷ ㉠의 각도 구하기

답 (　　　　　　　　)

비법 같은 위치를 찾아!

선분 ㅁㅅ과 만나는 평행선에서 같은 위치에 있는 각도를 알아봐요.

11 오른쪽은 직사각형 모양의 종이를 선분 ㅇㅈ으로 접은 것입니다. ㉠의 각도는 몇 도인지 구하세요.

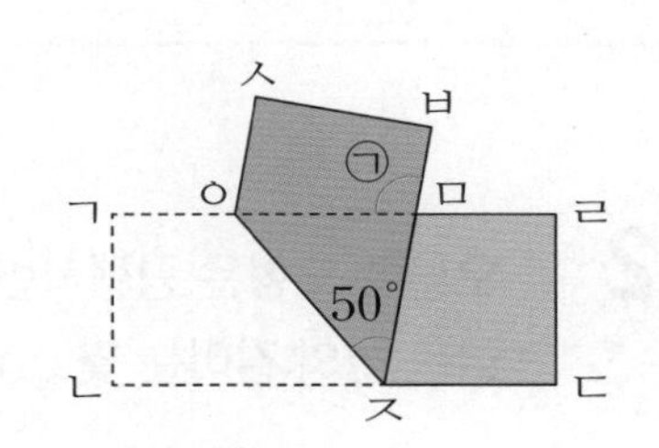

(　　　　　　　　)

12 오른쪽은 직사각형 모양의 종이를 선분 ㄴㄹ로 접은 것입니다. ㉠의 각도는 몇 도인지 구하세요.

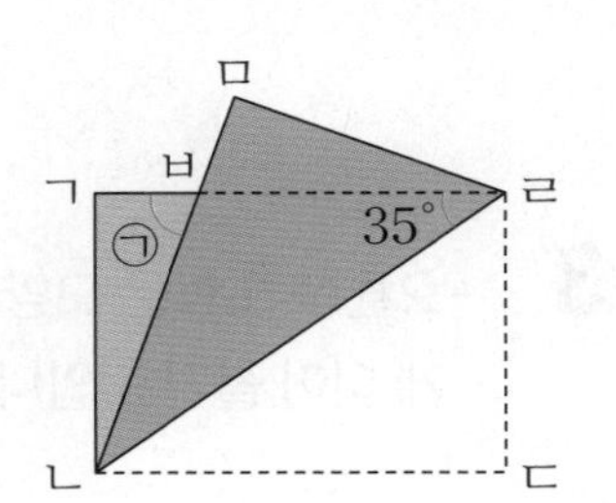

(　　　　　　　　)

유형 06

변의 길이

A 두 사각형을 이어 붙여 만든 도형에서 길이 구하기

B C

1 오른쪽 도형은 평행사변형과 정사각형을 겹치지 않게 이어 붙인 것입니다.
굵은 선의 길이는 몇 cm인지 구하세요.

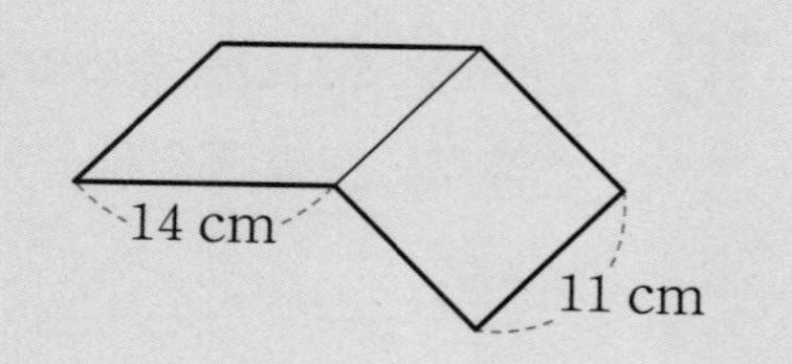

문제해결

❶ 각 변의 길이 구하기 

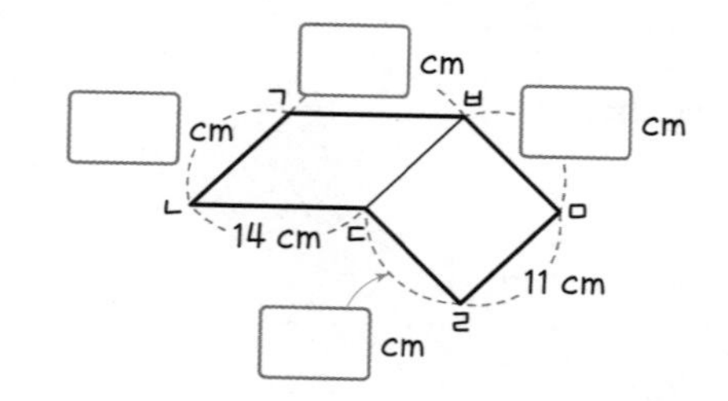

❷ 굵은 선의 길이 구하기

답 (   )

비법 **평행사변형, 정사각형의 성질을 알아봐!**

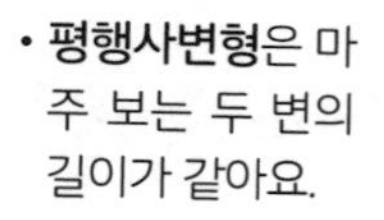
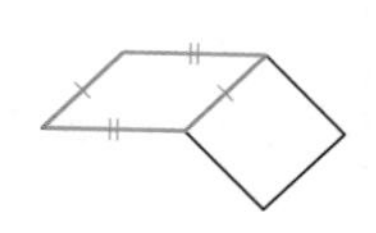

- **평행사변형**은 마주 보는 두 변의 길이가 같아요.
- **정사각형**은 네 변의 길이가 모두 같아요.

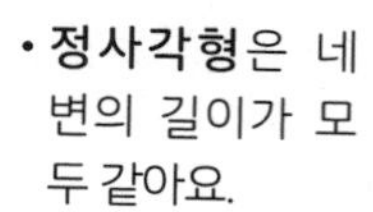

2 오른쪽 도형은 평행사변형과 마름모를 겹치지 않게 이어 붙인 것입니다.
굵은 선의 길이는 몇 cm인지 구하세요.

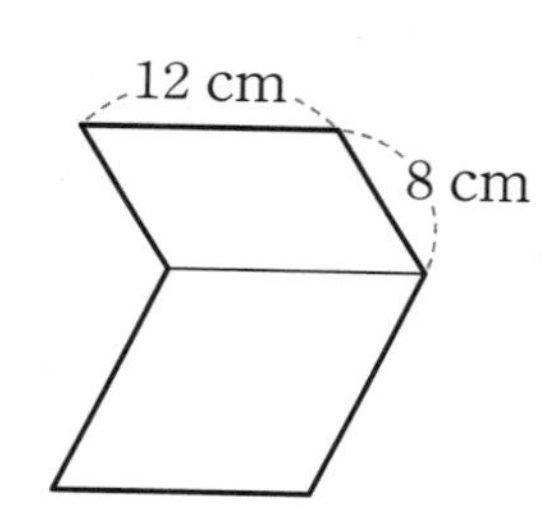

(   )

3 오른쪽 도형은 모양과 크기가 같은 평행사변형 2개를 겹치지 않게 이어 붙인 것입니다. 굵은 선의 길이는 몇 cm인지 구하세요.

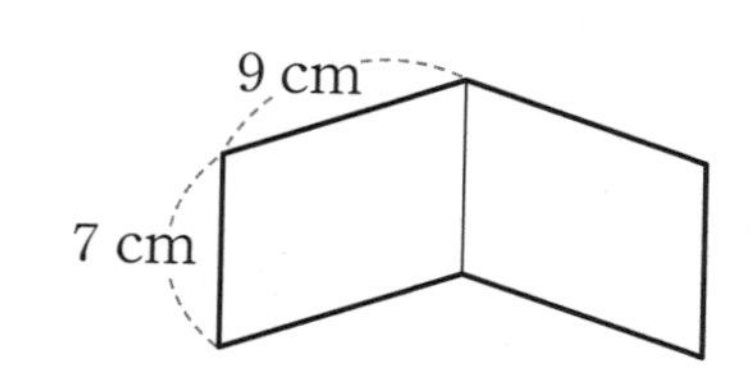

(   )

A

B 사다리꼴 내부에 그어진 평행한 선 이용하기

C

4 오른쪽은 사다리꼴 ㄱㄴㄷㄹ 안에 변 ㄱㄴ과 평행한 선분 ㄹㅁ을 그은 것입니다. 삼각형 ㄹㅁㄷ의 세 변의 길이의 합은 몇 cm인지 구하세요.

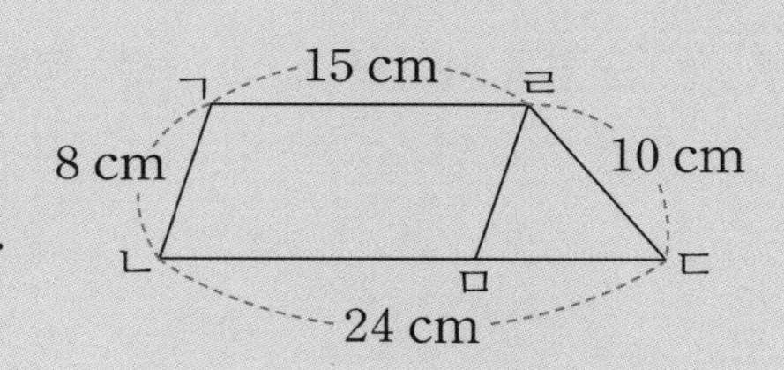

문제해결

❶ 사각형 ㄱㄴㅁㄹ은 어떤 사각형인지 알맞은 말에 ○표 하기

사각형 ㄱㄴㅁㄹ은 (평행사변형 , 마름모)입니다.

❷ 변 ㄹㅁ, 변 ㅁㄷ의 길이 각각 구하기

❸ 삼각형 ㄹㅁㄷ의 세 변의 길이의 합 구하기

답 (　　　　　　　　)

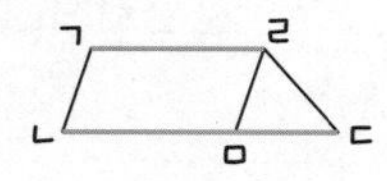

비법 평행한 선분을 찾아봐!

- 사다리꼴에서 변 ㄱㄹ과 변 ㄴㄷ은 서로 평행해요.

ㄱ ㄹ ㄴ ㅁ ㄷ

- 조건에서 선분 ㄱㄴ과 선분 ㄹㅁ은 서로 평행해요.

ㄱ ㄹ ㄴ ㅁ ㄷ

5 오른쪽은 사다리꼴 ㄱㄴㄷㄹ 안에 변 ㄱㄴ과 평행한 선분 ㄹㅁ을 그은 것입니다. 삼각형 ㄹㅁㄷ의 세 변의 길이의 합은 몇 cm인지 구하세요.

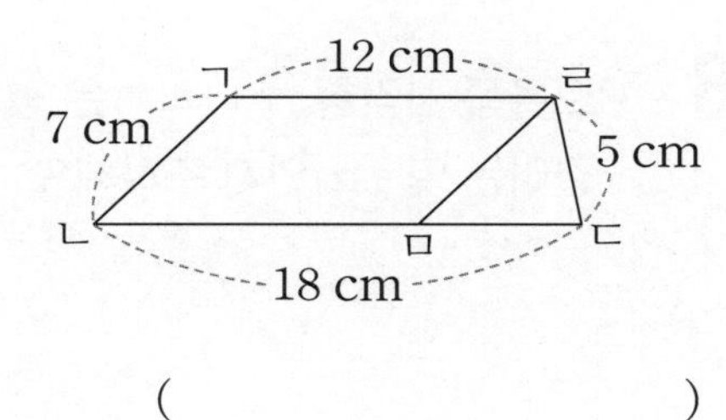

(　　　　　　　　)

6 오른쪽은 사다리꼴 ㄱㄴㄷㄹ 안에 변 ㄹㄷ과 평행한 선분 ㅁㄴ을 그은 것입니다. 삼각형 ㄱㄴㅁ은 이등변삼각형일 때 사각형 ㄴㄷㄹㅁ의 네 변의 길이의 합은 몇 cm인지 구하세요.

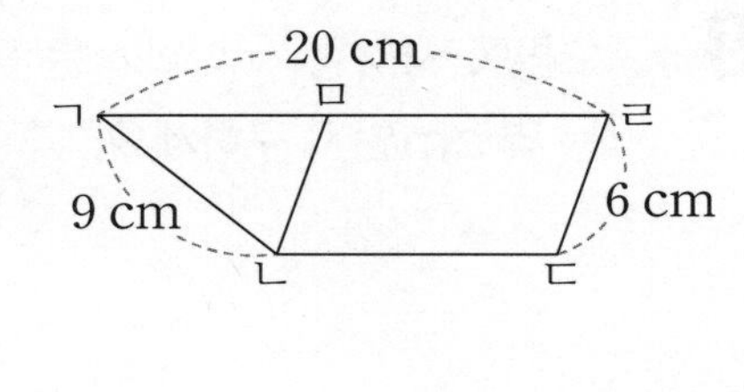

(　　　　　　　　)

A B **C** 평행사변형 내부에 그어진 선 이용하기

7 오른쪽 사각형 ㄱㄴㄷㄹ은 평행사변형입니다.
변 ㄱㅁ의 길이는 몇 cm인지 구하세요.

문제해결

❶ 각 ㄱㄴㄷ의 크기 구하기

❷ 각 ㄱㅁㄴ의 크기를 구하여 삼각형 ㄱㄴㅁ은 어떤 삼각형인지 알맞은 말에 ○표 하기

삼각형 ㄱㄴㅁ은 (이등변삼각형 , 정삼각형 , 직각삼각형)입니다.

❸ 변 ㄱㅁ의 길이 구하기

답 ( )

비법 삼각형의 종류를 알아봐!

두 각의 크기가 같으면 이등변삼각형,
세 각의 크기가 모두 같으면 정삼각형,
한 각이 직각이면 직각삼각형이에요.

이등변삼각형 정삼각형 직각삼각형

8 오른쪽 사각형 ㄱㄴㄷㄹ은 평행사변형입니다. 변 ㄷㅁ의 길이는 몇 cm인지 구하세요.

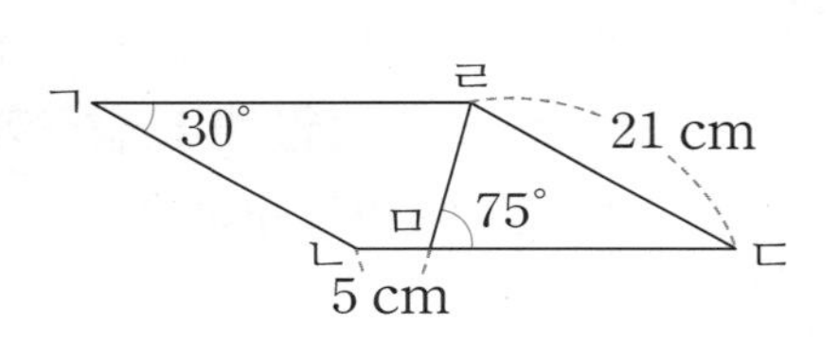

( )

9 오른쪽 사각형 ㄱㄴㄷㄹ은 평행사변형입니다. 변 ㄴㄷ의 길이는 몇 cm인지 구하세요.

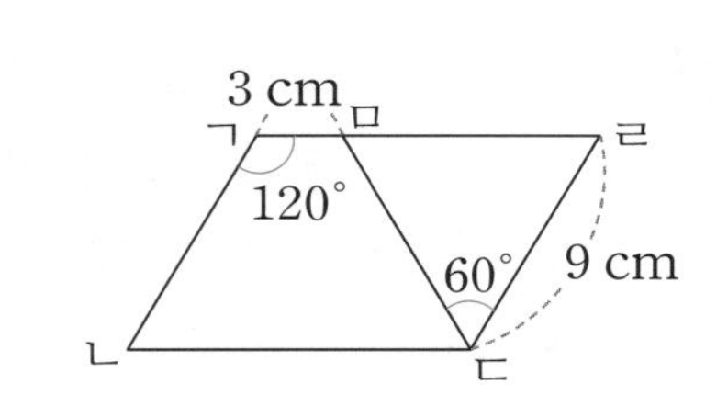

( )

유형 07 이어 붙여 만든 도형에서 각도

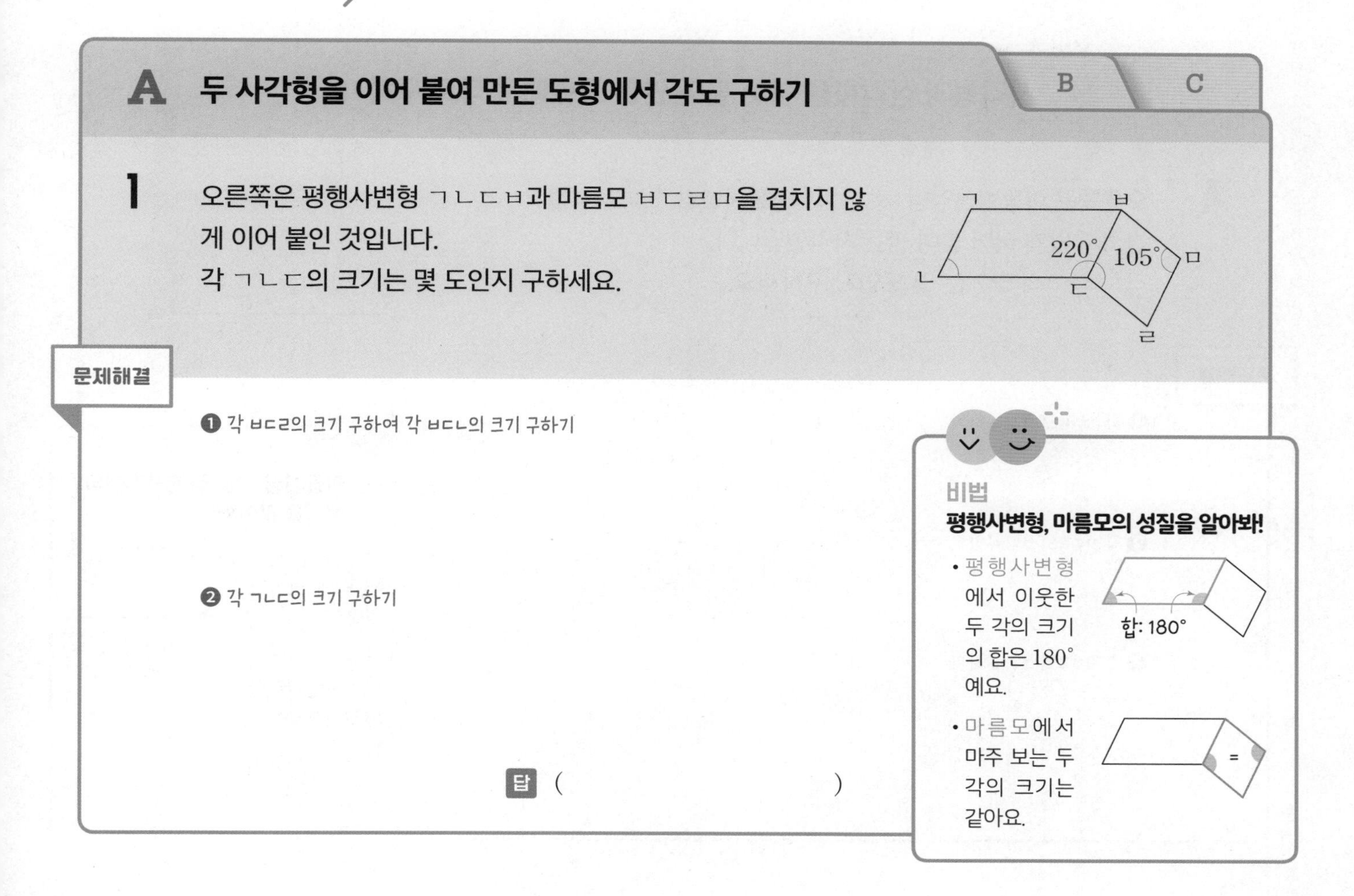

A 두 사각형을 이어 붙여 만든 도형에서 각도 구하기

B C

1 오른쪽은 평행사변형 ㄱㄴㄷㅂ과 마름모 ㅂㄷㄹㅁ을 겹치지 않게 이어 붙인 것입니다.
각 ㄱㄴㄷ의 크기는 몇 도인지 구하세요.

문제해결

❶ 각 ㅂㄷㄹ의 크기 구하여 각 ㅂㄷㄴ의 크기 구하기

❷ 각 ㄱㄴㄷ의 크기 구하기

답 (　　　　　　)

비법
평행사변형, 마름모의 성질을 알아봐!

- 평행사변형에서 이웃한 두 각의 크기의 합은 180°예요.

- 마름모에서 마주 보는 두 각의 크기는 같아요.

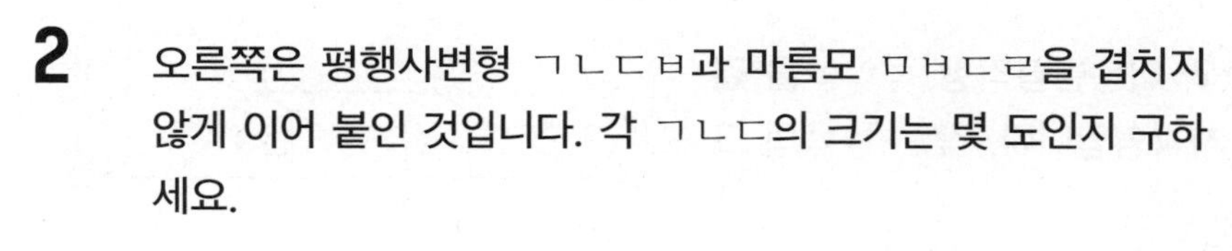

2 오른쪽은 평행사변형 ㄱㄴㄷㅂ과 마름모 ㅁㅂㄷㄹ을 겹치지 않게 이어 붙인 것입니다. 각 ㄱㄴㄷ의 크기는 몇 도인지 구하세요.

(　　　　　　)

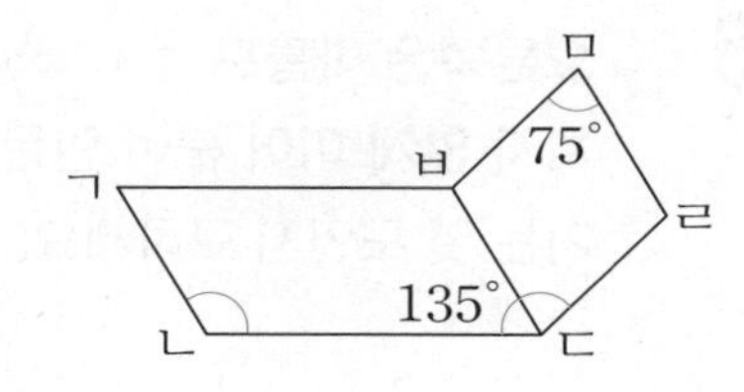

3 오른쪽은 평행사변형 2개와 마름모를 겹치지 않게 이어 붙인 것입니다. 각 ㅂㅁㄹ의 크기는 몇 도인지 구하세요.

(　　　　　　)

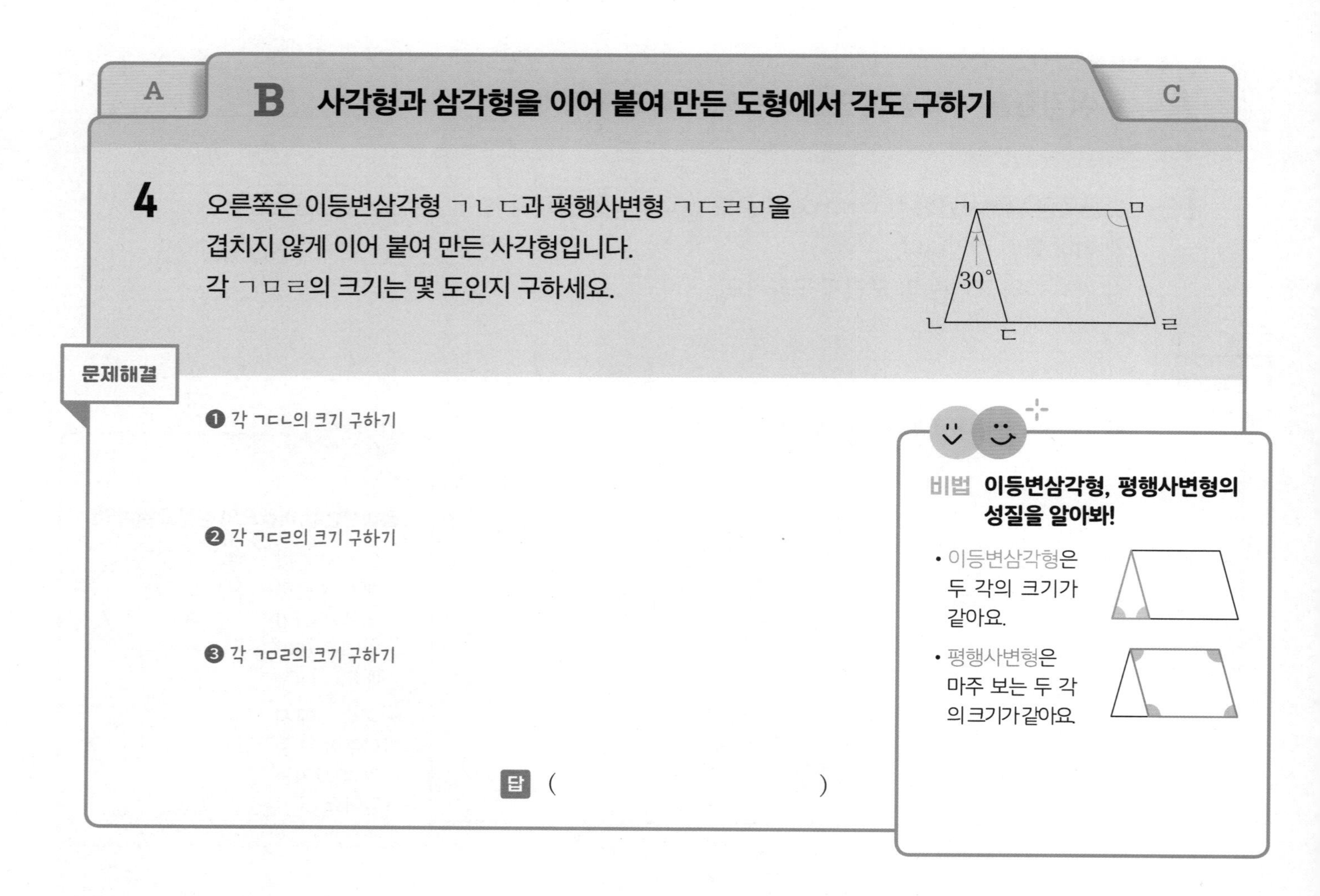

A B C

B 사각형과 삼각형을 이어 붙여 만든 도형에서 각도 구하기

4 오른쪽은 이등변삼각형 ㄱㄴㄷ과 평행사변형 ㄱㄷㄹㅁ을 겹치지 않게 이어 붙여 만든 사각형입니다. 각 ㄱㅁㄹ의 크기는 몇 도인지 구하세요.

문제해결

❶ 각 ㄱㄷㄴ의 크기 구하기

❷ 각 ㄱㄷㄹ의 크기 구하기

❸ 각 ㄱㅁㄹ의 크기 구하기

답 (　　　　　　　　)

비법 이등변삼각형, 평행사변형의 성질을 알아봐!

- 이등변삼각형은 두 각의 크기가 같아요.
- 평행사변형은 마주 보는 두 각의 크기가 같아요.

5 오른쪽은 마름모 ㄱㄴㄷㅁ과 이등변삼각형 ㅁㄷㄹ을 겹치지 않게 이어 붙여 만든 사각형입니다. 각 ㄱㄴㄷ의 크기는 몇 도인지 구하세요.

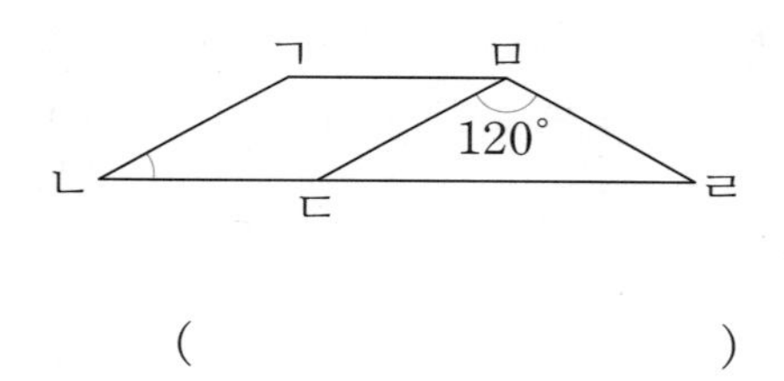

(　　　　　　　　)

6 오른쪽은 이등변삼각형 ㄱㄴㄷ과 평행사변형 ㄱㄷㄹㅁ을 겹치지 않게 이어 붙여 만든 사각형입니다. 각 ㄴㄱㅁ의 크기는 몇 도인지 구하세요.

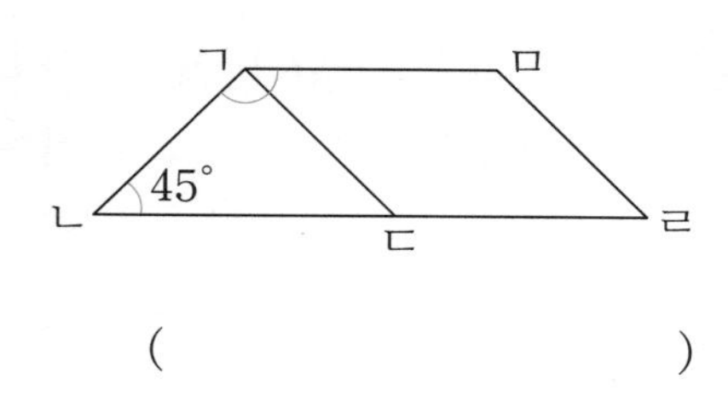

(　　　　　　　　)

A B

C 이등변삼각형을 찾아 각도 구하기

7 오른쪽은 마름모 ㄱㄴㄷㄹ과 정사각형 ㄱㄹㅁㅂ을 겹치지 않게 이어 붙인 후 선분 ㄴㅂ을 그은 것입니다.
각 ㄱㅂㄴ의 크기는 몇 도인지 구하세요.

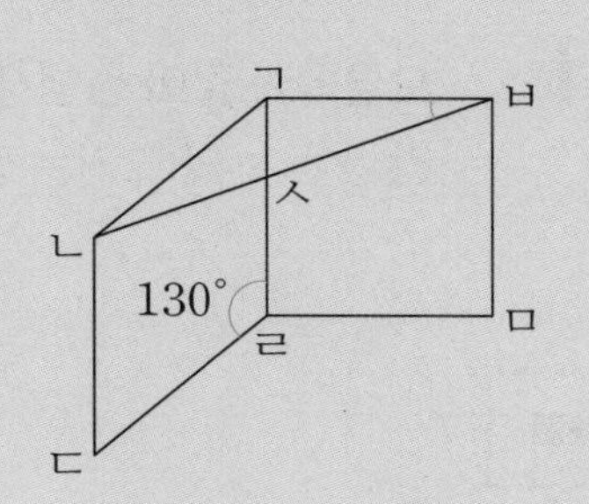

문제해결

❶ 삼각형 ㄱㄴㅂ은 어떤 삼각형인지 알맞은 말에 ○표 하기

삼각형 ㄱㄴㅂ은 (이등변삼각형 , 정삼각형 , 직각삼각형)입니다.

❷ 각 ㄴㄱㅂ의 크기 구하기

❸ 각 ㄱㅂㄴ의 크기 구하기

답 (　　　　　　　　)

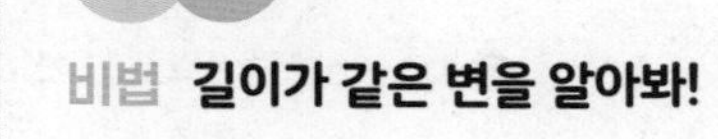

비법 길이가 같은 변을 알아봐!

- 마름모는 네 변의 길이가 모두 같아요.
- 정사각형은 네 변의 길이가 모두 같아요.

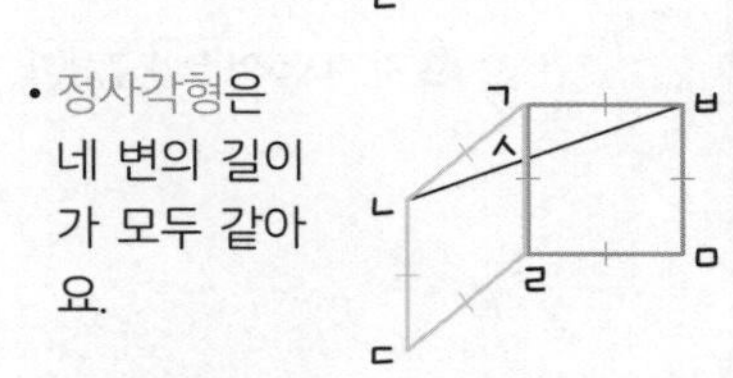

⇨ (변 ㄱㄴ) = (변 ㄱㄹ) = (변 ㄱㅂ)

8 오른쪽은 마름모 ㄱㄴㄷㅂ과 정사각형 ㅂㄷㄹㅁ을 겹치지 않게 이어 붙인 후 선분 ㄴㄹ을 그은 것입니다. 각 ㄷㄴㄹ의 크기는 몇 도인지 구하세요.

(　　　　　　　　)

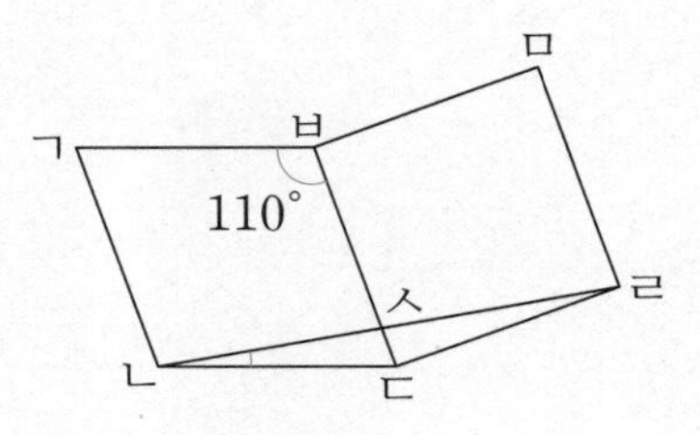

9 오른쪽은 마름모 ㄱㄴㄷㅁ과 정삼각형 ㄷㄹㅁ을 겹치지 않게 이어 붙인 후 선분 ㄱㄹ을 그은 것입니다. 각 ㅁㄱㄹ의 크기는 몇 도인지 구하세요.

(　　　　　　　　)

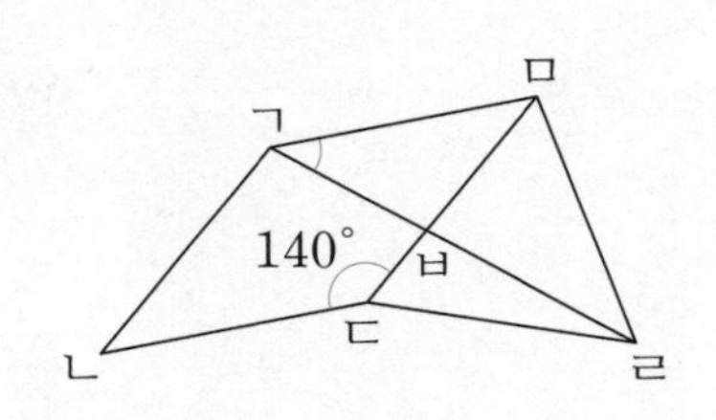

유형 08

접은 종이에서 각도

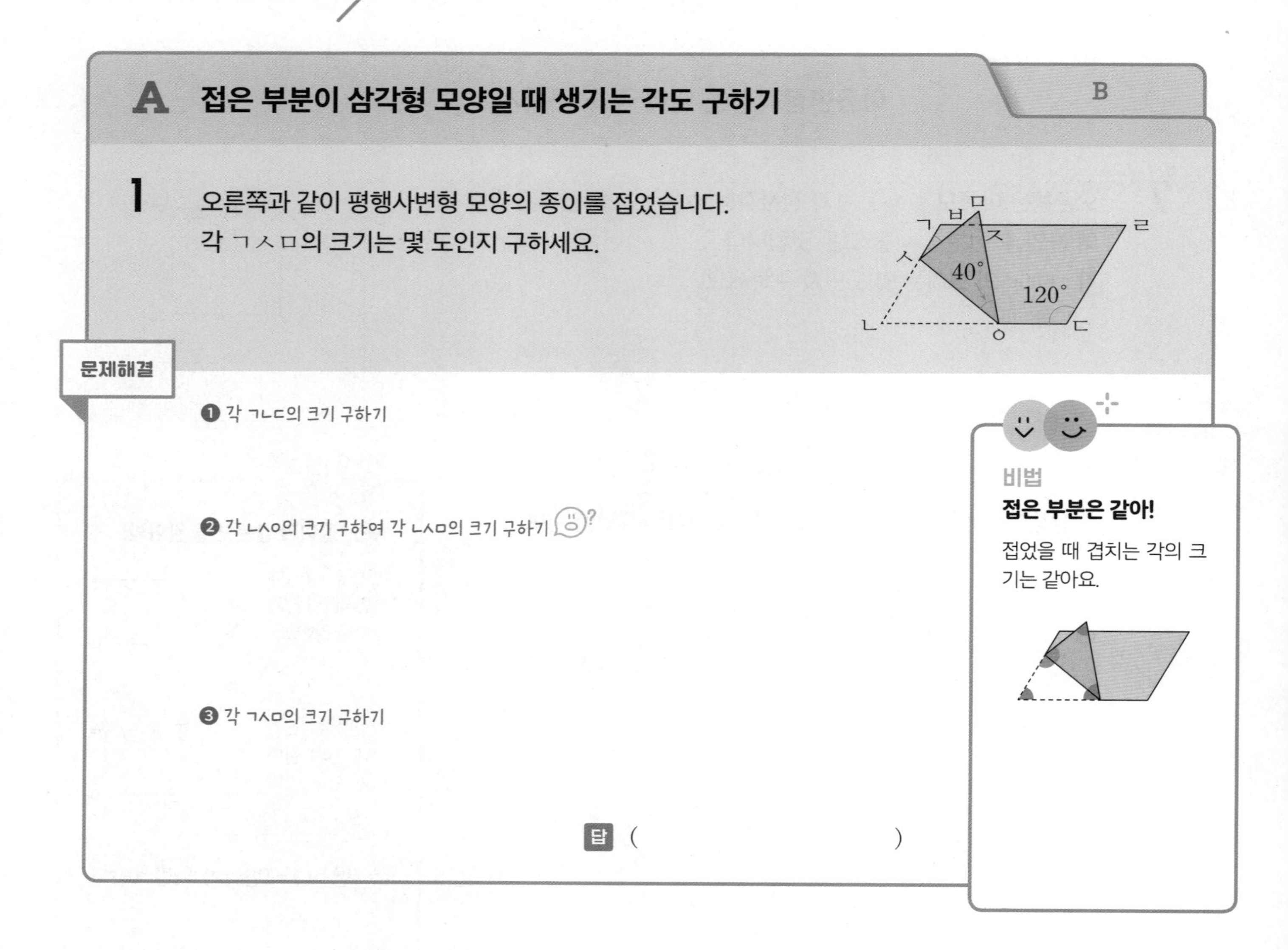

A 접은 부분이 삼각형 모양일 때 생기는 각도 구하기

B

1 오른쪽과 같이 평행사변형 모양의 종이를 접었습니다.
각 ㄱㅅㅁ의 크기는 몇 도인지 구하세요.

문제해결

❶ 각 ㄱㄴㄷ의 크기 구하기

❷ 각 ㄴㅅㅇ의 크기 구하여 각 ㄴㅅㅁ의 크기 구하기

❸ 각 ㄱㅅㅁ의 크기 구하기

답 (   )

비법
접은 부분은 같아!
접었을 때 겹치는 각의 크기는 같아요.

2 오른쪽과 같이 평행사변형 모양의 종이를 접었습니다. 각 ㅂㅅㄷ의 크기는 몇 도인지 구하세요.

(   )

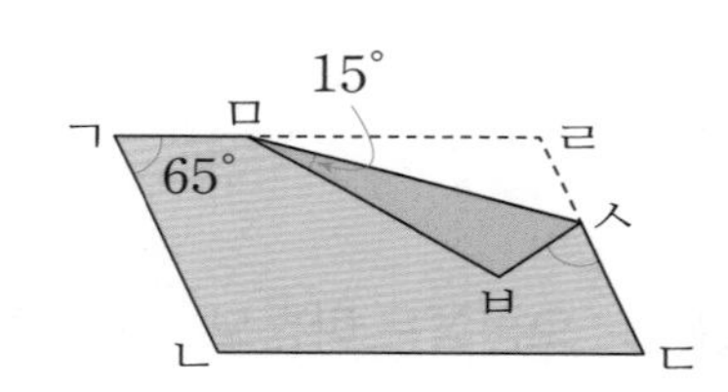

3 오른쪽과 같이 마름모 모양의 종이를 접었습니다. 각 ㅁㄷㄹ의 크기는 몇 도인지 구하세요.

(   )

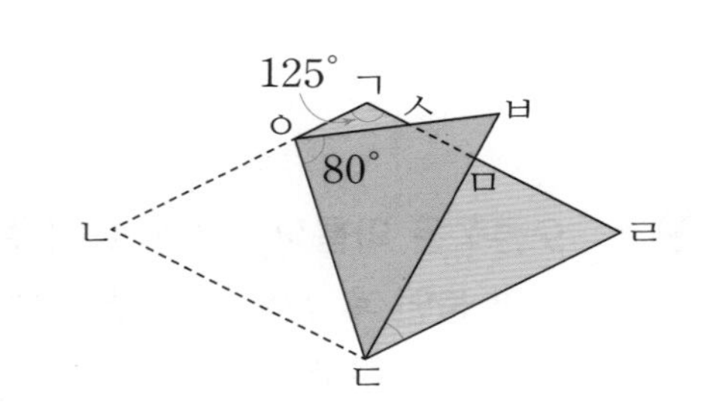

★표는 이제 그만! 다시 도전해 봐.

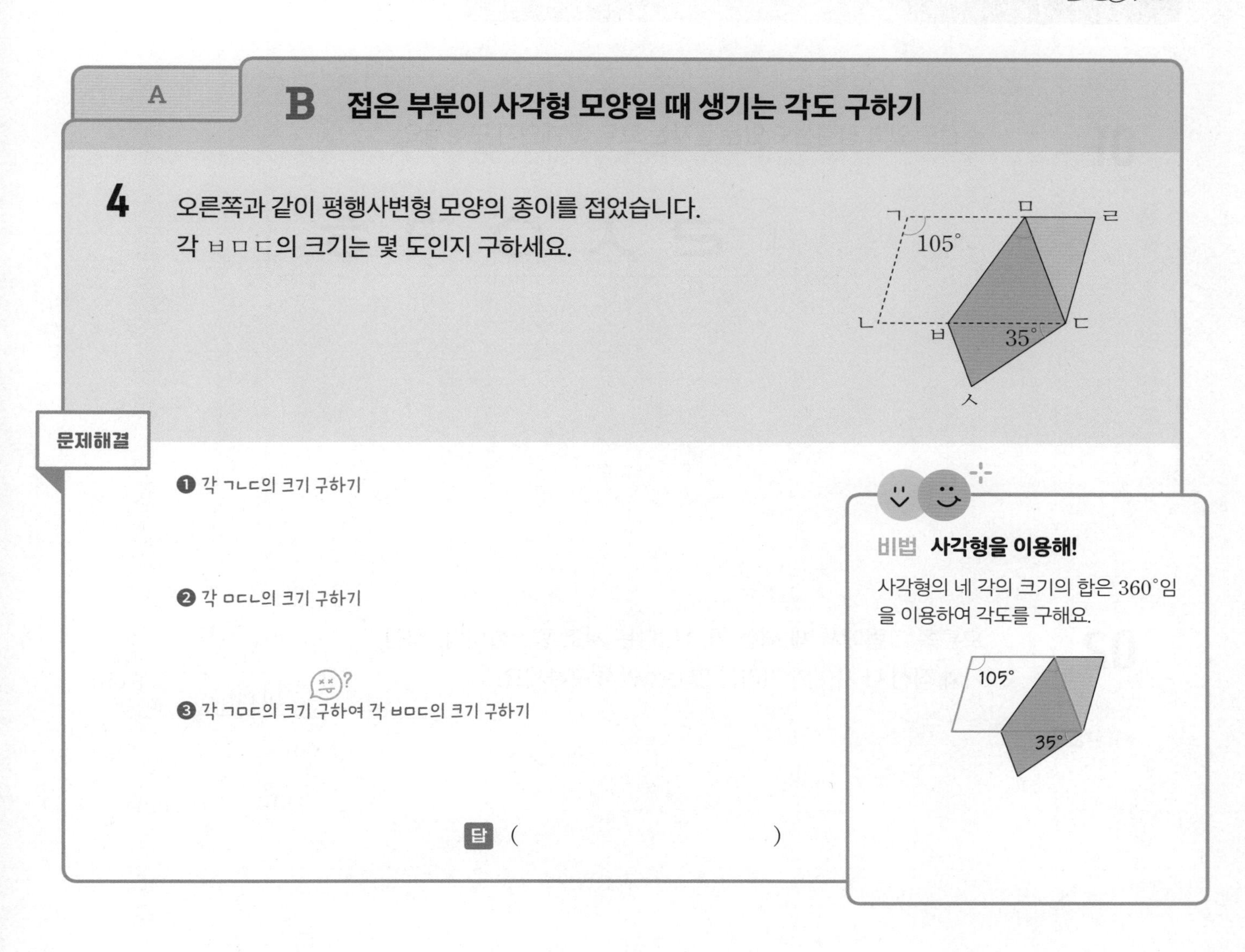

A
B 접은 부분이 사각형 모양일 때 생기는 각도 구하기
4 오른쪽과 같이 평행사변형 모양의 종이를 접었습니다. 각 ㅂㅁㄷ의 크기는 몇 도인지 구하세요.
ㄱ
ㅁ
ㄹ
105°
ㄴ
ㅂ
35°
ㄷ
ㅅ
문제해결
❶ 각 ㄱㄴㄷ의 크기 구하기
❷ 각 ㅁㄷㄴ의 크기 구하기
❸ 각 ㄱㅁㄷ의 크기 구하여 각 ㅂㅁㄷ의 크기 구하기
답 ( )
비법 사각형을 이용해!
사각형의 네 각의 크기의 합은 360°임을 이용하여 각도를 구해요.
105°
35°

5 오른쪽과 같이 평행사변형 모양의 종이를 접었습니다. 각 ㄹㅁㅇ의 크기는 몇 도인지 구하세요.

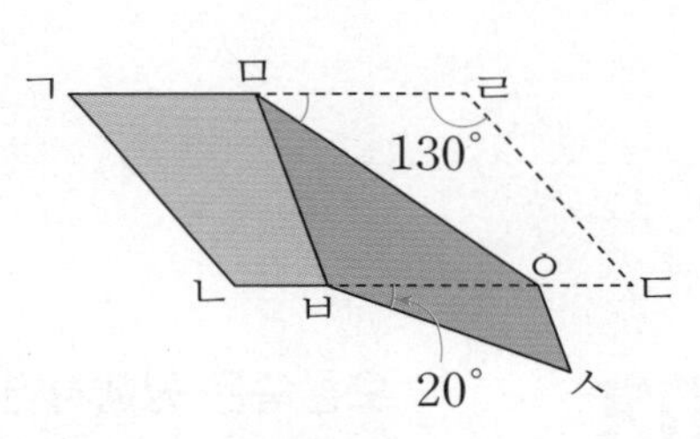

( )

6 오른쪽과 같이 평행사변형 모양의 종이를 접었습니다. 각 ㄱㅁㅂ의 크기는 몇 도인지 구하세요.

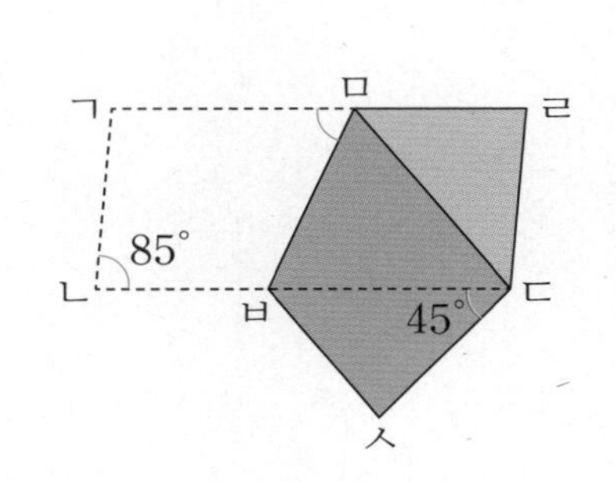

( )

01

수선도 있고 평행선도 있는 글자는 모두 몇 개인지 구하세요.

ㄹ ㅅ ㅇ ㅋ ㅎ

( )

02

유형 02 A+

오른쪽 그림에서 세 직선 가, 나, 다는 서로 평행합니다. 직선 가와 직선 다 사이의 거리는 몇 cm인지 구하세요.

( )

03

유형 06 C

오른쪽은 평행사변형 ㄱㄴㄷㄹ 안에 삼각형 ㄹㅁㄷ이 정삼각형이 되도록 선분 ㄹㅁ을 그은 것입니다. 평행사변형 ㄱㄴㄷㄹ의 네 변의 길이의 합은 몇 cm인지 구하세요.

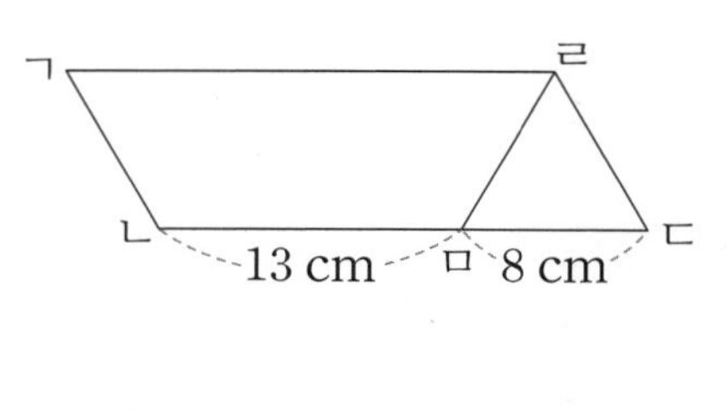

( )

04

유형 05 A

오른쪽 그림에서 직선 가와 직선 나는 서로 평행합니다. ㉠의 각도는 몇 도인지 구하세요.

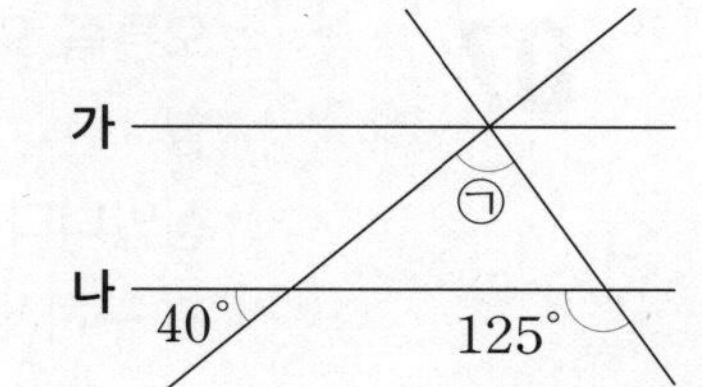

( )

05

유형 05 B

오른쪽 그림에서 직선 가와 직선 나는 서로 평행합니다. ㉠의 각도는 몇 도인지 구하세요.

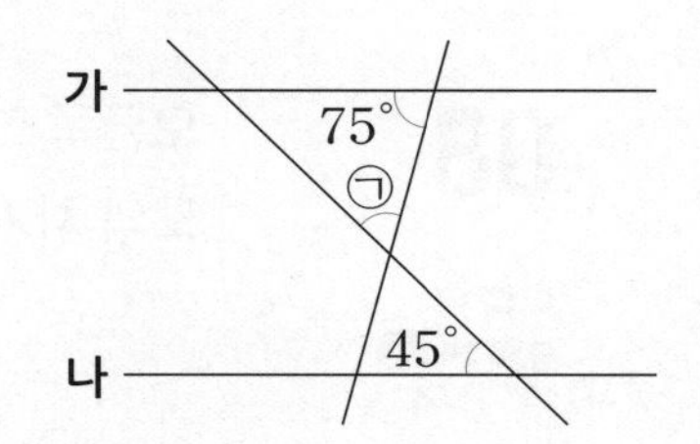

( )

06

유형 06 B

오른쪽은 사다리꼴 ㄱㄴㄷㄹ 안에 변 ㄹㄷ과 평행한 선분 ㅁㄴ을 그은 것입니다. 삼각형 ㄱㄴㅁ의 세 변의 길이의 합은 몇 cm인지 구하세요.

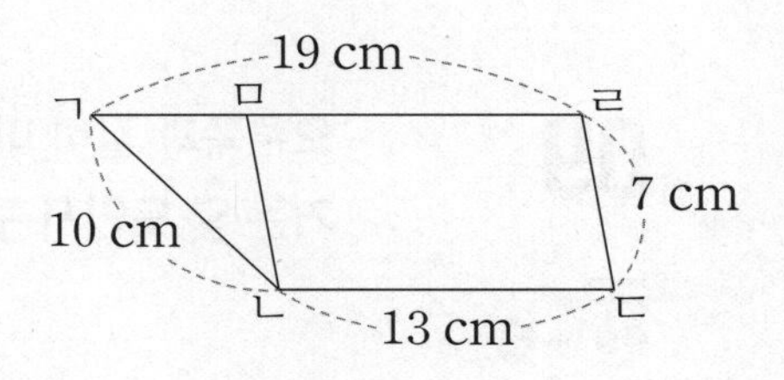

( )

07

오른쪽 도형은 변 ㄱㄴ과 변 ㄱㄷ의 길이가 같은 이등변삼각형 ㄱㄴㄷ과 마름모 ㄱㄷㄹㅁ을 겹치지 않게 이어 붙인 사각형입니다. 사각형 ㄱㄴㄹㅁ의 네 변의 길이의 합은 몇 cm인지 구하세요.

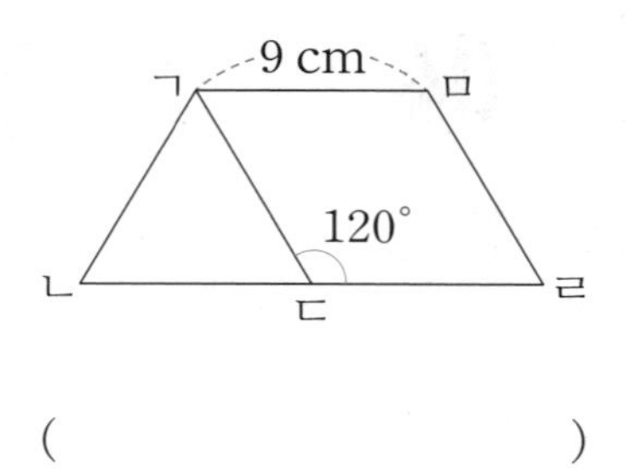

( )

08

유형 04 A

오른쪽 그림에서 직선 가와 직선 나는 서로 수직입니다. ㉠과 ㉡의 각도의 차가 30°일 때 ㉠의 각도는 몇 도인지 구하세요. (단, ㉠ < ㉡)

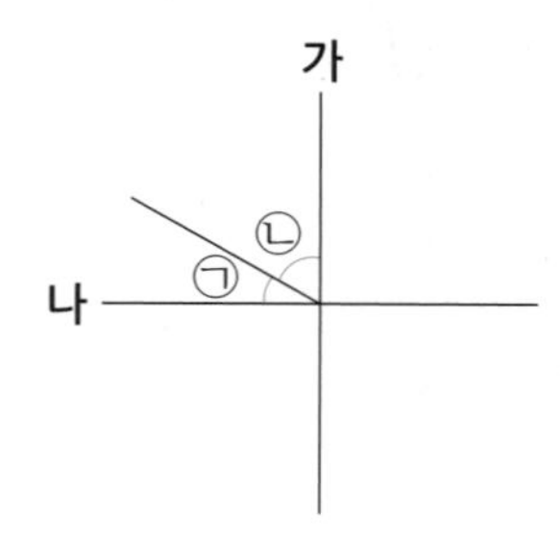

( )

09

유형 08 A

오른쪽과 같이 마름모 모양의 종이를 접었습니다. 각 ㅅㅂㄴ의 크기는 몇 도인지 구하세요.

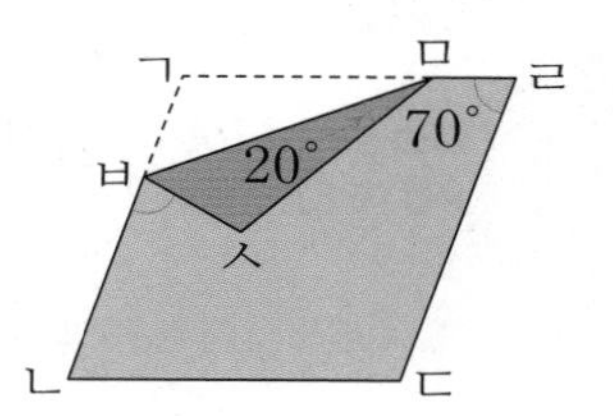

( )

10

오른쪽은 평행사변형 ㄱㄴㄷㅂ과 직사각형 ㅂㄷㄹㅁ을 겹치지 않게 이어 붙인 후 선분 ㄴㅁ을 그은 것입니다. 각 ㅅㄴㄷ의 크기는 몇 도인지 구하세요.

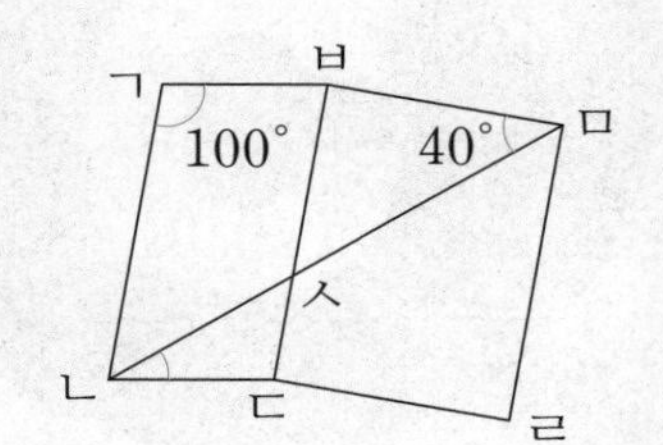

( )

11

유형 03 B

오른쪽 도형에서 찾을 수 있는 크고 작은 사다리꼴은 모두 몇 개인지 구하세요.

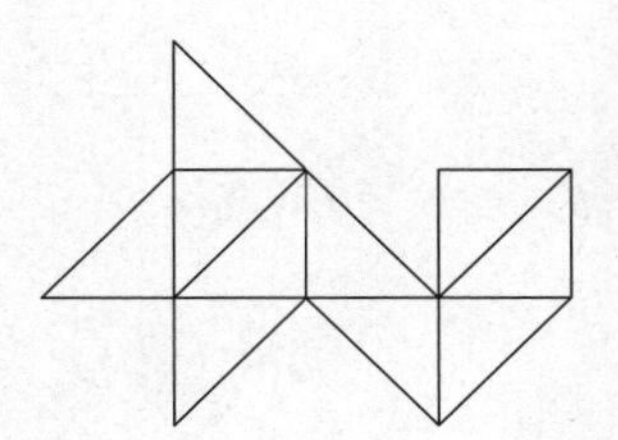

( )

12

유형 07 C

오른쪽은 마름모 ㄱㄴㄷㅁ과 이등변삼각형 ㅁㄷㄹ을 겹치지 않게 이어 붙인 후 선분 ㄱㄷ을 그은 것입니다. 각 ㄱㄷㄹ의 크기는 몇 도인지 구하세요.

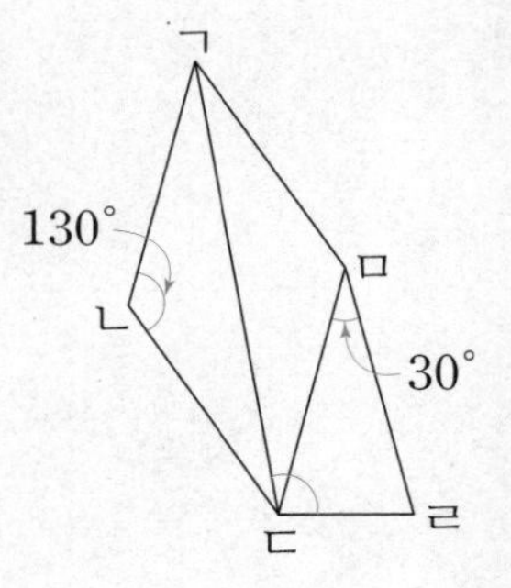

( )

5

꺾은선그래프

학습계열표

3-2 6. 그림그래프
- 그림그래프

4-1 5. 막대그래프
- 막대그래프 알아보기
- 막대그래프 그리기

4-2 5. 꺾은선그래프
- 꺾은선그래프 알아보기
- 꺾은선그래프 나타내기

5-2 6. 평균과 가능성
- 평균
- 일이 일어날 가능성

6-1 5. 여러 가지 그래프
- 띠그래프, 원그래프 알아보기
- 띠그래프, 원그래프 그리기

학습기록표

유형 01	학습일 / 학습평가
세로 눈금의 크기	
A	눈금 크기
B	바꾼 눈금 크기

유형 02	학습일 / 학습평가
꺾은선그래프 해석하기	
A	전체 변화량
B	중간값
C	변화량 가장 큰 때
D	변화량 일정할 때

유형 03	학습일 / 학습평가
꺾은선그래프 비교하기	
A	자료값 비교
B	변화량 비교
C	두 꺾은선 비교
D	차이 비교

유형 04	학습일 / 학습평가
모르는 자료 값	
A	전체 값 이용
A+	관계 이용
A++	전체 값과 관계 이용

유형 마스터	학습일 / 학습평가
꺾은선그래프	

유형 01 세로 눈금의 크기

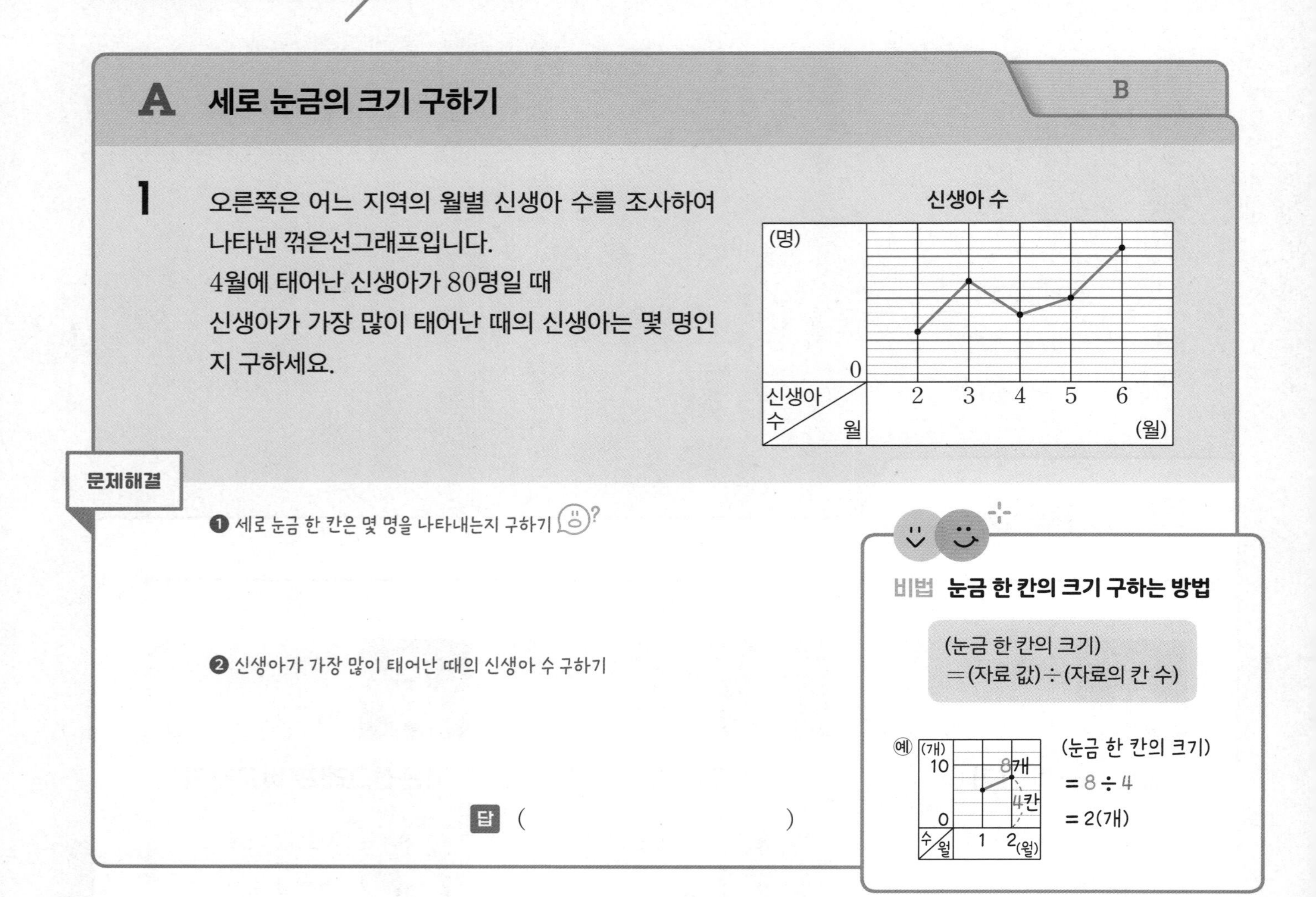

A 세로 눈금의 크기 구하기

1 오른쪽은 어느 지역의 월별 신생아 수를 조사하여 나타낸 꺾은선그래프입니다.
4월에 태어난 신생아가 80명일 때
신생아가 가장 많이 태어난 때의 신생아는 몇 명인지 구하세요.

문제해결

❶ 세로 눈금 한 칸은 몇 명을 나타내는지 구하기

❷ 신생아가 가장 많이 태어난 때의 신생아 수 구하기

답 (   )

비법 눈금 한 칸의 크기 구하는 방법

(눈금 한 칸의 크기)
=(자료 값)÷(자료의 칸 수)

예 (개) 10 0 수 월 1 2(월) 8개 4칸

(눈금 한 칸의 크기)
$= 8 \div 4$
$= 2$(개)

2 오른쪽은 소담이의 5일 동안의 턱걸이 기록을 조사하여 나타낸 꺾은선그래프입니다. 13일의 기록이 26번일 때 턱걸이를 가장 적게 한 날의 기록은 몇 번인지 구하세요.

(   )

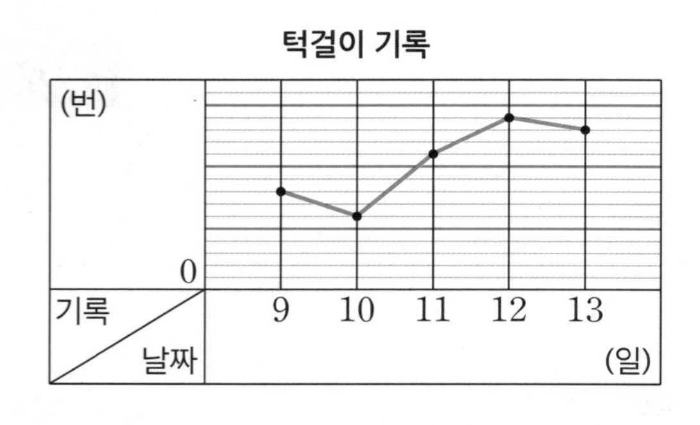

3 오른쪽은 어느 가게의 요일별 샌드위치 판매량을 조사하여 나타낸 꺾은선그래프입니다. 금요일의 판매량이 44개일 때 화요일부터 토요일까지의 샌드위치 판매량은 모두 몇 개인지 구하세요.

(   )

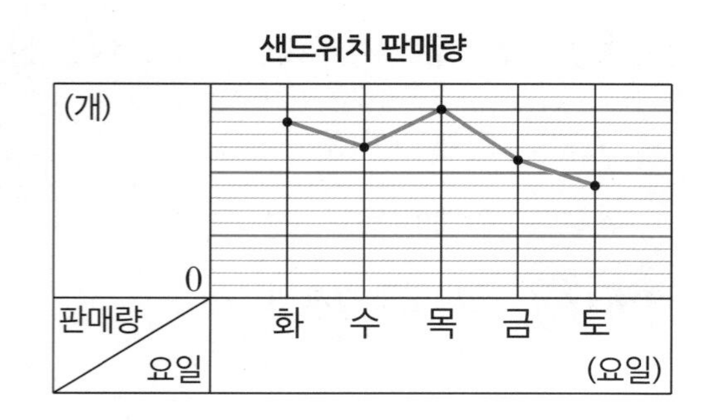

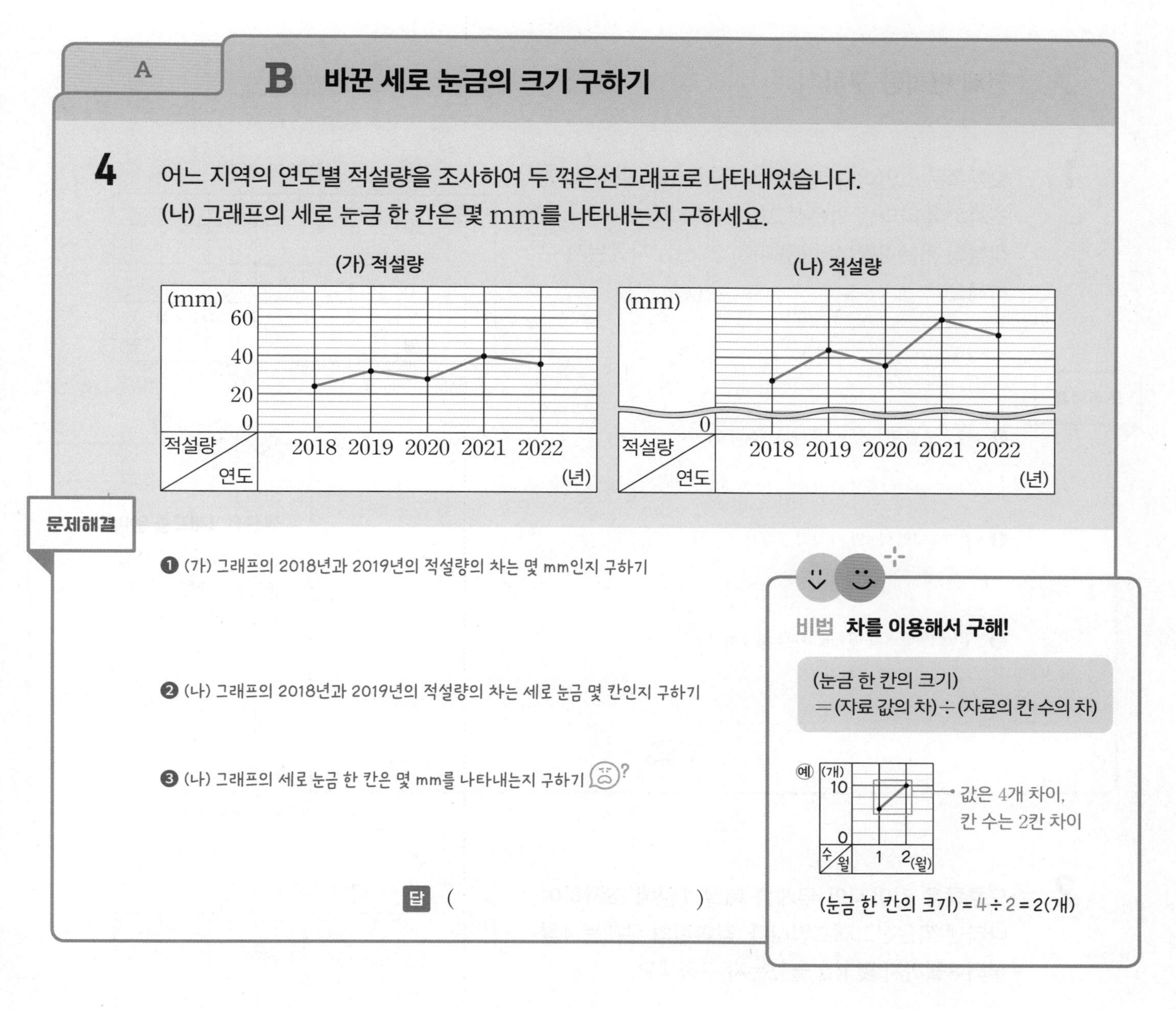

A

B 바꾼 세로 눈금의 크기 구하기

4 어느 지역의 연도별 적설량을 조사하여 두 꺾은선그래프로 나타내었습니다. (나) 그래프의 세로 눈금 한 칸은 몇 mm를 나타내는지 구하세요.

문제해결

❶ (가) 그래프의 2018년과 2019년의 적설량의 차는 몇 mm인지 구하기

❷ (나) 그래프의 2018년과 2019년의 적설량의 차는 세로 눈금 몇 칸인지 구하기

❸ (나) 그래프의 세로 눈금 한 칸은 몇 mm를 나타내는지 구하기

답 (　　　　　　　　　　)

비법 차를 이용해서 구해!

(눈금 한 칸의 크기)
=(자료 값의 차)÷(자료의 칸 수의 차)

(눈금 한 칸의 크기) = 4 ÷ 2 = 2(개)

5 어느 지역의 다문화 가족 수를 2년마다 조사하여 두 꺾은선그래프로 나타내었습니다. (나) 그래프의 세로 눈금 한 칸은 몇 가구를 나타내는지 구하세요.

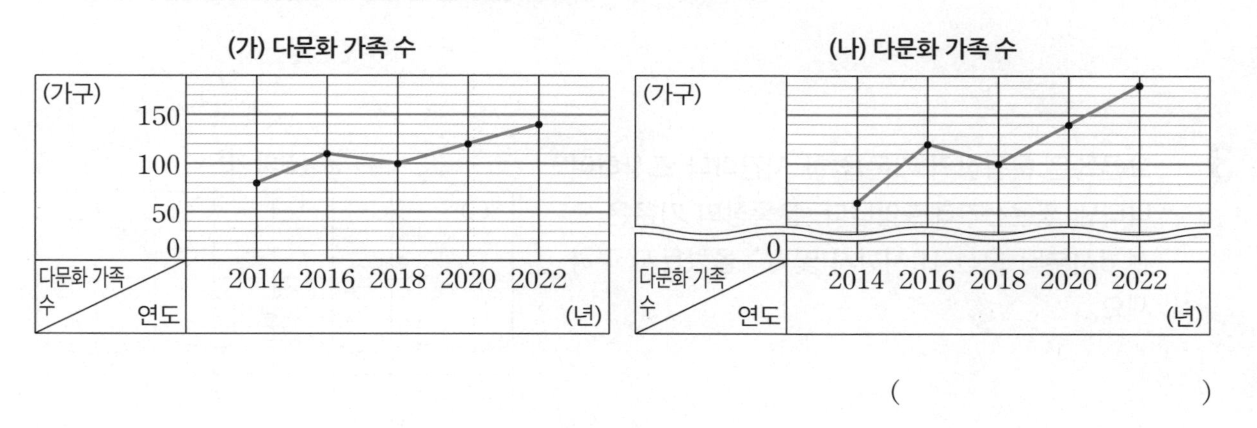

(　　　　　　　　　　)

유형 02 꺾은선그래프 해석하기

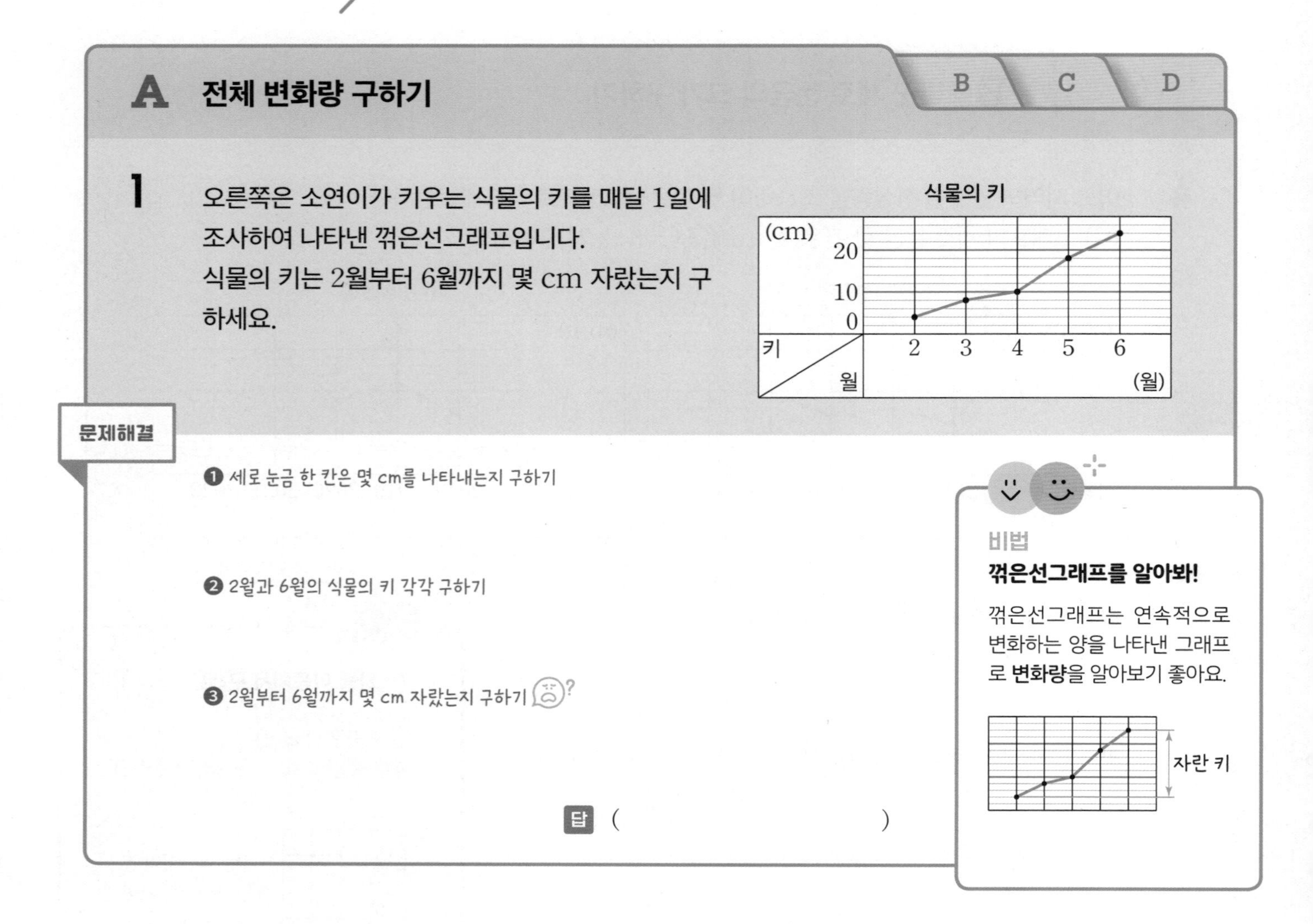

A 전체 변화량 구하기

B C D

1 오른쪽은 소연이가 키우는 식물의 키를 매달 1일에 조사하여 나타낸 꺾은선그래프입니다.
식물의 키는 2월부터 6월까지 몇 cm 자랐는지 구하세요.

문제해결

❶ 세로 눈금 한 칸은 몇 cm를 나타내는지 구하기

❷ 2월과 6월의 식물의 키 각각 구하기

❸ 2월부터 6월까지 몇 cm 자랐는지 구하기

답 (　　　　　　　　)

비법
꺾은선그래프를 알아봐!
꺾은선그래프는 연속적으로 변화하는 양을 나타낸 그래프로 **변화량**을 알아보기 좋아요.

자란 키

2 오른쪽은 강아지의 무게를 매달 1일에 조사하여 나타낸 꺾은선그래프입니다. 강아지의 무게는 4월부터 8월까지 몇 kg 늘었는지 구하세요.

강아지의 무게

(kg) 3, 2.5, 2, 0
무게 / 월: 4 5 6 7 8 (월)

(　　　　　　　　)

3 오른쪽은 운동장의 기온을 한 시간마다 조사하여 나타낸 꺾은선그래프입니다. 운동장의 기온은 오전 6시부터 오전 10시까지 몇 ℃ 올랐는지 구하세요.

운동장의 기온

(℃) 12, 11, 10, 0
기온 / 시각: 오전 6 7 8 9 10 (시)

(　　　　　　　　)

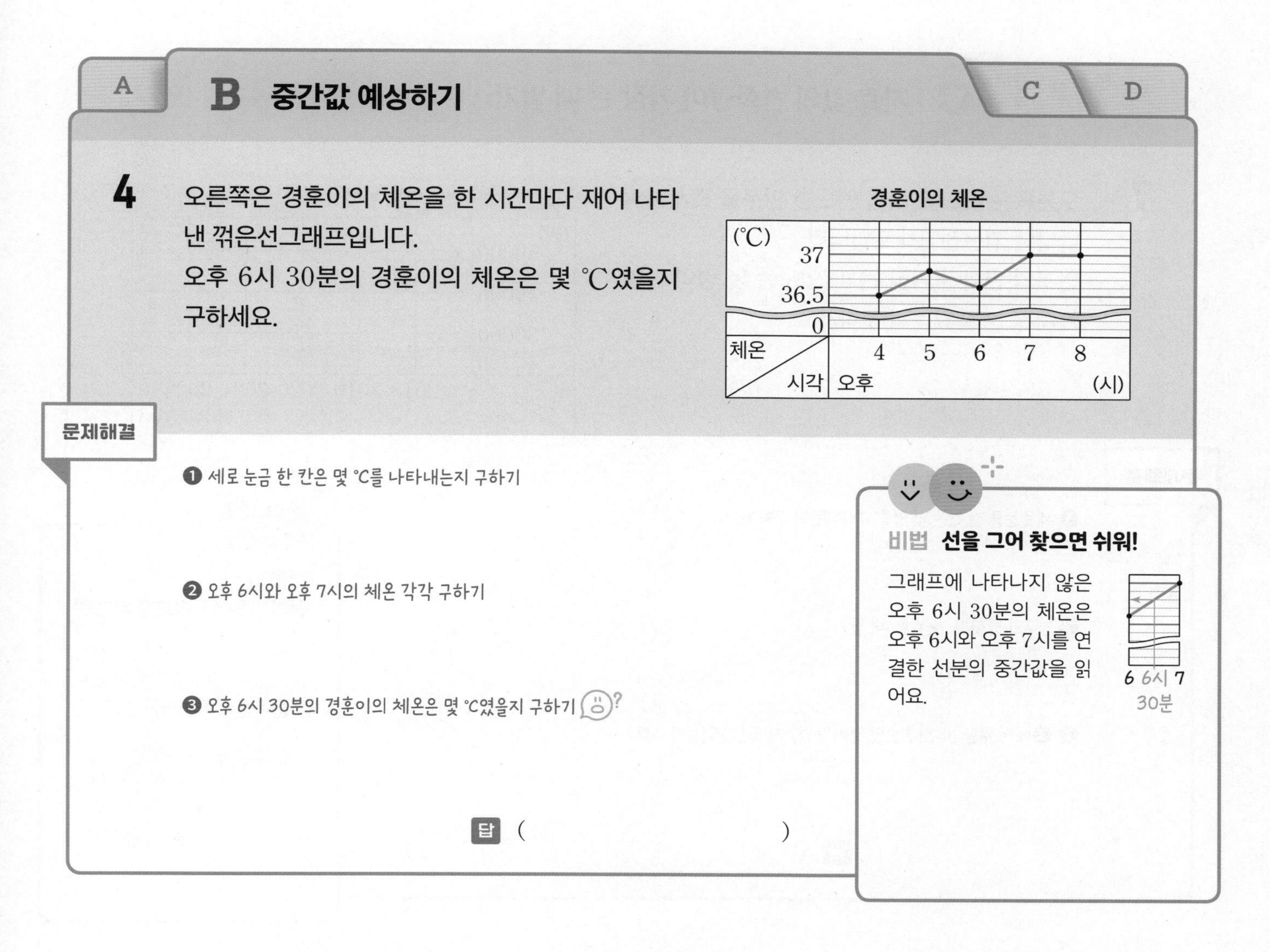

A

B 중간값 예상하기

C D

4 오른쪽은 경훈이의 체온을 한 시간마다 재어 나타낸 꺾은선그래프입니다.
오후 6시 30분의 경훈이의 체온은 몇 ℃였을지 구하세요.

문제해결

❶ 세로 눈금 한 칸은 몇 ℃를 나타내는지 구하기

❷ 오후 6시와 오후 7시의 체온 각각 구하기

❸ 오후 6시 30분의 경훈이의 체온은 몇 ℃였을지 구하기

비법 선을 그어 찾으면 쉬워!

그래프에 나타나지 않은 오후 6시 30분의 체온은 오후 6시와 오후 7시를 연결한 선분의 중간값을 읽어요.

답 (   )

5 오른쪽은 어느 지역의 해수면 높이를 한 시간마다 조사하여 나타낸 꺾은선그래프입니다. 오전 9시 30분의 해수면 높이는 몇 cm였을지 구하세요.

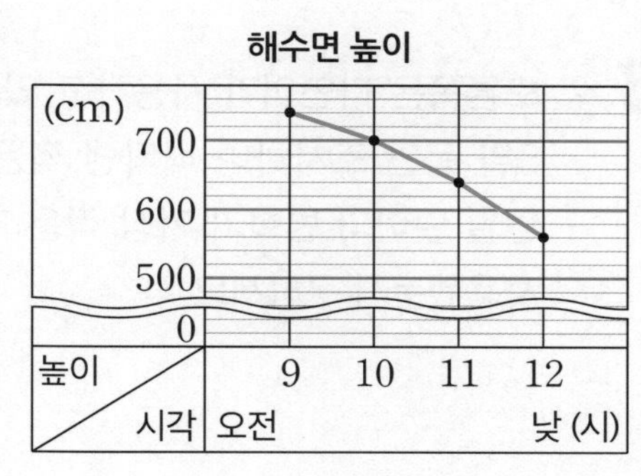

(   )

6 오른쪽은 은우의 키를 매년 1월에 조사하여 나타낸 꺾은선그래프입니다. 2021년 7월의 은우의 키는 몇 cm였을지 구하세요.

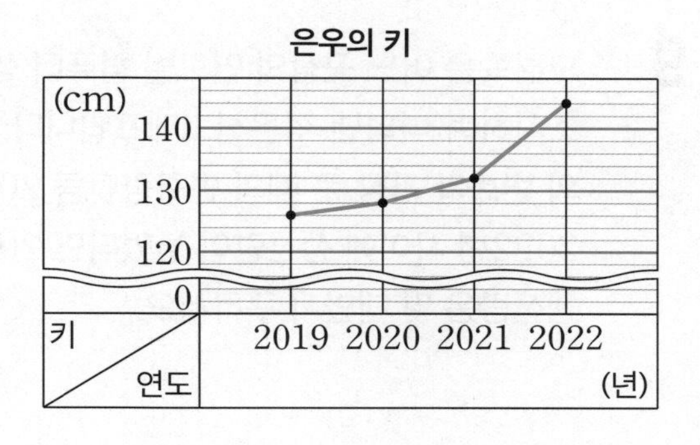

(   )

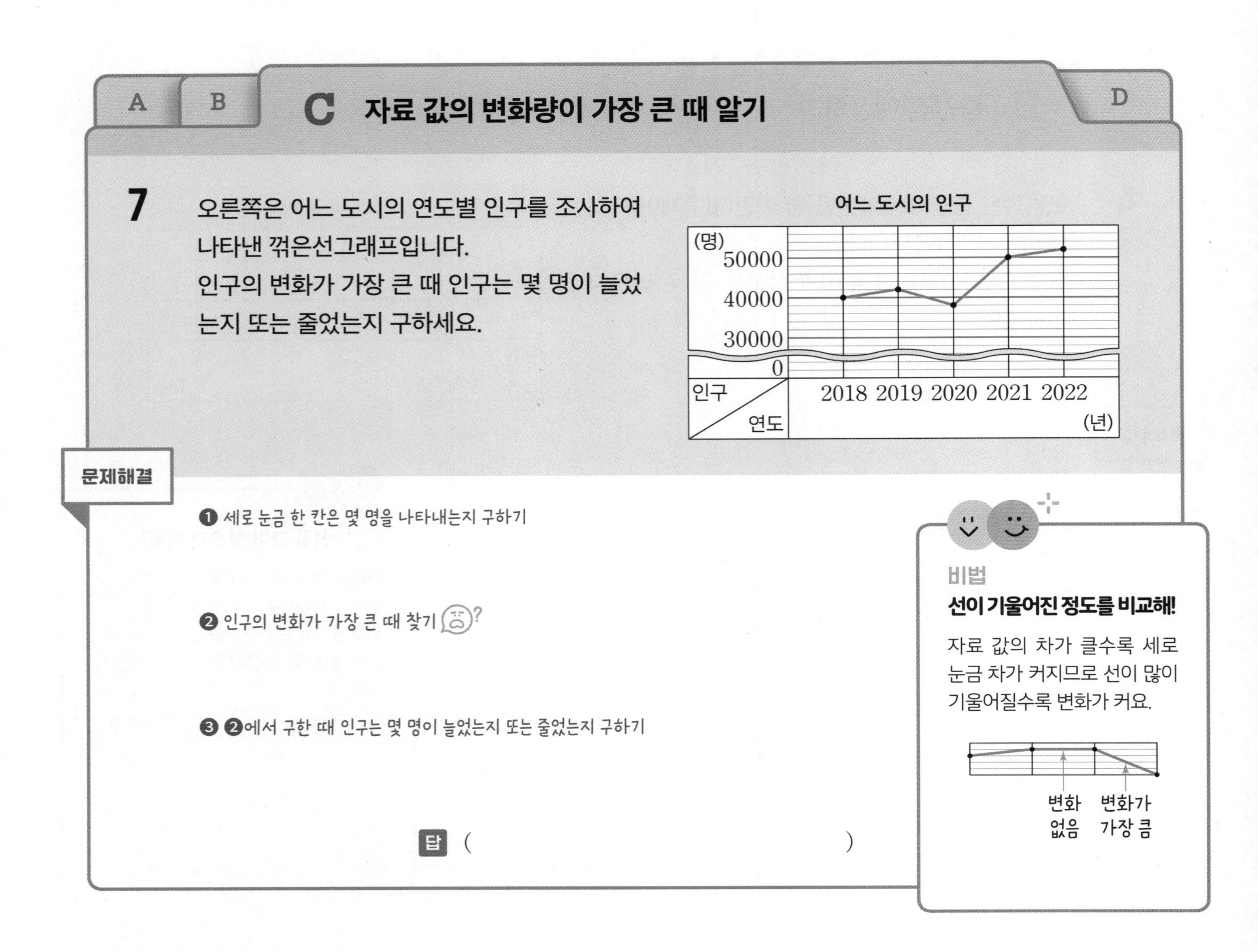

C 자료 값의 변화량이 가장 큰 때 알기

7 오른쪽은 어느 도시의 연도별 인구를 조사하여 나타낸 꺾은선그래프입니다.
인구의 변화가 가장 큰 때 인구는 몇 명이 늘었는지 또는 줄었는지 구하세요.

문제해결

❶ 세로 눈금 한 칸은 몇 명을 나타내는지 구하기

❷ 인구의 변화가 가장 큰 때 찾기

❸ ❷에서 구한 때 인구는 몇 명이 늘었는지 또는 줄었는지 구하기

답 (　　　　　　　　　　)

8 오른쪽은 다연이가 사용하고 있는 연필의 길이를 5일 동안 조사하여 나타낸 꺾은선그래프입니다. 연필 길이의 변화가 가장 작은 때 연필을 몇 cm 사용했는지 구하세요.

(　　　　　　　　　　)

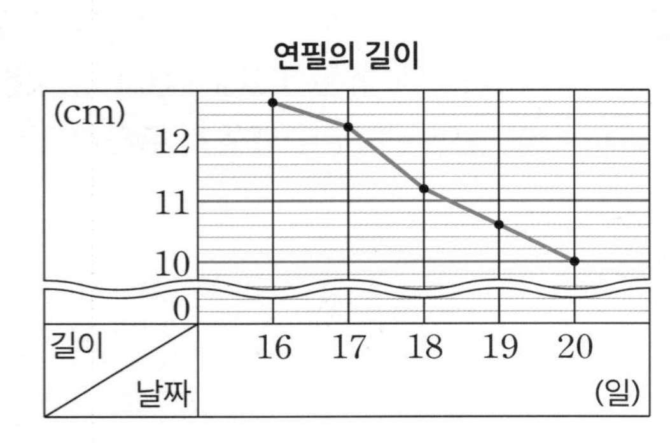

9 오른쪽은 어느 공장의 연도별 컴퓨터 생산량을 조사하여 나타낸 꺾은선그래프입니다. 생산량의 변화가 가장 큰 때의 변화량만큼 2021년과 2022년 사이에 생산량이 늘었다면 2022년의 생산량은 몇 대인지 구하세요.

(　　　　　　　　　　)

컴퓨터 생산량

(대) 10000, 9000, 8000, 0

생산량 / 연도: 2017 2018 2019 2020 2021 (년)

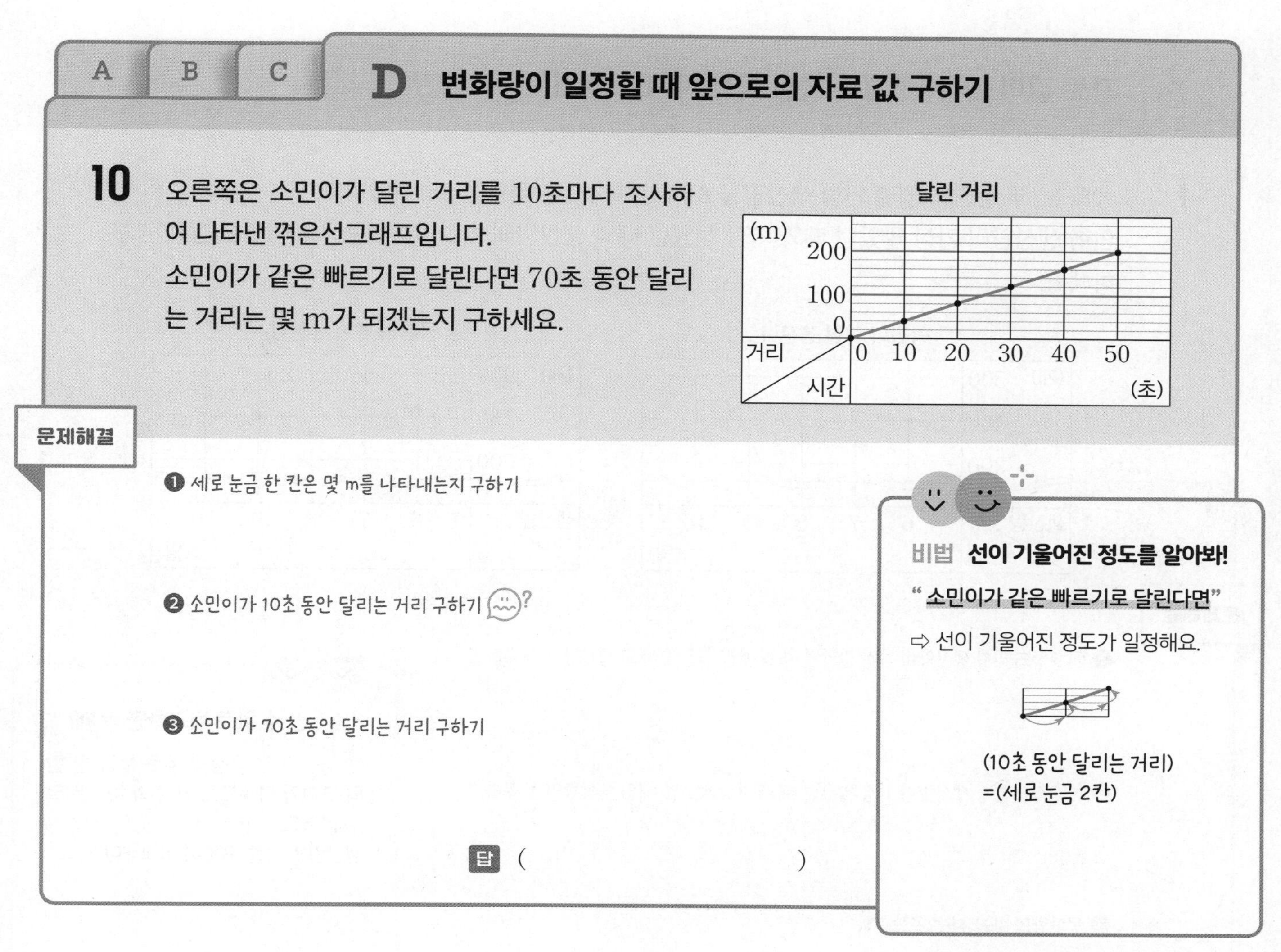

A B C

D 변화량이 일정할 때 앞으로의 자료 값 구하기

10 오른쪽은 소민이가 달린 거리를 10초마다 조사하여 나타낸 꺾은선그래프입니다.
소민이가 같은 빠르기로 달린다면 70초 동안 달리는 거리는 몇 m가 되겠는지 구하세요.

문제해결

❶ 세로 눈금 한 칸은 몇 m를 나타내는지 구하기

❷ 소민이가 10초 동안 달리는 거리 구하기

❸ 소민이가 70초 동안 달리는 거리 구하기

답 (   )

비법 선이 기울어진 정도를 알아봐!

"소민이가 같은 빠르기로 달린다면"

⇨ 선이 기울어진 정도가 일정해요.

(10초 동안 달리는 거리)
=(세로 눈금 2칸)

11 오른쪽은 이서가 매일 한 줄넘기 횟수를 조사하여 나타낸 꺾은선그래프입니다. 이서가 매일 일정한 횟수만큼 늘려 가며 줄넘기를 한다면 같은 달 10일에 해야 하는 줄넘기는 몇 회인지 구하세요.

(   )

줄넘기 횟수

(회)
70
50
30
0
횟수
날짜
6 7 8 9
(일)

12 물탱크의 수도를 열어 일정한 빠르기로 물이 빠져나가고 있습니다. 오른쪽은 물탱크에 남아 있는 물의 양을 5분마다 조사하여 나타낸 꺾은선그래프입니다. 물탱크에 있던 물이 모두 빠져나가는 때는 수도를 열고 몇 분 후인지 구하세요.

(   )

물탱크에 남아 있는 물의 양

(L)
150
100
50
0
물의 양
시간
0 5 10 15 20
(분)

유형 03 꺾은선그래프 비교하기

A 자료 값이 가장 큰 때와 가장 작은 때 비교하기

B C D

1 ㉮와 ㉯ 두 공장의 월별 인형 생산량을 조사하여 나타낸 꺾은선그래프입니다.
인형 생산량이 가장 많았던 때와 가장 적었던 때의 생산량의 차가 더 큰 공장은 어느 공장인지 구하세요.

㉮ 공장의 인형 생산량

(개) 500 400 300 0
생산량 / 월: 6 7 8 9 10 (월)

㉯ 공장의 인형 생산량

(개) 900 750 600 0
생산량 / 월: 6 7 8 9 10 (월)

문제해결

❶ ㉮ 공장의 인형 생산량이 가장 많았던 때와 가장 적었던 때의 생산량의 차 구하기

❷ ㉯ 공장의 인형 생산량이 가장 많았던 때와 가장 적었던 때의 생산량의 차 구하기

❸ 생산량의 차가 더 큰 공장 구하기

답 (　　　　　　　　)

비법 칸 수 차로 비교하면 안 돼!

㉮ 공장과 ㉯ 공장의 **세로 눈금 한 칸의 크기가 다르므로** 칸 수의 차로는 알 수 없어요.
생산량의 차를 구하여 비교해야 해요.

2 두 박물관의 하루 관람객 수를 조사하여 나타낸 꺾은선그래프입니다. 관람객이 가장 많았던 때와 가장 적었던 때의 관람객 수의 차가 더 작은 박물관은 어느 박물관인지 구하세요.

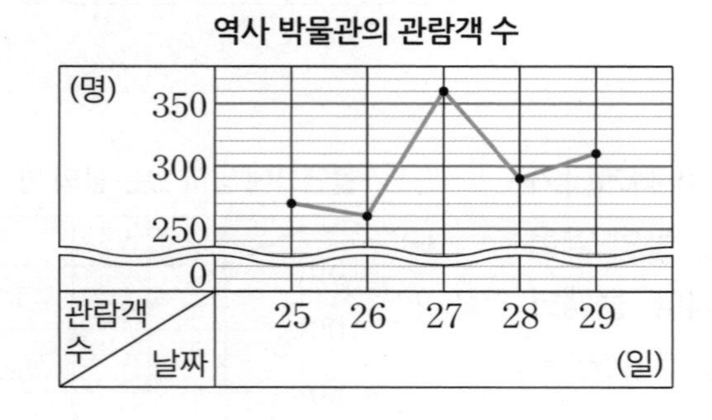

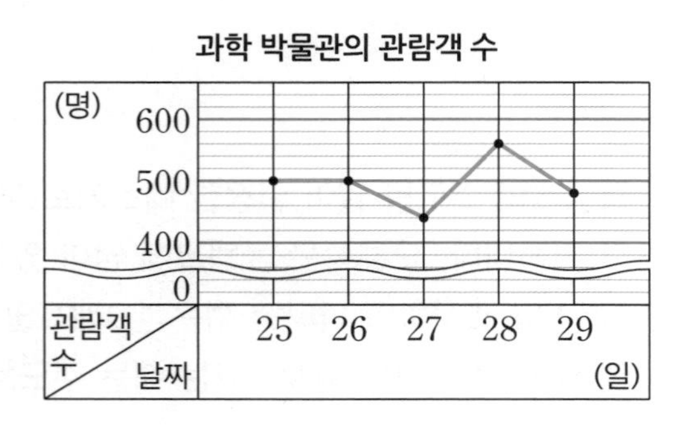

(　　　　　　　　)

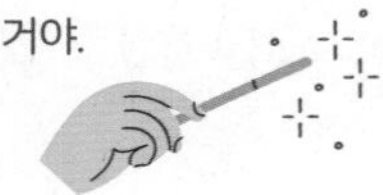

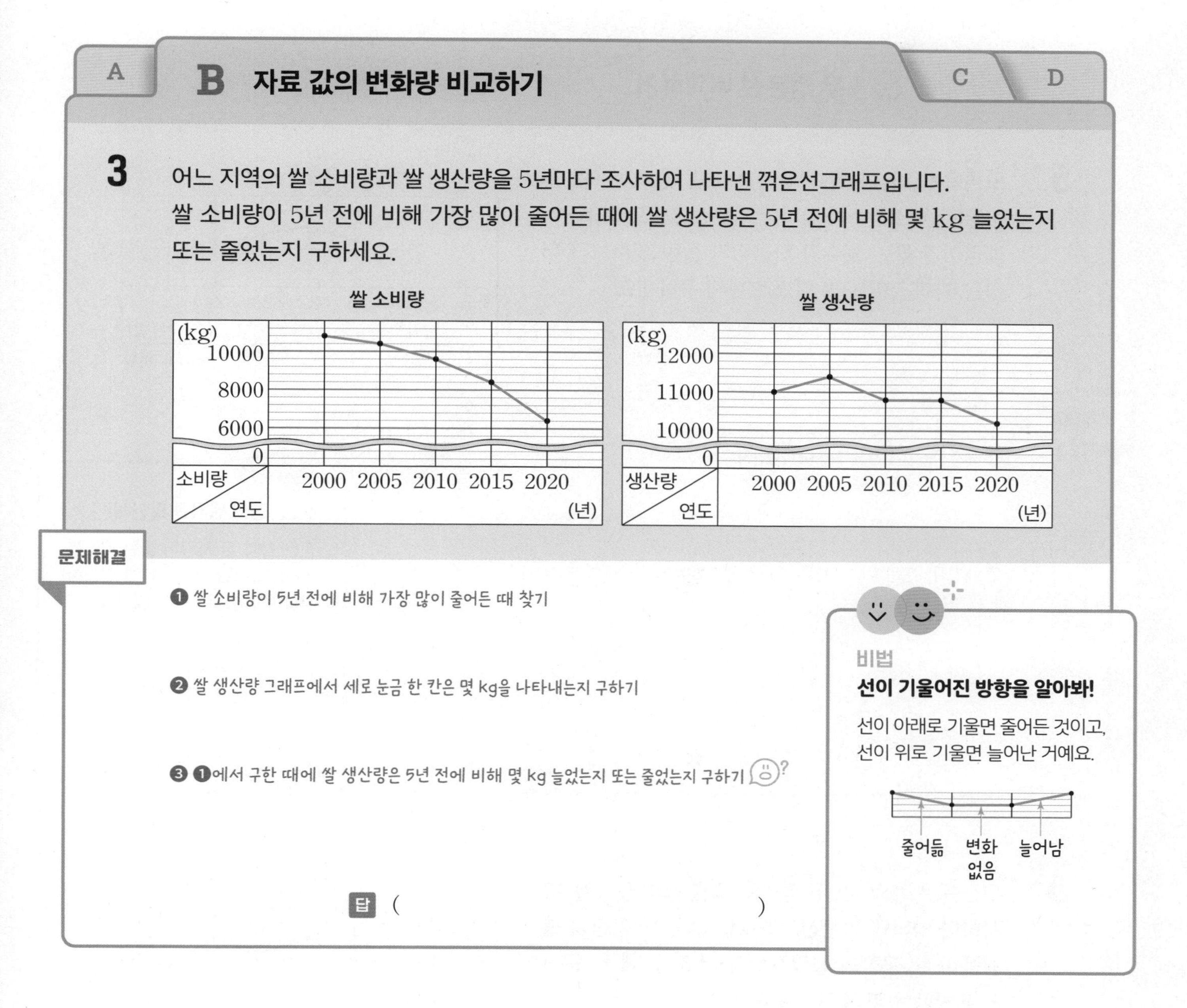

A | **B** | C | D

B 자료 값의 변화량 비교하기

3 어느 지역의 쌀 소비량과 쌀 생산량을 5년마다 조사하여 나타낸 꺾은선그래프입니다. 쌀 소비량이 5년 전에 비해 가장 많이 줄어든 때에 쌀 생산량은 5년 전에 비해 몇 kg 늘었는지 또는 줄었는지 구하세요.

문제해결

❶ 쌀 소비량이 5년 전에 비해 가장 많이 줄어든 때 찾기

❷ 쌀 생산량 그래프에서 세로 눈금 한 칸은 몇 kg을 나타내는지 구하기

❸ ❶에서 구한 때에 쌀 생산량은 5년 전에 비해 몇 kg 늘었는지 또는 줄었는지 구하기

답 (   )

비법

선이 기울어진 방향을 알아봐!

선이 아래로 기울면 줄어든 것이고, 선이 위로 기울면 늘어난 거예요.

4 어느 지역의 연도별 초등학생 수를 조사하여 나타낸 꺾은선그래프입니다. 남학생 수의 변화가 전년도에 비해 가장 큰 때에 여학생은 전년도에 비해 몇 명 늘었는지 또는 줄었는지 구하세요.

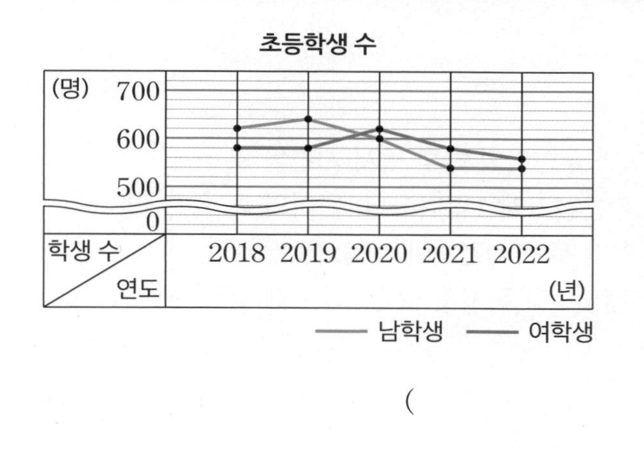

(   )

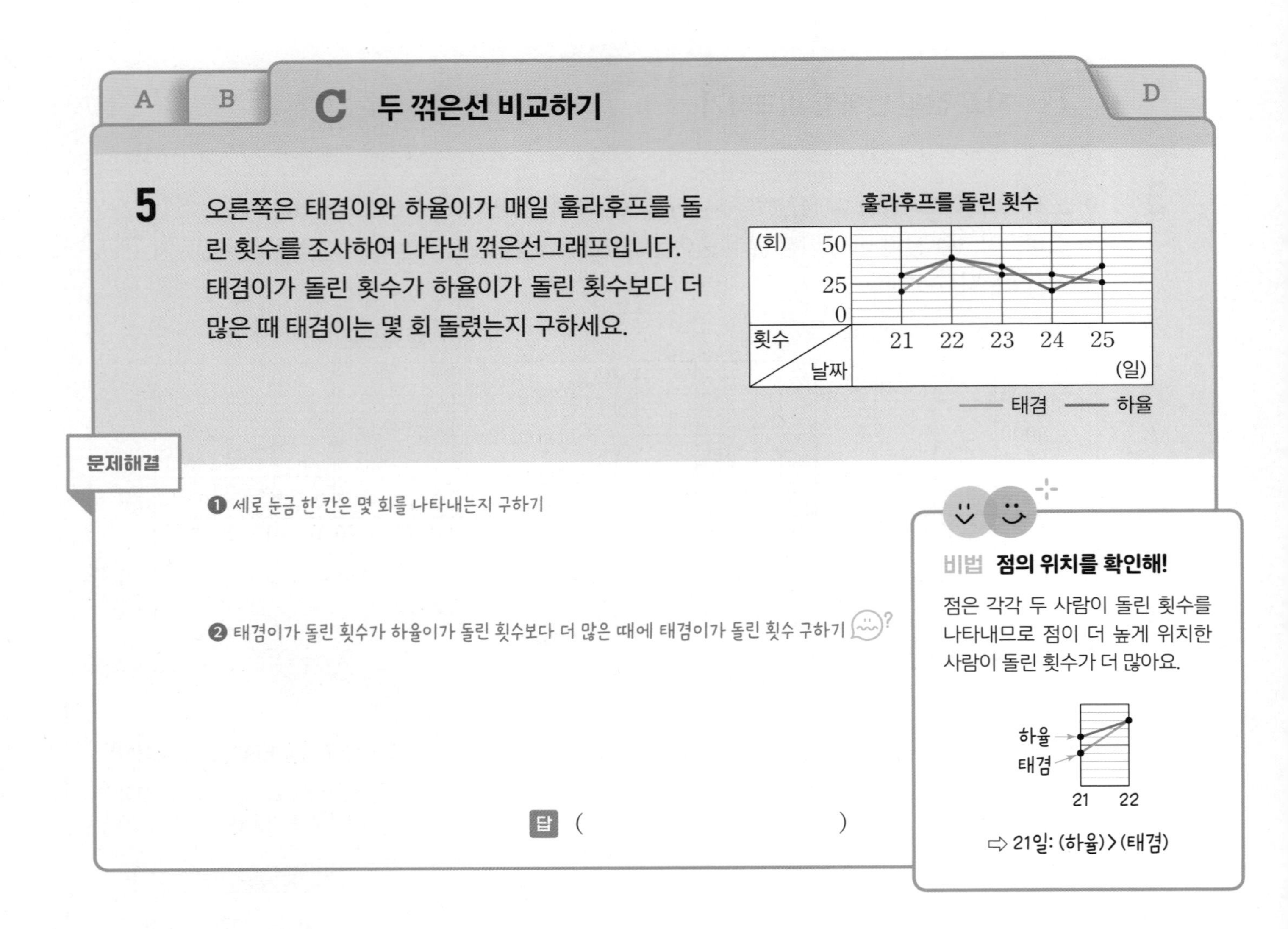

C 두 꺾은선 비교하기

5 오른쪽은 태겸이와 하율이가 매일 훌라후프를 돌린 횟수를 조사하여 나타낸 꺾은선그래프입니다. 태겸이가 돌린 횟수가 하율이가 돌린 횟수보다 더 많은 때 태겸이는 몇 회 돌렸는지 구하세요.

문제해결

❶ 세로 눈금 한 칸은 몇 회를 나타내는지 구하기

❷ 태겸이가 돌린 횟수가 하율이가 돌린 횟수보다 더 많은 때에 태겸이가 돌린 횟수 구하기

답 (   )

비법 점의 위치를 확인해!

점은 각각 두 사람이 돌린 횟수를 나타내므로 점이 더 높게 위치한 사람이 돌린 횟수가 더 많아요.

⇨ 21일: (하율)>(태겸)

6 오른쪽은 ㉮와 ㉯ 두 공장의 월별 불량품 수를 조사하여 나타낸 꺾은선그래프입니다. ㉮ 공장의 불량품이 ㉯ 공장의 불량품보다 더 적은 때 ㉯ 공장의 불량품은 몇 개인지 구하세요.

불량품 수

(개) 200, 150, 100, 0 / 불량품 수, 월 / 2 3 4 5 6 (월)

㉮ 공장 ㉯ 공장

(   )

7 오른쪽은 나원이와 우빈이의 하루 독서 시간을 조사하여 나타낸 꺾은선그래프입니다. 나원이의 독서 시간이 우빈이의 독서 시간보다 처음으로 많아진 때 나원이는 전날보다 독서를 몇 분 더 오래 했는지 구하세요.

독서 시간

(분) 30, 20, 10, 0 / 시간, 요일 / 월 화 수 목 금 (요일)

나원 우빈

(   )

토닥토닥, 차분히 다시 해 보자.

A B C

D 자료 값의 차이 비교하기

8 오른쪽은 도담이와 재인이가 매일 윗몸 일으키기를 한 기록을 조사하여 나타낸 꺾은선그래프입니다. 두 사람의 윗몸 일으키기 기록의 차가 가장 작은 때는 언제이고, 이때의 기록의 차는 몇 번인지 구하세요.

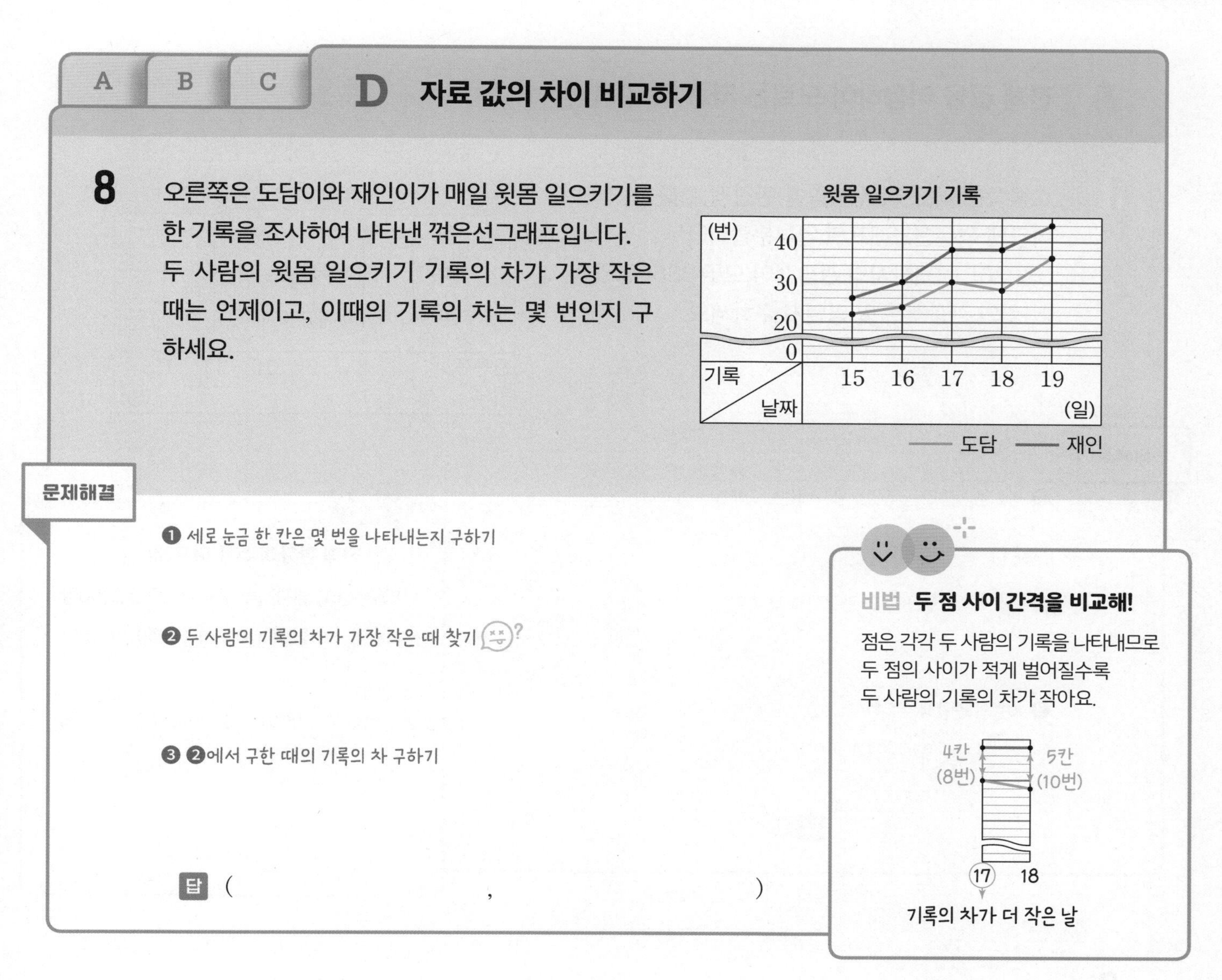

문제해결

❶ 세로 눈금 한 칸은 몇 번을 나타내는지 구하기

❷ 두 사람의 기록의 차가 가장 작은 때 찾기

❸ ❷에서 구한 때의 기록의 차 구하기

답 (　　　　　　　,　　　　　　　)

비법 두 점 사이 간격을 비교해!

점은 각각 두 사람의 기록을 나타내므로
두 점의 사이가 적게 벌어질수록
두 사람의 기록의 차가 작아요.

4칸 (8번) 5칸 (10번)

17 18

기록의 차가 더 작은 날

9 오른쪽은 ㉮와 ㉯ 두 마을의 월별 강수량을 조사하여 나타낸 꺾은선그래프입니다. 두 마을의 강수량의 차가 가장 큰 때는 언제이고, 이때의 강수량의 차는 몇 mm인지 구하세요.

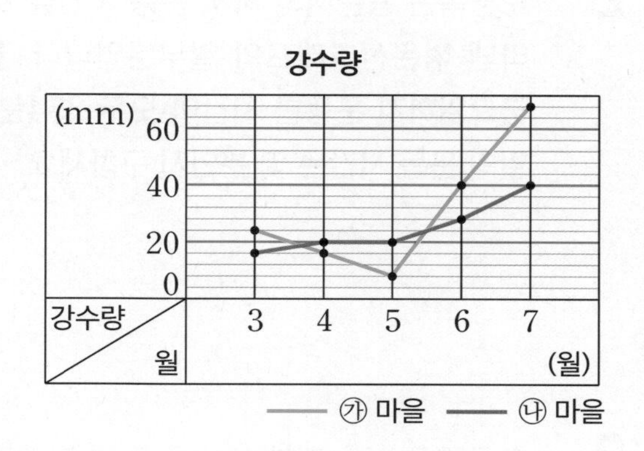

(　　　　　　　,　　　　　　　)

10 위 **9**의 꺾은선그래프를 보고 ㉮ 마을의 강수량이 ㉯ 마을의 강수량보다 더 많은 때 중에서 두 마을의 강수량의 차가 가장 작은 때의 강수량의 차는 몇 mm인지 구하세요.

(　　　　　　　)

유형 04 모르는 자료 값

A 전체 값을 이용하여 모르는 자료 값 구하기

A+ A++

1 오른쪽은 어느 지역의 월별 관광객 수를 조사하여 나타낸 꺾은선그래프의 일부분입니다.
8월부터 12월까지의 관광객이 모두 2360명일 때 10월의 관광객은 몇 명인지 구하세요.

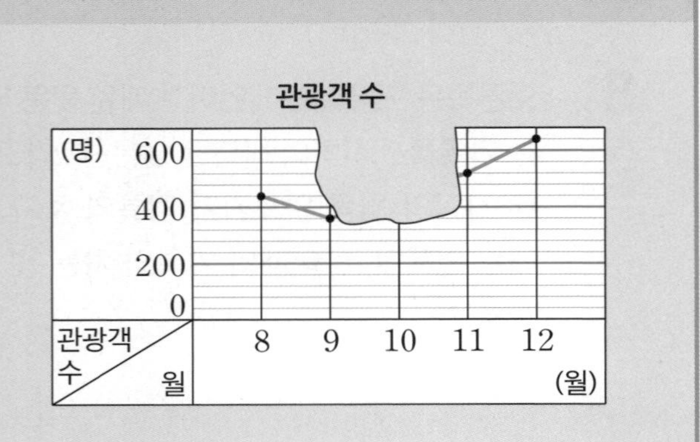

문제해결

❶ 세로 눈금 한 칸은 몇 명을 나타내는지 구하기

❷ 8월, 9월, 11월, 12월의 관광객 수 각각 구하기

❸ 10월의 관광객 수 구하기

답 (   )

비법 전체 관광객 수를 이용해!

"8월부터 12월까지의 관광객이 모두 2360명"

⇨ (8월)+(9월)+(10월)+(11월)+(12월)
=2360

⇨ (10월)
=2360−(8월)−(9월)−(11월)−(12월)

2 오른쪽은 용준이의 하루 운동 시간을 조사하여 나타낸 꺾은선그래프의 일부분입니다. 월요일부터 금요일까지 운동한 시간이 모두 254분일 때 화요일의 운동 시간은 몇 분인지 구하세요.

(   )

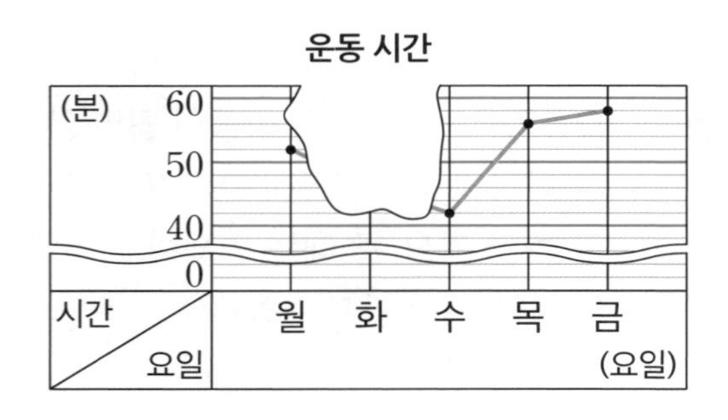

3 오른쪽은 어느 가게의 하루 쿠키 판매량을 조사하여 나타낸 꺾은선그래프의 일부분입니다. 10일부터 13일까지 쿠키 판매량은 모두 178봉지이고 쿠키 한 봉지를 1500원에 팔았을 때 10일에 쿠키를 판매한 값은 얼마인지 구하세요.

(   )

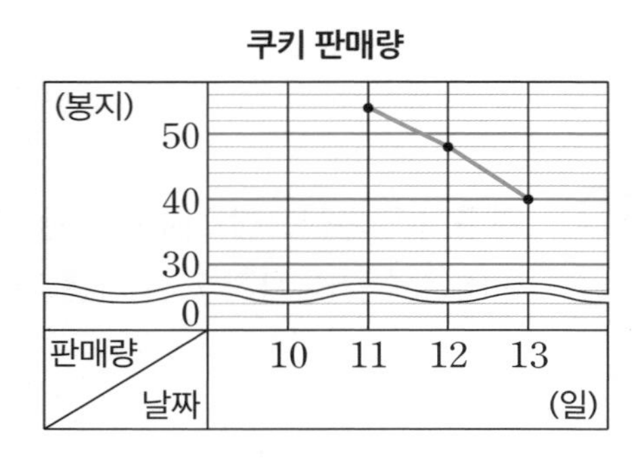

A

A+ 항목 사이의 관계를 이용하여 모르는 자료 값 구하기

A++

4 오른쪽은 샛별이의 요일별 오래 매달리기 기록을 조사하여 나타낸 꺾은선그래프입니다.
목요일의 기록은 수요일의 기록보다 4초 더 길고, 목요일과 금요일의 기록의 합은 62초입니다.
꺾은선그래프를 완성하세요.

오래 매달리기 기록

(초) 30 20 0
기록 / 요일
월 화 수 목 금 (요일)

문제해결

❶ 수요일의 기록 구하기

❷ 목요일과 금요일의 기록 각각 구하기

❸ 꺾은선그래프 완성하기

비법 항목 사이의 관계를 찾아!

" 목요일의 기록은 수요일의 기록보다 **4초 더 길고**"
⇨ (목요일)=(수요일)+4

" 목요일과 금요일의 기록의 **합은 62초**"
⇨ (목요일)+(금요일)=62

5 오른쪽은 어느 공장의 월별 장난감 생산량을 조사하여 나타낸 꺾은선그래프입니다. 이 공장의 9월의 생산량은 8월의 생산량보다 40개 더 적고, 9월과 10월의 생산량의 합은 820개입니다. 꺾은선그래프를 완성하세요.

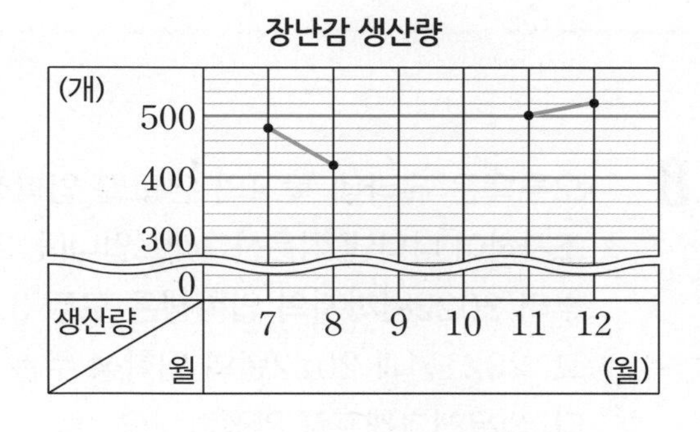

6 오른쪽은 정욱이가 동생의 몸무게를 매년 1월 1일에 조사하여 나타낸 꺾은선그래프입니다. 10살의 몸무게는 7살에서 8살의 몸무게의 변화량만큼 9살의 몸무게에서 늘었습니다. 10살의 몸무게는 몇 kg인지 구하세요.

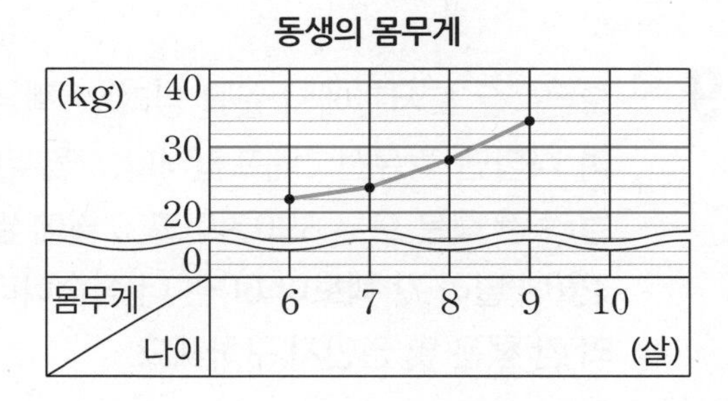

( )

A A+ **A++ 전체 값과 항목 사이의 관계를 이용하여 모르는 자료 값 구하기**

7 오른쪽은 어느 영화관의 요일별 입장객 수를 조사하여 나타낸 꺾은선그래프입니다.
월요일부터 금요일까지의 입장객은 모두 4180명이고, 화요일의 입장객은 월요일의 입장객보다 40명 더 많습니다.
꺾은선그래프를 완성하세요.

입장객 수

(명) 900 800 700 0

입장객 수 / 요일: 월 화 수 목 금 (요일)

문제해결

❶ 월요일과 화요일의 입장객 수의 합 구하기

❷ 월요일과 화요일의 입장객 수 각각 구하기

❸ 꺾은선그래프 완성하기

비법 □를 사용하여 식을 나타내!

월요일의 입장객 수를 □명이라 하여 화요일의 입장객 수를 나타내요.

"월요일의 입장객보다 40명 더 많습니다."

⇨ (□+40)명

8 오른쪽은 유라네 학교의 연도별 입학생 수를 조사하여 나타낸 꺾은선그래프입니다. 2018년부터 2022년까지의 입학생은 모두 355명이고, 2021년과 2022년의 입학생 수는 같습니다. 꺾은선그래프를 완성하세요.

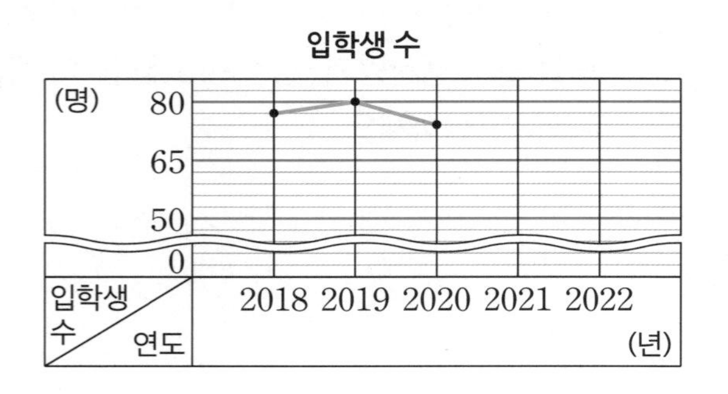

9 오른쪽은 도서관에서 월별 빌려 간 책 수를 조사하여 나타낸 꺾은선그래프입니다. 2월부터 7월까지 빌려 간 책은 모두 890권이고, 7월에 빌려 간 책은 4월에 빌려 간 책보다 60권 더 적습니다. 7월에 빌려 간 책은 몇 권인지 구하세요.

(　　　　　　　　)

빌려 간 책 수

(권) 200 150 100 0

책 수 / 월: 2 3 4 5 6 7 (월)

어떻게 풀어야 할지 모르겠다면
유형으로 되돌아가 다시 학습해 보세요.

01

유형 01 A

오른쪽은 어느 가게의 하루 팥빵 생산량을 조사하여 나타낸 꺾은선그래프입니다. 12일의 팥빵 생산량이 28개일 때 팥빵 생산량이 가장 많은 날의 생산량은 몇 개인지 구하세요.

팥빵 생산량

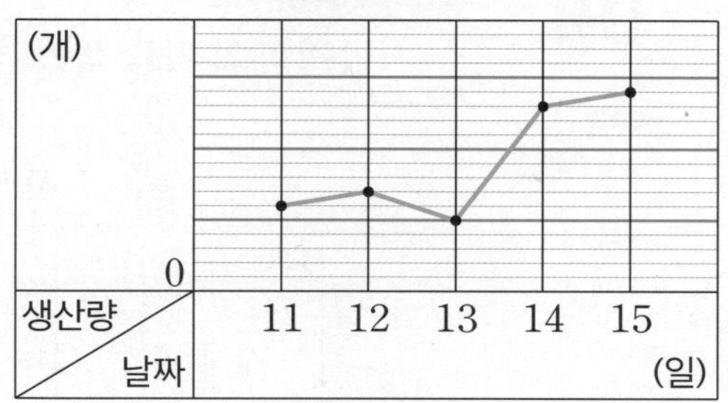

(　　　　　　)

02

유형 02 C

오른쪽은 어느 지역의 수온을 한 시간마다 조사하여 나타낸 꺾은선그래프입니다. 한 시간 전에 비해 수온의 변화가 가장 큰 때는 오후 몇 시이고, 한 시간 전보다 몇 ℃ 올랐는지 구하세요.

수온

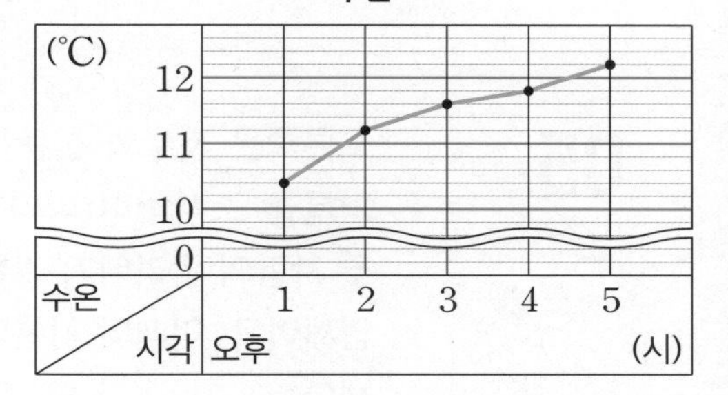

(　　　　　　,　　　　　　)

03

유형 02 D

오른쪽은 자동차가 10분마다 간 거리를 조사하여 나타낸 꺾은선그래프입니다. 자동차가 같은 빠르기로 간다면 1시간 20분 동안 가는 거리는 몇 km가 되겠는지 구하세요.

간 거리

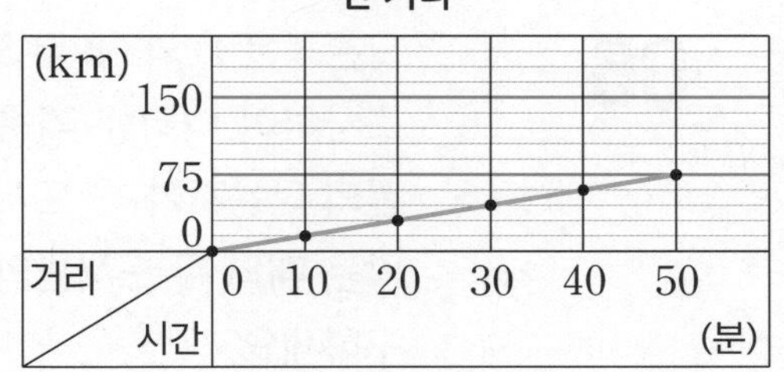

(　　　　　　)

04

유형 03 Ⓐ

어느 과일 가게의 하루 과일 판매량을 조사하여 나타낸 꺾은선그래프입니다. 판매량이 가장 많았던 때와 가장 적었던 때의 판매량의 차가 더 큰 과일은 무엇인지 구하세요.

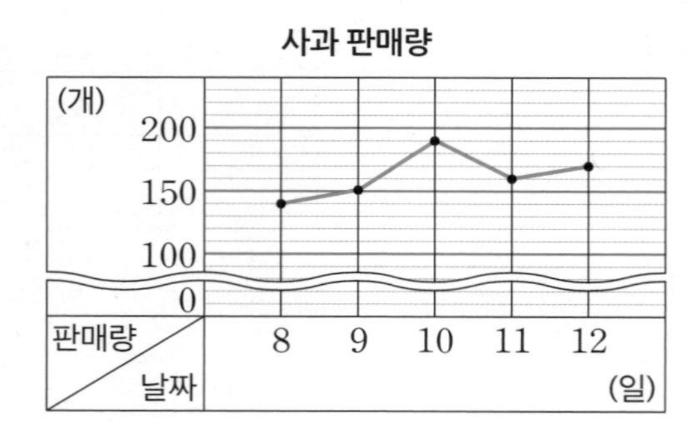

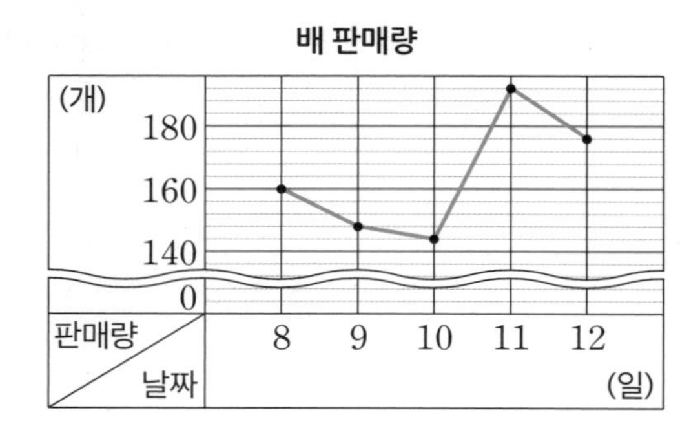

(   )

05

유형 03 Ⓓ

오른쪽은 지수와 현준이가 매일 멀리뛰기를 한 기록을 조사하여 나타낸 꺾은선그래프입니다. 두 사람의 멀리뛰기 기록의 차가 가장 작은 때는 언제이고, 이때의 기록의 차는 몇 cm인지 구하세요.

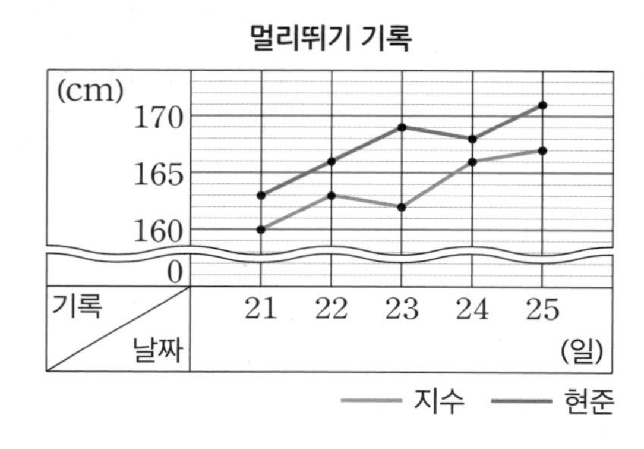

(,   )

06

오른쪽은 ㉮와 ㉯ 두 도서관의 월별 이용자 수를 조사하여 나타낸 꺾은선그래프입니다. ㉯ 도서관의 이용자가 ㉮ 도서관의 이용자보다 30명 더 많은 때의 두 도서관의 이용자는 모두 몇 명인지 구하세요.

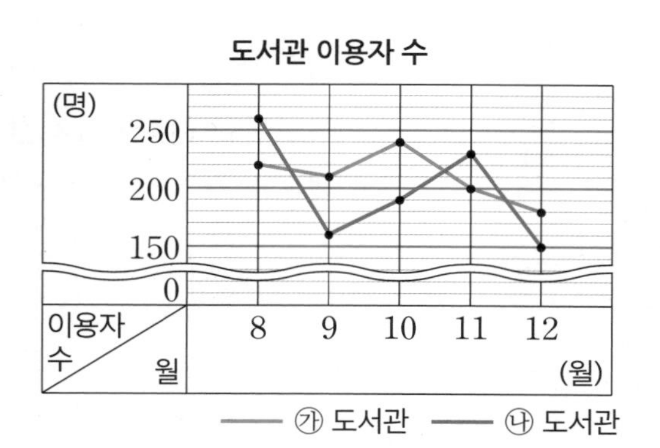

(   )

07

유형 04 A+

오른쪽은 지우가 타자 연습을 하면서 월별 1분당 타수를 조사하여 나타낸 꺾은선그래프입니다. 4월에 비해 5월에 늘어난 타수는 3월에 비해 4월에 줄어든 타수의 2배입니다. 꺾은선그래프를 완성하세요.

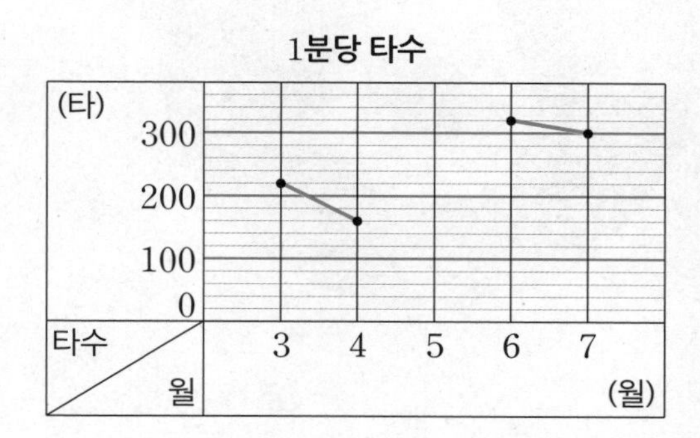

08

유형 04 A++

오른쪽은 어느 마을의 월별 음식물 쓰레기 배출량을 조사하여 나타낸 꺾은선그래프입니다. 6월부터 10월까지의 배출량은 모두 820 kg이고, 7월의 배출량은 6월의 배출량보다 50 kg 더 많습니다. 꺾은선그래프를 완성하세요.

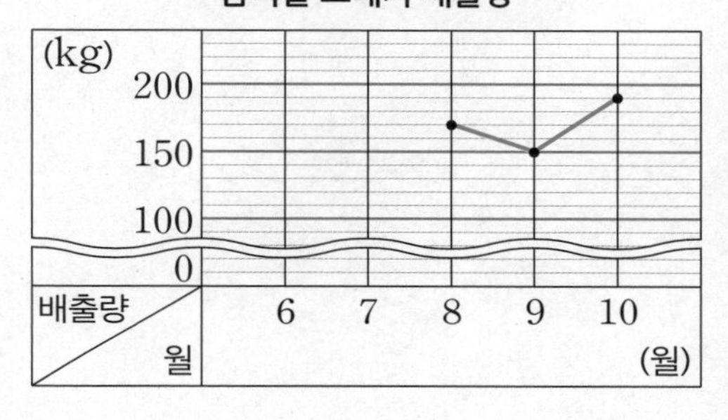

09

겹쳐서 늘어남. 5일의 누적 판매량은 1일부터 5일까지의 판매량을 모두 더한 것입니다.

오른쪽은 어느 가게에서 5일 동안 판매한 라면 판매량을 누적하여 나타낸 꺾은선그래프입니다. 라면을 가장 많이 판매한 때에 판매한 라면은 몇 봉지인지 구하세요.

(　　　　　　　　　)

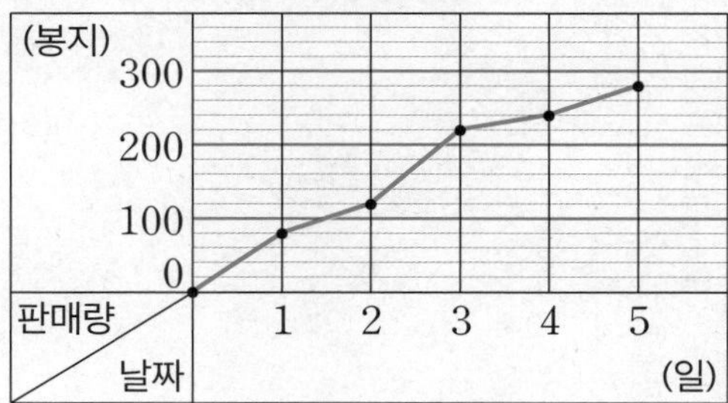

6

다각형

학습계열표

4-2 **2. 삼각형**
- 이등변삼각형, 정삼각형

4-2 **4. 사각형**
- 수직과 평행
- 사다리꼴, 평행사변형, 마름모

4-2 **6. 다각형**
- 다각형과 정다각형
- 대각선

5-2 **5. 직육면체**
- 직육면체와 정육면체
- 직육면체의 겨냥도와 전개도

6-1 **2. 각기둥과 각뿔**
- 각기둥과 각뿔
- 각기둥의 전개도

학습기록표

유형 01	학습일 / 학습평가
정다각형의 변의 길이	
A	둘레
B	이름
C	이어 붙인 도형의 길이

유형 02	학습일 / 학습평가
정다각형의 각도	
A	한 각
A+	선 그어 생기는 각
A++	이어 붙인 도형의 각

유형 03	학습일 / 학습평가
대각선의 수	
A	다각형
B	조건 만족 다각형
B+	대각선 수 알 때 다각형

유형 04	학습일 / 학습평가
대각선의 성질 이용하여 길이 구하기	
A	평행사변형
A+	직사각형
A++	겹쳐 그린 도형

유형 05	학습일 / 학습평가
대각선의 성질 이용하여 각도 구하기	
A	직사각형에서 각도
B	마름모에서 각도
A+	직사각형에서 길이
B+	마름모에서 길이

유형 마스터	학습일 / 학습평가
다각형	

유형 01

정다각형의 변의 길이

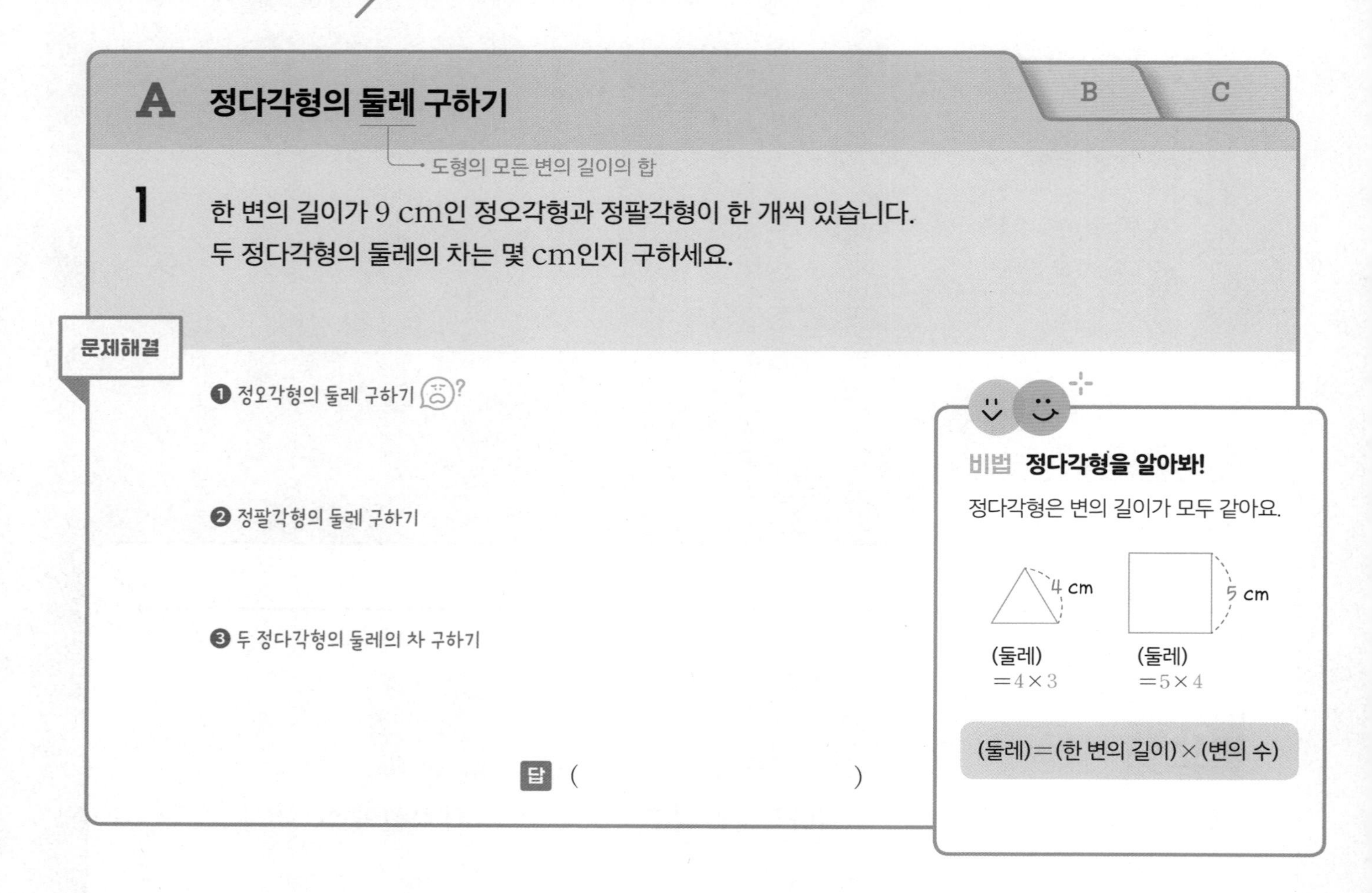

A 정다각형의 둘레 구하기

둘레: 도형의 모든 변의 길이의 합

1 한 변의 길이가 9 cm인 정오각형과 정팔각형이 한 개씩 있습니다.
두 정다각형의 둘레의 차는 몇 cm인지 구하세요.

문제해결

❶ 정오각형의 둘레 구하기

❷ 정팔각형의 둘레 구하기

❸ 두 정다각형의 둘레의 차 구하기

답 (　　　　　　)

비법 정다각형을 알아봐!

정다각형은 변의 길이가 모두 같아요.

(둘레) $=4\times3$　　(둘레) $=5\times4$

(둘레)=(한 변의 길이)×(변의 수)

2 한 변의 길이가 5 cm인 정육각형과 한 변의 길이가 6 cm인 정십각형이 있습니다. 두 정다각형의 둘레의 합은 몇 cm인지 구하세요.

(　　　　　　)

3 나윤이는 한 변의 길이가 11 cm인 정구각형을, 동호는 한 변의 길이가 17 cm인 정오각형을 그렸습니다. 두 사람 중 누가 그린 도형의 둘레가 몇 cm 더 긴지 구하세요.

(　　　　　　,　　　　　　)

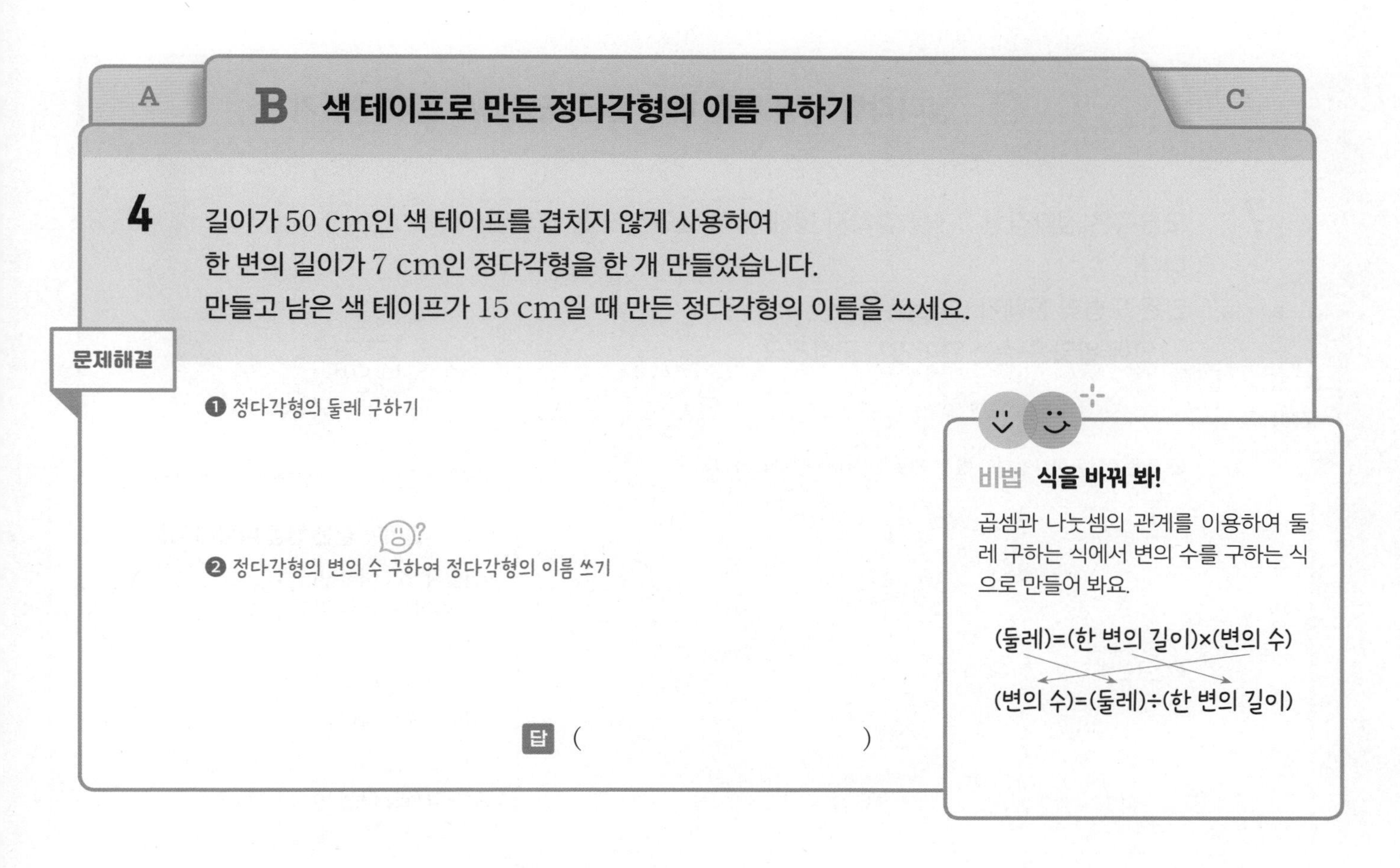

A

B 색 테이프로 만든 정다각형의 이름 구하기

C

4 길이가 50 cm인 색 테이프를 겹치지 않게 사용하여
한 변의 길이가 7 cm인 정다각형을 한 개 만들었습니다.
만들고 남은 색 테이프가 15 cm일 때 만든 정다각형의 이름을 쓰세요.

문제해결

❶ 정다각형의 둘레 구하기

❷ 정다각형의 변의 수 구하여 정다각형의 이름 쓰기

답 (   )

비법 식을 바꿔 봐!

곱셈과 나눗셈의 관계를 이용하여 둘레 구하는 식에서 변의 수를 구하는 식으로 만들어 봐요.

(둘레)=(한 변의 길이)×(변의 수)

(변의 수)=(둘레)÷(한 변의 길이)

5 길이가 70 cm인 철사를 겹치지 않게 사용하여 한 변의 길이가 6 cm인 정다각형을 한 개 만들었습니다. 만들고 남은 철사가 16 cm일 때 만든 정다각형의 이름을 쓰세요.

(   )

6 길이가 80 cm인 색 테이프를 겹치지 않게 모두 사용하여 한 변의 길이가 4 cm인 정팔각형과 한 변의 길이가 8 cm인 정다각형을 한 개씩 만들었습니다. 한 변의 길이가 8 cm인 정다각형의 이름을 쓰세요.

(   )

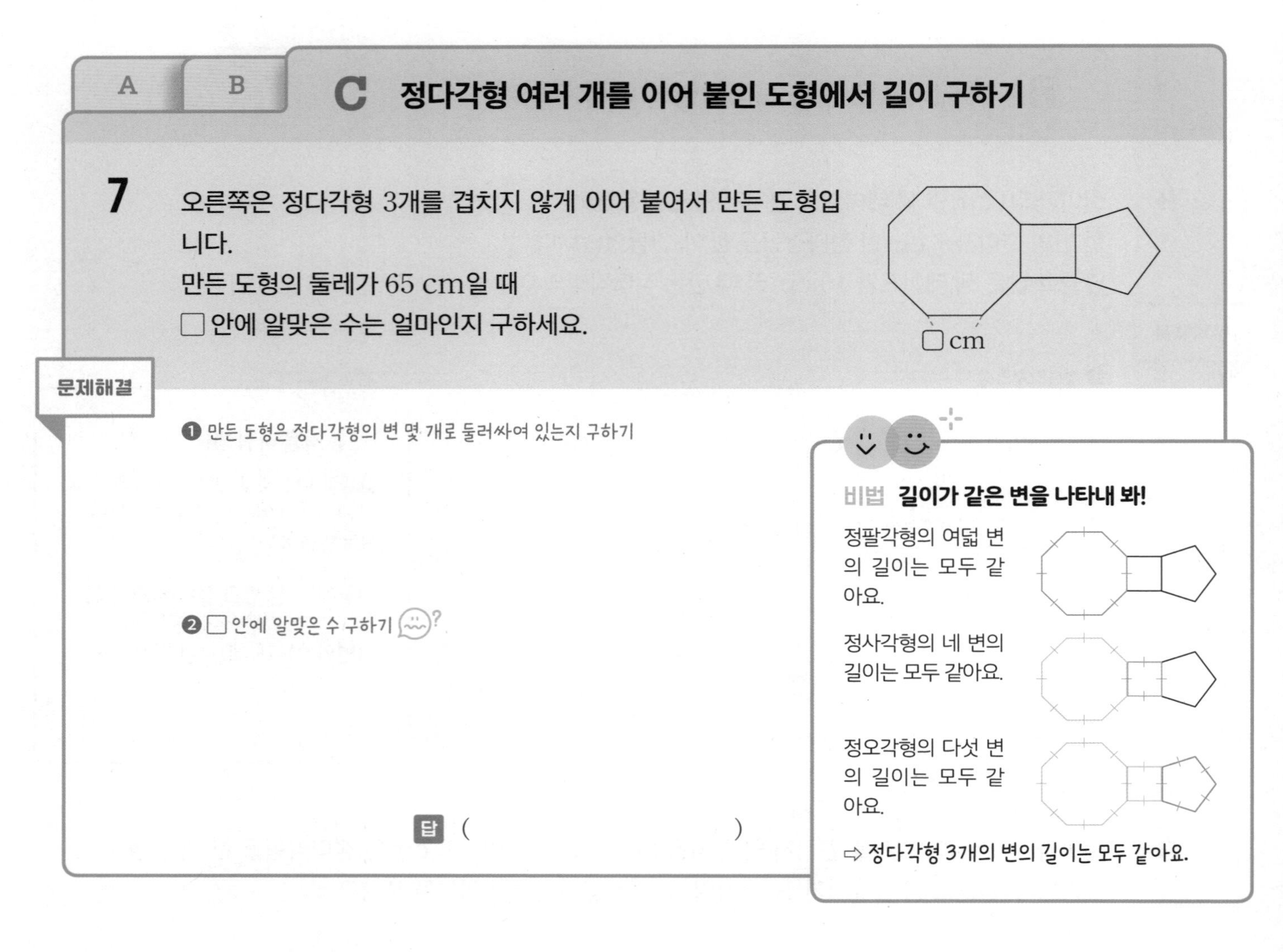

A B **C** 정다각형 여러 개를 이어 붙인 도형에서 길이 구하기

7 오른쪽은 정다각형 3개를 겹치지 않게 이어 붙여서 만든 도형입니다.
만든 도형의 둘레가 65 cm일 때
□ 안에 알맞은 수는 얼마인지 구하세요.

문제해결

❶ 만든 도형은 정다각형의 변 몇 개로 둘러싸여 있는지 구하기

❷ □ 안에 알맞은 수 구하기

답 (　　　　　　)

비법 길이가 같은 변을 나타내 봐!

정팔각형의 여덟 변의 길이는 모두 같아요.

정사각형의 네 변의 길이는 모두 같아요.

정오각형의 다섯 변의 길이는 모두 같아요.

⇨ 정다각형 3개의 변의 길이는 모두 같아요.

8 오른쪽은 정다각형 3개를 겹치지 않게 이어 붙여서 만든 도형입니다. 만든 도형의 둘레가 77 cm일 때 □ 안에 알맞은 수는 얼마인지 구하세요.

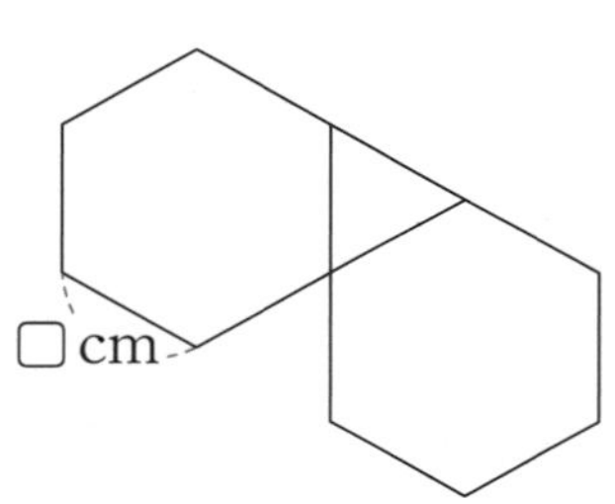

(　　　　　　)

9 오른쪽은 정다각형 4개를 겹치지 않게 이어 붙여서 만든 도형입니다. 정육각형의 둘레가 24 cm일 때 만든 도형의 둘레는 몇 cm인지 구하세요.

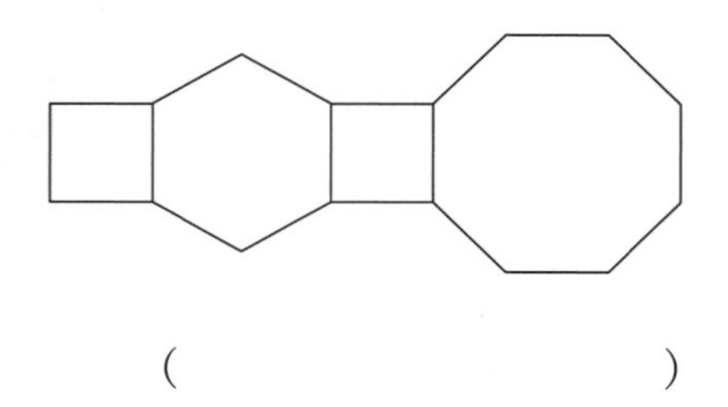

(　　　　　　)

유형 02 정다각형의 각도

A 정다각형의 한 각의 크기 구하기

A+ A++

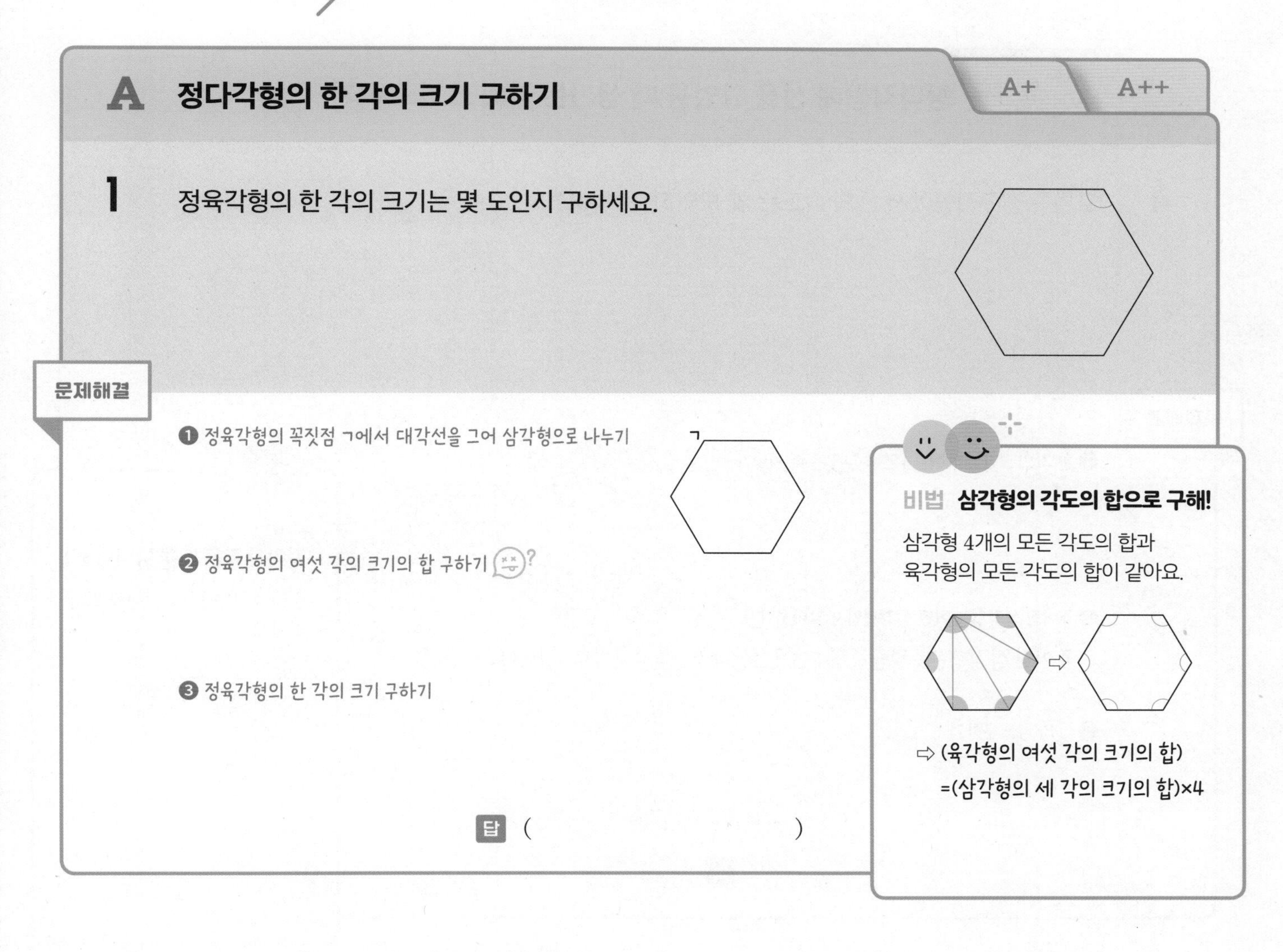

1 정육각형의 한 각의 크기는 몇 도인지 구하세요.

문제해결

❶ 정육각형의 꼭짓점 ㄱ에서 대각선을 그어 삼각형으로 나누기

❷ 정육각형의 여섯 각의 크기의 합 구하기

❸ 정육각형의 한 각의 크기 구하기

답 ( )

비법 **삼각형의 각도의 합으로 구해!**

삼각형 4개의 모든 각도의 합과
육각형의 모든 각도의 합이 같아요.

⇨ (육각형의 여섯 각의 크기의 합)
=(삼각형의 세 각의 크기의 합)×4

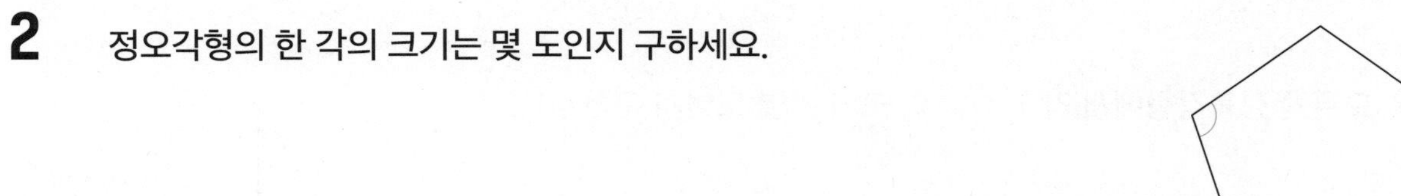

2 정오각형의 한 각의 크기는 몇 도인지 구하세요.

( )

3 오른쪽은 정팔각형의 한 변을 길게 늘인 것입니다. ㉠의 각도는 몇 도인지 구하세요.

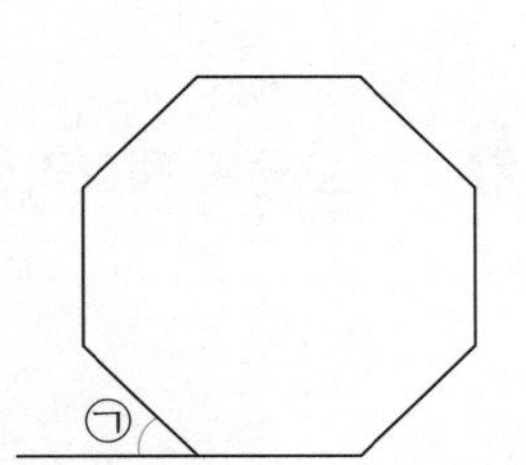

( )

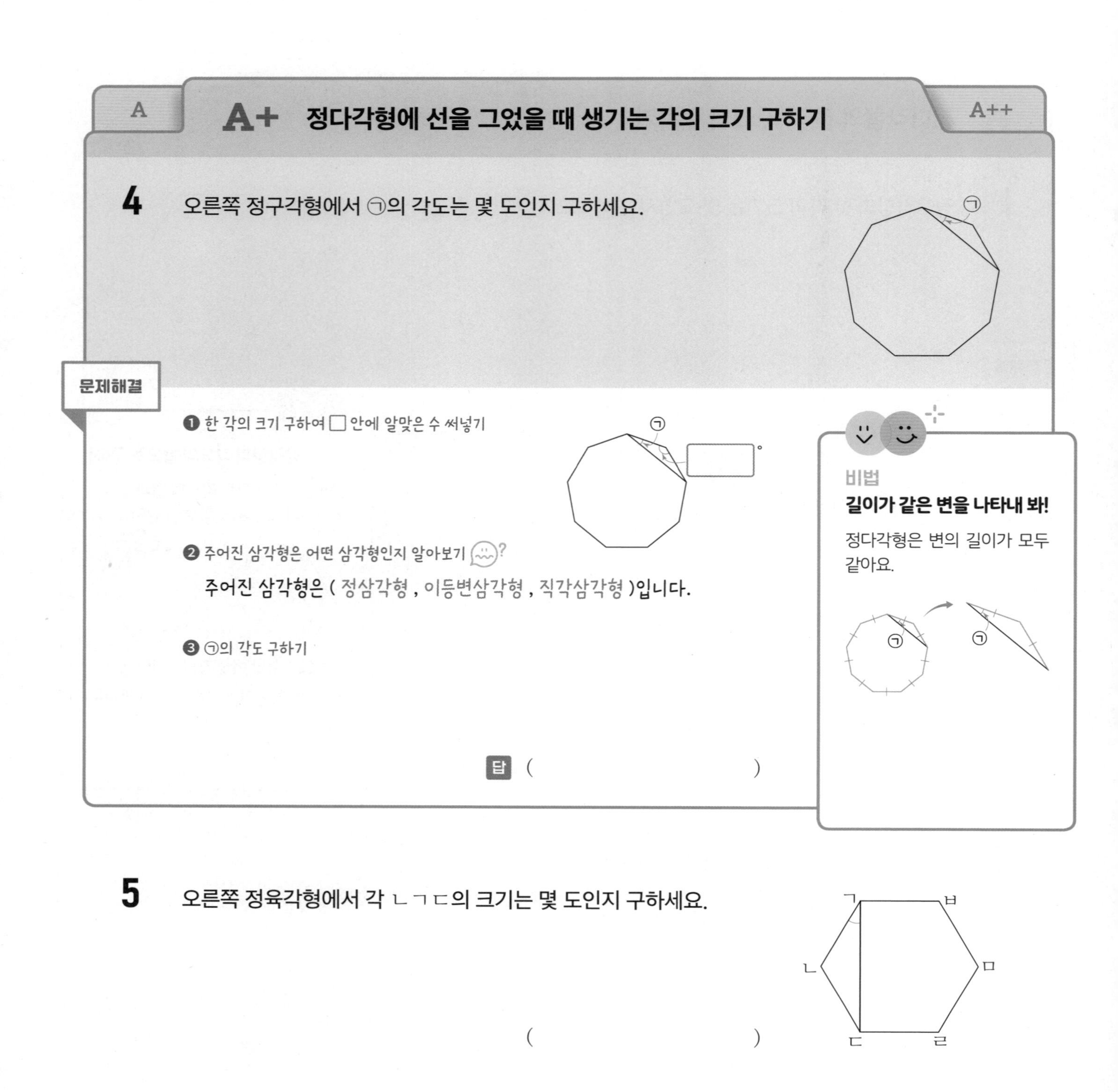

A | **A+ 정다각형에 선을 그었을 때 생기는 각의 크기 구하기** | A++

4 오른쪽 정구각형에서 ㉠의 각도는 몇 도인지 구하세요.

문제해결

❶ 한 각의 크기 구하여 □ 안에 알맞은 수 써넣기

❷ 주어진 삼각형은 어떤 삼각형인지 알아보기

주어진 삼각형은 (정삼각형 , 이등변삼각형 , 직각삼각형)입니다.

❸ ㉠의 각도 구하기

답 (   )

비법

길이가 같은 변을 나타내 봐!

정다각형은 변의 길이가 모두 같아요.

5 오른쪽 정육각형에서 각 ㄴㄱㄷ의 크기는 몇 도인지 구하세요.

(   )

6 오른쪽 정오각형에서 ㉠의 각도는 몇 도인지 구하세요.

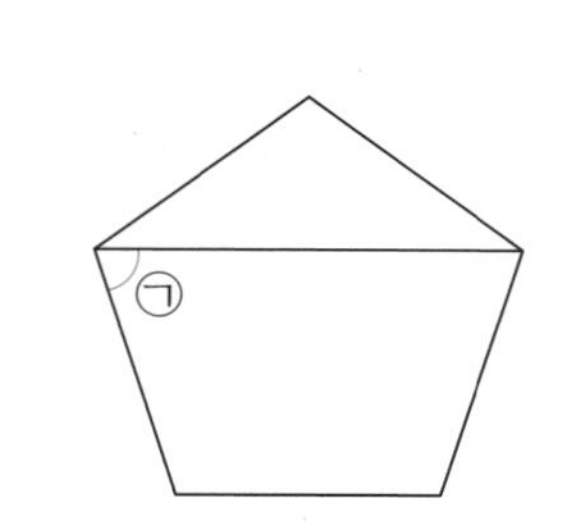

(   )

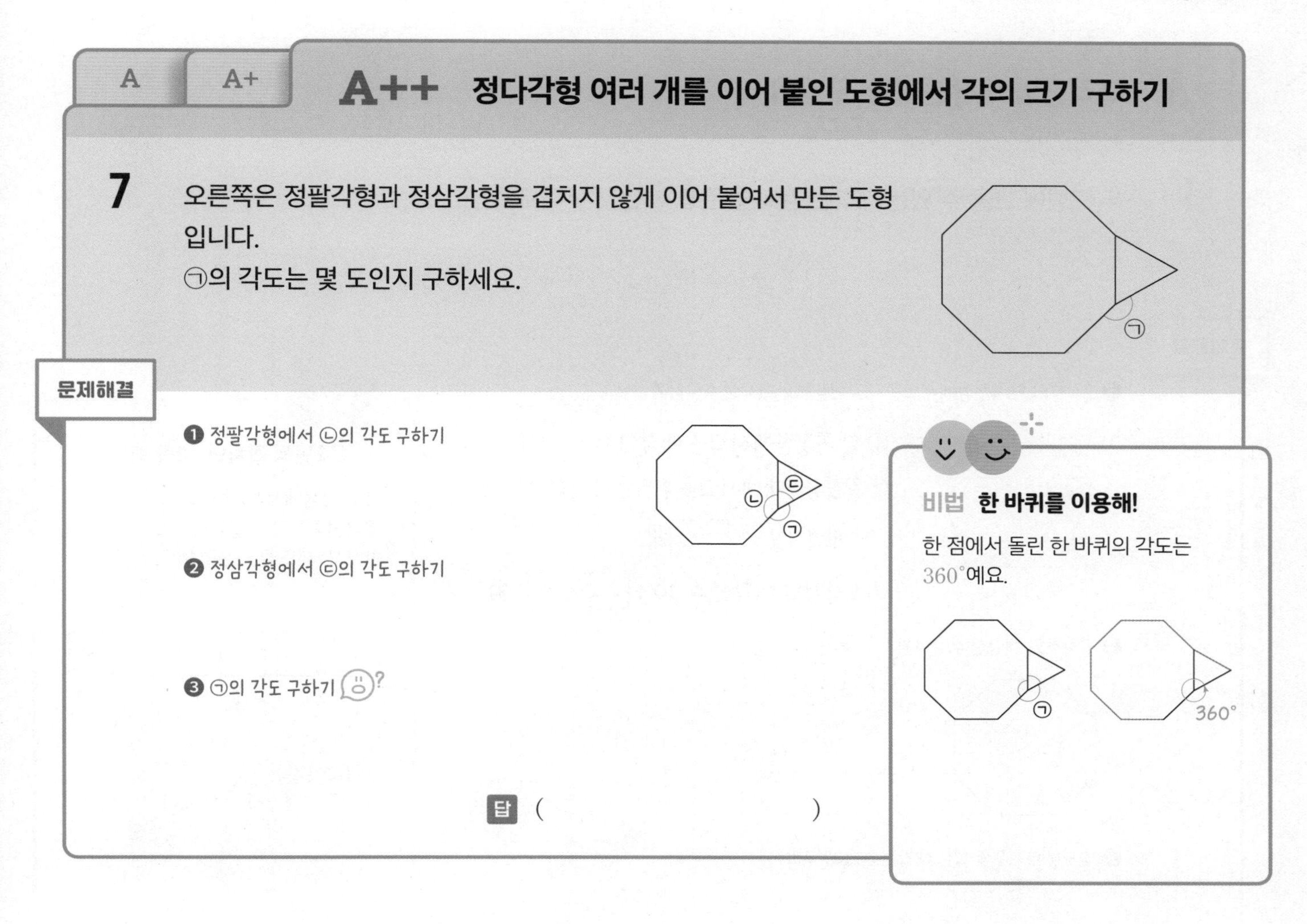

A　A+

A++ 정다각형 여러 개를 이어 붙인 도형에서 각의 크기 구하기

7 오른쪽은 정팔각형과 정삼각형을 겹치지 않게 이어 붙여서 만든 도형입니다.
㉠의 각도는 몇 도인지 구하세요.

㉠

문제해결

❶ 정팔각형에서 ㉡의 각도 구하기

㉡ ㉢ ㉠

❷ 정삼각형에서 ㉢의 각도 구하기

❸ ㉠의 각도 구하기

답 (　　　　　　　　)

비법 한 바퀴를 이용해!
한 점에서 돌린 한 바퀴의 각도는 360°예요.

㉠　360°

8 오른쪽은 정구각형과 정사각형을 겹치지 않게 이어 붙여서 만든 도형입니다. ㉠의 각도는 몇 도인지 구하세요.

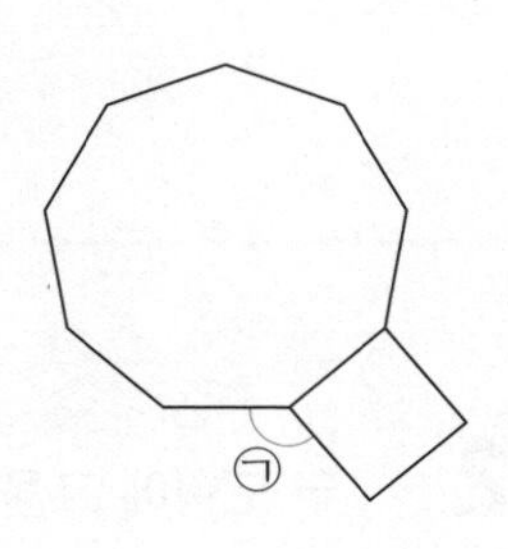

(　　　　　　　　)

9 축구공은 정오각형 12개와 정육각형 20개로 이루어져 있습니다. 오른쪽은 축구공의 일부를 잘라 펼쳐 놓은 것입니다. ㉠의 각도는 몇 도인지 구하세요.

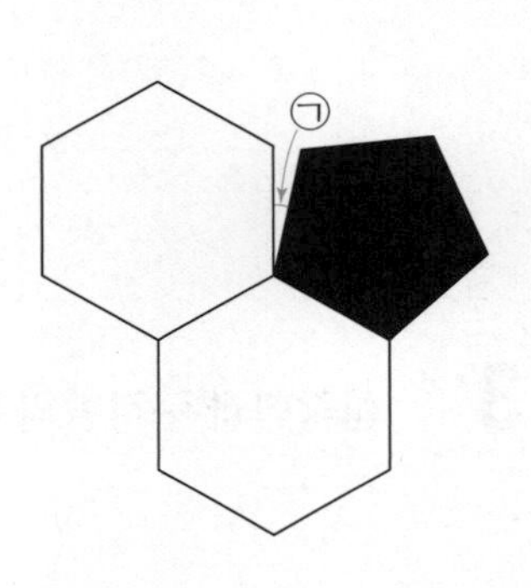

(　　　　　　　　)

유형 03

대각선의 수

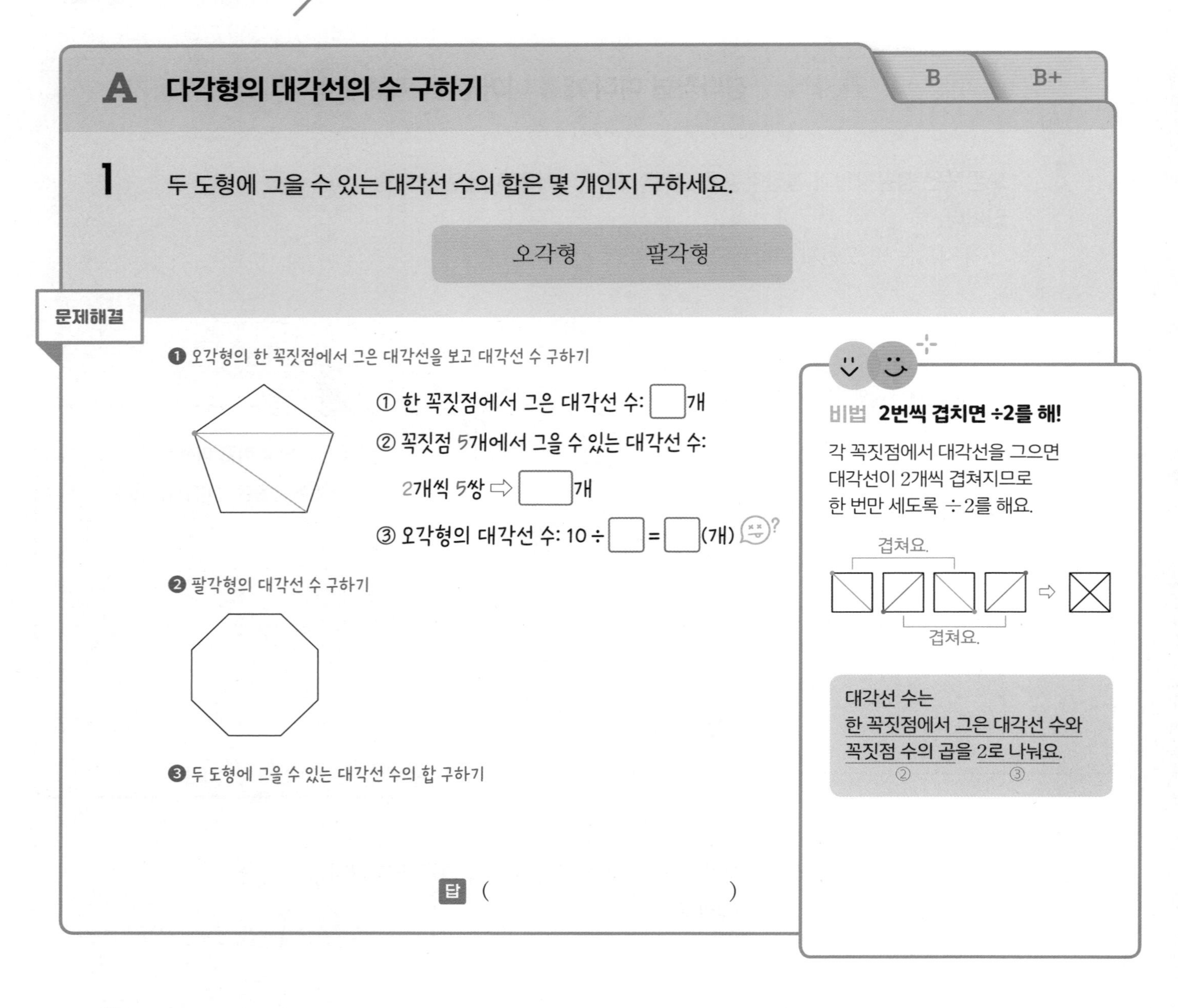

A 다각형의 대각선의 수 구하기
B
B+
1 두 도형에 그을 수 있는 대각선 수의 합은 몇 개인지 구하세요.
오각형 팔각형
문제해결
❶ 오각형의 한 꼭짓점에서 그은 대각선을 보고 대각선 수 구하기
① 한 꼭짓점에서 그은 대각선 수: □개
② 꼭짓점 5개에서 그을 수 있는 대각선 수:
2개씩 5쌍 ⇨ □개
③ 오각형의 대각선 수: 10 ÷ □ = □(개)
❷ 팔각형의 대각선 수 구하기
❸ 두 도형에 그을 수 있는 대각선 수의 합 구하기
답 (   )
비법 2번씩 겹치면 ÷2를 해!
각 꼭짓점에서 대각선을 그으면
대각선이 2개씩 겹쳐지므로
한 번만 세도록 ÷2를 해요.
겹쳐요.
겹쳐요.
대각선 수는
한 꼭짓점에서 그은 대각선 수와
꼭짓점 수의 곱을 2로 나눠요.
②
③

2 두 도형에 그을 수 있는 대각선 수의 합은 몇 개인지 구하세요.

칠각형 육각형

(   )

3 십각형과 구각형의 대각선 수의 차는 몇 개인지 구하세요.

(   )

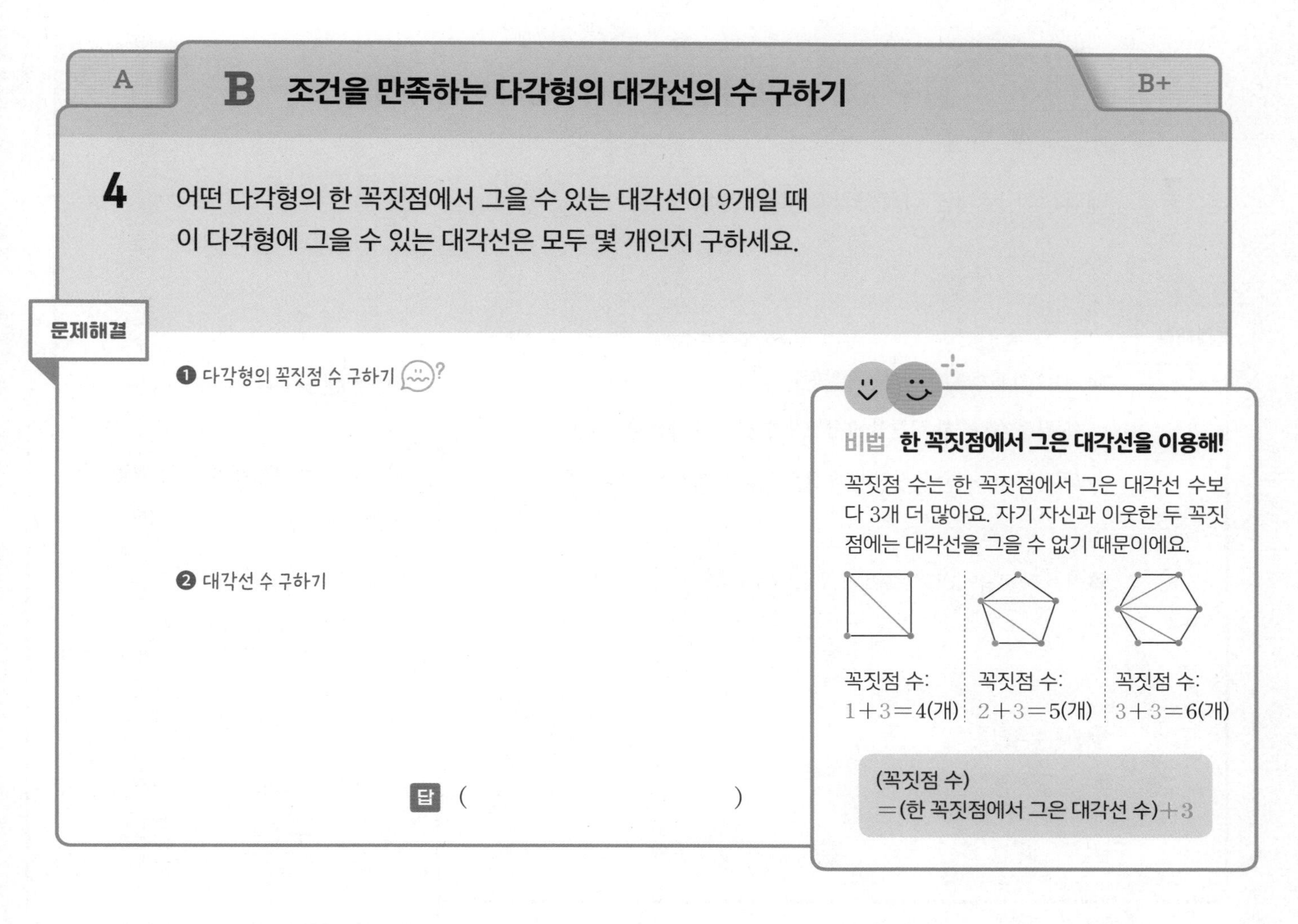

A

B 조건을 만족하는 다각형의 대각선의 수 구하기

B+

4 어떤 다각형의 한 꼭짓점에서 그을 수 있는 대각선이 9개일 때 이 다각형에 그을 수 있는 대각선은 모두 몇 개인지 구하세요.

문제해결

❶ 다각형의 꼭짓점 수 구하기

❷ 대각선 수 구하기

답 (　　　　　　　　　　)

비법 한 꼭짓점에서 그은 대각선을 이용해!

꼭짓점 수는 한 꼭짓점에서 그은 대각선 수보다 3개 더 많아요. 자기 자신과 이웃한 두 꼭짓점에는 대각선을 그을 수 없기 때문이에요.

꼭짓점 수: $1+3=4$(개)

꼭짓점 수: $2+3=5$(개)

꼭짓점 수: $3+3=6$(개)

(꼭짓점 수)
$=$(한 꼭짓점에서 그은 대각선 수)$+3$

5 어떤 다각형의 한 꼭짓점에서 그을 수 있는 대각선이 10개일 때 이 다각형에 그을 수 있는 대각선은 모두 몇 개인지 구하세요.

(　　　　　　　　　　)

6 어떤 다각형의 한 꼭짓점에서 그을 수 있는 대각선이 8개일 때 이 다각형에 그을 수 있는 대각선은 모두 몇 개인지 구하세요.

(　　　　　　　　　　)

A B

B+ 대각선의 수를 알 때 다각형의 이름 구하기

7 대각선이 14개인 다각형의 이름을 쓰세요.

문제해결

❶ 대각선이 14개일 때 □ 안에 알맞은 수 써넣기

(꼭짓점 수) × (한 꼭짓점에서 그을 수 있는 대각선 수) = □

(꼭짓점 수) − (한 꼭짓점에서 그을 수 있는 대각선 수) = □

❷ 차가 3이고 곱이 28인 두 수 찾아 꼭짓점의 수 구하기

❸ 다각형의 이름 쓰기

답 (   )

비법

차와 곱이 주어진 두 수 찾는 방법

차와 곱 중 하나의 조건을 만족하는 두 수를 찾은 다음 다른 조건을 만족하는 두 수를 찾아요.

예 차가 4이고 곱이 21인 두 수

[방법 1] 차가 4인 두 수 찾아 곱 비교하기

두 수	1과 5	2와 6	3과 7	……
곱	5	12	21	……

[방법 2] 곱이 21인 두 수 찾아 차 비교하기

두 수	1과 21	3과 7
차	20	4

8 대각선이 20개인 다각형의 이름을 쓰세요.

(   )

9 윤건이가 그린 정다각형에 그을 수 있는 대각선은 모두 27개입니다. 윤건이가 그린 정다각형의 이름을 쓰세요.

(   )

유형 04 대각선의 성질 이용하여 길이 구하기

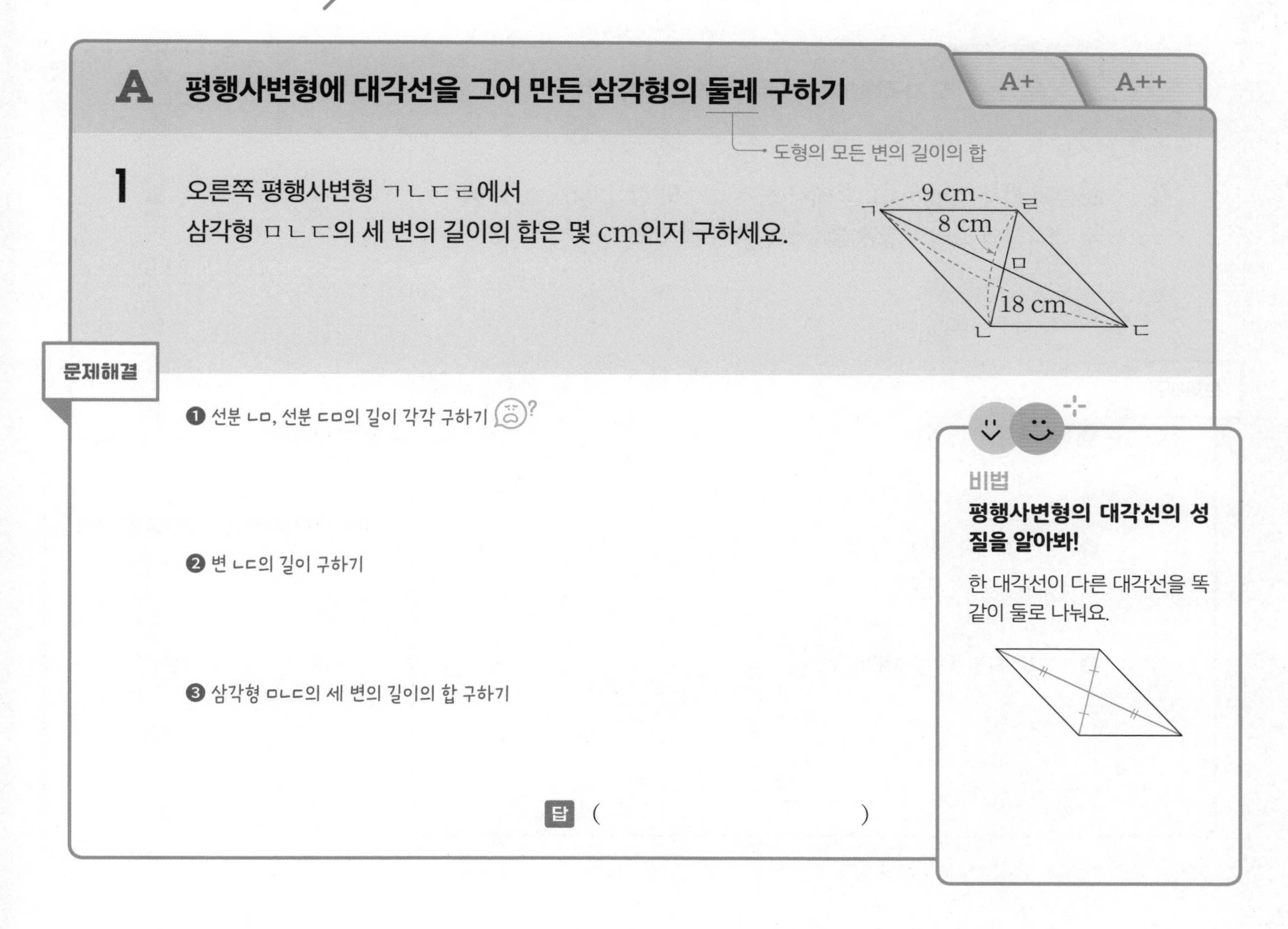

A 평행사변형에 대각선을 그어 만든 삼각형의 둘레 구하기

A+ A++

둘레: 도형의 모든 변의 길이의 합

1 오른쪽 평행사변형 ㄱㄴㄷㄹ에서 삼각형 ㅁㄴㄷ의 세 변의 길이의 합은 몇 cm인지 구하세요.

문제해결

❶ 선분 ㄴㅁ, 선분 ㄷㅁ의 길이 각각 구하기

❷ 변 ㄴㄷ의 길이 구하기

❸ 삼각형 ㅁㄴㄷ의 세 변의 길이의 합 구하기

답 (　　　　　　　　)

비법

평행사변형의 대각선의 성질을 알아봐!

한 대각선이 다른 대각선을 똑같이 둘로 나눠요.

2 오른쪽 마름모 ㄱㄴㄷㄹ에서 삼각형 ㄱㅁㄹ의 세 변의 길이의 합은 몇 cm인지 구하세요.

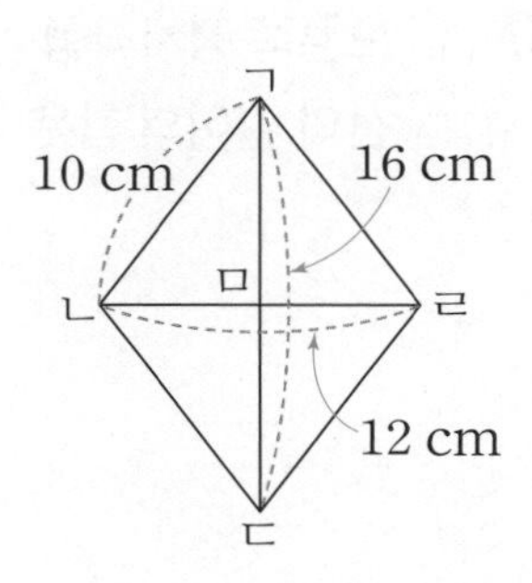

(　　　　　　　　)

3 오른쪽 평행사변형 ㄱㄴㄷㄹ에서 두 대각선의 길이가 각각 14 cm, 20 cm일 때 삼각형 ㄱㄴㅁ의 세 변의 길이의 합은 몇 cm인지 구하세요.

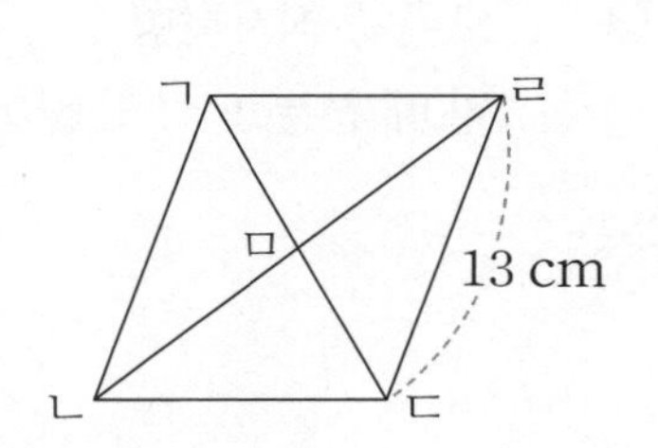

(　　　　　　　　)

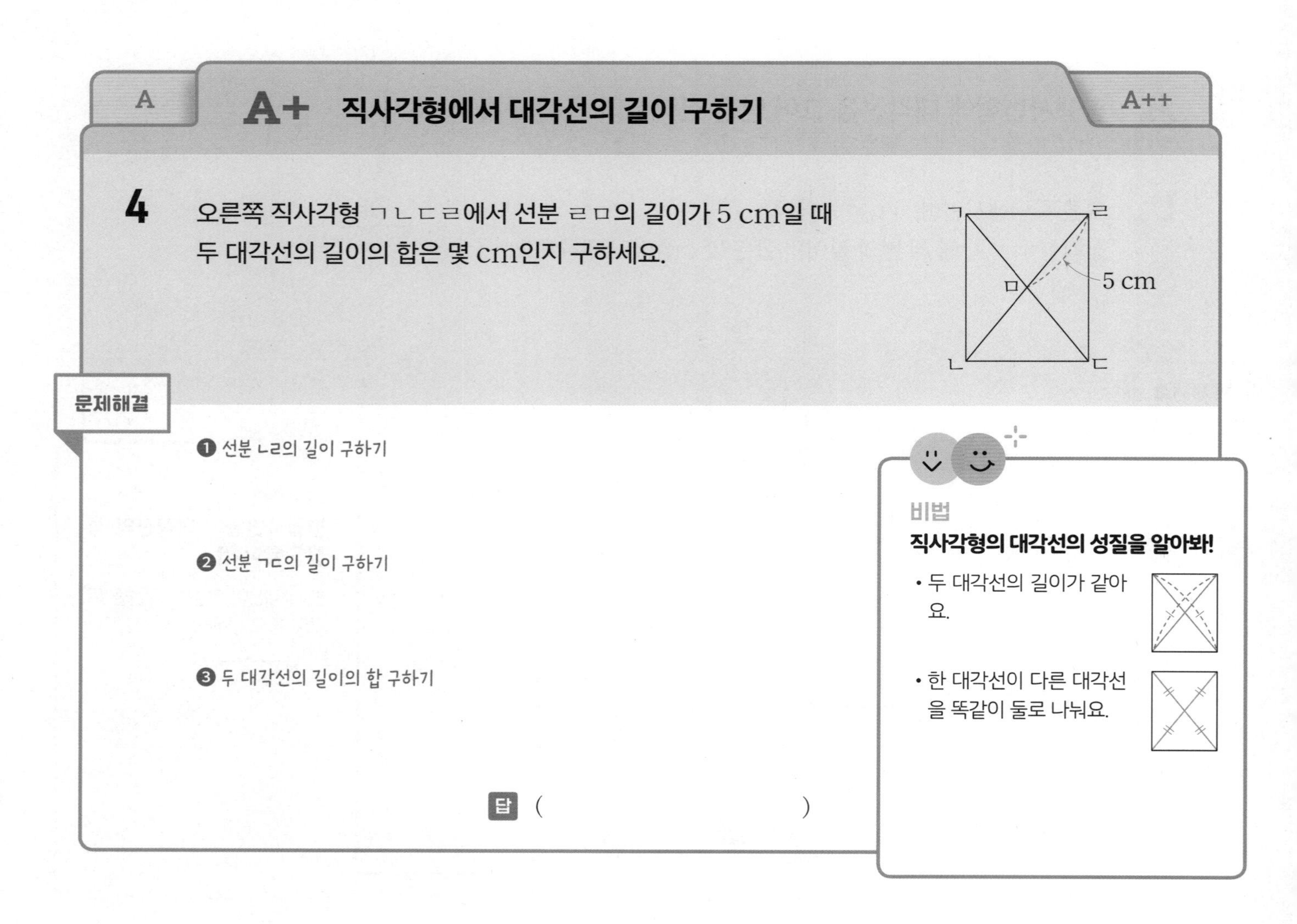

A | **A+ 직사각형에서 대각선의 길이 구하기** | A++

4 오른쪽 직사각형 ㄱㄴㄷㄹ에서 선분 ㄹㅁ의 길이가 5 cm일 때 두 대각선의 길이의 합은 몇 cm인지 구하세요.

문제해결

❶ 선분 ㄴㄹ의 길이 구하기

❷ 선분 ㄱㄷ의 길이 구하기

❸ 두 대각선의 길이의 합 구하기

답 (　　　　　　　　)

비법
직사각형의 대각선의 성질을 알아봐!

- 두 대각선의 길이가 같아요.
- 한 대각선이 다른 대각선을 똑같이 둘로 나눠요.

5 오른쪽 정사각형 ㄱㄴㄷㄹ에서 선분 ㄱㅁ의 길이가 8 cm일 때 두 대각선의 길이의 합은 몇 cm인지 구하세요.

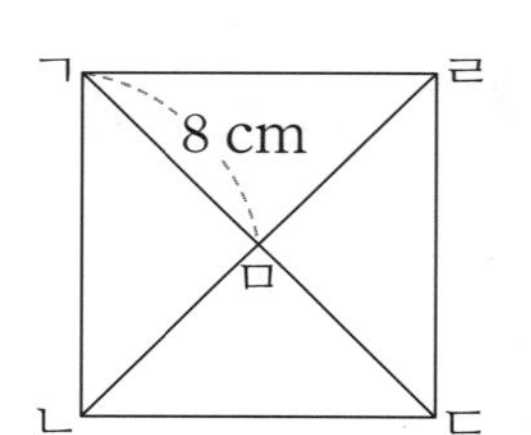

(　　　　　　　　)

6 오른쪽 직사각형 ㄱㄴㄷㄹ에서 두 대각선의 길이의 합이 56 cm일 때 선분 ㄴㅁ의 길이는 몇 cm인지 구하세요.

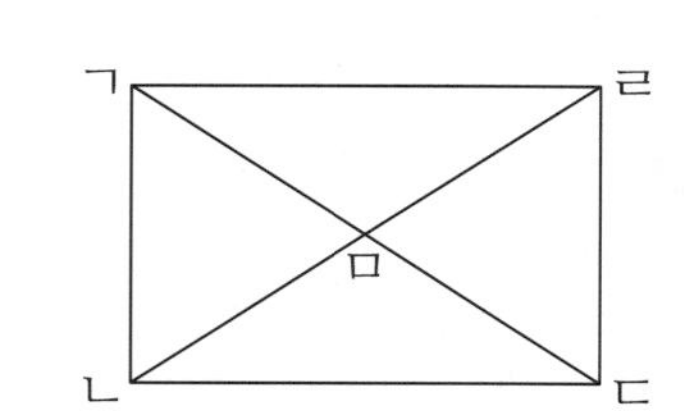

(　　　　　　　　)

A | A+ | **A++**

겹쳐 그린 도형에서 대각선의 길이 구하기

7 오른쪽 도형에서 사각형 ㄱㄴㄷㄹ은 마름모이고 사각형 ㄱㅂㄹㅁ은 한 변의 길이가 9 cm인 정사각형입니다.
마름모 ㄱㄴㄷㄹ의 두 대각선의 길이의 합은 몇 cm인지 구하세요.

문제해결

❶ 정사각형 ㄱㅂㄹㅁ, 마름모 ㄱㄴㄷㄹ에서 각각의 길이 구하여 □ 안에 알맞은 수 써넣기

□ cm, 9 cm, □ cm

□ cm, 9 cm, □ cm, □ cm, □ cm, □ cm

❷ 마름모 ㄱㄴㄷㄹ의 두 대각선의 길이의 합 구하기

답 (   )

비법

정사각형, 마름모의 성질을 알아봐!

• 정사각형은 네 변의 길이가 모두 같아요.

• 마름모는 한 대각선이 다른 대각선을 똑같이 둘로 나눠요.

8 오른쪽 도형에서 사각형 ㄱㄴㄷㄹ은 마름모이고 사각형 ㄴㅁㄷㅂ은 한 변의 길이가 7 cm인 정사각형입니다. 마름모 ㄱㄴㄷㄹ의 두 대각선의 길이의 합은 몇 cm인지 구하세요.

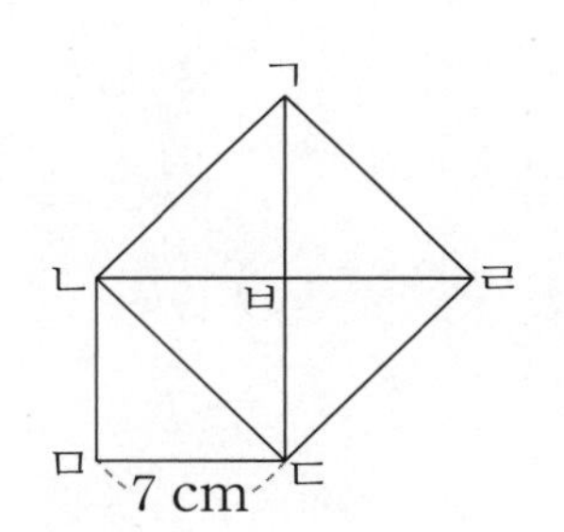

(   )

9 오른쪽 도형에서 사각형 ㄱㄴㄷㄹ은 마름모이고 사각형 ㅁㄷㅂㄹ은 직사각형입니다. 마름모 ㄱㄴㄷㄹ의 두 대각선의 길이의 합은 몇 cm인지 구하세요.

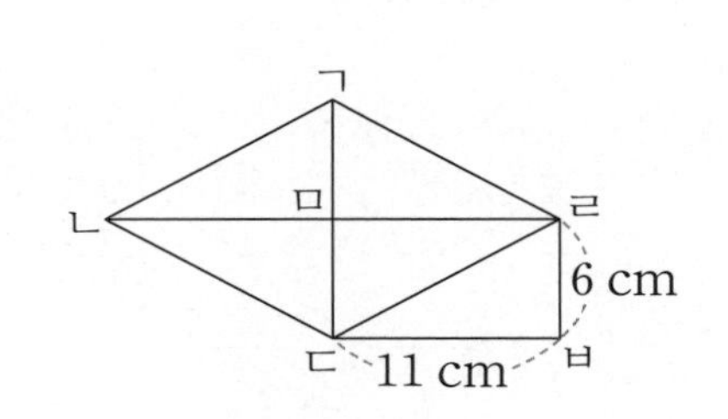

(   )

유형 05 대각선의 성질 이용하여 각도 구하기

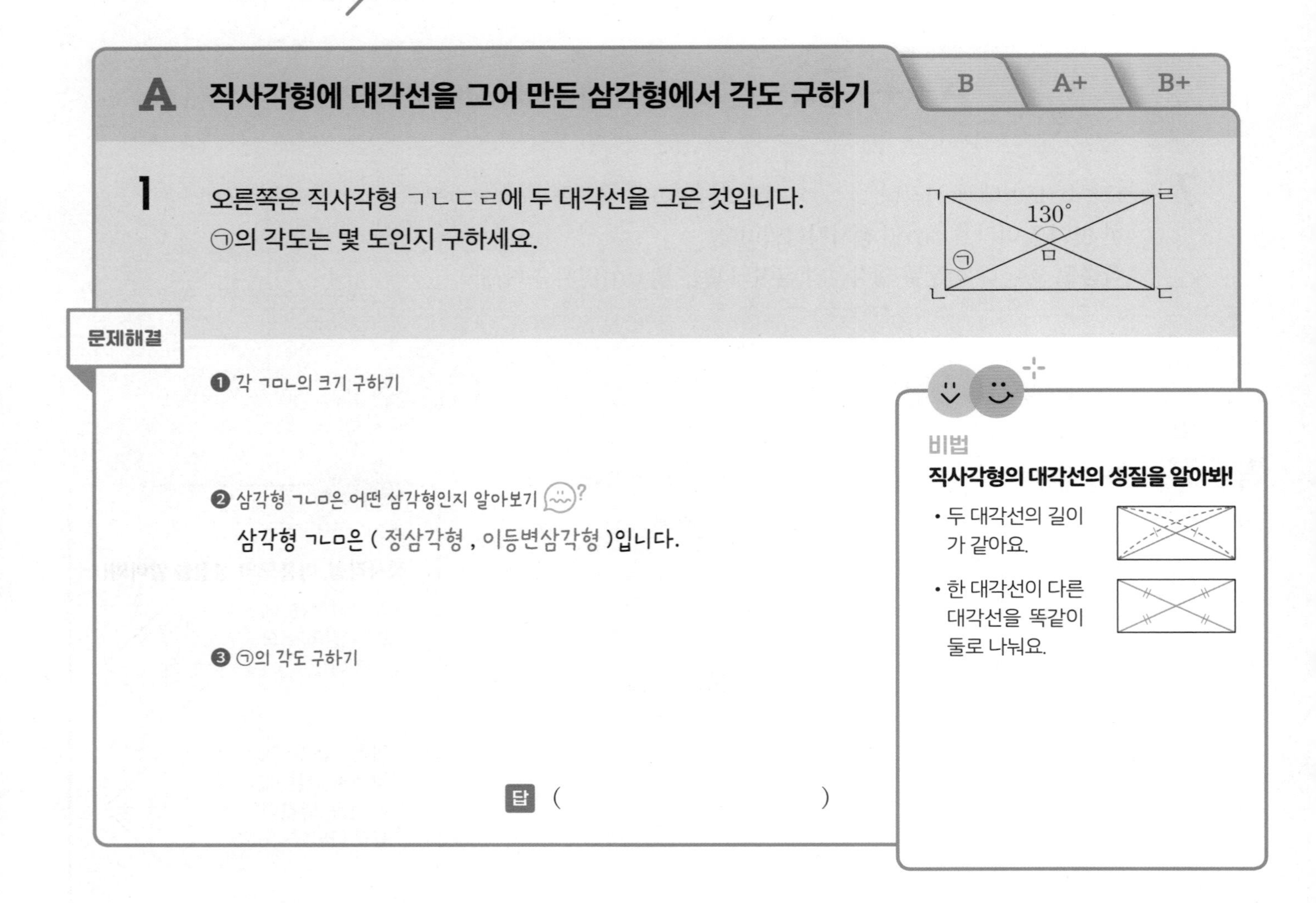

A 직사각형에 대각선을 그어 만든 삼각형에서 각도 구하기

B A+ B+

1 오른쪽은 직사각형 ㄱㄴㄷㄹ에 두 대각선을 그은 것입니다. ㉠의 각도는 몇 도인지 구하세요.

문제해결

❶ 각 ㄱㅁㄴ의 크기 구하기

❷ 삼각형 ㄱㄴㅁ은 어떤 삼각형인지 알아보기

삼각형 ㄱㄴㅁ은 (정삼각형 , 이등변삼각형)입니다.

❸ ㉠의 각도 구하기

답 (　　　　　　　　)

비법

직사각형의 대각선의 성질을 알아봐!

- 두 대각선의 길이가 같아요.
- 한 대각선이 다른 대각선을 똑같이 둘로 나눠요.

2 오른쪽은 직사각형 ㄱㄴㄷㄹ에 두 대각선을 그은 것입니다. 각 ㅁㄴㄷ의 크기는 몇 도인지 구하세요.

(　　　　　　　　)

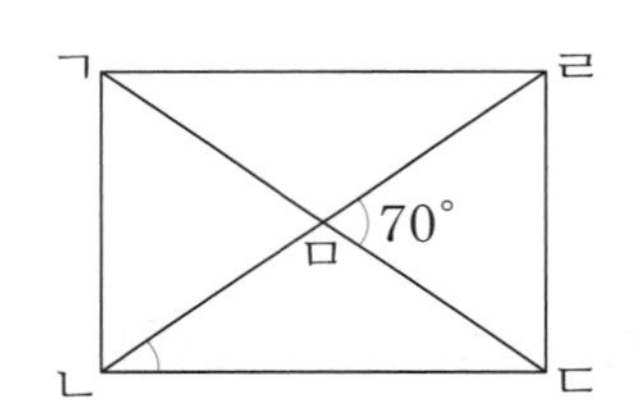

3 오른쪽은 직사각형 ㄱㄴㄷㄹ에 두 대각선을 그은 것입니다. 각 ㄴㅁㄷ의 크기는 몇 도인지 구하세요.

(　　　　　　　　)

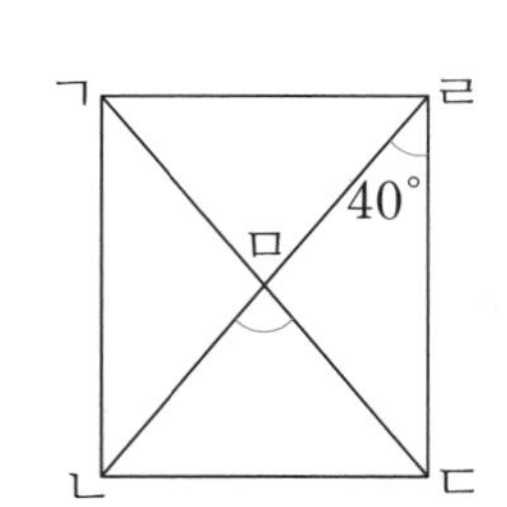

문제를 읽고 어떻게 풀지 5분은 생각하기!

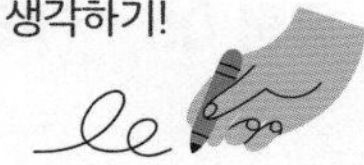

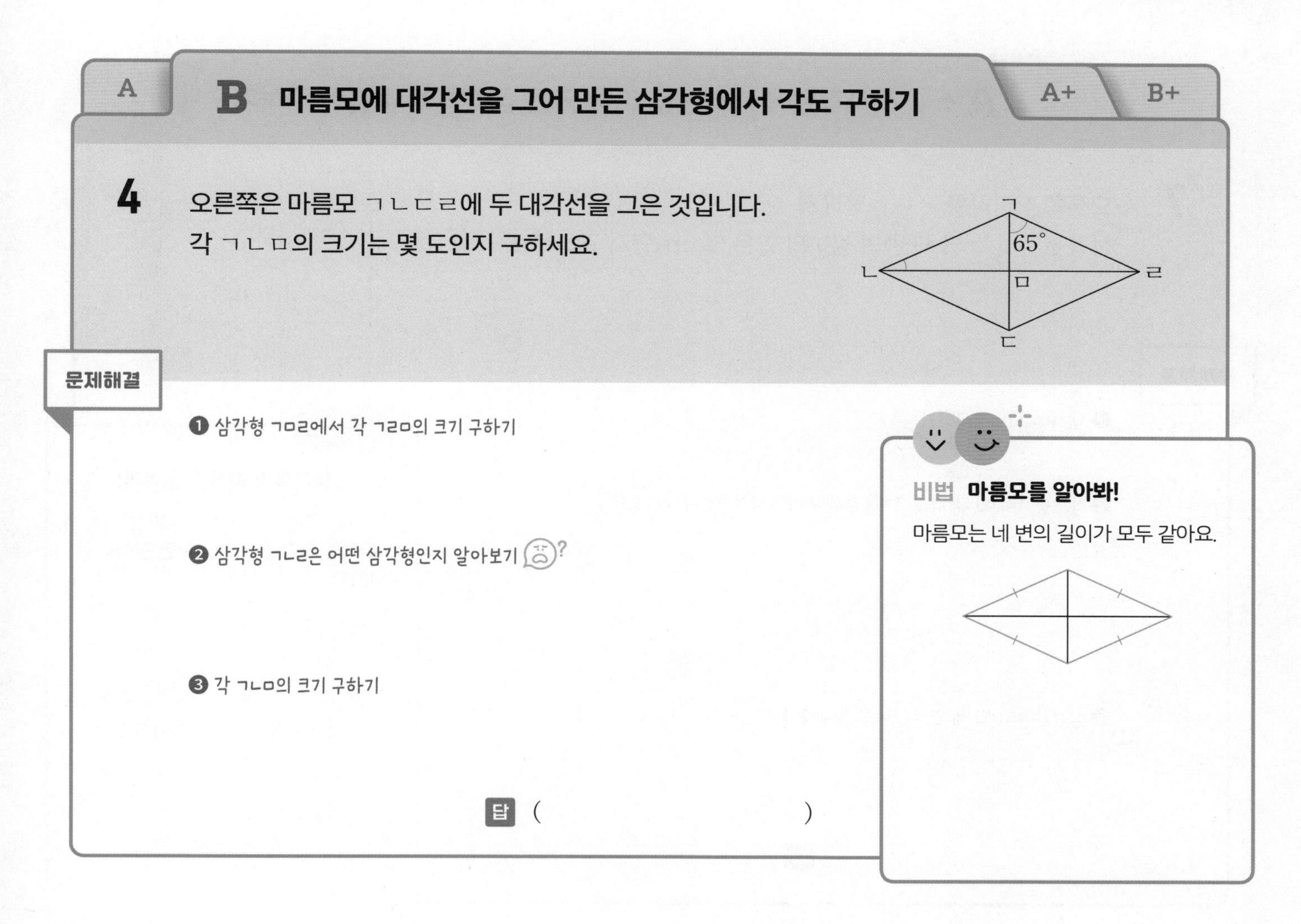

A | **B** 마름모에 대각선을 그어 만든 삼각형에서 각도 구하기 | A+ | B+

B 마름모에 대각선을 그어 만든 삼각형에서 각도 구하기

4 오른쪽은 마름모 ㄱㄴㄷㄹ에 두 대각선을 그은 것입니다.
각 ㄱㄴㅁ의 크기는 몇 도인지 구하세요.

문제해결

❶ 삼각형 ㄱㅁㄹ에서 각 ㄱㄹㅁ의 크기 구하기

❷ 삼각형 ㄱㄴㄹ은 어떤 삼각형인지 알아보기

❸ 각 ㄱㄴㅁ의 크기 구하기

답 (   )

비법 마름모를 알아봐!
마름모는 네 변의 길이가 모두 같아요.

5 오른쪽은 마름모 ㄱㄴㄷㄹ에 두 대각선을 그은 것입니다. 각 ㄴㄷㅁ의 크기는 몇 도인지 구하세요.

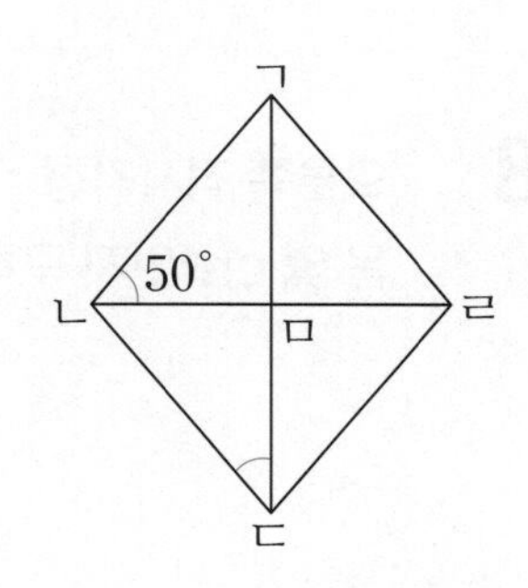

(   )

6 오른쪽은 정사각형 ㄱㄴㄷㄹ에 두 대각선을 그은 것입니다. 각 ㅁㄱㄴ의 크기는 몇 도인지 구하세요.

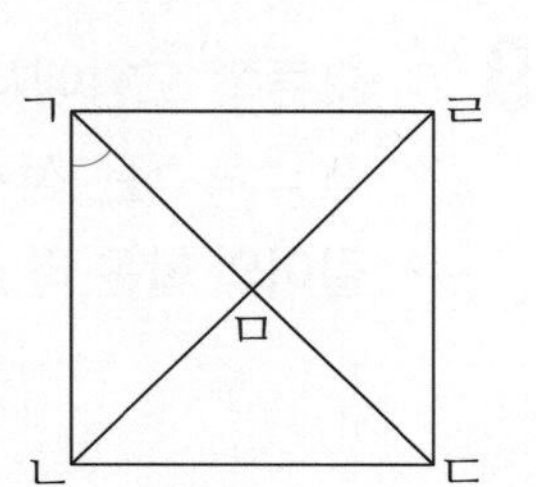

(   )

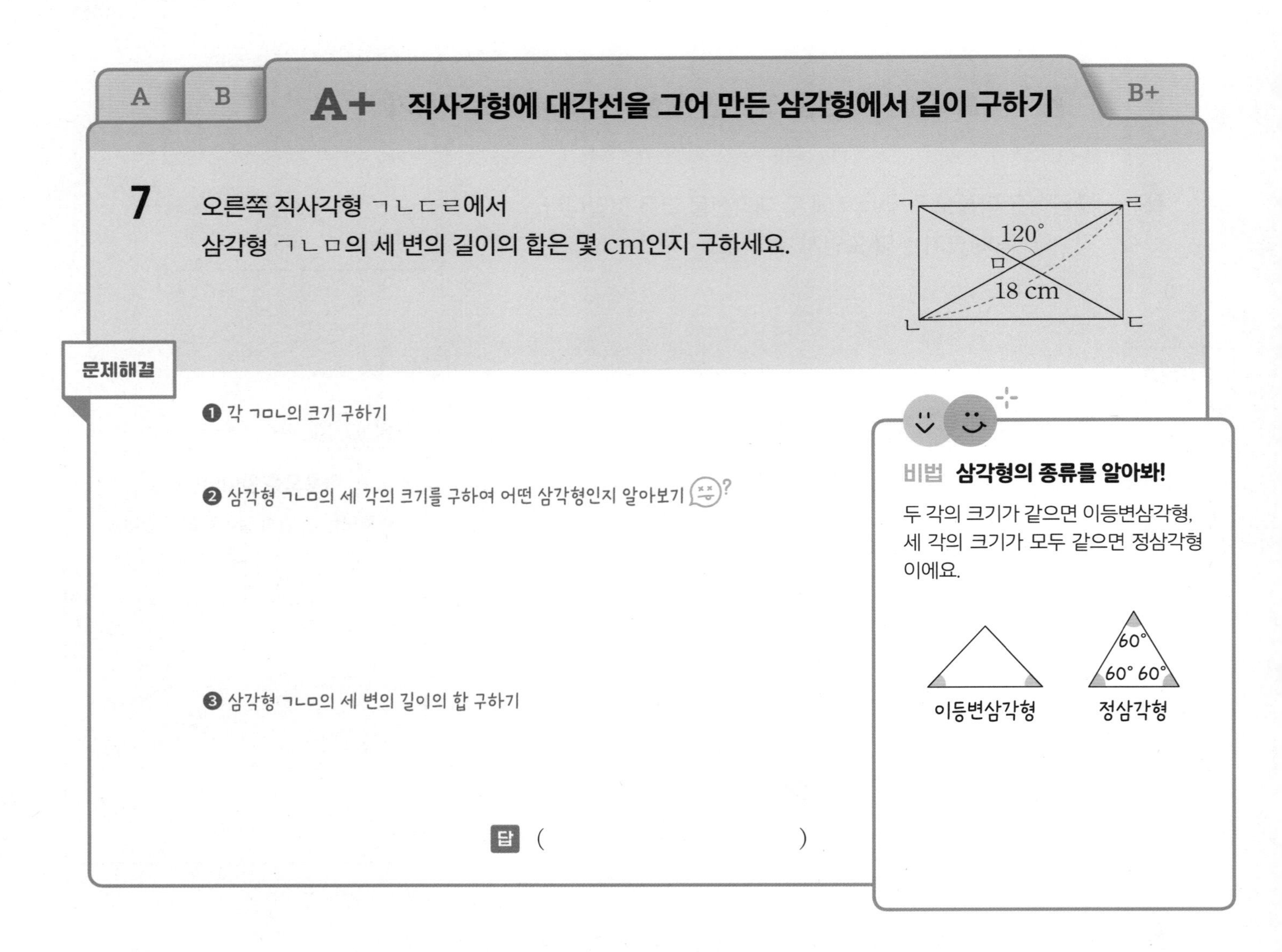

A B **A+ 직사각형에 대각선을 그어 만든 삼각형에서 길이 구하기** B+

7 오른쪽 직사각형 ㄱㄴㄷㄹ에서 삼각형 ㄱㄴㅁ의 세 변의 길이의 합은 몇 cm인지 구하세요.

문제해결

❶ 각 ㄱㅁㄴ의 크기 구하기

❷ 삼각형 ㄱㄴㅁ의 세 각의 크기를 구하여 어떤 삼각형인지 알아보기

❸ 삼각형 ㄱㄴㅁ의 세 변의 길이의 합 구하기

답 (　　　　　　　　　)

비법 삼각형의 종류를 알아봐!

두 각의 크기가 같으면 이등변삼각형, 세 각의 크기가 모두 같으면 정삼각형이에요.

8 오른쪽 직사각형 ㄱㄴㄷㄹ에서 삼각형 ㄹㅁㄷ의 세 변의 길이의 합은 몇 cm인지 구하세요.

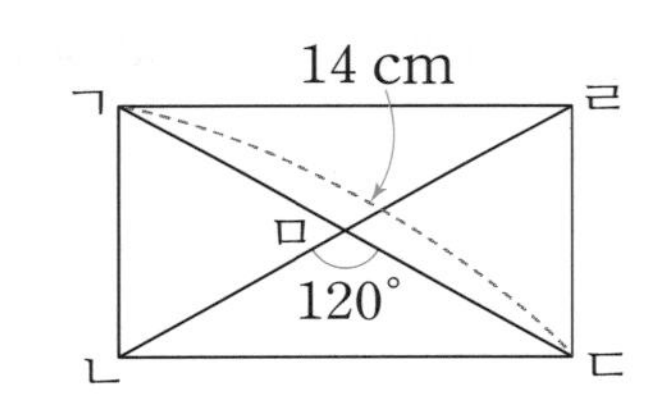

(　　　　　　　　　)

9 오른쪽 도형에서 사각형 ㄱㄴㄷㅂ은 직사각형이고 사각형 ㅂㄷㄹㅁ은 정사각형입니다. 사각형 ㅂㄷㄹㅁ의 네 변의 길이의 합은 몇 cm인지 구하세요.

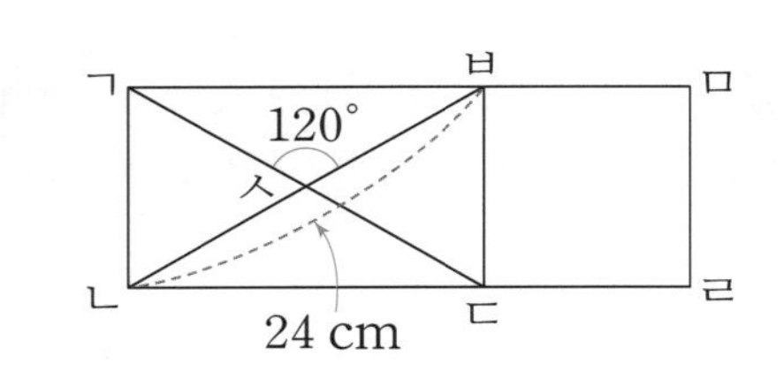

(　　　　　　　　　)

A B A+

B+ 마름모에 대각선을 그어 만든 삼각형에서 길이 구하기

10 오른쪽 마름모 ㄱㄴㄷㄹ에서
변 ㄱㄴ의 길이가 10 cm이고 각 ㄱㄴㄷ의 크기가 60°일 때
선분 ㄱㅁ의 길이는 몇 cm인지 구하세요.

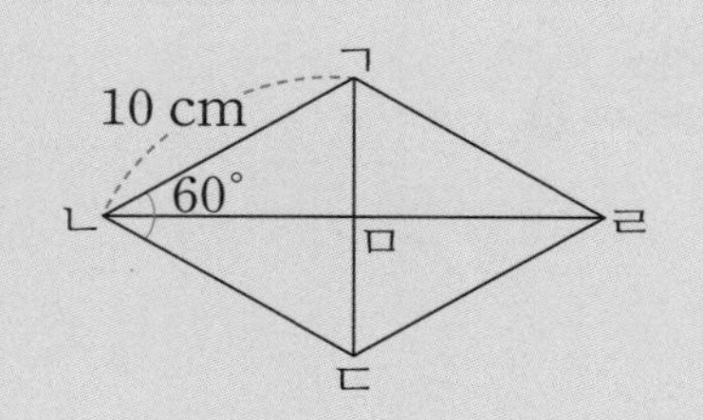

문제해결

❶ 삼각형 ㄱㄴㄷ의 세 각의 크기를 구하여 어떤 삼각형인지 알아보기 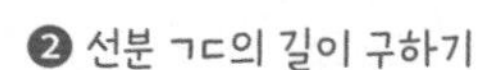

❷ 선분 ㄱㄷ의 길이 구하기

❸ 선분 ㄱㅁ의 길이 구하기

답 (   )

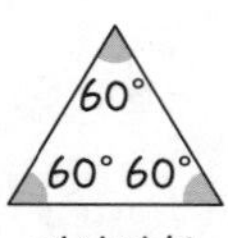
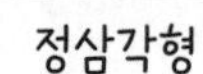

비법 삼각형의 종류를 알아봐!

두 각의 크기가 같으면 이등변삼각형,
세 각의 크기가 모두 같으면 정삼각형
이에요.

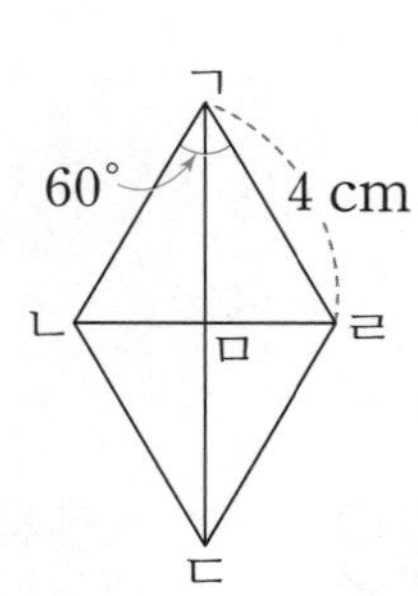

11 오른쪽 마름모 ㄱㄴㄷㄹ에서 변 ㄱㄹ의 길이가 4 cm이고 각 ㄴㄱㄹ의 크기가 60°일 때 선분 ㅁㄹ의 길이는 몇 cm인지 구하세요.

(   )

12 오른쪽 마름모 ㄱㄴㄷㄹ에서 선분 ㅁㄷ의 길이가 3 cm이고 각 ㄱㄹㄷ의 크기가 60°일 때 마름모 ㄱㄴㄷㄹ의 네 변의 길이의 합은 몇 cm인지 구하세요.

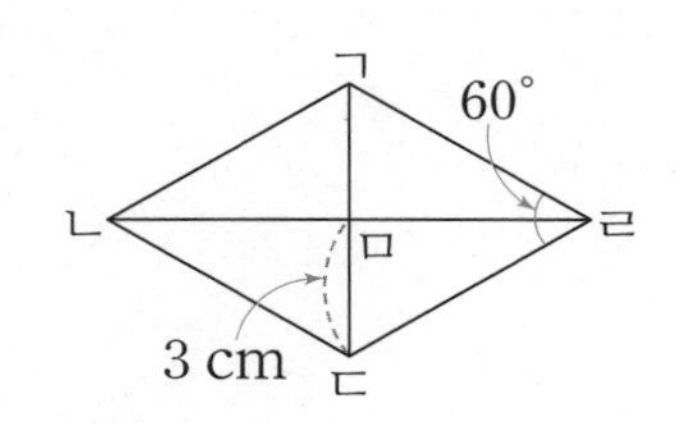

(   )

단원 6 유형 마스터

01

유형 04 A

오른쪽 평행사변형 ㄱㄴㄷㄹ에서 삼각형 ㄹㅁㄷ의 세 변의 길이의 합은 몇 cm인지 구하세요.

(   )

02

유형 01 C

정다각형 4개를 겹치지 않게 이어 붙여서 만든 도형입니다. 만든 도형의 모든 변의 길이의 합이 48 cm일 때 □ 안에 알맞은 수는 얼마인지 구하세요.

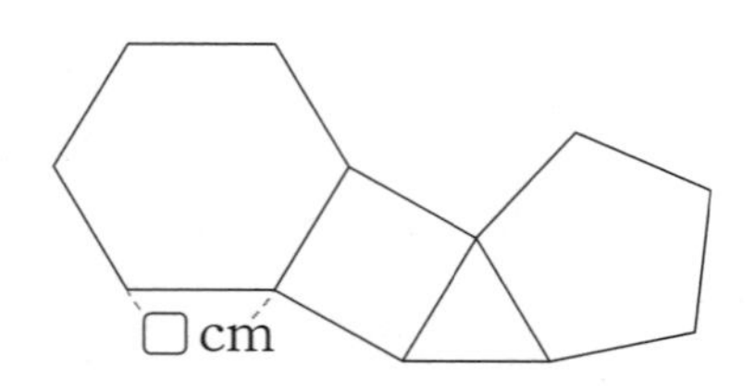

(   )

03

유형 01 A

철사를 겹치지 않게 모두 사용하여 한 변의 길이가 15 cm인 정십이각형을 한 개 만들었습니다. 이 철사를 다시 펴서 한 변의 길이가 5 cm인 정구각형을 만들려고 합니다. 정구각형은 몇 개까지 만들 수 있는지 구하세요.

(   )

04

유형 02 A

오른쪽은 정사각형과 정오각형의 한 변을 길게 늘인 것입니다. ㉠과 ㉡의 각도의 차는 몇 도인지 구하세요.

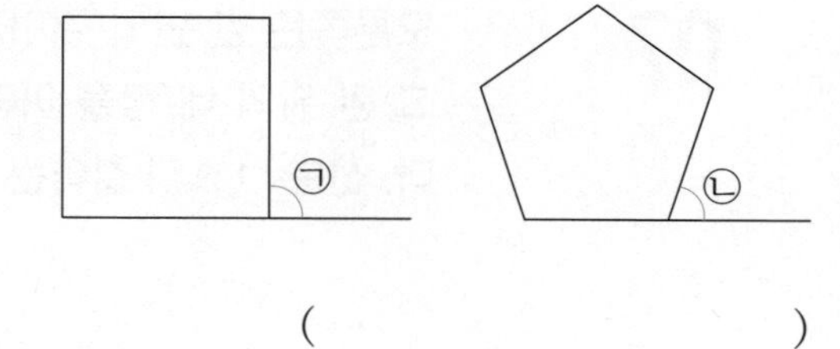

(   )

05

유형 02 A+

오른쪽 정팔각형에서 ㉠의 각도는 몇 도인지 구하세요.

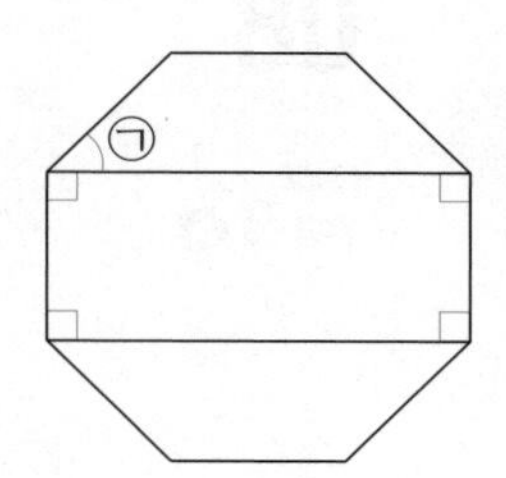

(   )

06

유형 05 B

오른쪽은 마름모 ㄱㄴㄷㄹ에 두 대각선을 그은 것입니다. 각 ㄴㄱㅁ의 크기는 몇 도인지 구하세요.

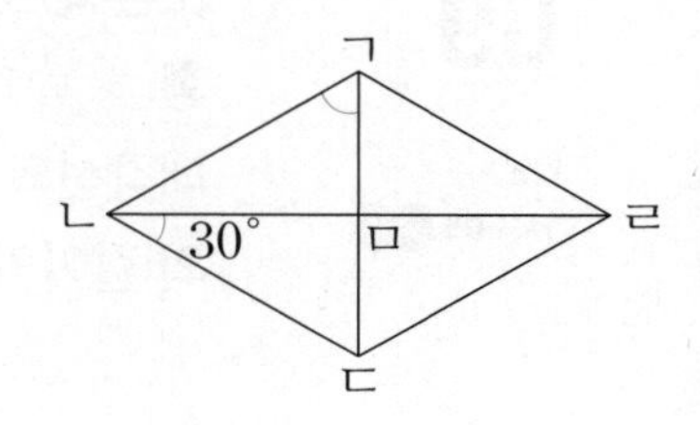

(   )

07

오른쪽은 한 변의 길이가 16 cm인 정사각형 안에 원을 그리고, 그 원 위의 네 점을 이어 다시 정사각형 ㄱㄴㄷㄹ을 그린 것입니다. 선분 ㄱㅇ의 길이는 몇 cm인지 구하세요.

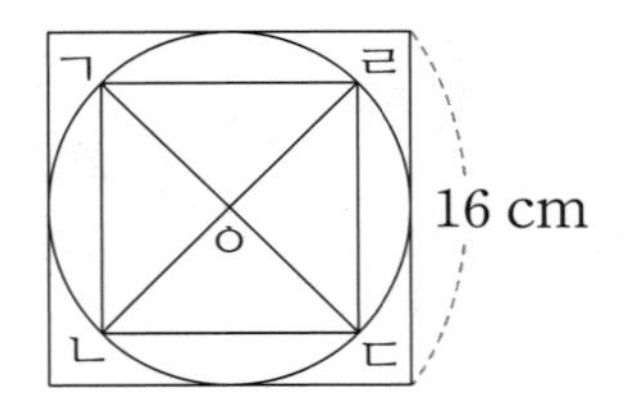

(　　　　　　　　)

08

두 도형에 그을 수 있는 대각선 수의 차를 구하세요.

유형 03 A

오각형　　　칠각형

(　　　　　　　　)

09

오른쪽 도형에서 사각형 ㄱㄴㄷㅂ은 정사각형이고 사각형 ㅂㄷㄹㅁ은 직사각형입니다. 사각형 ㅂㄷㄹㅁ의 한 대각선의 길이가 16 cm일 때 사각형 ㄱㄴㄷㅂ의 네 변의 길이의 합은 몇 cm인지 구하세요.

유형 05 A+

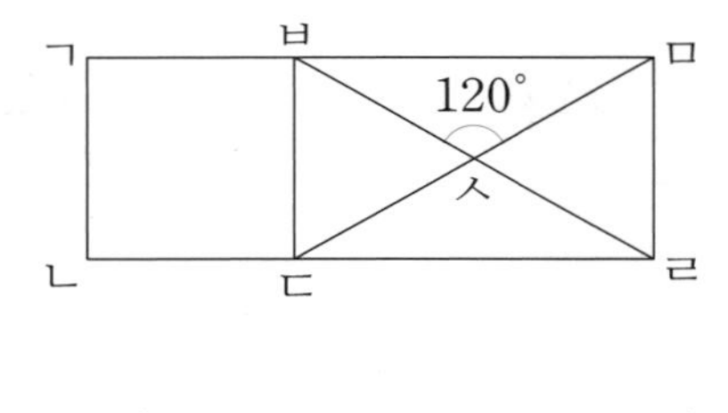

(　　　　　　　　)

10

유형 03 B+

한울이가 그린 다각형에 대각선을 모두 그었더니 44개였습니다. 한울이가 그린 다각형의 이름을 쓰세요.

(　　　　　　　　　　)

11

모양 조각을 사용하여 오른쪽 모양을 겹치지 않게 빈틈없이 채우려고 합니다. 모양 조각을 가장 많이 사용하여 채울 때와 가장 적게 사용하여 채울 때의 모양 조각의 개수의 차는 몇 개인지 구하세요. (단, 같은 모양 조각을 여러 개 사용할 수 있습니다.)

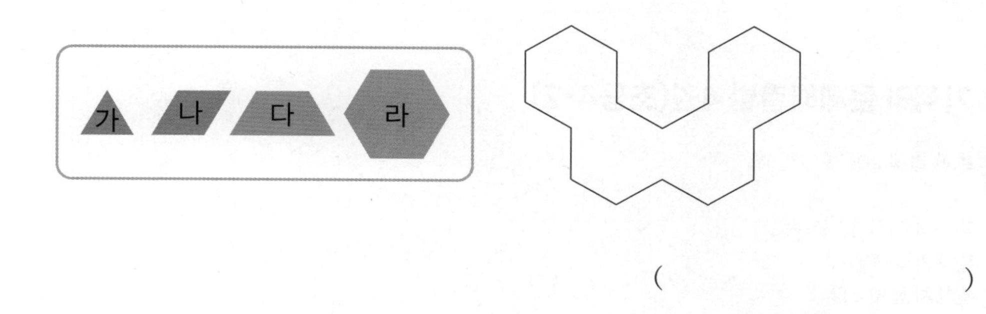

(　　　　　　　　　　)

12

왼쪽 사다리꼴 모양 조각으로 오른쪽 직사각형을 겹치지 않게 빈틈없이 채우려고 합니다. 사다리꼴 모양 조각은 모두 몇 개 필요한지 구하세요.

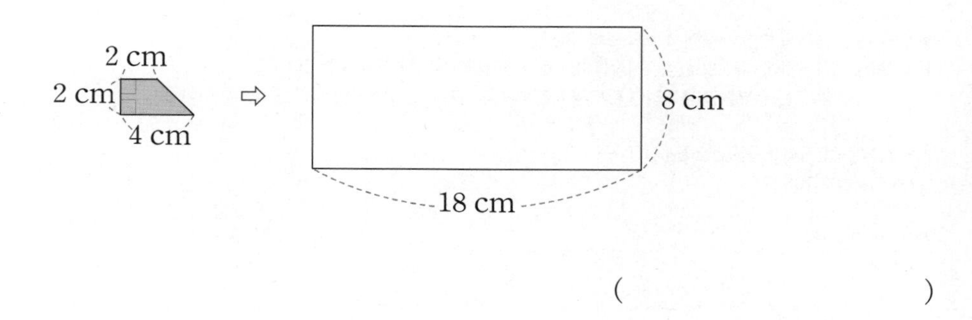

(　　　　　　　　　　)

기적학습연구소

“혼자서 작은 산을 넘는 아이가 나중에 큰 산도 넘습니다.”

본 연구소는 아이들이 스스로 큰 산까지 넘을 수 있는 힘을 키워 주고자 합니다.
아이들의 연령에 맞게 학습의 산을 작게 설계하여 혼자서 넘을 수 있다는 자신감을 심어 주고,
때로는 작은 고난도 경험하게 하여 가슴 벅찬 성취감을 느끼게 합니다.
국어, 수학 분과의 학습 전문가들이 아이들에게 실제로 적용해서 검증하며 차근차근 책을 출간합니다.
- 국어 분과 대표 저작물 : 〈기적의 독서논술〉, 〈기적의 독해력〉 외 다수
- 수학 분과 대표 저작물 : 〈기적의 계산법〉, 〈기적의 계산법 응용UP〉, 〈기적의 중학연산〉 외 다수

기적의 문제해결법 4권(초등4-2)

초판 발행 2023년 1월 1일

지은이 기적학습연구소
발행인 이종원
발행처 길벗스쿨
출판사 등록일 2006년 7월 1일
주소 서울시 마포구 월드컵로 10길 56(서교동)
대표 전화 02)332-0931 | **팩스** 02)333-5409
홈페이지 school.gilbut.co.kr | **이메일** gilbut@gilbut.co.kr

기획 김미숙(winnerms@gilbut.co.kr) | **편집진행** 김영란
제작 이준호, 손일순, 이진혁 | **영업마케팅** 문세연, 박다슬 | **웹마케팅** 박달님, 정유리, 윤승현
영업관리 김명자, 정경화 | **독자지원** 윤정아, 최희창
디자인 퍼플페이퍼 | **삽화** 이탁근
전산편집 글사랑 | **CTP 출력·인쇄** 교보피앤비 | **제본** 경문제책

ISBN 979-11-6406-492-2 64410
(길벗 도서번호 10842)

정가 15,000원

앗!

본책의 정답과 풀이를 분실하셨나요?
길벗스쿨 홈페이지에 들어오시면 내려받으실 수 있습니다.
https://school.gilbut.co.kr/

기적의 문제 해결법 4

초등 4-2

정답과 풀이

차례

빠른 정답

빠른 정답은 각 문제의 정답만 모아 놓아 채점하기에 유용합니다.

1 분수의 덧셈과 뺄셈

유형 01

10쪽

1 ❶ $3\frac{7}{8}$ kg ❷ $6\frac{3}{8}$ kg 답 $6\frac{3}{8}$ kg

2 $6\frac{3}{9}$ m 3 $2\frac{1}{4}$시간

11쪽

4 ❶ $\frac{3}{5}$ ❷ $\frac{2}{5}$ 답 $\frac{2}{5}$

5 $\frac{1}{6}$ 6 $\frac{3}{13}$

12쪽

7 ❶ $7\frac{4}{14}$ km ❷ $7\frac{12}{14}$ km

❸ 약수터, $\frac{8}{14}$ km 답 약수터, $\frac{8}{14}$ km

8 호진, $\frac{1}{8}$장 9 우유, $\frac{2}{10}$ L

유형 02

13쪽

1 ❶ $4\frac{1}{11}$ ❷ $3\frac{9}{11}$ 답 $3\frac{9}{11}$

2 $5\frac{2}{9}$ 3 $\frac{6}{7}$

14쪽

4 ❶ $1\frac{2}{8}$ ❷ $1\frac{5}{8}$ 답 $1\frac{5}{8}$

5 $\frac{3}{5}$ 6 $8\frac{4}{12}$

유형 03

15쪽

1 ❶ 7, 11 ❷ 1, 2, 3 답 1, 2, 3

2 1, 2, 3, 4 3 4개

16쪽

4 ❶ 3, 3 ❷ 10, 10 ❸ 1, 2, 3, 4, 5
답 1, 2, 3, 4, 5

5 1, 2 6 1, 2, 3

유형 04

17쪽

1 ❶ 작은 ❷ 5, 4, 3 ❸ $7\frac{2}{6}$ 답 $7\frac{2}{6}$

2 9, 8, 6, 7 / $3\frac{1}{11}$ 3 $\frac{3}{5}$

18쪽

4 ❶ 9, 5, 2, 1

❷ 가장 큰 대분수: $9\frac{5}{7}$,

가장 작은 대분수: $1\frac{2}{7}$

❸ 11 답 11

5 $5\frac{1}{8}$ 6 $13\frac{1}{9}$

19쪽

7 ❶ 10

❷ $6\frac{3}{10}$, $4\frac{2}{10}$ (또는 $6\frac{2}{10}$, $4\frac{3}{10}$)

❸ $10\frac{5}{10}$ 답 $10\frac{5}{10}$

8 $7\frac{4}{12}$ 9 $2\frac{10}{15}$

유형 05

20쪽

1 ❶ $\frac{8}{8}$ ❷ 1과 7, 2와 6, 3과 5, 4와 4

❸ $\frac{1}{8}+\frac{7}{8}$, $\frac{2}{8}+\frac{6}{8}$, $\frac{3}{8}+\frac{5}{8}$, $\frac{4}{8}+\frac{4}{8}$

답 $\frac{1}{8}+\frac{7}{8}$, $\frac{2}{8}+\frac{6}{8}$, $\frac{3}{8}+\frac{5}{8}$, $\frac{4}{8}+\frac{4}{8}$

2 $\frac{3}{7}+\frac{6}{7}$, $\frac{4}{7}+\frac{5}{7}$

3 $\frac{6}{6}+\frac{13}{6}$, $\frac{7}{6}+\frac{12}{6}$, $\frac{8}{6}+\frac{11}{6}$, $\frac{9}{6}+\frac{10}{6}$

21쪽

4 ❶ ■+▲=8, ■−▲=2

❷ 2, 10, 5 / 3 ❸ $\frac{5}{9}$, $\frac{3}{9}$ 답 $\frac{5}{9}$, $\frac{3}{9}$

5 $\frac{3}{4}$, $\frac{2}{4}$ 6 $3\frac{1}{5}$, $1\frac{3}{5}$

유형 06	22쪽	1 ❶ $\frac{8}{13}$, $\frac{9}{13}$, $\frac{10}{13}$, $\frac{11}{13}$, $\frac{12}{13}$ ❷ $3\frac{11}{13}$ 답 $3\frac{11}{13}$ 2 $5\frac{15}{20}$ 3 $11\frac{5}{15}$
	23쪽	4 ❶ 예 분모는 2로 같고, 분자는 1씩 커지는 규칙입니다. ❷ 18 답 18 5 12 6 $48\frac{3}{14}$
유형 07	24쪽	1 ❶ ㉠, ㉣ ❷ $1\frac{6}{7}$ km 답 $1\frac{6}{7}$ km 2 $1\frac{4}{6}$ m 3 $3\frac{6}{11}$ km
	25쪽	4 ❶ $20\frac{2}{5}$ cm ❷ $2\frac{4}{5}$ cm ❸ $17\frac{3}{5}$ cm 답 $17\frac{3}{5}$ cm 5 $20\frac{2}{4}$ cm 6 $\frac{2}{10}$ m
	26쪽	7 ❶ − ❷ $1\frac{2}{8}$ m 답 $1\frac{2}{8}$ m 8 $4\frac{12}{13}$ m 9 $1\frac{5}{14}$ m
유형 08	27쪽	1 ❶ $\frac{5}{10}$ ❷ 2일 답 2일 2 4시간 3 2일
	28쪽	4 ❶ 6분 ❷ 오전 9시 6분 답 9시 6분 5 2시 7분 6 9시 47분
유형 마스터	29쪽	01 $3\frac{13}{14}$ 02 1, 2 03 $\frac{3}{9}$ kg
	30쪽	04 $2\frac{4}{11}$ 05 $\frac{11}{13}$ m 06 $11\frac{3}{6}$
	31쪽	07 6일 08 4시 54분 09 24명

2 삼각형

유형 01	34쪽	1 ❶ 삼각형 1개짜리: 3개, 삼각형 2개짜리: 2개, 삼각형 3개짜리: 1개 ❷ 6개 답 6개 2 7개 3 8개
	35쪽	4 ❶ 정삼각형 1개짜리: 8개, 정삼각형 4개짜리: 2개 ❷ 10개 답 10개 5 13개 6 11개
유형 02	36쪽	1 ❶ 12 cm ❷ 16 cm 답 16 cm 2 6 3 23 cm
	37쪽	4 ❶ 21 cm ❷ 6 cm 답 6 cm 5 14 cm 6 21 cm
	38쪽	7 ❶ 5 cm, 7 cm ❷ 6 cm, 6 cm 답 5 cm, 7 cm / 6 cm, 6 cm 8 8 cm, 6 cm / 7 cm, 7 cm 9 10 cm, 15 cm, 15 cm
유형 03	39쪽	1 ❶ (그림: ㄱ, ㄴ, ㄷ, ㄹ, ㅁ / 3 cm, 7 cm, 7 cm, 4 cm, 4 cm, 3 cm) ❷ 17 cm 답 17 cm 2 25 cm 3 38 cm
	40쪽	4 ❶ 8 cm ❷ 48 cm 답 48 cm 5 77 cm 6 18 cm
	41쪽	7 ❶ 9 cm ❷ 변 ㄷㄹ: 9 cm, 변 ㄱㄹ: 9 cm ❸ 39 cm 답 39 cm 8 66 cm 9 103 cm

유형	쪽	정답
유형 04	42쪽	1 ❶ 30° ❷ 150° 답 150° 2 110° 3 30°
	43쪽	4 ❶ 55° ❷ 35° 답 35° 5 65° 6 70°
	44쪽	7 ❶ 45° ❷ 90° 답 90° 8 80° 9 40°
	45쪽	10 ❶ 30° ❷ 35° ❸ 115° 답 115° 11 110° 12 65°
유형 05	46쪽	1 ❶ 이등변삼각형에 ○표 ❷ 110° ❸ 40° 답 40° 2 80° 3 60°
	47쪽	4 ❶ 삼각형 ㅇㄱㄴ, 삼각형 ㅇㄴㄷ, 삼각형 ㅇㄱㄷ은 모두 이등변삼각형입니다. ❷ 각 ㅇㄱㄴ: 35°, 각 ㅇㄱㄷ: 40° ❸ 15° 답 15° 5 40° 6 65°
	48쪽	7 ❶ 이등변삼각형 ❷ 30° ❸ 75° 답 75° 8 15° 9 45°
유형 마스터	49쪽	01 15 cm 02 40 cm 03 1개
	50쪽	04 14 cm, 18 cm / 16 cm, 16 cm 05 20° 06 37 cm
	51쪽	07 40° 08 10 cm 09 189 cm

3 소수의 덧셈과 뺄셈

유형	쪽	정답
유형 01	54쪽	1 ❶ 7 ❷ 6 ❸ 5 답 5, 7, 6 2 (위에서부터) 6, 6, 2 3 3.129
	55쪽	4 ❶ 3 ❷ 5 ❸ 1 답 3, 1, 5 5 (위에서부터) 5, 9, 3, 7 6 2, 6, 4
유형 02	56쪽	1 ❶ 0.42 m ❷ 1.05 m 답 1.05 m 2 4.266 kg 3 3.03 L
	57쪽	4 ❶ 1.945 L ❷ 3.055 L 답 3.055 L 5 0.6 t 6 3.1 kg
	58쪽	7 ❶ 2.25 m ❷ 0.75 m 답 0.75 m 8 0.7 m 9 0.95 m
	59쪽	10 ❶ +, − ❷ 9.4 m 답 9.4 m 11 7.16 km 12 1.082 km
유형 03	60쪽	1 ❶ ㉠ 3.49, ㉡ 3.56 ❷ ㉡ 답 ㉡ 2 ㉡ 3 도현
	61쪽	4 ❶ 0.01 ❷ 5.24 답 5.24 5 6.888 6 8.6
	62쪽	7 ❶ 3.□□ ❷ 3.7□ ❸ 3.74 답 3.74 8 7.682 9 5.019
유형 04	63쪽	1 ❶ 예 0.8씩 커지는 규칙입니다. ❷ 5.9 답 5.9 2 9.7 3 11.436
	64쪽	4 ❶ 0.042 ❷ 예 0.021씩 뛰어 세는 규칙입니다. ❸ 1.117 답 1.117 5 8.04 6 1.9

유형 05

65쪽
1 ❶ 8.5 ❷

8	5	0.	
	8	.5	
	0	.8	5

(100배, $\frac{1}{10}$)

답 850, 0.85

2 93, 0.093 3 3680, 0.368

66쪽
4 ❶ 4.29 ❷ 0.429 답 0.429
5 2780 6 0.04

유형 06

67쪽
1 ❶ 2.82 ❷ 3.29 답 3.29
2 10.61 3 2.032

68쪽
4 ❶ 39.46 ❷ 36.37 답 36.37
5 12.95 6 7.052

유형 07

69쪽
1 ❶ 1.46, 1.46 ❷ 0, 1, 2, 3
답 0, 1, 2, 3
2 8, 9 3 7

70쪽
4 ❶ 0, 1, 2, 3, 4, 5, 6 ❷ 4, 5, 6, 7, 8, 9
❸ 4, 5, 6 답 4, 5, 6
5 6, 7 6 2, 3, 4

71쪽
7 ❶ ㉠ ❷ ㉡, ㉢ ❸ ㉠, ㉡, ㉢
답 ㉠, ㉡, ㉢
8 ㉢, ㉡, ㉠ 9 ㉢, ㉠, ㉡

유형 08

72쪽
1 ❶ ■.■■■에 ○표 ❷ 2.579
답 2.579
2 8.64 3 0.173

73쪽
4 ❶ ■■.■에 ○표, ■.■■에 ○표
❷ 63.1 ❸ 1.36 답 63.1, 1.36
5 742.1, 1.247 6 3.589, 983.5

74쪽
7 ❶ 96.52 ❷ 2.569 ❸ 99.089
답 99.089
8 8.19 9 39.14

유형 마스터

75쪽
01 2.81 L 02 11.752 km
03 6.64

76쪽
04 3767 05 6.85 06 6.198

77쪽
07 87.78 08 0.2 m 09 0, 9, 9

4 사각형

유형 01

80쪽
1 ❶ 가와 나, 가와 라, 나와 라, 마와 사
❷ 4쌍 답 4쌍
2 5쌍 3 2쌍, 5쌍

81쪽
4 ❶ (그림)
❷ 6쌍 답 6쌍
5 7쌍 6 9쌍

유형 02

82쪽
1 ❶ 예 (그림: ㄱ, ㄴ, ㄷ, ㄹ, ㅁ, ㅂ, 6 cm, 6 cm, 17 cm, 5 cm, 9 cm, 19 cm) ❷ 15 cm
답 15 cm
2 19 cm 3 12 cm

83쪽
4 ❶ 12 cm ❷ 8 cm ❸ 20 cm
답 20 cm
5 18 cm 6 8 cm

유형 03

84쪽
1 ❶ 사각형 1개짜리: 5개,
사각형 2개짜리: 5개,
사각형 3개짜리: 1개,
사각형 4개짜리: 1개
❷ 12개 답 12개
2 10개 3 12개

85쪽
4 ❶ 사각형 1개짜리: 4개,
사각형 2개짜리: 4개,
사각형 4개짜리: 1개
❷ 9개 답 9개
5 7개 6 13개

유형 04

86쪽
1 ❶ 35° ❷ 20° ❸ 55° 답 55°
2 105° 3 60°

87쪽
4 ❶ 90° ❷ 35° ❸ 55° 답 55°
5 40° 6 70°

유형	쪽	정답
유형 05	88쪽	**1** ❶ 75° ❷ 135° ❸ 135° 답 135°
		2 95° **3** 75°
	89쪽	**4** ❶ 55° ❷ 105° ❸ 105° 답 105°
		5 110° **6** 85°
	90쪽	**7** ❶ 가, ㄱ, 40°, ㉠, ㄹ, ㄴ, ㅁ, 25°, 나, ㄷ
		❷ 각 ㄱㄴㅁ: 40°, 각 ㄷㄴㅁ: 25°
		❸ 65°
		답 65°
		8 100° **9** 50°
	91쪽	**10** ❶ 60° ❷ 60° 답 60°
		11 100° **12** 70°
유형 06	92쪽	**1** ❶ (위에서부터) 14, 11, 11, 11
		❷ 72 cm
		답 72 cm
		2 64 cm **3** 50 cm
	93쪽	**4** ❶ 평행사변형에 ○표
		❷ 변 ㄹㅁ: 8 cm, 변 ㅁㄷ: 9 cm
		❸ 27 cm
		답 27 cm
		5 18 cm **6** 34 cm
	94쪽	**7** ❶ 70° ❷ 이등변삼각형에 ○표
		❸ 6 cm 답 6 cm
		8 21 cm **9** 12 cm
유형 07	95쪽	**1** ❶ 115° ❷ 65° 답 65°
		2 120° **3** 85°
	96쪽	**4** ❶ 75° ❷ 105° ❸ 105° 답 105°
		5 30° **6** 135°
	97쪽	**7** ❶ 이등변삼각형에 ○표 ❷ 140°
		❸ 20° 답 20°
		8 10° **9** 40°

유형	쪽	정답		
유형 08	98쪽	**1** ❶ 60° ❷ 160° ❸ 20° 답 20°		
		2 80°	**3** 35°	
	99쪽	**4** ❶ 75° ❷ 70° ❸ 55° 답 55°		
		5 35°	**6** 65°	
유형 마스터	100쪽	**01** 2개	**02** 12 cm	**03** 58 cm
	101쪽	**04** 85°	**05** 60°	**06** 23 cm
	102쪽	**07** 45 cm	**08** 30°	**09** 80°
	103쪽	**10** 30°	**11** 13개	**12** 100°

5 꺾은선그래프

유형 01

106쪽
1 ❶ 10명 ❷ 160명 답 160명
2 12번　　3 244개

107쪽
4 ❶ 8 mm ❷ 4칸 ❸ 2 mm
답 2 mm
5 5가구

유형 02

108쪽
1 ❶ 2 cm ❷ 2월: 4 cm, 6월: 24 cm
❸ 20 cm 답 20 cm
2 0.8 kg　　3 2.2 ℃

109쪽
4 ❶ 0.1 ℃
❷ 오후 6시: 36.6 ℃, 오후 7시: 37 ℃
❸ 예 36.8 ℃ 답 예 36.8 ℃
5 예 720 cm　　6 예 138 cm

110쪽
7 ❶ 2000명 ❷ 2020년과 2021년 사이
❸ 12000명 늘었습니다.
답 12000명 늘었습니다.
8 0.4 cm　　9 10400대

111쪽
10 ❶ 20 m ❷ 40 m ❸ 280 m
답 280 m
11 94회　　12 30분 후

유형 03

112쪽
1 ❶ 120개 ❷ 150개 ❸ ㉯ 공장
답 ㉯ 공장
2 역사 박물관

113쪽
3 ❶ 2020년 ❷ 200 kg
❸ 600 kg 줄었습니다.
답 600 kg 줄었습니다.
4 40명 줄었습니다.

114쪽
5 ❶ 5회 ❷ 30회 답 30회
6 180개　　7 12분

115쪽
8 ❶ 2번 ❷ 15일 ❸ 4번 답 15일, 4번
9 7월, 28 mm　　10 8 mm

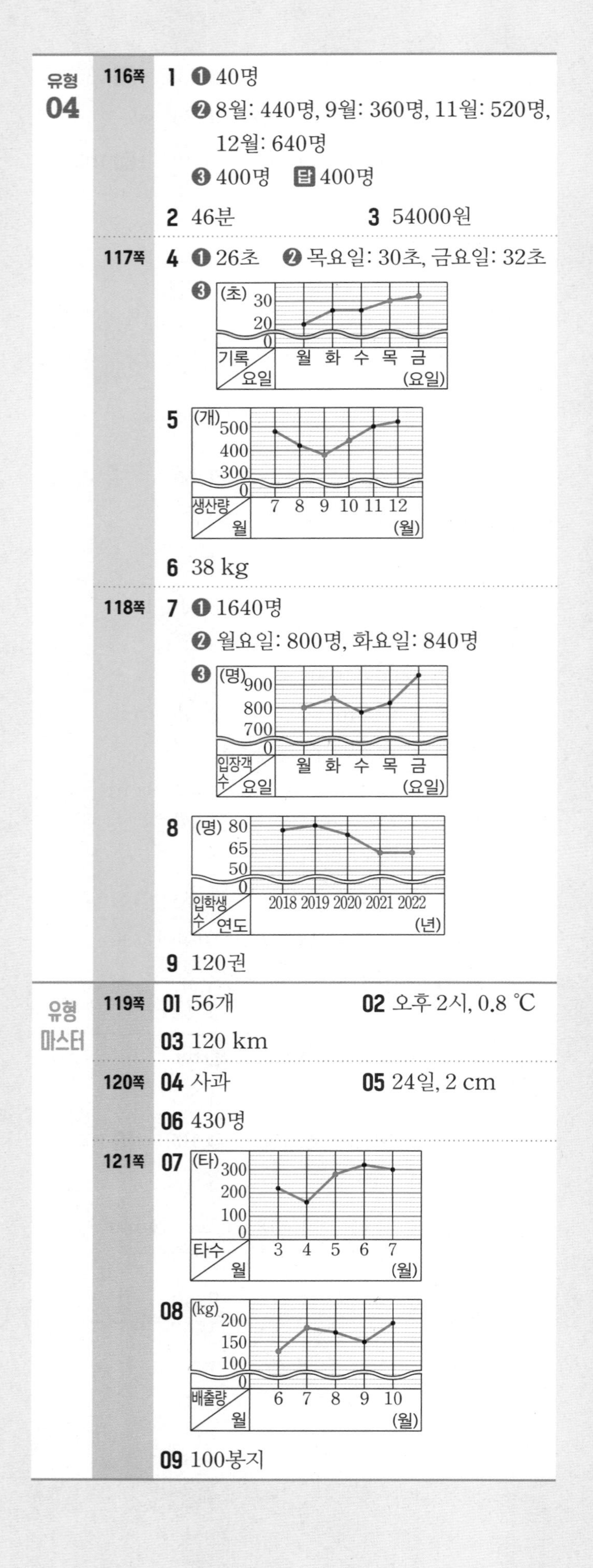

유형 04

116쪽
1 ❶ 40명
❷ 8월: 440명, 9월: 360명, 11월: 520명, 12월: 640명
❸ 400명 답 400명
2 46분　　3 54000원

117쪽
4 ❶ 26초 ❷ 목요일: 30초, 금요일: 32초
❸

5

6 38 kg

118쪽
7 ❶ 1640명
❷ 월요일: 800명, 화요일: 840명
❸

8

9 120권

유형 마스터

119쪽
01 56개　　02 오후 2시, 0.8 ℃
03 120 km

120쪽
04 사과　　05 24일, 2 cm
06 430명

121쪽
07

08

09 100봉지

6 다각형

유형	쪽	정답
유형 01	124쪽	1 ❶ 45 cm ❷ 72 cm ❸ 27 cm 답 27 cm 2 90 cm 3 나윤, 14 cm
	125쪽	4 ❶ 35 cm ❷ 정오각형 답 정오각형 5 정구각형 6 정육각형
	126쪽	7 ❶ 13개 ❷ 5 답 5 8 7 9 64 cm
유형 02	127쪽	1 ❶ ㄱ (육각형 그림) ❷ 720° ❸ 120° 답 120° 2 108° 3 45°
	128쪽	4 ❶ 140 ❷ 이등변삼각형에 ○표 ❸ 20° 답 20° 5 30° 6 72°
	129쪽	7 ❶ 135° ❷ 60° ❸ 165° 답 165° 8 130° 9 12°
유형 03	130쪽	1 ❶ 2 / 10 / 2, 5 ❷ 20개 ❸ 25개 답 25개 2 23개 3 8개
	131쪽	4 ❶ 12개 ❷ 54개 답 54개 5 65개 6 44개
	132쪽	7 ❶ 28 / 3 ❷ 7개 ❸ 칠각형 답 칠각형 8 팔각형 9 정구각형
유형 04	133쪽	1 ❶ 선분 ㄴㅁ: 4 cm, 선분 ㄷㅁ: 9 cm ❷ 9 cm ❸ 22 cm 답 22 cm 2 24 cm 3 30 cm
	134쪽	4 ❶ 10 cm ❷ 10 cm ❸ 20 cm 답 20 cm 5 32 cm 6 14 cm
	135쪽	7 ❶ (왼쪽에서부터) 9, 9 / 9, 9, 9, 9 ❷ 36 cm 답 36 cm 8 28 cm 9 34 cm
유형 05	136쪽	1 ❶ 50° ❷ 이등변삼각형에 ○표 ❸ 65° 답 65° 2 35° 3 80°
	137쪽	4 ❶ 25° ❷ 이등변삼각형 ❸ 25° 답 25° 5 40° 6 45°
	138쪽	7 ❶ 60° ❷ 정삼각형 ❸ 27 cm 답 27 cm 8 21 cm 9 48 cm
	139쪽	10 ❶ 정삼각형 ❷ 10 cm ❸ 5 cm 답 5 cm 11 2 cm 12 24 cm
유형 마스터	140쪽	01 21 cm 02 4 03 4개
	141쪽	04 18° 05 45° 06 60°
	142쪽	07 8 cm 08 9개 09 32 cm
	143쪽	10 십일각형 11 20개 12 24개

자세한 풀이

각 문제의 모범 풀이를 중심으로 참고, 주의를 담아 이해를 돕습니다.

1 분수의 덧셈과 뺄셈

유형 01 분수의 덧셈과 뺄셈의 활용

10쪽	1 ❶ $3\frac{7}{8}$ kg ❷ $6\frac{3}{8}$ kg 답 $6\frac{3}{8}$ kg	
	2 $6\frac{3}{9}$ m	3 $2\frac{1}{4}$시간
11쪽	4 ❶ $\frac{3}{5}$ ❷ $\frac{2}{5}$ 답 $\frac{2}{5}$	
	5 $\frac{1}{6}$	6 $\frac{3}{13}$
12쪽	7 ❶ $7\frac{4}{14}$ km ❷ $7\frac{12}{14}$ km	
	❸ 약수터, $\frac{8}{14}$ km 답 약수터, $\frac{8}{14}$ km	
	8 호진, $\frac{1}{8}$장	9 우유, $\frac{2}{10}$ L

1 ❶ (강윤이가 캔 감자의 무게)
=(도혜가 캔 감자의 무게)$+1\frac{3}{8}$
$=2\frac{4}{8}+1\frac{3}{8}=3\frac{7}{8}$ (kg)

❷ (두 사람이 캔 감자의 무게)
=(도혜가 캔 감자의 무게)
+(강윤이가 캔 감자의 무게)
$=2\frac{4}{8}+3\frac{7}{8}=5+\frac{11}{8}=5+1\frac{3}{8}=6\frac{3}{8}$ (kg)

2 (파란색 리본의 길이)
=(빨간색 리본의 길이)$+2\frac{5}{9}$
$=1\frac{8}{9}+2\frac{5}{9}=3+\frac{13}{9}=3+1\frac{4}{9}=4\frac{4}{9}$ (m)
(하빈이가 가지고 있는 리본의 길이)
$=1\frac{8}{9}+4\frac{4}{9}=5+\frac{12}{9}=5+1\frac{3}{9}=6\frac{3}{9}$ (m)

3 (오후에 독서를 한 시간)
=(오전에 독서를 한 시간)$-\frac{3}{4}$
$=1\frac{2}{4}-\frac{3}{4}=\frac{6}{4}-\frac{3}{4}=\frac{3}{4}$(시간)
(이날 다미가 독서를 한 시간)
$=1\frac{2}{4}+\frac{3}{4}=1+\frac{5}{4}=1+1\frac{1}{4}=2\frac{1}{4}$(시간)

4 ❶ 상추와 고추를 심은 부분은
전체의 $\frac{2}{5}+\frac{1}{5}=\frac{3}{5}$입니다.

❷ 텃밭 전체를 1이라 하면
깻잎을 심은 부분은 전체의 $1-\frac{3}{5}=\frac{5}{5}-\frac{3}{5}=\frac{2}{5}$
입니다.

5 영빈이와 도훈이가 먹은 피자는
전체의 $\frac{2}{6}+\frac{3}{6}=\frac{5}{6}$입니다.
피자 전체를 1이라 하면
남은 피자는 전체의 $1-\frac{5}{6}=\frac{6}{6}-\frac{5}{6}=\frac{1}{6}$입니다.

다른 풀이
피자 전체를 1이라 하면
남은 피자는 전체의 $1-\frac{2}{6}-\frac{3}{6}=\frac{6}{6}-\frac{2}{6}-\frac{3}{6}=\frac{1}{6}$입니다.

6 오늘까지 읽은 책은 전체의 $\frac{6}{13}+\frac{4}{13}=\frac{10}{13}$입니다.
동화책 전체를 1이라 하면
더 읽어야 하는 책은 전체의 $1-\frac{10}{13}=\frac{13}{13}-\frac{10}{13}=\frac{3}{13}$
입니다.

7 ❶ (산 입구~약수터~정상)
=(산 입구~약수터)+(약수터~정상)
$=2\frac{10}{14}+4\frac{8}{14}=6+\frac{18}{14}=6+1\frac{4}{14}=7\frac{4}{14}$ (km)

❷ (산 입구~팔각정~정상)
=(산 입구~팔각정)+(팔각정~정상)
$=3\frac{2}{14}+4\frac{10}{14}=7\frac{12}{14}$ (km)

❸ $7\frac{4}{14}<7\frac{12}{14}$이므로
약수터를 지나는 길이 $7\frac{12}{14}-7\frac{4}{14}=\frac{8}{14}$ (km) 더 가깝습니다.

8 (태겸이가 사용한 색종이의 양)
$=\frac{6}{8}+\frac{4}{8}=\frac{10}{8}=1\frac{2}{8}$(장)
(호진이가 사용한 색종이의 양)$=1\frac{1}{8}+\frac{2}{8}=1\frac{3}{8}$(장)
$1\frac{2}{8}<1\frac{3}{8}$이므로
색종이를 호진이가 $1\frac{3}{8}-1\frac{2}{8}=\frac{1}{8}$(장) 더 많이 사용했습니다.

9 (남은 우유의 양)$=1\frac{6}{10}-\frac{8}{10}=\frac{16}{10}-\frac{8}{10}=\frac{8}{10}$ (L)

(남은 주스의 양)

$=2\frac{3}{10}-1\frac{7}{10}=1\frac{13}{10}-1\frac{7}{10}=\frac{6}{10}$ (L)

$\frac{8}{10}>\frac{6}{10}$이므로

우유가 $\frac{8}{10}-\frac{6}{10}=\frac{2}{10}$ (L) 더 많이 남았습니다.

유형 02 어떤 수 구하기

13쪽	1 ❶ $4\frac{1}{11}$ ❷ $3\frac{9}{11}$ 답 $3\frac{9}{11}$	
	2 $5\frac{2}{9}$	3 $\frac{6}{7}$
14쪽	4 ❶ $1\frac{2}{8}$ ❷ $1\frac{5}{8}$ 답 $1\frac{5}{8}$	
	5 $\frac{3}{5}$	6 $8\frac{4}{12}$

1 ❶ ($1\frac{4}{11}$와 $2\frac{8}{11}$의 합)$=1\frac{4}{11}+2\frac{8}{11}$

$=3+\frac{12}{11}=3+1\frac{1}{11}=4\frac{1}{11}$

❷ 어떤 수를 □라 하면

□$+\frac{3}{11}=4\frac{1}{11}$

⇨ □$=4\frac{1}{11}-\frac{3}{11}=3\frac{12}{11}-\frac{3}{11}=3\frac{9}{11}$

2 ($4\frac{4}{9}$와 $2\frac{7}{9}$의 차)$=4\frac{4}{9}-2\frac{7}{9}=3\frac{13}{9}-2\frac{7}{9}=1\frac{6}{9}$

어떤 수를 □라 하면

□$-3\frac{5}{9}=1\frac{6}{9}$

⇨ □$=1\frac{6}{9}+3\frac{5}{9}=4+\frac{11}{9}=4+1\frac{2}{9}=5\frac{2}{9}$

3 ($1\frac{6}{7}$과 $3\frac{1}{7}$의 차)$=3\frac{1}{7}-1\frac{6}{7}=2\frac{8}{7}-1\frac{6}{7}=1\frac{2}{7}$

어떤 수를 □라 하면

□$+\frac{3}{7}=1\frac{2}{7}$

⇨ □$=1\frac{2}{7}-\frac{3}{7}=\frac{9}{7}-\frac{3}{7}=\frac{6}{7}$

4 ❶ 어떤 수를 □라 하면

□$-\frac{3}{8}=\frac{7}{8}$ ⇨ □$=\frac{7}{8}+\frac{3}{8}=\frac{10}{8}=1\frac{2}{8}$

❷ (바르게 계산한 값)$=1\frac{2}{8}+\frac{3}{8}=1\frac{5}{8}$

5 어떤 수를 □라 하면

□$+3\frac{4}{5}=8\frac{1}{5}$ ⇨ □$=8\frac{1}{5}-3\frac{4}{5}=7\frac{6}{5}-3\frac{4}{5}=4\frac{2}{5}$

(바르게 계산한 값)$=4\frac{2}{5}-3\frac{4}{5}=3\frac{7}{5}-3\frac{4}{5}=\frac{3}{5}$

6 어떤 수를 □라 하면

$2\frac{10}{12}+$□$=4\frac{8}{12}$

⇨ □$=4\frac{8}{12}-2\frac{10}{12}=3\frac{20}{12}-2\frac{10}{12}=1\frac{10}{12}$

(바르게 계산한 값)

$=10\frac{2}{12}-1\frac{10}{12}=9\frac{14}{12}-1\frac{10}{12}=8\frac{4}{12}$

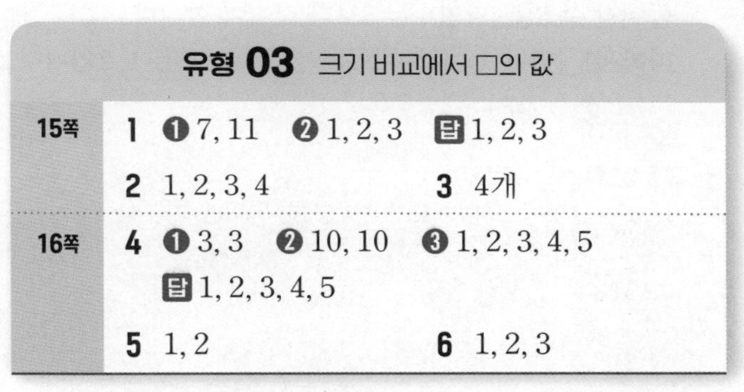

유형 03 크기 비교에서 □의 값

15쪽	1 ❶ 7, 11 ❷ 1, 2, 3 답 1, 2, 3	
	2 1, 2, 3, 4	3 4개
16쪽	4 ❶ 3, 3 ❷ 10, 10 ❸ 1, 2, 3, 4, 5 답 1, 2, 3, 4, 5	
	5 1, 2	6 1, 2, 3

1 ❶ $\frac{7}{10}+\frac{■}{10}=\frac{7+■}{10}$, $1\frac{1}{10}=\frac{10+1}{10}=\frac{11}{10}$

❷ $\frac{7+■}{10}<\frac{11}{10}$ ⇨ $7+■<11$

$7+■=11$이라 하면 $■=11-7=4$이므로

■에 들어갈 수 있는 자연수는 4보다 작아야 합니다.

따라서 ■에 들어갈 수 있는 자연수는 모두 1, 2, 3입니다.

2 $\frac{□}{16}+\frac{14}{16}<1\frac{3}{16}$ ⇨ $\frac{□+14}{16}<\frac{19}{16}$

⇨ □$+14<19$

□$+14=19$라 하면 □$=19-14=5$이므로

□ 안에 들어갈 수 있는 자연수는 5보다 작아야 합니다.

따라서 □ 안에 들어갈 수 있는 자연수는 모두 1, 2, 3, 4입니다.

3 $1=\frac{11}{11}$이므로

$\frac{11}{11}<\frac{\square}{11}+\frac{5}{11} \Rightarrow \frac{11}{11}<\frac{\square+5}{11} \Rightarrow 11<\square+5$

$11=\square+5$라 하면 $\square=11-5=6$이므로

$\square$ 안에 들어갈 수 있는 자연수는 6보다 커야 합니다.

또 $\frac{\square}{11}$는 진분수이므로 $\square<11$

따라서 $6<\square<11$이므로 $\square$ 안에 들어갈 수 있는 자연수는 7, 8, 9, 10으로 모두 4개입니다.

4 ❶ $1\frac{■}{7}+2\frac{4}{7}=3\frac{■+4}{7}$이므로 $3\frac{■+4}{7}<4\frac{3}{7}$

❷ $4\frac{3}{7}=3\frac{7+3}{7}=3\frac{10}{7}$이므로 $3\frac{■+4}{7}<3\frac{10}{7}$

❸ $■+4<10$에서 $■+4=10$이라 하면 $■=10-4=6$이므로 ■에 들어갈 수 있는 자연수는 6보다 작아야 합니다.
따라서 ■에 들어갈 수 있는 자연수는 모두 1, 2, 3, 4, 5입니다.

5 $4\frac{\square}{12}+2\frac{10}{12}=6\frac{\square+10}{12}$이므로 $6\frac{\square+10}{12}<7\frac{1}{12}$

$7\frac{1}{12}=6\frac{13}{12}$이므로 $6\frac{\square+10}{12}<6\frac{13}{12} \Rightarrow \square+10<13$

$\square+10=13$이라 하면 $\square=13-10=3$이므로 $\square$ 안에 들어갈 수 있는 자연수는 3보다 작아야 합니다.

따라서 $\square$ 안에 들어갈 수 있는 자연수는 모두 1, 2입니다.

다른 풀이

모두 가분수로 나타내면

$4\frac{\square}{12}+2\frac{10}{12}<7\frac{1}{12}, \frac{48+\square}{12}+\frac{34}{12}<\frac{85}{12}$

$\Rightarrow \frac{48+\square+34}{12}<\frac{85}{12}$

$\Rightarrow 48+\square+34<85,\ 82+\square<85$

$82+\square=85$라 하면 $\square=85-82=3$이므로 $\square$ 안에 들어갈 수 있는 자연수는 3보다 작아야 합니다.

따라서 $\square$ 안에 들어갈 수 있는 자연수는 모두 1, 2입니다.

6 $5\frac{1}{9}-3\frac{\square}{9}=4\frac{10}{9}-3\frac{\square}{9}=1\frac{10-\square}{9}$이므로

$1\frac{10-\square}{9}>1\frac{6}{9} \Rightarrow 10-\square>6$

$10-\square=6$이라 하면 $\square=10-6=4$이므로 $\square$ 안에 들어갈 수 있는 자연수는 4보다 작아야 합니다.

따라서 $\square$ 안에 들어갈 수 있는 자연수는 모두 1, 2, 3입니다.

주의

$5\frac{1}{9}-3\frac{\square}{9}=2\frac{1-\square}{9}$이므로 $2\frac{1-\square}{9}>1\frac{6}{9}$이라 생각하여 $\square=1$만 답이라고 생각하지 않도록 주의합니다.

유형 04 수 카드로 식 만들기

17쪽	**1** ❶ 작은 ❷ 5, 4, 3 ❸ $7\frac{2}{6}$ 답 $7\frac{2}{6}$
	2 9, 8, 6, 7 / $3\frac{1}{11}$ **3** $\frac{3}{5}$
18쪽	**4** ❶ 9, 5, 2, 1 ❷ 가장 큰 대분수: $9\frac{5}{7}$, 가장 작은 대분수: $1\frac{2}{7}$ ❸ 11 답 11
	5 $5\frac{1}{8}$ **6** $13\frac{1}{9}$
19쪽	**7** ❶ 10 ❷ $6\frac{3}{10}, 4\frac{2}{10}$ (또는 $6\frac{2}{10}, 4\frac{3}{10}$) ❸ $10\frac{5}{10}$ 답 $10\frac{5}{10}$
	8 $7\frac{4}{12}$ **9** $2\frac{10}{15}$

1 ❶ 차가 가장 큰 뺄셈식: (가장 큰 수)−(가장 작은 수)

❷ 수 카드에 적힌 수의 크기를 비교하면 $5>4>3$

❸ $8\frac{㉠}{6}-1\frac{㉡}{6}$의 차가 가장 크려면 ㉠=5, ㉡=3이어야 합니다.

$\Rightarrow 8\frac{5}{6}-1\frac{3}{6}=7\frac{2}{6}$

2 $9>8>7>6$이므로 $㉠\frac{㉡}{11}-㉢\frac{㉣}{11}$의 차가 가장 크려면 ㉠=9, ㉡=8, ㉢=6, ㉣=7이어야 합니다.

$\Rightarrow 9\frac{8}{11}-6\frac{7}{11}=3\frac{1}{11}$

3 차가 가장 작으려면 가장 큰 수를 빼야 합니다.

$4>2>1$이므로 $5-㉠\frac{㉡}{5}$에서 ㉠=4, ㉡=2여야 합니다.

$\Rightarrow 5-4\frac{2}{5}=4\frac{5}{5}-4\frac{2}{5}=\frac{3}{5}$

4 ❶ 7을 제외한 수 카드에 적힌 수의 크기를 비교하면 $9>5>2>1$

❷ 가장 큰 대분수를 만들려면 자연수 부분에 가장 큰 수, 분자에 두 번째로 큰 수를 놓아야 하므로 $9\frac{5}{7}$이고, 가장 작은 대분수를 만들려면 자연수 부분에 가장 작은 수, 분자에 두 번째로 작은 수를 놓아야 하므로 $1\frac{2}{7}$입니다.

❸ $9\frac{5}{7}+1\frac{2}{7}=10+\frac{7}{7}=10+1=11$

5 8을 제외한 수 카드에 적힌 수의 크기를 비교하면 $6>4>3>1$이므로

만들 수 있는 가장 큰 대분수: $6\frac{4}{8}$

만들 수 있는 가장 작은 대분수: $1\frac{3}{8}$

⇨ $6\frac{4}{8}-1\frac{3}{8}=5\frac{1}{8}$

6 분모가 같아야 하므로 2장의 수 카드에 적힌 9가 분모여야 합니다.
9를 제외한 수 카드에 적힌 수의 크기를 비교하면 $10>7>3>2$이므로

만들 수 있는 가장 큰 대분수: $10\frac{7}{9}$

만들 수 있는 가장 작은 대분수: $2\frac{3}{9}$

⇨ $10\frac{7}{9}+2\frac{3}{9}=12+\frac{10}{9}=12+1\frac{1}{9}=13\frac{1}{9}$

7 ❶ 분모가 같아야 하므로 2장의 수 카드에 적힌 10이 분모여야 합니다.

❷ 10을 제외한 수 카드에 적힌 수의 크기를 비교하면 $6>4>3>2$이고, 합이 가장 크게 되려면 자연수 부분에 가장 큰 수와 두 번째로 큰 수를 놓아야 하므로 $6\frac{3}{10}$과 $4\frac{2}{10}$(또는 $6\frac{2}{10}$와 $4\frac{3}{10}$)여야 합니다.

❸ $6\frac{3}{10}+4\frac{2}{10}=10\frac{5}{10}$ (또는 $6\frac{2}{10}+4\frac{3}{10}=10\frac{5}{10}$)

8 분모가 같아야 하므로 2장의 수 카드에 적힌 12가 분모여야 합니다.
12를 제외한 수 카드에 적힌 수의 크기를 비교하면 $1<5<7<9$이고, 합이 가장 작게 되려면 자연수 부분에 가장 작은 수와 두 번째로 작은 수를 놓아야 하므로 $1\frac{7}{12}$과 $5\frac{9}{12}$(또는 $1\frac{9}{12}$와 $5\frac{7}{12}$)여야 합니다.

⇨ $1\frac{7}{12}+5\frac{9}{12}=6+\frac{16}{12}=6+1\frac{4}{12}=7\frac{4}{12}$

(또는 $1\frac{9}{12}+5\frac{7}{12}=6+\frac{16}{12}=6+1\frac{4}{12}=7\frac{4}{12}$)

9 합이 가장 작으려면 가장 작은 진분수와 가장 작은 대분수를 만들어야 하고 수 카드에 적힌 수의 크기를 비교하면 $15>11>8>2$입니다.
가장 작은 진분수를 만들려면 분모에 가장 큰 수, 분자에 가장 작은 수를 놓아야 하므로 $\frac{2}{15}$입니다.
가장 작은 대분수를 만들려면 자연수 부분에 가장 작은 수, 분모에 가장 큰 수, 분자에 두 번째로 작은 수를 놓아야 하므로 $2\frac{8}{15}$입니다.

⇨ $\frac{2}{15}+2\frac{8}{15}=2\frac{10}{15}$

유형 05 모르는 분수 구하기

20쪽

1 ❶ $\frac{8}{8}$ ❷ 1과 7, 2와 6, 3과 5, 4와 4

❸ $\frac{1}{8}+\frac{7}{8}$, $\frac{2}{8}+\frac{6}{8}$, $\frac{3}{8}+\frac{5}{8}$, $\frac{4}{8}+\frac{4}{8}$

답 $\frac{1}{8}+\frac{7}{8}$, $\frac{2}{8}+\frac{6}{8}$, $\frac{3}{8}+\frac{5}{8}$, $\frac{4}{8}+\frac{4}{8}$

2 $\frac{3}{7}+\frac{6}{7}$, $\frac{4}{7}+\frac{5}{7}$

3 $\frac{6}{6}+\frac{13}{6}$, $\frac{7}{6}+\frac{12}{6}$, $\frac{8}{6}+\frac{11}{6}$, $\frac{9}{6}+\frac{10}{6}$

21쪽

4 ❶ ■+▲=8, ■−▲=2 ❷ 2, 10, 5 / 3

❸ $\frac{5}{9}$, $\frac{3}{9}$ 답 $\frac{5}{9}$, $\frac{3}{9}$

5 $\frac{3}{4}$, $\frac{2}{4}$ 6 $3\frac{1}{5}$, $1\frac{3}{5}$

1 ❶ $1=\frac{8}{8}$

❷ 두 진분수의 분자의 합이 8이어야 하고, 두 분자는 8보다 작아야 합니다.
⇨ 분자가 될 수 있는 두 수:
1과 7, 2와 6, 3과 5, 4와 4

❸ 분모가 8인 두 진분수의 합이 1이 되는 덧셈식은 모두 $\frac{1}{8}+\frac{7}{8}$, $\frac{2}{8}+\frac{6}{8}$, $\frac{3}{8}+\frac{5}{8}$, $\frac{4}{8}+\frac{4}{8}$입니다.

2 $1\frac{2}{7}=\frac{9}{7}$이므로 두 진분수의 분자의 합이 9여야 하고, 두 분자는 7보다 작아야 합니다.
⇨ 분자가 될 수 있는 두 수: 3과 6, 4와 5
⇨ $\frac{3}{7}+\frac{6}{7}$, $\frac{4}{7}+\frac{5}{7}$

3 $3\frac{1}{6}=\frac{19}{6}$이므로 두 가분수의 분자의 합이 19여야 하고, 두 분자는 6이거나 6보다 커야 합니다.
⇨ 분자가 될 수 있는 두 수:
6과 13, 7과 12, 8과 11, 9와 10
⇨ $\frac{6}{6}+\frac{13}{6}$, $\frac{7}{6}+\frac{12}{6}$, $\frac{8}{6}+\frac{11}{6}$, $\frac{9}{6}+\frac{10}{6}$

4 ❶ 합이 $\frac{8}{9}$이므로 $\frac{■}{9}+\frac{▲}{9}=\frac{8}{9}$ ⇨ ■+▲=8

차가 $\frac{2}{9}$이므로 $\frac{■}{9}-\frac{▲}{9}=\frac{2}{9}$ ⇨ ■−▲=2

❷ ■+▲+■−▲=8+2, ■+▲+■−▲=10,
■+■=10, ■=5
■+▲=8에서 5+▲=8 ⇨ ▲=8−5=3

❸ 두 분자가 5, 3이므로 두 진분수는 $\frac{5}{9}$, $\frac{3}{9}$입니다.

5 두 진분수 중 큰 수를 $\frac{■}{4}$, 작은 수를 $\frac{▲}{4}$라 하면

$\frac{■}{4}+\frac{▲}{4}=1\frac{1}{4}=\frac{5}{4}$ ⇨ ■+▲=5

$\frac{■}{4}-\frac{▲}{4}=\frac{1}{4}$ ⇨ ■−▲=1

■+▲+■−▲=5+1, ■+▲+■−▲=6,

■+■=6, ■=3

■+▲=5에서 3+▲=5, ▲=2

두 분자가 3, 2이므로 두 진분수는 $\frac{3}{4}$, $\frac{2}{4}$입니다.

6 두 대분수를 가분수로 나타내었을 때

큰 수를 $\frac{■}{5}$, 작은 수를 $\frac{▲}{5}$라 하면

$\frac{■}{5}+\frac{▲}{5}=4\frac{4}{5}=\frac{24}{5}$ ⇨ ■+▲=24

$\frac{■}{5}-\frac{▲}{5}=1\frac{3}{5}=\frac{8}{5}$ ⇨ ■−▲=8

■+▲+■−▲=24+8, ■+▲+■−▲=32,

■+■=32, ■=16

■+▲=24에서 16+▲=24, ▲=8

가분수로 나타내었을 때 두 분자가 16, 8이므로

두 대분수는 $\frac{16}{5}=3\frac{1}{5}$, $\frac{8}{5}=1\frac{3}{5}$입니다.

유형 06 조건에 맞는 분수들의 합

22쪽	1 ❶ $\frac{8}{13}$, $\frac{9}{13}$, $\frac{10}{13}$, $\frac{11}{13}$, $\frac{12}{13}$ ❷ $3\frac{11}{13}$ 답 $3\frac{11}{13}$ 2 $5\frac{15}{20}$ 3 $11\frac{5}{15}$
23쪽	4 ❶ 예 분모는 2로 같고, 분자는 1씩 커지는 규칙입니다. ❷ 18 답 18 5 12 6 $48\frac{3}{14}$

1 ❶ 분모가 13인 진분수 중에서 $\frac{7}{13}$보다 큰 진분수는 $\frac{8}{13}$, $\frac{9}{13}$, $\frac{10}{13}$, $\frac{11}{13}$, $\frac{12}{13}$입니다.

❷ $\frac{8}{13}+\frac{9}{13}+\frac{10}{13}+\frac{11}{13}+\frac{12}{13}=\frac{50}{13}=3\frac{11}{13}$

2 분모가 20인 대분수 중에서 $1\frac{6}{20}$보다 작은 대분수는

$1\frac{1}{20}$, $1\frac{2}{20}$, $1\frac{3}{20}$, $1\frac{4}{20}$, $1\frac{5}{20}$입니다.

⇨ $1\frac{1}{20}+1\frac{2}{20}+1\frac{3}{20}+1\frac{4}{20}+1\frac{5}{20}=5\frac{15}{20}$

3 분모가 15인 대분수 중에서 $2\frac{10}{15}$보다 크고 3보다 작은

대분수는 $2\frac{11}{15}$, $2\frac{12}{15}$, $2\frac{13}{15}$, $2\frac{14}{15}$입니다.

⇨ $2\frac{11}{15}+2\frac{12}{15}+2\frac{13}{15}+2\frac{14}{15}$

$=8+\frac{50}{15}=8+3\frac{5}{15}=11\frac{5}{15}$

4 ❶ 분모는 2로 같고, 분자는 1씩 커지는 규칙입니다.

❷ $\frac{1}{2}+\frac{2}{2}+\frac{3}{2}+\frac{4}{2}+\frac{5}{2}+\frac{6}{2}+\frac{7}{2}+\frac{8}{2}$

$=\frac{9}{2}+\frac{9}{2}+\frac{9}{2}+\frac{9}{2}$

$=\frac{36}{2}=18$

5 분모는 10으로 같고, 분자는 2씩 커지는 규칙입니다.

$\frac{3}{10}+\frac{5}{10}+\frac{7}{10}+\frac{9}{10}+\frac{11}{10}+\frac{13}{10}+\frac{15}{10}+\frac{17}{10}+\frac{19}{10}+\frac{21}{10}$

$=\frac{24}{10}+\frac{24}{10}+\frac{24}{10}+\frac{24}{10}+\frac{24}{10}$

$=\frac{120}{10}=12$

6 자연수 부분은 1씩 커지고, 분모는 14로 같고, 분자는 1씩 작아지는 규칙입니다.

$1\frac{9}{14}+2\frac{8}{14}+3\frac{7}{14}+4\frac{6}{14}+5\frac{5}{14}+6\frac{4}{14}+7\frac{3}{14}+8\frac{2}{14}+9\frac{1}{14}$

$=10\frac{10}{14}+10\frac{10}{14}+10\frac{10}{14}+10\frac{10}{14}+5\frac{5}{14}$

$=45+\frac{45}{14}=45+3\frac{3}{14}=48\frac{3}{14}$

	유형 07 길이의 활용
24쪽	1 ❶ ㉠, ㉣ ❷ $1\frac{6}{7}$ km 답 $1\frac{6}{7}$ km
	2 $1\frac{4}{6}$ m 3 $3\frac{6}{11}$ km
25쪽	4 ❶ $20\frac{2}{5}$ cm ❷ $2\frac{4}{5}$ cm ❸ $17\frac{3}{5}$ cm 답 $17\frac{3}{5}$ cm
	5 $20\frac{2}{4}$ cm 6 $\frac{2}{10}$ m
26쪽	7 ❶ − ❷ $1\frac{2}{8}$ m 답 $1\frac{2}{8}$ m
	8 $4\frac{12}{13}$ m 9 $1\frac{5}{14}$ m

1 ❶ (㉡~㉢)=(㉠~㉢)+(㉡~㉣)−(㉠~㉣)이므로

❷ (㉡~㉢)$=5\frac{4}{7}+7\frac{5}{7}-11\frac{3}{7}$

$=12\frac{9}{7}-11\frac{3}{7}=1\frac{6}{7}$ (km)

2 (㉡~㉢)$=4\frac{3}{6}+3\frac{5}{6}-6\frac{4}{6}=7\frac{8}{6}-6\frac{4}{6}=1\frac{4}{6}$ (m)

3 (학교~우체국)

=(약국~공원)+(공원~우체국)−(약국~학교)

$=2\frac{7}{11}+1\frac{8}{11}-\frac{9}{11}=3\frac{15}{11}-\frac{9}{11}=3\frac{6}{11}$ (km)

4 ❶ (색 테이프 3장의 길이의 합)

$=6\frac{4}{5}+6\frac{4}{5}+6\frac{4}{5}$

$=18+\frac{12}{5}=18+2\frac{2}{5}=20\frac{2}{5}$ (cm)

❷ (겹쳐진 부분의 길이의 합)

$=1\frac{2}{5}+1\frac{2}{5}=2\frac{4}{5}$ (cm)

❸ (이어 붙인 색 테이프의 전체 길이)

=(색 테이프 3장의 길이의 합)

−(겹쳐진 부분의 길이의 합)

$=20\frac{2}{5}-2\frac{4}{5}=19\frac{7}{5}-2\frac{4}{5}=17\frac{3}{5}$ (cm)

5 (색 테이프 3장의 길이의 합)$=8+8+8=24$ (cm)

(겹쳐진 부분의 길이의 합)

$=1\frac{3}{4}+1\frac{3}{4}=2+\frac{6}{4}=2+1\frac{2}{4}=3\frac{2}{4}$ (cm)

(이어 붙인 색 테이프의 전체 길이)

$=24-3\frac{2}{4}=23\frac{4}{4}-3\frac{2}{4}=20\frac{2}{4}$ (cm)

6 (색 테이프 3장의 길이의 합)

$=\frac{7}{10}+\frac{7}{10}+\frac{7}{10}$

$=\frac{21}{10}=2\frac{1}{10}$ (m)

(겹쳐진 부분의 길이의 합)

=(색 테이프 3장의 길이의 합)

−(이어 붙인 색 테이프의 전체 길이)

$=2\frac{1}{10}-1\frac{7}{10}=1\frac{11}{10}-1\frac{7}{10}=\frac{4}{10}$ (m)

(겹쳐진 부분의 수)

=(색 테이프의 수)−1

=3−1=2(군데)

$\frac{4}{10}=\frac{2}{10}+\frac{2}{10}$이므로

겹쳐진 부분의 길이는 $\frac{2}{10}$ m입니다.

7 ❶ (막대의 길이)

=(연못의 깊이)+(연못의 깊이)

−(두 번 젖은 부분의 길이)이므로

❷ (막대의 길이)$=\frac{6}{8}+\frac{6}{8}-\frac{2}{8}$

$=\frac{12}{8}-\frac{2}{8}$

$=\frac{10}{8}=1\frac{2}{8}$ (m)

8

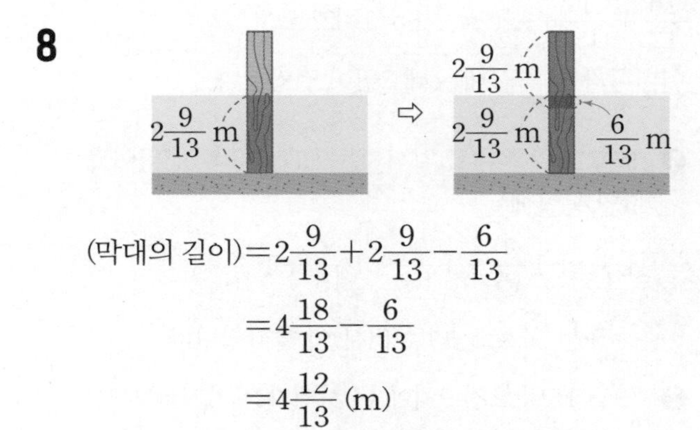

(막대의 길이)$=2\frac{9}{13}+2\frac{9}{13}-\frac{6}{13}$

$=4\frac{18}{13}-\frac{6}{13}$

$=4\frac{12}{13}$ (m)

9 (막대의 길이)

=(저수지의 깊이)+(저수지의 깊이)

−(두 번 젖은 부분의 길이)

⇨ (두 번 젖은 부분의 길이)

=(저수지의 깊이)+(저수지의 깊이)−(막대의 길이)

$=4\frac{8}{14}+4\frac{8}{14}-7\frac{11}{14}$

$=8\frac{16}{14}-7\frac{11}{14}$

$=1\frac{5}{14}$ (m)

유형 08 실생활에서의 활용

27쪽	1 ❶ $\frac{5}{10}$ ❷ 2일 답 2일
	2 4시간 3 2일
28쪽	4 ❶ 6분 ❷ 오전 9시 6분 답 9시 6분
	5 2시 7분 6 9시 47분

1 ❶ 윤우와 지현이가 함께 하루에 하는 일은

전체 일의 $\frac{2}{10}+\frac{3}{10}=\frac{5}{10}$입니다.

❷ $\frac{5}{10}+\frac{5}{10}=\frac{10}{10}=1$이므로

윤우와 지현이가 함께 일을 한다면 일을 끝내는 데 모두 2일이 걸립니다.

2 ㉮, ㉯ 두 수도꼭지로 동시에 한 시간 동안 받는 물은

전체 물통의 $\frac{3}{16}+\frac{1}{16}=\frac{4}{16}$입니다.

$\frac{4}{16}+\frac{4}{16}+\frac{4}{16}+\frac{4}{16}=\frac{16}{16}=1$이므로

㉮, ㉯ 두 수도꼭지로 물을 동시에 받는다면 물통에 물을 가득 받는 데 4시간이 걸립니다.

3 아버지가 5일 동안 하는 일은

전체 일의 $\frac{2}{12}+\frac{2}{12}+\frac{2}{12}+\frac{2}{12}+\frac{2}{12}=\frac{10}{12}$입니다.

$\frac{10}{12}+\frac{1}{12}+\frac{1}{12}=\frac{12}{12}=1$이므로

어머니가 일을 끝내는 데 2일이 걸립니다.

4 ❶ 9월 10일부터 15일까지는 $15-10=5$(일)이고

5일 동안에는

$1\frac{3}{15}+1\frac{3}{15}+1\frac{3}{15}+1\frac{3}{15}+1\frac{3}{15}$

$=5+\frac{15}{15}=5+1=6$(분)이 빨라집니다.

❷ (9월 15일 오전 9시에 이 시계가 가리키는 시각)

=오전 9시+(빨라지는 시간)

=오전 9시+6분

=오전 9시 6분

5 11월 18일부터 21일까지는 $21-18=3$(일)이고

3일 동안에는

$2\frac{4}{12}+2\frac{4}{12}+2\frac{4}{12}=6+\frac{12}{12}=6+1=7$(분)이 빨라집니다.

(11월 21일 오후 2시에 이 시계가 가리키는 시각)

=오후 2시+7분

=오후 2시 7분

6 월요일부터 일요일까지는 6일이고

6일 동안에는

$2\frac{1}{6}+2\frac{1}{6}+2\frac{1}{6}+2\frac{1}{6}+2\frac{1}{6}+2\frac{1}{6}$

$=12+\frac{6}{6}=12+1=13$(분)이 늦어집니다.

(일요일 오전 10시에 이 시계가 가리키는 시각)

=오전 10시−(늦어지는 시간)

=오전 10시−13분

=오전 9시 47분

단원 1 유형 마스터

29쪽	01 $3\frac{13}{14}$	02 1, 2	03 $\frac{3}{9}$ kg
30쪽	04 $2\frac{4}{11}$	05 $\frac{11}{13}$ m	06 $11\frac{3}{6}$
31쪽	07 6일	08 4시 54분	09 24명

01 분모가 14인 진분수 중 $\frac{8}{14}$보다 큰 진분수는

$\frac{9}{14}, \frac{10}{14}, \frac{11}{14}, \frac{12}{14}, \frac{13}{14}$입니다.

⇨ $\frac{9}{14}+\frac{10}{14}+\frac{11}{14}+\frac{12}{14}+\frac{13}{14}=\frac{55}{14}=3\frac{13}{14}$

02 $6\frac{3}{7}-2\frac{5}{7}=5\frac{10}{7}-2\frac{5}{7}=3\frac{5}{7}$이므로

$3\frac{5}{7}>\square\frac{6}{7}$

⇨ $\frac{5}{7}<\frac{6}{7}$이므로 $3>\square$

따라서 □ 안에 들어갈 수 있는 자연수는 1, 2입니다.

03 (무의 무게)=(배추의 무게)$-\frac{2}{9}$

$=1\frac{1}{9}-\frac{2}{9}=\frac{10}{9}-\frac{2}{9}=\frac{8}{9}$ (kg)

(오이의 무게)=(무의 무게)$-\frac{5}{9}$

$=\frac{8}{9}-\frac{5}{9}=\frac{3}{9}$ (kg)

04 어떤 수를 □라 하면

$\square + 4\frac{9}{11} = 12$

⇨ $\square = 12 - 4\frac{9}{11} = 11\frac{11}{11} - 4\frac{9}{11} = 7\frac{2}{11}$

(바르게 계산한 값)

$= 7\frac{2}{11} - 4\frac{9}{11} = 6\frac{13}{11} - 4\frac{9}{11} = 2\frac{4}{11}$

05 (㉡~㉢)=(㉠~㉢)+(㉡~㉣)−(㉠~㉣)

$= 1\frac{8}{13} + 3\frac{9}{13} - 4\frac{6}{13}$

$= 4\frac{17}{13} - 4\frac{6}{13} = \frac{11}{13}$ (m)

06 분모가 같아야 하므로 2장의 카드에 적힌 6이 분모여야 합니다.

6을 제외한 수 카드에 적힌 수의 크기를 비교하면 $8 > 5 > 4 > 2$이므로

만들 수 있는 가장 큰 대분수: $8\frac{5}{6}$

만들 수 있는 가장 작은 대분수: $2\frac{4}{6}$

⇨ $8\frac{5}{6} + 2\frac{4}{6} = 10 + \frac{9}{6} = 10 + 1\frac{3}{6} = 11\frac{3}{6}$

07 하율이와 연호가 번갈아 가며 이틀 동안 하는 일은 전체 일의 $\frac{3}{15} + \frac{2}{15} = \frac{5}{15}$입니다.

$\frac{5}{15} + \frac{5}{15} + \frac{5}{15} = \frac{15}{15} = 1$이므로

일을 끝내는 데 모두 $3 \times 2 = 6$(일)이 걸립니다.

08 6월은 30일까지 있으므로

6월 26일부터 7월 1일까지는 $30 - 26 + 1 = 5$(일)이고

5일 동안에는

$1\frac{2}{10} + 1\frac{2}{10} + 1\frac{2}{10} + 1\frac{2}{10} + 1\frac{2}{10}$

$= 5 + \frac{10}{10} = 5 + 1 = 6$(분)이 늦어집니다.

(7월 1일 오후 5시에 이 시계가 가리키는 시각)

= 오후 5시 − 6분 = 오후 4시 54분

09 시우네 반 학생 전체를 1이라 하면

가을에 태어난 학생은 전체 학생의

$1 - \frac{2}{8} - \frac{1}{8} - \frac{3}{8} = \frac{8}{8} - \frac{2}{8} - \frac{1}{8} - \frac{3}{8} = \frac{2}{8}$입니다.

$\frac{2}{8}$가 6명이므로 $\frac{1}{8}$은 $6 \div 2 = 3$(명)입니다.

⇨ (시우네 반 전체 학생 수) $= 3 \times 8 = 24$(명)

2 삼각형

유형 01 크고 작은 삼각형의 개수

34쪽	1 ❶ 삼각형 1개짜리: 3개, 삼각형 2개짜리: 2개, 삼각형 3개짜리: 1개 ❷ 6개 답 6개
	2 7개　3 8개
35쪽	4 ❶ 정삼각형 1개짜리: 8개, 정삼각형 4개짜리: 2개 ❷ 10개 답 10개
	5 13개　6 11개

1 ❶ 삼각형 1개짜리: ①, ②, ③ ⇨ 3개

삼각형 2개짜리: ①+②, ②+③ ⇨ 2개

삼각형 3개짜리: ①+②+③ ⇨ 1개

❷ 찾을 수 있는 크고 작은 둔각삼각형은 모두 $3+2+1=6$(개)입니다.

2 삼각형 1개짜리: ②, ⑤ ⇨ 2개

삼각형 2개짜리: ①+②, ③+④, ⑤+⑥ ⇨ 3개

삼각형 3개짜리: ②+③+④, ③+④+⑤ ⇨ 2개

따라서 찾을 수 있는 크고 작은 둔각삼각형은 모두 $2+3+2=7$(개)입니다.

3 삼각형 1개짜리: ①, ②, ⑦, ⑧ ⇨ 4개

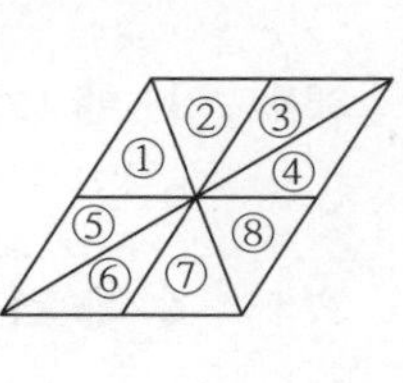

삼각형 2개짜리: ②+③, ⑥+⑦ ⇨ 2개

삼각형 4개짜리: ①+⑤+⑥+⑦, ②+③+④+⑧ ⇨ 2개

따라서 찾을 수 있는 크고 작은 예각삼각형은 모두 $4+2+2=8$(개)입니다.

4 ❶ • 정삼각형 1개짜리: ①, ②, ③, ④, ⑤, ⑥, ⑦, ⑧ ⇨ 8개

• 정삼각형 4개짜리: ②+③+④+⑦, ③+⑥+⑦+⑧ ⇨ 2개

❷ 찾을 수 있는 크고 작은 정삼각형은 모두 $8+2=10$(개)입니다.

5 • 정삼각형 1개짜리:
①, ②, ③, ④, ⑤, ⑥, ⑦, ⑧, ⑨
⇨ 9개
• 정삼각형 4개짜리:
①+②+③+④, ②+⑤+⑥+⑦, ④+⑦+⑧+⑨
⇨ 3개
• 정삼각형 9개짜리:
①+②+③+④+⑤+⑥+⑦+⑧+⑨ ⇨ 1개
따라서 찾을 수 있는 크고 작은 정삼각형은 모두
9+3+1=13(개)입니다.

6

삼각형 1개짜리: ①, ②, ③, ④, ⑤, ⑥, ⑦, ⑧ ⇨ 8개
삼각형 2개짜리: ②+③, ④+⑤, ⑥+⑦ ⇨ 3개
따라서 찾을 수 있는 크고 작은 이등변삼각형은 모두
8+3=11(개)입니다.

유형 02 이등변삼각형의 변의 성질

36쪽	1 ❶ 12 cm ❷ 16 cm 답 16 cm
	2 6 3 23 cm
37쪽	4 ❶ 21 cm ❷ 6 cm 답 6 cm
	5 14 cm 6 21 cm
38쪽	7 ❶ 5 cm, 7 cm ❷ 6 cm, 6 cm 답 5 cm, 7 cm / 6 cm, 6 cm
	8 8 cm, 6 cm / 7 cm, 7 cm
	9 10 cm, 15 cm, 15 cm

1 ❶ 이등변삼각형은 두 변의 길이가 같으므로
(변 ㄱㄴ)=(변 ㄴㄷ)=12 cm
❷ 세 변의 길이의 합이 40 cm이므로
12+12+(변 ㄱㄷ)=40 (cm)
⇨ (변 ㄱㄷ)=40−12−12=16 (cm)

2 이등변삼각형에서 길이가 같은 두 변의 길이는 각각
11 cm입니다.
세 변의 길이의 합이 28 cm이므로
□=28−11−11=6

3 이등변삼각형은 두 변의 길이가 같으므로
(변 ㄱㄷ)=(변 ㄴㄷ)=16 cm
세 변의 길이의 합이 55 cm이므로
(변 ㄱㄴ)=55−16−16=23 (cm)

4 ❶ 정삼각형은 세 변의 길이가 같으므로
(정삼각형의 세 변의 길이의 합)=7×3=21 (cm)
이등변삼각형과 정삼각형의 세 변의 길이의 합이 같으므로 이등변삼각형의 세 변의 길이의 합은 21 cm입니다.
❷ (변 ㄱㄴ)+(변 ㄱㄷ)+9=21 (cm)
⇨ (변 ㄱㄴ)+(변 ㄱㄷ)=21−9=12 (cm)
이등변삼각형은 두 변의 길이가 같으므로
(변 ㄱㄴ)=(변 ㄱㄷ)=12÷2=6 (cm)

5 (정삼각형의 세 변의 길이의 합)=12×3=36 (cm)
정삼각형과 이등변삼각형의 세 변의 길이의 합이 같으므로 이등변삼각형의 세 변의 길이의 합은 36 cm입니다.
(변 ㄱㄴ)+(변 ㄱㄷ)=36−8=28 (cm)
이등변삼각형은 두 변의 길이가 같으므로
(변 ㄱㄴ)=(변 ㄱㄷ)=28÷2=14 (cm)

6 정사각형은 네 변의 길이가 모두 같으므로
(정사각형의 네 변의 길이의 합)=13×4=52 (cm)
정사각형의 네 변의 길이의 합과 이등변삼각형의 세 변의 길이의 합이 같으므로 이등변삼각형의 세 변의 길이의 합은 52 cm입니다.
(변 ㅁㅅ)+(변 ㅂㅅ)=52−10=42 (cm)
이등변삼각형은 두 변의 길이가 같으므로
(변 ㅁㅅ)=(변 ㅂㅅ)=42÷2=21 (cm)

7 ❶ 이등변삼각형에서 길이가 같은 두 변의 길이가 각각 5 cm라면
(나머지 한 변의 길이)=17−5−5=7 (cm)
→ 나머지 두 변의 길이: 5 cm, 7 cm
❷ 이등변삼각형에서 길이가 같은 두 변의 길이를 각각 □cm라 하면
□+□=17−5=12
⇨ □=12÷2=6
→ 나머지 두 변의 길이: 6 cm, 6 cm

8 • 이등변삼각형에서 길이가 같은 두 변의 길이가 각각 8 cm라면
(나머지 한 변의 길이)$=22-8-8=6$ (cm)
→ 나머지 두 변의 길이: 8 cm, 6 cm
• 이등변삼각형에서 길이가 같은 두 변의 길이를 각각 □cm라 하면
$\square+\square=22-8=14$ ⇨ $\square=14\div2=7$
→ 나머지 두 변의 길이: 7 cm, 7 cm

9 • 이등변삼각형에서 길이가 같은 두 변의 길이가 각각 10 cm라면
(나머지 한 변의 길이)$=40-10-10=20$ (cm)
→ 가장 긴 변의 길이인 20 cm가 나머지 두 변의 길이의 합 $10+10=20$ (cm)와 같으므로 삼각형을 만들 수 없습니다.
• 이등변삼각형에서 길이가 같은 두 변의 길이를 각각 □cm라 하면
$\square+\square=40-10=30$ ⇨ $\square=30\div2=15$
→ 나머지 두 변의 길이: 15 cm, 15 cm
따라서 만든 이등변삼각형의 세 변의 길이는 각각 10 cm, 15 cm, 15 cm입니다.

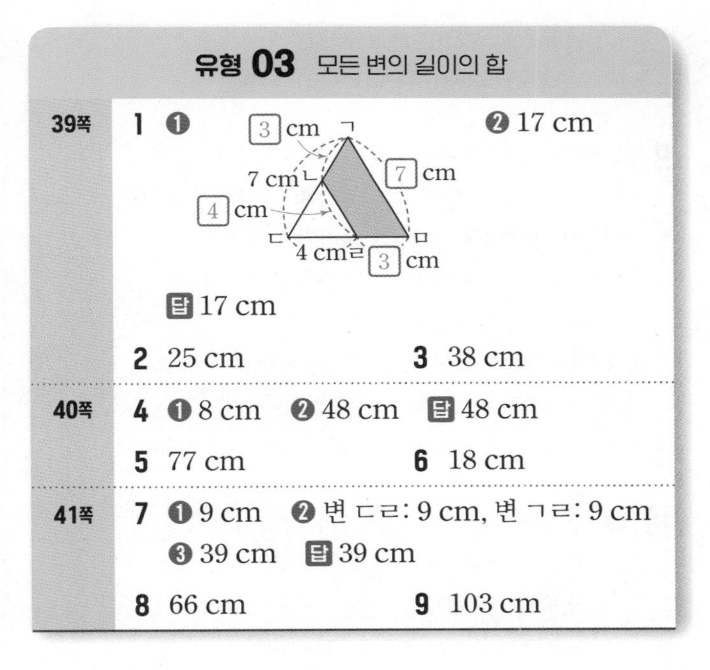

유형 03 모든 변의 길이의 합

39쪽
1 ❶ (그림) ❷ 17 cm 답 17 cm
2 25 cm 3 38 cm

40쪽
4 ❶ 8 cm ❷ 48 cm 답 48 cm
5 77 cm 6 18 cm

41쪽
7 ❶ 9 cm ❷ 변 ㄷㄹ: 9 cm, 변 ㄱㄹ: 9 cm ❸ 39 cm 답 39 cm
8 66 cm 9 103 cm

1 ❶ 정삼각형 ㄴㄷㄹ에서
(변 ㄴㄹ)$=$(변 ㄴㄷ)$=$(변 ㄷㄹ)$=4$ cm
정삼각형 ㄱㄷㅁ에서
(변 ㄱㅁ)$=$(변 ㄷㅁ)$=$(변 ㄱㄷ)$=7$ cm
⇨ (변 ㄱㄴ)$=7-4=3$ (cm)
(변 ㄹㅁ)$=7-4=3$ (cm)
❷ (색칠한 사각형 ㄱㄴㄹㅁ의 네 변의 길이의 합)
$=3+4+3+7=17$ (cm)

2 정삼각형 ㄱㄴㅁ에서
(변 ㄴㅁ)$=$(변 ㄱㄴ)$=$(변 ㄱㅁ)$=5$ cm
정삼각형 ㄱㄷㄹ에서
(변 ㄷㄹ)$=$(변 ㄱㄹ)$=$(변 ㄱㄷ)$=10$ cm
⇨ (변 ㄴㄷ)$=10-5=5$ (cm)
(변 ㅁㄹ)$=10-5=5$ (cm)
따라서 사각형 ㄴㄷㄹㅁ의 네 변의 길이의 합은 $5+5+10+5=25$ (cm)입니다.

3 정삼각형 ㄱㄴㄷ에서
(변 ㄱㄴ)$=$(변 ㄱㄷ)$=$(변 ㄴㄷ)$=11$ cm
삼각형 ㄹㄴㄷ에서
(변 ㄴㄹ)$+$(변 ㄹㄷ)$=27-11=16$ (cm)
(색칠한 부분의 모든 변의 길이의 합)
$=$(변 ㄱㄴ)$+$(변 ㄴㄹ)$+$(변 ㄹㄷ)$+$(변 ㄱㄷ)
$=11+16+11=38$ (cm)

4 ❶ 정삼각형은 세 변의 길이가 같으므로
(정삼각형의 한 변의 길이)$=24\div3=8$ (cm)
❷ 빨간색 선의 길이는 정삼각형의 한 변의 길이의 6배이므로 (빨간색 선의 길이)$=8\times6=48$ (cm)

5 (정삼각형의 한 변의 길이)$=33\div3=11$ (cm)
빨간색 선의 길이는 정삼각형의 한 변의 길이의 7배이므로
(빨간색 선의 길이)$=11\times7=77$ (cm)

6 빨간색 선의 길이는 가장 작은 정삼각형의 한 변의 길이의 9배이므로
(가장 작은 정삼각형의 한 변의 길이)$=54\div9=6$ (cm)
⇨ (가장 작은 정삼각형의 세 변의 길이의 합)
$=6\times3=18$ (cm)

7 ❶ 삼각형 ㄱㄴㄷ의 세 변의 길이의 합이 30 cm이므로
(변 ㄴㄷ)$+$(변 ㄱㄷ)$=30-12=18$ (cm)
이등변삼각형은 두 변의 길이가 같으므로
(변 ㄴㄷ)$=$(변 ㄱㄷ)$=18\div2=9$ (cm)
❷ 정삼각형에서
(변 ㄷㄹ)$=$(변 ㄱㄹ)$=$(변 ㄱㄷ)$=9$ cm
❸ (사각형 ㄱㄴㄷㄹ의 네 변의 길이의 합)
$=12+9+9+9=39$ (cm)

8 삼각형 ㄱㄷㄹ의 세 변의 길이의 합이 51 cm이므로
(변 ㄱㄷ)$+$(변 ㄷㄹ)$=51-21=30$ (cm)
이등변삼각형은 두 변의 길이가 같으므로
(변 ㄱㄷ)$=$(변 ㄷㄹ)$=30\div2=15$ (cm)
정삼각형에서
(변 ㄱㄴ)$=$(변 ㄴㄷ)$=$(변 ㄱㄷ)$=15$ cm
(사각형 ㄱㄴㄷㄹ의 네 변의 길이의 합)
$=15+15+15+21=66$ (cm)

9 이등변삼각형 ㉯의 세 변의 길이의 합은 49 cm입니다.
이등변삼각형 ㉯에서 길이가 같은 두 변의 길이를 각각 □cm라 하면
□+□=49−13=36 ⇨ □=36÷2=18
→ (정삼각형 ㉮의 한 변의 길이)
=(정사각형 ㉯의 한 변의 길이)=□cm=18 cm
(육각형의 여섯 변의 길이의 합)
=18+18+18+18+13+18=103 (cm)

유형 04 이등변삼각형의 각의 성질		
42쪽	1 ❶ 30° ❷ 150° 답 150°	
	2 110°	3 30°
43쪽	4 ❶ 55° ❷ 35° 답 35°	
	5 65°	6 70°
44쪽	7 ❶ 45° ❷ 90° 답 90°	
	8 80°	9 40°
45쪽	10 ❶ 30° ❷ 35° ❸ 115° 답 115°	
	11 110°	12 65°

1 ❶ 삼각형 ㄱㄴㄷ의 세 각의 크기의 합은 180°이므로
(각 ㄱㄴㄷ)+(각 ㄱㄷㄴ)=180°−120°=60°
이등변삼각형은 두 각의 크기가 같으므로
(각 ㄱㄴㄷ)=(각 ㄱㄷㄴ)=60°÷2=30°
❷ 한 직선이 이루는 각도는 180°이므로
㉠=180°−30°=150°

2 삼각형 ㄱㄴㄷ에서
(각 ㄴㄷㄱ)+(각 ㄴㄱㄷ)=180°−40°=140°
이등변삼각형은 두 각의 크기가 같으므로
(각 ㄴㄷㄱ)=(각 ㄴㄱㄷ)=140°÷2=70°
⇨ ㉠=180°−70°=110°

3 이등변삼각형은 두 각의 크기가 같으므로
(각 ㄱㄷㄴ)=(각 ㄱㄴㄷ)=㉡
㉡+㉡=180°−30°=150° ⇨ ㉡=150°÷2=75°
㉠=180°−75°=105°
→ (㉠과 ㉡의 각도의 차)=105°−75°=30°

4 ❶ 삼각형 ㄱㄴㄷ에서
(각 ㄱㄷㄴ)+(각 ㄱㄴㄷ)=180°−70°=110°
이등변삼각형은 두 각의 크기가 같으므로
(각 ㄱㄷㄴ)=(각 ㄱㄴㄷ)=110°÷2=55°
❷ 직각삼각형 ㄹㄴㄷ에서 (각 ㄹㄷㄴ)=90°이므로
(각 ㄱㄷㄹ)=90°−55°=35°

5 삼각형 ㄹㄴㄷ에서
(각 ㄹㄴㄷ)+(각 ㄹㄷㄴ)=180°−130°=50°
이등변삼각형은 두 각의 크기가 같으므로
(각 ㄹㄴㄷ)=(각 ㄹㄷㄴ)=50°÷2=25°
직각삼각형 ㄱㄴㄷ에서 (각 ㄱㄴㄷ)=90°이므로
(각 ㄱㄴㄹ)=90°−25°=65°

6 삼각형 ㄱㄴㄷ에서
(각 ㄷㄱㄴ)+(각 ㄷㄴㄱ)=180°−140°=40°
이등변삼각형은 두 각의 크기가 같으므로
(각 ㄷㄱㄴ)=(각 ㄷㄴㄱ)=40°÷2=20°
직각삼각형 ㄱㄴㄹ에서 (각 ㄱㄹㄴ)=90°이므로
(각 ㄴㄱㄹ)=180°−90°−20°=70°

7 ❶ 정삼각형 ㄹㄴㄷ에서 (각 ㄴㄹㄷ)=60°
⇨ (각 ㄱㄹㄴ)=105°−60°=45°
❷ 삼각형 ㄱㄴㄹ은 이등변삼각형이므로
(각 ㄱㄴㄹ)=(각 ㄱㄹㄴ)=45°,
(각 ㄴㄱㄹ)=180°−45°−45°=90°

8 정삼각형 ㄱㄴㄷ에서 (각 ㄱㄴㄷ)=60°
⇨ (각 ㅁㄴㄹ)=60°−10°=50°
삼각형 ㅁㄴㄹ은 이등변삼각형이므로
(각 ㅁㄹㄴ)=(각 ㅁㄴㄹ)=50°,
(각 ㄴㅁㄹ)=180°−50°−50°=80°

9 삼각형 ㄹㄴㄷ에서
(각 ㄹㄴㄷ)+(각 ㄹㄷㄴ)=180°−100°=80°
이등변삼각형은 두 각의 크기가 같으므로
(각 ㄹㄴㄷ)=(각 ㄹㄷㄴ)=80°÷2=40°
→ (각 ㄱㄷㄴ)=40°+30°=70°
삼각형 ㄱㄴㄷ은 이등변삼각형이므로
(각 ㄱㄴㄷ)=(각 ㄱㄷㄴ)=70°,
(각 ㄴㄱㄷ)=180°−70°−70°=40°

10 ❶ 삼각형 ㄱㄴㄷ은 이등변삼각형이므로
(각 ㄱㄴㄷ)=(각 ㄱㄷㄴ)=30°
접었을 때 겹치는 각의 크기는 같으므로
(각 ㄱㅁㄹ)=(각 ㄱㄴㄹ)=30°
❷ 삼각형 ㄱㄴㄷ에서
(각 ㄴㄱㄷ)=180°−30°−30°=120°
(각 ㅁㄱㄹ)+(각 ㄴㄱㄹ)=(각 ㄴㄱㄷ)−50°
=120°−50°=70°
접었을 때 겹치는 각의 크기는 같으므로
(각 ㅁㄱㄹ)=(각 ㄴㄱㄹ)=70°÷2=35°
❸ 삼각형 ㄱㅁㄹ에서
㉠=180°−35°−30°=115°

11 삼각형 ㄱㄴㄷ에서

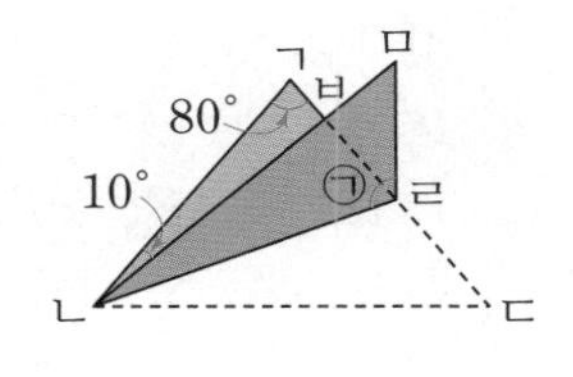

(각 ㄱㄴㄷ)+(각 ㄱㄷㄴ)
=180°−80°=100°
이등변삼각형은 두 각의 크기가 같으므로
(각 ㄱㄴㄷ)=(각 ㄱㄷㄴ)=100°÷2=50°
⇨ (각 ㅁㄴㄹ)+(각 ㄷㄴㄹ)=(각 ㄱㄴㄷ)−10°
=50°−10°=40°
접었을 때 겹치는 각의 크기는 같으므로
(각 ㅁㄴㄹ)=(각 ㄷㄴㄹ)=40°÷2=20°
접었을 때 겹치는 각의 크기는 같으므로
(각 ㄹㅁㄴ)=(각 ㄹㄷㄴ)=50°
삼각형 ㅁㄴㄹ에서 ㉠=180°−20°−50°=110°

12 접었을 때 겹치는 각의 크기는 같으므로

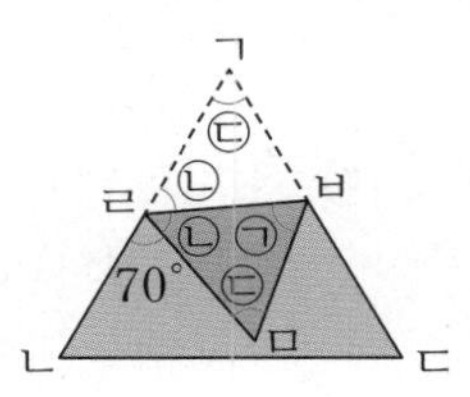

(각 ㅁㄹㅂ)=(각 ㄱㄹㅂ)=㉡,
(각 ㄹㅁㅂ)=(각 ㄹㄱㅂ)=㉢
한 직선이 이루는 각도는 180°이므로
㉡+㉡=180°−70°=110°
⇨ ㉡=110°÷2=55°
삼각형 ㄱㄴㄷ은 정삼각형이므로 ㉢=60°
삼각형 ㄹㅁㅂ에서
㉠=180°−55°−60°=65°

유형 05 이등변삼각형의 활용

46쪽	**1** ❶ 이등변삼각형에 ○표 ❷ 110° ❸ 40° 답 40°
	2 80° **3** 60°
47쪽	**4** ❶ 삼각형 ㅇㄱㄴ, 삼각형 ㅇㄴㄷ, 삼각형 ㅇㄱㄷ은 모두 이등변삼각형입니다. ❷ 각 ㅇㄱㄴ: 35°, 각 ㅇㄱㄷ: 40° ❸ 15° 답 15°
	5 40° **6** 65°
48쪽	**7** ❶ 이등변삼각형 ❷ 30° ❸ 75° 답 75°
	8 15° **9** 45°

1 ❶ (변 ㄴㄷ)=(변 ㄴㄹ)이므로
삼각형 ㄴㄷㄹ은 이등변삼각형입니다.
(변 ㄱㄹ)=(변 ㄴㄹ)이므로
삼각형 ㄹㄱㄴ은 이등변삼각형입니다.
❷ 삼각형 ㄴㄷㄹ은 이등변삼각형이므로
(각 ㄴㄹㄷ)=(각 ㄴㄷㄹ)=35°,
(각 ㄷㄴㄹ)=180°−35°−35°=110°
❸ 한 직선이 이루는 각도는 180°이므로
(각 ㄱㄴㄹ)=180°−110°=70°
삼각형 ㄹㄱㄴ은 이등변삼각형이므로
(각 ㄴㄱㄹ)
=(각 ㄱㄴㄹ)=70°,
(각 ㄴㄹㄱ)
=180°−70°−70°=40°

2 (변 ㄱㄷ)=(변 ㄷㄹ)이므로
삼각형 ㄷㄱㄹ은 이등변삼각형입니다.
(각 ㄷㄱㄹ)=(각 ㄷㄹㄱ)=25°이므로
(각 ㄱㄷㄹ)=180°−25°−25°=130°
⇨ (각 ㄱㄷㄴ)=180°−130°=50°
(변 ㄱㄴ)=(변 ㄱㄷ)이므로
삼각형 ㄱㄴㄷ은 이등변삼각형입니다.
(각 ㄱㄴㄷ)=(각 ㄱㄷㄴ)=50°이므로
(각 ㄴㄱㄷ)=180°−50°−50°=80°

3 (변 ㄱㄹ)=(변 ㄷㄹ)이므로
삼각형 ㄹㄱㄷ은 이등변삼각형입니다.
⇨ (각 ㄹㄱㄷ)=(각 ㄹㄷㄱ)=40°
(각 ㄱㄷㄴ)=180°−40°=140°
(변 ㄱㄷ)=(변 ㄴㄷ)이므로
삼각형 ㄷㄱㄴ은 이등변삼각형입니다.
삼각형 ㄷㄱㄴ에서
(각 ㄱㄴㄷ)+(각 ㄴㄱㄷ)=180°−140°=40°
이등변삼각형은 두 각의 크기가 같으므로
(각 ㄱㄴㄷ)=(각 ㄴㄱㄷ)=40°÷2=20°
→ (각 ㄴㄱㄹ)=(각 ㄴㄱㄷ)+(각 ㄹㄱㄷ)
=20°+40°=60°

다른 풀이
삼각형 ㄱㄷㄹ은 이등변삼각형이므로
(각 ㄹㄱㄷ)=(각 ㄹㄷㄱ)=40°,
(각 ㄱㄹㄷ)=180°−40°−40°=100°
삼각형 ㄱㄴㄷ은 이등변삼각형이므로
(각 ㄷㄱㄴ)=(각 ㄷㄴㄱ)
삼각형 ㄱㄴㄹ에서
(각 ㄷㄱㄴ)+(각 ㄷㄴㄱ)=180°−40°−100°=40°
⇨ (각 ㄷㄱㄴ)=(각 ㄷㄴㄱ)=40°÷2=20°
→ (각 ㄴㄱㄹ)=20°+40°=60°

4 ❶ 한 원에서 반지름은 모두 같으므로
변 ㅇㄱ, 변 ㅇㄴ, 변 ㅇㄷ의 길이는 모두 같습니다.
⇨ (변 ㅇㄱ)=(변 ㅇㄴ)이므로
삼각형 ㅇㄱㄴ은 이등변삼각형입니다.
(변 ㅇㄴ)=(변 ㅇㄷ)이므로
삼각형 ㅇㄴㄷ은 이등변삼각형입니다.
(변 ㅇㄱ)=(변 ㅇㄷ)이므로
삼각형 ㅇㄱㄷ은 이등변삼각형입니다.

❷ 삼각형 ㅇㄱㄴ은 이등변삼각형이므로
(각 ㅇㄱㄴ)=(각 ㅇㄴㄱ)=35°
삼각형 ㅇㄱㄷ은 이등변삼각형이므로
(각 ㅇㄱㄷ)=(각 ㅇㄷㄱ)=40°

❸ 삼각형 ㅇㄴㄷ은 이등변삼각형이므로
(각 ㅇㄷㄴ)=(각 ㅇㄴㄷ)
삼각형 ㄱㄴㄷ에서
(각 ㅇㄷㄴ)+(각 ㅇㄴㄷ)
$=180^\circ-35^\circ-35^\circ-40^\circ-40^\circ=30^\circ$
⇨ (각 ㅇㄷㄴ)=(각 ㅇㄴㄷ)=$30^\circ \div 2=15^\circ$

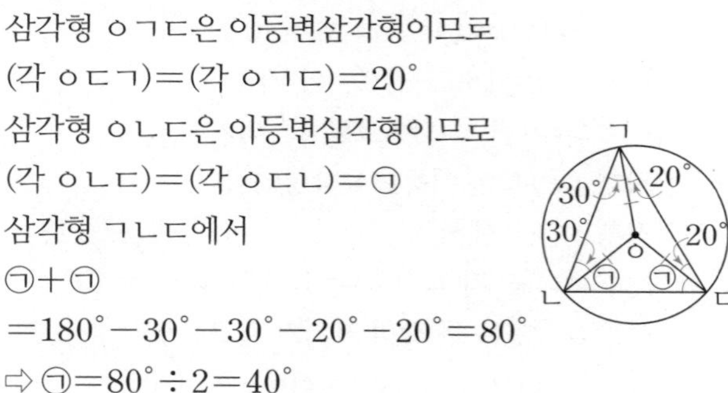

5 한 원에서 반지름은 모두 같으므로
변 ㅇㄱ, 변 ㅇㄴ, 변 ㅇㄷ의 길이는 모두 같습니다.
⇨ 삼각형 ㅇㄱㄴ, 삼각형 ㅇㄴㄷ, 삼각형 ㅇㄱㄷ은 모두 이등변삼각형입니다.
삼각형 ㅇㄱㄴ은 이등변삼각형이므로
(각 ㅇㄱㄴ)=(각 ㅇㄴㄱ)=30°
삼각형 ㅇㄱㄷ은 이등변삼각형이므로
(각 ㅇㄷㄱ)=(각 ㅇㄱㄷ)=20°
삼각형 ㅇㄴㄷ은 이등변삼각형이므로
(각 ㅇㄴㄷ)=(각 ㅇㄷㄴ)=㉠
삼각형 ㄱㄴㄷ에서
㉠+㉠
$=180^\circ-30^\circ-30^\circ-20^\circ-20^\circ=80^\circ$
⇨ ㉠$=80^\circ \div 2=40^\circ$

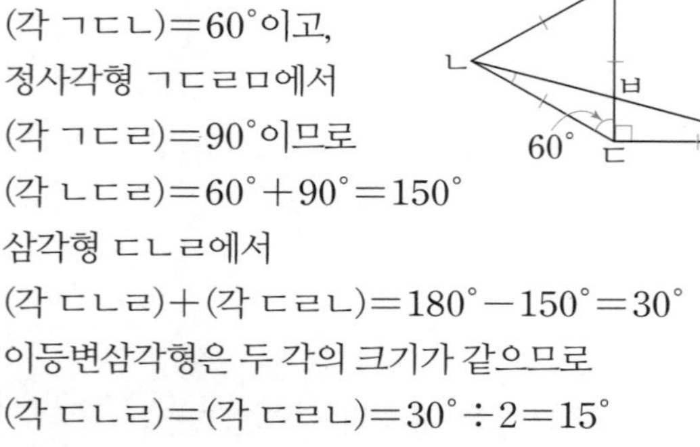

6 한 원에서 반지름은 모두 같으므로
변 ㅇㄱ, 변 ㅇㄴ, 변 ㅇㄷ의 길이는 모두 같습니다.
⇨ (변 ㅇㄱ)=(변 ㅇㄴ)이므로
삼각형 ㅇㄱㄴ은 이등변삼각형입니다.
(변 ㅇㄱ)=(변 ㅇㄷ)이므로
삼각형 ㅇㄱㄷ은 이등변삼각형입니다.
삼각형 ㅇㄱㄴ은 이등변삼각형이므로
(각 ㅇㄱㄴ)=(각 ㅇㄴㄱ)=25°
삼각형 ㅇㄱㄷ은 이등변삼각형이므로
(각 ㅇㄷㄱ)=(각 ㅇㄱㄷ)
삼각형 ㄱㄴㄷ에서
(각 ㅇㄷㄱ)+(각 ㅇㄱㄷ)
$=180^\circ-25^\circ-25^\circ=130^\circ$
⇨ (각 ㅇㄷㄱ)=(각 ㅇㄱㄷ)
$=130^\circ \div 2=65^\circ$

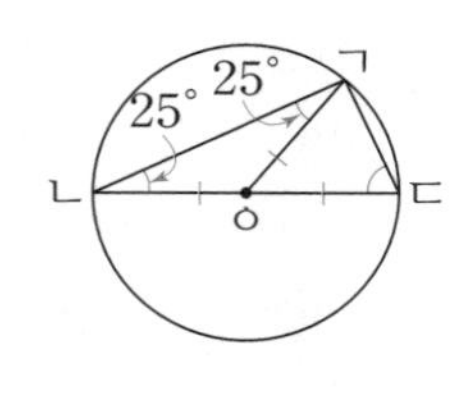

7 ❶ 정사각형 ㄱㄴㄷㄹ에서 (변 ㄱㄴ)=(변 ㄱㄹ)
정삼각형 ㄱㄴㅁ에서 (변 ㄱㄴ)=(변 ㄱㅁ)
⇨ (변 ㄱㄹ)=(변 ㄱㅁ)이므로
삼각형 ㄱㄹㅁ은 이등변삼각형입니다.

❷ 정사각형 ㄱㄴㄷㄹ에서
(각 ㄴㄱㄹ)=90°이고,
정삼각형 ㄱㄴㅁ에서
(각 ㅁㄱㄴ)=60°이므로
(각 ㄹㄱㅁ)=$90^\circ-60^\circ=30^\circ$

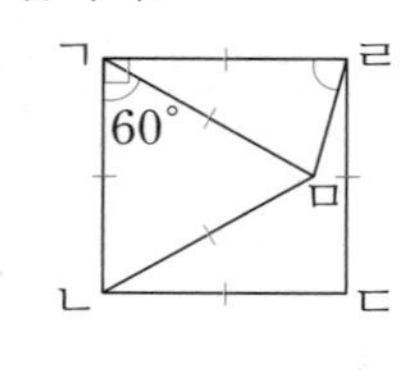

❸ 삼각형 ㄱㄹㅁ에서
(각 ㄱㄹㅁ)+(각 ㄱㅁㄹ)=$180^\circ-30^\circ=150^\circ$
이등변삼각형은 두 각의 크기가 같으므로
(각 ㄱㄹㅁ)=(각 ㄱㅁㄹ)=$150^\circ \div 2=75^\circ$

8 사각형 ㄱㄷㄹㅁ은 정사각형이므로
(변 ㄱㄷ)=(변 ㄷㄹ)
삼각형 ㄱㄴㄷ은 정삼각형이므로 (변 ㄱㄷ)=(변 ㄴㄷ)
⇨ (변 ㄷㄹ)=(변 ㄴㄷ)이므로
삼각형 ㄷㄴㄹ은 이등변삼각형입니다.
정삼각형 ㄱㄴㄷ에서
(각 ㄱㄷㄴ)=60°이고,
정사각형 ㄱㄷㄹㅁ에서
(각 ㄱㄷㄹ)=90°이므로
(각 ㄴㄷㄹ)=$60^\circ+90^\circ=150^\circ$
삼각형 ㄷㄴㄹ에서
(각 ㄷㄴㄹ)+(각 ㄷㄹㄴ)=$180^\circ-150^\circ=30^\circ$
이등변삼각형은 두 각의 크기가 같으므로
(각 ㄷㄴㄹ)=(각 ㄷㄹㄴ)=$30^\circ \div 2=15^\circ$

9 사각형 ㄱㄴㄷㄹ은 정사각형이므로
(변 ㄴㄷ)=(변 ㄹㄷ)
삼각형 ㅁㄴㄷ은 정삼각형이므로 (변 ㄴㄷ)=(변 ㅁㄷ)
삼각형 ㄹㄷㅅ은 정삼각형이므로 (변 ㄹㄷ)=(변 ㅅㄷ)
⇨ (변 ㅁㄷ)=(변 ㅅㄷ)이므로
삼각형 ㄷㅅㅁ은 이등변삼각형입니다.
정삼각형 ㅁㄴㄷ에서
(각 ㅁㄷㄴ)=60°이고,
정사각형 ㄱㄴㄷㄹ에서
(각 ㄴㄷㄹ)=90°이므로
(각 ㅁㄷㄹ)=$90^\circ-60^\circ=30^\circ$

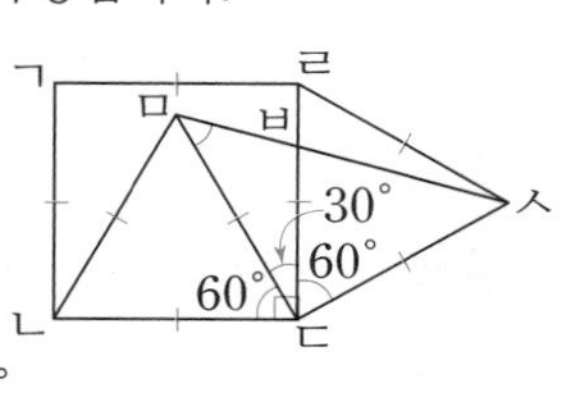

정삼각형 ㄹㄷㅅ에서 (각 ㄹㄷㅅ)=60°이므로
(각 ㅁㄷㅅ)=30°+60°=90°
삼각형 ㄷㅅㅁ에서
(각 ㄷㅁㅅ)+(각 ㄷㅅㅁ)=180°−90°=90°
이등변삼각형은 두 각의 크기가 같으므로
(각 ㄷㅁㅅ)=(각 ㄷㅅㅁ)=90°÷2=45°

단원 2 유형 마스터

49쪽	**01** 15 cm	**02** 40 cm	**03** 1개
50쪽	**04** 14 cm, 18 cm / 16 cm, 16 cm		
	05 20°	**06** 37 cm	
51쪽	**07** 40°	**08** 10 cm	**09** 189 cm

01 이등변삼각형은 두 변의 길이가 같으므로
(변 ㄱㄷ)=(변 ㄱㄴ)=12 cm
(이등변삼각형의 세 변의 길이의 합)
=12+12+21=45 (cm)
이등변삼각형과 정삼각형의 세 변의 길이의 합이 같으므로 정삼각형의 세 변의 길이의 합은 45 cm입니다.
(변 ㄹㅁ)=45÷3=15 (cm)

02 (정삼각형의 한 변의 길이)=12÷3=4 (cm)
빨간색 선의 길이는 정삼각형의 한 변의 길이의 10배이므로
(빨간색 선의 길이)=4×10=40 (cm)

03

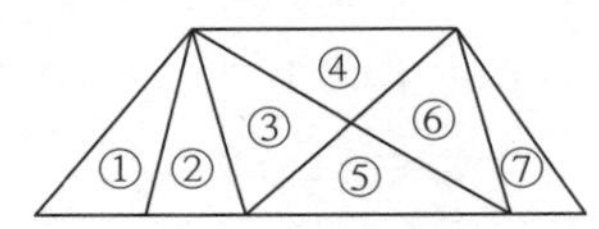

• 예각삼각형의 개수를 알아보면
삼각형 1개짜리: ②, ③, ⑥ ⇨ 3개
삼각형 2개짜리: ①+②, ③+④, ⑤+⑥ ⇨ 3개
삼각형 3개짜리: ②+③+⑤, ⑤+⑥+⑦ ⇨ 2개
→ 찾을 수 있는 크고 작은 예각삼각형은 모두 3+3+2=8(개)입니다.

• 둔각삼각형의 개수를 알아보면
삼각형 1개짜리: ①, ④, ⑤, ⑦ ⇨ 4개
삼각형 2개짜리: ③+⑤, ④+⑥ ⇨ 2개
삼각형 4개짜리: ①+②+③+⑤ ⇨ 1개
→ 찾을 수 있는 크고 작은 둔각삼각형은 모두 4+2+1=7(개)입니다.

따라서 찾을 수 있는 크고 작은 예각삼각형은 둔각삼각형보다 8−7=1(개) 더 많습니다.

04 • 이등변삼각형에서 길이가 같은 두 변의 길이가 각각 14 cm라면
(나머지 한 변의 길이)
=46−14−14
=18 (cm)
→ 나머지 두 변의 길이: 14 cm, 18 cm
• 이등변삼각형에서 길이가 같은 두 변의 길이를 각각 □cm라 하면
□+□=46−14=32
⇨ □=32÷2=16
→ 나머지 두 변의 길이: 16 cm, 16 cm

05 삼각형 ㄱㄴㄷ에서
(각 ㄱㄷㄴ)=180°−80°−60°=40°
⇨ (각 ㄱㄷㄹ)=180°−40°=140°
삼각형 ㄱㄷㄹ에서
(각 ㄷㄹㄱ)+(각 ㄷㄱㄹ)=180°−140°=40°
이등변삼각형은 두 각의 크기가 같으므로
(각 ㄷㄹㄱ)=(각 ㄷㄱㄹ)=40°÷2=20°

06 삼각형 ㄱㄴㄷ의 세 변의 길이의 합이 29 cm이므로
(변 ㄱㄷ)+(변 ㄴㄷ)=29−13=16 (cm)
이등변삼각형은 두 변의 길이가 같으므로
(변 ㄱㄷ)=(변 ㄴㄷ)=16÷2=8 (cm)
정삼각형에서
(변 ㄱㄹ)=(변 ㄷㄹ)=(변 ㄱㄷ)=8 cm
(사각형 ㄱㄴㄷㄹ의 네 변의 길이의 합)
=13+8+8+8
=37 (cm)

07 한 원에서 반지름은 모두 같으므로
변 ㅇㄱ, 변 ㅇㄴ, 변 ㅇㄷ의 길이는 모두 같습니다.
⇨ (변 ㅇㄱ)=(변 ㅇㄴ)이므로
삼각형 ㅇㄱㄴ은 이등변삼각형입니다.
(변 ㅇㄱ)=(변 ㅇㄷ)이므로
삼각형 ㅇㄱㄷ은 이등변삼각형입니다.
삼각형 ㅇㄱㄴ은 이등변삼각형이므로
(각 ㅇㄱㄴ)=(각 ㅇㄴㄱ)=50°
삼각형 ㅇㄱㄷ은 이등변삼각형이므로
(각 ㅇㄱㄷ)=(각 ㅇㄷㄱ)
삼각형 ㄱㄴㄷ에서
(각 ㅇㄱㄷ)+(각 ㅇㄷㄱ)=180°−50°−50°=80°
⇨ (각 ㅇㄱㄷ)=(각 ㅇㄷㄱ)=80°÷2=40°

08 짧은 변의 길이를 □cm라 하면
긴 변의 길이는 (□+□) cm입니다.

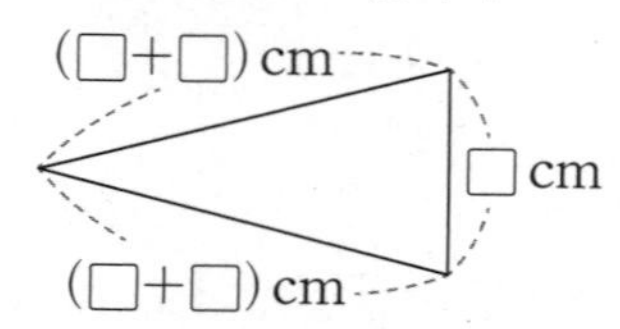

□+□+□+□+□=25, □×5=25
⇨ □=25÷5=5
따라서 긴 변의 길이는 5+5=10 (cm)입니다.

참고
(□의 2배)=□×2=□+□

09

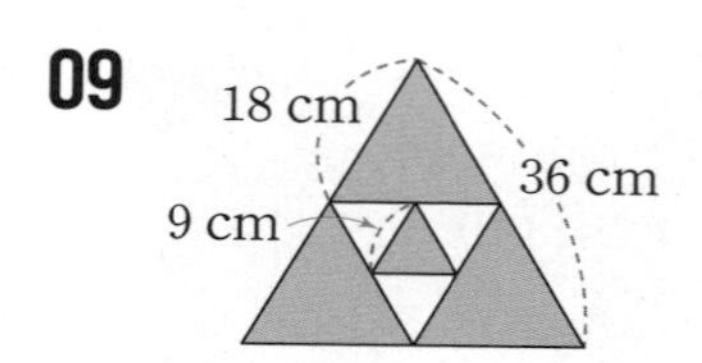

(두 번째로 큰 정삼각형의 한 변의 길이)
=36÷2=18 (cm)
⇨ (두 번째로 큰 정삼각형의 세 변의 길이의 합)
=18×3=54 (cm)
(세 번째로 큰 정삼각형의 한 변의 길이)
=18÷2=9 (cm)
⇨ (세 번째로 큰 정삼각형의 세 변의 길이의 합)
=9×3=27 (cm)
따라서 색칠한 부분의 모든 변의 길이의 합은
54+54+54+27=189 (cm)입니다.

3 소수의 덧셈과 뺄셈

유형 01 세로셈 완성하기

54쪽	1 ❶ 7 ❷ 6 ❸ 5 답 5, 7, 6 2 (위에서부터) 6, 6, 2 3 3.129
55쪽	4 ❶ 3 ❷ 5 ❸ 1 답 3, 1, 5 5 (위에서부터) 5, 9, 3, 7 6 2, 6, 4

1 ❶ ㉡+5=12 ⇨ ㉡=12−5=7
❷ 1+6+㉢=13, 7+㉢=13
⇨ ㉢=13−7=6
❸ 1+㉠+4=10, ㉠+5=10
⇨ ㉠=10−5=5

```
   1 1
   ㉠.6 ㉡
 + 4.㉢ 5
 -------
 1 0.3 2
```

2 0+㉢=2, ㉢=2
1+3+㉡=10, 4+㉡=10
⇨ ㉡=10−4=6
1+㉠+5=12, ㉠+6=12
⇨ ㉠=12−6=6

```
   1 1
   ㉠.3 9
 + 5.㉡ 6 ㉢
 ---------
 1 2.0 5 2
```

3 <소수 셋째 자리 계산>

```
    ㉠.㉡ ㉢ ㉣
 + ㉠ ㉡.㉢ ㉣
 -----------
  3 4.4 1 9
```

㉣=9

<소수 둘째 자리 계산>

```
         1
    ㉠.㉡ ㉢ 9
 + ㉠ ㉡.㉢ 9
 -----------
  3 4.4 1 9
```

㉢+9=11
⇨ ㉢=11−9=2

<소수 첫째 자리 계산>

```
      1
    ㉠.㉡ 2 9
 + ㉠ ㉡.2 9
 -----------
  3 4.4 1 9
```

1+㉡+2=4,
㉡+3=4
⇨ ㉡=4−3=1

<일의 자리 계산>

```
      1
    ㉠.1 2 9
 + ㉠ 1.2 9
 -----------
  3 4.4 1 9
```

㉠+1=4
⇨ ㉠=4−1=3

따라서 소수 ㉠.㉡㉢㉣은 3.129입니다.

4 ❶ 10+㉠−8=5, ㉠+2=5
⇨ ㉠=5−2=3
❷ 11−6=㉢, ㉢=5
❸ 8−㉡=7 ⇨ ㉡=8−7=1

```
  8  11 10
  9 . 2 ㉠
− ㉡ . 6 8
---------
  7 . ㉢ 5
```

5 10+1−㉢=8, 11−㉢=8
⇨ ㉢=11−8=3
10−3=㉣, ㉣=7
17−㉡=8 ⇨ ㉡=17−8=9
㉠−1−1=3 ⇨ ㉠=3+1+1=5

```
㉠−1 17 10 10
   ㉠. 8  1  1
−  1 . ㉡ 3 ㉢
--------------
   3 . 8 ㉣ 8
```

6 〈소수 둘째 자리 계산〉

```
       ㉢−1 10
  ㉠ ㉡. ㉢
−     ㉠. ㉡ ㉢
--------------
   2  3 . 7  6
```

10−㉢=6
⇨ ㉢=10−6=4

〈소수 첫째 자리 계산〉

```
     ㉡−1 13 10
  ㉠ ㉡ . 4
−     ㉠. ㉡ 4
--------------
   2  3 . 7  6
```

13−㉡=7
⇨ ㉡=13−7=6

〈일의 자리 계산〉

```
   5 13 10
  ㉠ 6 . 4
−    ㉠. 6  4
--------------
   2  3 . 7  6
```

5−㉠=3
⇨ ㉠=5−3=2

유형 02 소수의 덧셈과 뺄셈의 활용

쪽		
56쪽	1 ❶ 0.42 m ❷ 1.05 m 답 1.05 m	
	2 4.266 kg	3 3.03 L
57쪽	4 ❶ 1.945 L ❷ 3.055 L 답 3.055 L	
	5 0.6 t	6 3.1 kg
58쪽	7 ❶ 2.25 m ❷ 0.75 m 답 0.75 m	
	8 0.7 m	9 0.95 m
59쪽	10 ❶ +, − ❷ 9.4 m 답 9.4 m	
	11 7.16 km	12 1.082 km

1 ❶ (파란색 테이프의 길이)
=(빨간색 테이프의 길이)−0.21
=0.63−0.21=0.42 (m)
❷ (다연이가 가지고 있는 색 테이프의 길이)
=(빨간색 테이프의 길이)+(파란색 테이프의 길이)
=0.63+0.42=1.05 (m)

2 (한별이네 모둠이 사용한 찰흙의 무게)
=1.94+0.386=2.326 (kg)
(두 모둠이 사용한 찰흙의 무게)
=1.94+2.326=4.266 (kg)

3 (포도 주스의 양)=(오렌지 주스의 양)−0.52
=1.1−0.52=0.58 (L)
(전체 주스의 양)
=1.35+1.1+0.58=3.03 (L)

4 ❶ 1840 mL=1.84 L이므로
(사용하고 남은 물의 양)
=3.785−1.84=1.945 (L)
❷ (더 부어야 하는 물의 양)=5−1.945=3.055 (L)

5 940 kg=0.94 t이므로
(사과와 배를 실은 무게)=1.46+0.94=2.4 (t)
(실을 수 있는 감의 무게)=3−2.4=0.6 (t)

6 (빵을 만들고 남은 밀가루의 양)=4−2.4=1.6 (kg)
1500 g=1.5 kg이므로
(지금 있는 밀가루의 양)=1.6+1.5=3.1 (kg)

7 ❶ (정삼각형의 세 변의 길이의 합)
=0.75+0.75+0.75=2.25 (m)
사용한 철사의 길이는 정삼각형의 세 변의 길이의 합과 같으므로 2.25 m입니다.
❷ (사용하고 남은 철사의 길이)=3−2.25=0.75 (m)

8 이등변삼각형은 두 변의 길이가 같으므로 이등변삼각형의 나머지 한 변의 길이는 0.4 m입니다.
(이등변삼각형의 세 변의 길이의 합)
=0.4+0.4+0.5=1.3 (m)
사용한 철사의 길이는 이등변삼각형의 세 변의 길이의 합과 같으므로 1.3 m입니다.
⇨ (사용하고 남은 철사의 길이)=2−1.3=0.7 (m)

9 정사각형은 네 변의 길이가 모두 같으므로
(액자의 네 변의 길이의 합)
=0.8+0.8+0.8+0.8=3.2 (m)
사용한 끈의 길이는 액자의 네 변의 길이의 합과 같으므로 3.2 m입니다.
⇨ (사용하고 남은 끈의 길이)=4.15−3.2=0.95 (m)

10 ❶ (㉮~㉱)=(㉮~㉰)+(㉯~㉱)−(㉯~㉰)이므로
❷ (㉮~㉱)=3.8+7.5−1.9=11.3−1.9=9.4 (m)

11 (㉮~㉱)=5.32+4.7−2.86
=10.02−2.86=7.16 (km)

12 (꽃집~우체국)
=(꽃집~은행)+(마트~우체국)−(마트~은행)이므로
(마트~은행)
=(꽃집~은행)+(마트~우체국)−(꽃집~우체국)
=2.3+6.572−7.79=8.872−7.79=1.082 (km)

유형 03 소수로 나타내기

60쪽	1 ❶ ㉠ 3.49, ㉡ 3.56 ❷ ㉡ 답 ㉡
	2 ㉡ 3 도현
61쪽	4 ❶ 0.01 ❷ 5.24 답 5.24
	5 6.888 6 8.6
62쪽	7 ❶ 3.□□ ❷ 3.7□
	❸ 3.74 답 3.74
	8 7.682 9 5.019

1 ❶ ㉠ 0.1 이 34개 ⇨ 3.4
0.01이 9개 ⇨ 0.09
3.49
㉡ 1 이 3개 ⇨ 3
0.1 이 1개 ⇨ 0.1
0.01이 46개 ⇨ 0.46
3.56
❷ 3.49 < 3.56이므로 더 큰 수는 ㉡입니다.

2 ㉠ 0.1 이 5개 ⇨ 0.5
0.001이 58개 ⇨ 0.058
0.558
㉡ 0.1 이 1개 ⇨ 0.1
0.01 이 45개 ⇨ 0.45
0.001이 7개 ⇨ 0.007
0.557
0.558 > 0.557이므로 더 작은 수는 ㉡입니다.

3 도현: 0.01 이 22개 ⇨ 0.22
0.001이 18개 ⇨ 0.018
0.238
설아: 0.1 이 2개 ⇨ 0.2
0.01 이 1개 ⇨ 0.01
0.001이 16개 ⇨ 0.016
0.226
민영: 0.01 이 23개 ⇨ 0.23
0.001이 5개 ⇨ 0.005
0.235
0.238 > 0.235 > 0.226이므로 가장 큰 수를 말한 사람은 도현입니다.

4 ❶ 5.2와 5.3 사이의 크기는 5.3−5.2=0.1이므로 5.2와 5.3 사이를 10등분한 작은 눈금 한 칸의 크기는 0.1을 10등분한 것 중의 한 칸인 0.01입니다.
❷ ㉠이 나타내는 수는 5.2에서 0.01씩 4번 뛰어 센 수이므로 5.24입니다.

5 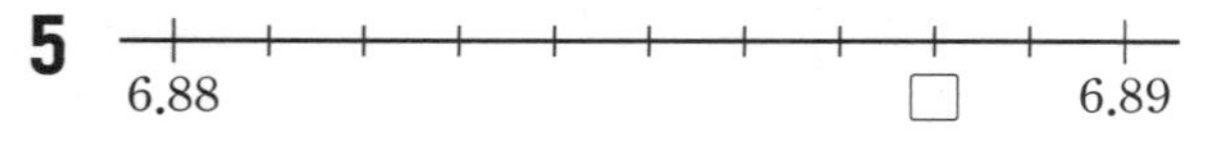

6.88과 6.89 사이의 크기는 6.89−6.88=0.01이므로 6.88과 6.89 사이를 10등분한 작은 눈금 한 칸의 크기는 0.01을 10등분한 것 중의 한 칸인 0.001입니다.
□ 안에 알맞은 수는 6.88에서 0.001씩 8번 뛰어 센 수이므로 6.888입니다.

6 (수직선: 8, ㉠, 9)

8과 9 사이의 크기는 9−8=1이므로
8과 9 사이를 10등분한 작은 눈금 한 칸의 크기는 1을 10등분한 것 중의 한 칸인 0.1입니다.
㉠이 나타내는 수는 8에서 0.1씩 6번 뛰어 센 수이므로 8.6입니다.

7 ❶ 3보다 크고 4보다 작은 소수 두 자리 수는 3.01부터 3.99까지의 수이므로 ㉠을 만족하는 일의 자리 숫자는 3입니다. ⇨ 3.□□
❷ ㉡에서 소수 첫째 자리 숫자는 7입니다.
⇨ 3.7□
❸ 소수 첫째 자리 숫자는 7이므로 ㉢에 의해 소수 둘째 자리 수는 7−3=4입니다. ⇨ 3.74

8 ㉠을 만족하는 일의 자리 숫자는 7입니다.
⇨ 7.□□□
㉡에서 소수 첫째 자리 숫자는 6, 소수 둘째 자리 숫자는 8입니다. ⇨ 7.68□
소수 첫째 자리 숫자는 6이므로 ㉢에 의해 소수 셋째 자리 수는 6÷3=2입니다. ⇨ 7.682

9 ㉠을 만족하는 일의 자리 숫자는 5입니다.
⇨ 5.□□□
0과 어떤 수를 곱하면 항상 0이므로 ㉡에 의해 소수 첫째 자리 숫자는 0입니다. ⇨ 5.0□□
㉢에서 소수 둘째 자리 숫자는 1입니다.
⇨ 5.01□
일의 자리 숫자는 5이므로 ㉣에 의해 소수 셋째 자리 수는 5+4=9입니다. ⇨ 5.019

유형 04 소수에서 규칙 찾기

63쪽	1 ❶ 예 0.8씩 커지는 규칙입니다. ❷ 5.9 답 5.9
	2 9.7 3 11.436
64쪽	4 ❶ 0.042 ❷ 예 0.021씩 뛰어 세는 규칙입니다. ❸ 1.117 답 1.117
	5 8.04 6 1.9

1 ❶ $3.5-2.7=0.8$, $4.3-3.5=0.8$로
0.8씩 커지는 규칙입니다.
❷ (다섯 번째에 알맞은 소수)$=4.3+0.8+0.8=5.9$

2 $2.7-0.95=1.75$, $4.45-2.7=1.75$로
1.75씩 커지는 규칙입니다.
(여섯 번째에 알맞은 소수)$=4.45+1.75+1.75+1.75$
$=9.7$

3 $21.036-18.636=2.4$, $18.636-16.236=2.4$로
2.4씩 작아지는 규칙입니다.
(다섯 번째에 알맞은 소수)$=16.236-2.4-2.4$
$=11.436$

4 ❶ $1.054-1.012=0.042$, $1.096-1.054=0.042$로
2번 뛰어 세어 0.042씩 커졌습니다.
❷ $0.042=0.021+0.021$이므로
0.021씩 뛰어 세는 규칙입니다.
❸ ㉠에 알맞은 수는 1.096에서 0.021만큼 뛰어 센 수이므로 ㉠$=1.096+0.021=1.117$

5 $7.32-6.84=0.48$, $7.8-7.32=0.48$로
2번 뛰어 세어 0.48씩 커졌습니다.
$0.48=0.24+0.24$이므로 0.24씩 뛰어 세는 규칙입니다.
㉠에 알맞은 수는 7.8에서 0.24만큼 뛰어 센 수이므로
㉠$=7.8+0.24=8.04$

6 $5.8-3.2=2.6$, $8.4-5.8=2.6$으로
2번 뛰어 세어 2.6씩 커졌습니다.
$2.6=1.3+1.3$이므로 1.3씩 뛰어 세는 규칙입니다.
㉠에 알맞은 수는 3.2에서 1.3만큼 거꾸로 뛰어 센 수이므로 ㉠$=3.2-1.3=1.9$

유형 05 소수 사이의 관계

65쪽

1 ❶ 8.5 ❷

8	5	0.		
		8.	5	
		0.	8	5

(100배, $\frac{1}{10}$)

답 850, 0.85

2 93, 0.093 3 3680, 0.368

66쪽

4 ❶ 4.29 ❷ 0.429 답 0.429

5 2780 6 0.04

1 ❶ 1 이 6개 ⇨ 6
0.1이 25개 ⇨ 2.5
8.5
❷

8	5	0.		
		8.	5	
		0.	8	5

(100배, $\frac{1}{10}$)

2 1 이 2개 ⇨ 2
0.1이 73개 ⇨ 7.3
9.3
10배와 $\frac{1}{100}$을 각각 구하면 다음과 같습니다.

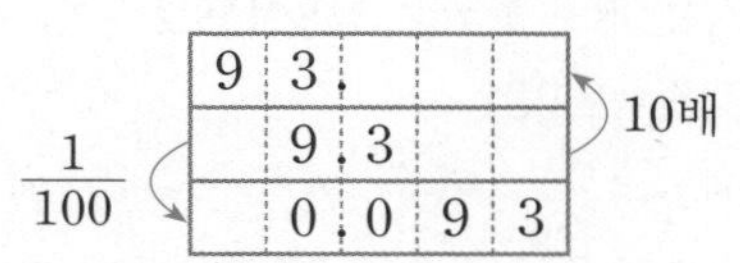

3 0.1 이 31개 ⇨ 3.1
0.01이 58개 ⇨ 0.58
3.68
1000배와 $\frac{1}{10}$을 각각 구하면 다음과 같습니다.

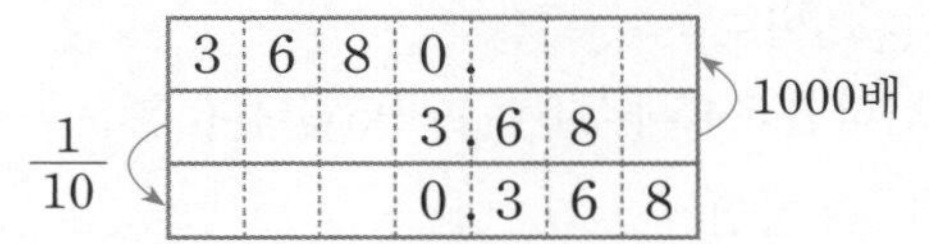

4 ❶ 어떤 수의 1000배가 4290이므로
어떤 수는 4290의 $\frac{1}{1000}$인 4.29입니다.
❷ 4.29의 $\frac{1}{10}$은 0.429입니다.

5 어떤 수의 $\frac{1}{10}$이 2.78이므로
어떤 수는 2.78의 10배인 27.8입니다.
따라서 27.8의 100배는 2780입니다.

6 어떤 수의 100배가 6410이므로
어떤 수는 6410의 $\frac{1}{100}$인 64.1입니다.
⇨ 64.1의 $\frac{1}{100}$은 0.641입니다.
0.641에서 4는 소수 둘째 자리 숫자이므로 나타내는 수는 0.04입니다.

유형 06 덧셈과 뺄셈의 관계

67쪽

1 ❶ 2.82 ❷ 3.29 답 3.29

2 10.61 3 2.032

68쪽

4 ❶ 39.46 ❷ 36.37 답 36.37

5 12.95 6 7.052

1 ❶ ■$+3.07=5.89$이므로
■$=5.89-3.07=2.82$
❷ ■$=2.82$이므로
■$+$▲$=6.11$, $2.82+$▲$=6.11$
⇨ ▲$=6.11-2.82=3.29$

2 ◆$-4.9=4.67$이므로 ◆$=4.67+4.9=9.57$
⇨ ●$-$◆$=1.04$, ●$-9.57=1.04$이므로
●$=1.04+9.57=10.61$

3 $9.1-$★$=6.72$이므로 ★$=9.1-6.72=2.38$
⇨ ★$-$♥$=0.348$, $2.38-$♥$=0.348$이므로
♥$=2.38-0.348=2.032$

4 ❶ 어떤 수를 □라 하면
□$-30.9=8.56$ ⇨ □$=8.56+30.9=39.46$
❷ 어떤 수는 39.46이므로
바르게 계산하면 $39.46-3.09=36.37$입니다.

5 어떤 수를 □라 하면
□$+0.75=6.2$ ⇨ □$=6.2-0.75=5.45$
어떤 수는 5.45이므로
바르게 계산하면 $5.45+7.5=12.95$입니다.

6 어떤 수를 □라 하면
□$-1.447=4.158$ ⇨ □$=4.158+1.447=5.605$
어떤 수는 5.605이므로
바르게 계산하면 $5.605+1.447=7.052$입니다.

유형 07 □가 있는 소수의 크기 비교

쪽		
69쪽	1 ❶ 1.46, 1.46 ❷ 0, 1, 2, 3 답 0, 1, 2, 3	
	2 8, 9	3 7
70쪽	4 ❶ 0, 1, 2, 3, 4, 5, 6 ❷ 4, 5, 6, 7, 8, 9 ❸ 4, 5, 6 답 4, 5, 6	
	5 6, 7	6 2, 3, 4
71쪽	7 ❶ ㉠ ❷ ㉡, ㉢ ❸ ㉠, ㉡, ㉢ 답 ㉠, ㉡, ㉢	
	8 ㉢, ㉡, ㉠	9 ㉢, ㉠, ㉡

1 ❶ $2.4-0.94=1.46$이므로 $1.46>1.$■9
❷ $1.46>1.$■9에서
일의 자리 수가 같고, 소수 둘째 자리 수가 $6<9$이므로 ■는 4보다 작은 수여야 합니다.
따라서 ■에 들어갈 수 있는 수는 모두 0, 1, 2, 3입니다.

2 $7.658+1.515=9.173$이므로 $9.173<9.1$□2
$9.173<9.1$□2에서 일의 자리, 소수 첫째 자리 수가 같고, 소수 셋째 자리 수가 $3>2$이므로 □는 7보다 큰 수여야 합니다.
따라서 □ 안에 들어갈 수 있는 수는 모두 8, 9입니다.

3 $8.3-5.7+2.872=5.472$이므로 5.4□$1<5.472$
5.4□$1<5.472$에서 일의 자리, 소수 첫째 자리 수가 같고, 소수 셋째 자리 수가 $1<2$이므로 □는 7이거나 7보다 작은 수여야 합니다.
따라서 □ 안에 들어갈 수 있는 가장 큰 수는 7입니다.

4 ❶ 일의 자리 수가 같고, 소수 둘째 자리 수가 $6>0$이므로 □는 7보다 작은 수여야 합니다.
⇨ □$=0, 1, 2, 3, 4, 5, 6$
❷ 일의 자리, 소수 첫째 자리 수가 같고, 소수 셋째 자리 수가 $3>2$이므로 □는 4이거나 4보다 큰 수여야 합니다. ⇨ □$=4, 5, 6, 7, 8, 9$
❸ □ 안에 공통으로 들어갈 수 있는 수는 모두 4, 5, 6입니다.

5 ㉠ 일의 자리, 소수 첫째 자리 수가 같고, 소수 셋째 자리 수가 $0<7$이므로 □는 8보다 작은 수여야 합니다.
⇨ □$=0, 1, 2, 3, 4, 5, 6, 7$
㉡ 일의 자리 수가 같고, 소수 둘째 자리 수가 $0<4$이므로 □는 5보다 큰 수여야 합니다. ⇨ □$=6, 7, 8, 9$
따라서 □ 안에 공통으로 들어갈 수 있는 수는 모두 6, 7입니다.

6
- $4.139<4.$□1에서 일의 자리 수가 같고, 소수 둘째 자리 수가 $3>1$이므로 □는 1보다 큰 수여야 합니다.
⇨ □$=2, 3, 4, 5, 6, 7, 8, 9$
- $4.$□$1<4.5$에서 일의 자리 수가 같고, 소수 둘째 자리 수가 $1>0$이므로 □는 5보다 작은 수여야 합니다.
⇨ □$=0, 1, 2, 3, 4$

따라서 □ 안에 공통으로 들어갈 수 있는 수는 모두 2, 3, 4입니다.

7 ❶ 십의 자리 수를 비교하면 $4>3$이므로 ㉠이 가장 큽니다.
❷ ㉡의 □ 안에 0을 넣고, ㉢의 □ 안에 9를 넣어도 $39.06>39.02$이므로 ㉡은 ㉢보다 큽니다.
❸ ㉠이 가장 크고, ㉡은 ㉢보다 크므로
큰 수부터 차례대로 기호를 쓰면 ㉠, ㉡, ㉢입니다.

8 십의 자리 수를 비교하면 $2<3$이므로 가장 큰 수는 ㉢입니다.
㉠의 □ 안에 9를 넣고, ㉡의 □ 안에 0을 넣어도
$29.024<29.803$이므로 ㉡은 ㉠보다 큽니다.
따라서 큰 수부터 차례대로 기호를 쓰면 ㉢, ㉡, ㉠입니다.

9
- ㉠, ㉡의 □ 안에 0을 넣고, ㉢의 □ 안에 9를 넣어도 $69.056>69.048$, $69.970>69.048$이므로 ㉢이 가장 작습니다.
- ㉠의 □ 안에 9를 넣고, ㉡의 □ 안에 0을 넣어도 $69.956<69.970$이므로 ㉠은 ㉡보다 작습니다.

따라서 작은 수부터 차례대로 기호를 쓰면 ㉢, ㉠, ㉡입니다.

유형 08 수 카드로 소수 만들기	
72쪽	1 ❶ ■.■■■에 ○표 ❷ 2.579 답 2.579
	2 8.64　　3 0.173
73쪽	4 ❶ ■■.■에 ○표, ■.■■에 ○표 ❷ 63.1 ❸ 1.36 답 63.1, 1.36
	5 742.1, 1.247　　6 3.589, 983.5
74쪽	7 ❶ 96.52 ❷ 2.569 ❸ 99.089 답 99.089
	8 8.19　　9 39.14

1 ❶ 카드 5장을 한 번씩 모두 사용하여 만들 수 있는 소수 세 자리 수는 ■.■■■입니다.
❷ 가장 작은 수는 높은 자리부터 작은 수를 차례대로 놓아야 하므로 만들 수 있는 가장 작은 소수 세 자리 수는 2.579입니다.

2 카드 4장으로 만들 수 있는 소수 두 자리 수는 ■.■■입니다.
가장 큰 수는 높은 자리부터 큰 수를 차례대로 놓아야 하므로 만들 수 있는 가장 큰 소수 두 자리 수는 8.64입니다.

3 카드 5장으로 만들 수 있는 소수 세 자리 수는 ■.■■■이고, 가장 작은 수는 높은 자리부터 작은 수를 차례대로 놓아야 합니다.
만들 수 있는 가장 작은 소수 세 자리 수는 0.137이고, 두 번째로 작은 소수 세 자리 수는 0.173입니다.

4 ❶ 자연수 부분이 클수록 큰 수이므로 카드 4장으로 만들 수 있는 가장 큰 소수는 ■■.■이고, 카드 4장으로 만들 수 있는 가장 작은 소수는 ■.■■입니다.
❷ 가장 큰 소수는 높은 자리부터 큰 수를 차례대로 놓아야 하므로 63.1입니다.
❸ 가장 작은 소수는 높은 자리부터 작은 수를 차례대로 놓아야 하므로 1.36입니다.

5 카드 5장으로 만들 수 있는 가장 큰 소수는 ■■■.■이고, 높은 자리부터 큰 수를 차례대로 놓아야 하므로 742.1입니다.
카드 5장으로 만들 수 있는 가장 작은 소수는 ■.■■■이고, 높은 자리부터 작은 수를 차례대로 놓아야 하므로 1.247입니다.

6 도진: 카드 5장으로 만들 수 있는 가장 작은 소수는 ■.■■■이고, 높은 자리부터 작은 수를 차례대로 놓아야 하므로 3.589입니다.
선경: 카드 5장으로 만들 수 있는 가장 큰 소수는 ■■■.■이고, 높은 자리부터 큰 수를 차례대로 놓아야 합니다.
만들 수 있는 가장 큰 소수는 985.3이고, 두 번째로 큰 소수는 983.5입니다.

7 ❶ 카드 5장으로 만들 수 있는 소수 두 자리 수는 ■■.■■이므로 가장 큰 소수 두 자리 수는 96.52입니다.
❷ 카드 5장으로 만들 수 있는 소수 세 자리 수는 ■.■■■이므로 가장 작은 소수 세 자리 수는 2.569입니다.
❸ (두 수의 합)$=96.52+2.569=99.089$

8 • 카드 4장으로 만들 수 있는 소수 두 자리 수는 ■.■■이므로 가장 큰 소수 두 자리 수는 6.41입니다.
• 카드 4장으로 만들 수 있는 소수 한 자리 수는 ■■.■이므로 가장 작은 소수 한 자리 수는 14.6입니다.
따라서 두 수의 차는 $14.6-6.41=8.19$입니다.

9 세연: 카드 4장으로 만들 수 있는 소수 두 자리 수는 ■.■■이므로 가장 큰 소수 두 자리 수는 8.74입니다.
주한: 카드 4장으로 만들 수 있는 소수 한 자리 수는 ■■.■이므로 가장 작은 소수 한 자리 수는 30.4입니다.
따라서 두 수의 합은 $8.74+30.4=39.14$입니다.

단원 3 유형 마스터			
75쪽	01 2.81 L	02 11.752 km	
	03 6.64		
76쪽	04 3767	05 6.85	06 6.198
77쪽	07 87.78	08 0.2 m	09 0, 9, 9

01 1290 mL$=$1.29 L이므로
(마시고 남은 우유의 양)$=2.3-1.29=1.01$ (L)
(지금 있는 우유의 양)$=1.01+1.8=2.81$ (L)

02 (㉮~㉱)$=$(㉮~㉰)$+$(㉯~㉱)$-$(㉯~㉰)
$=4.3+6.572-1.08$
$=10.872-1.08=9.792$ (km)
(㉮~㉲)$=$(㉮~㉱)$+$(㉱~㉲)
$=9.792+1.96=11.752$ (km)

03 ★－0.83＝9.21이므로 ★＝9.21＋0.83＝10.04
⇨ ★－♥＝3.4, 10.04－♥＝3.4이므로
♥＝10.04－3.4＝6.64

04 10 이 3개 ⇨ 30
1 이 2개 ⇨ 2
0.1 이 55개 ⇨ 5.5
0.01이 17개 ⇨ 0.17
37.67

어떤 수의 $\frac{1}{100}$이 37.67이므로
어떤 수는 37.67의 100배인 3767입니다.

05 12.1－11.05＝1.05, 11.05－10＝1.05로
1.05씩 작아지는 규칙입니다.
(여섯 번째에 알맞은 수)＝10－1.05－1.05－1.05
＝6.85

06 ㉠을 만족하는 일의 자리 숫자는 6입니다.
⇨ 6 .
㉡에서 소수 첫째 자리 숫자는 1, ㉢에서 소수 둘째 자리 숫자는 9입니다.
⇨ 6 . 1 9
2로 나누어떨어지는 한 자리 수는 2, 4, 6, 8이므로
㉣에 의해 소수 셋째 자리 숫자는 8입니다.
⇨ 6 . 1 9 8

07 • 카드 4장으로 만들 수 있는 가장 큰 소수는 ■■.■이고, 높은 자리부터 큰 수를 차례대로 놓아야 하므로 85.2입니다.
• 카드 4장으로 만들 수 있는 가장 작은 소수는 ■.■■이고, 높은 자리부터 작은 수를 차례대로 놓아야 하므로 2.58입니다.
따라서 두 수의 합은 85.2＋2.58＝87.78입니다.

08 첫 번째로 튀어 오른 공의 높이는 20 m의 $\frac{1}{10}$이므로 2 m입니다.
따라서 두 번째로 튀어 오른 공의 높이는 2 m의 $\frac{1}{10}$이므로 0.2 m입니다.

09 19.9■6<19.▲13에서 ▲＝9입니다.
19.9■6<19.913에서 십의 자리, 일의 자리, 소수 첫째 자리 수가 같고, 소수 셋째 자리 수가 6>3이므로 ■는 1보다 작아야 합니다. ⇨ ■＝0
19.913<1●.919에서 ●＝9입니다.

4 사각형

유형 01 평행선 찾기

80쪽	**1** ❶ 가와 나, 가와 라, 나와 라, 마와 사 ❷ 4쌍 답 4쌍 **2** 5쌍 **3** 2쌍, 5쌍
81쪽	**4** ❶ (그림) ❷ 6쌍 답 6쌍 **5** 7쌍 **6** 9쌍

1 ❶ 평행선을 모두 찾으면 **가**와 **나**, **가**와 **라**, **나**와 **라**, **마**와 **사**입니다.
❷ 찾을 수 있는 평행선은 모두 4쌍입니다.

2 평행선을 모두 찾으면 **가**와 **라**, **나**와 **다**, **마**와 **바**, **마**와 **사**, **바**와 **사**로 모두 5쌍입니다.

3 • 평행한 직선: **나**와 **다**, **라**와 **바** ⇨ 2쌍
• 수직인 직선: **가**와 **마**, **나**와 **라**, **나**와 **바**, **다**와 **라**, **다**와 **바**
⇨ 5쌍

4 ❶
❷ 찾을 수 있는 평행선은 모두 6쌍입니다.

5 평행선을 모두 찾아 그으면

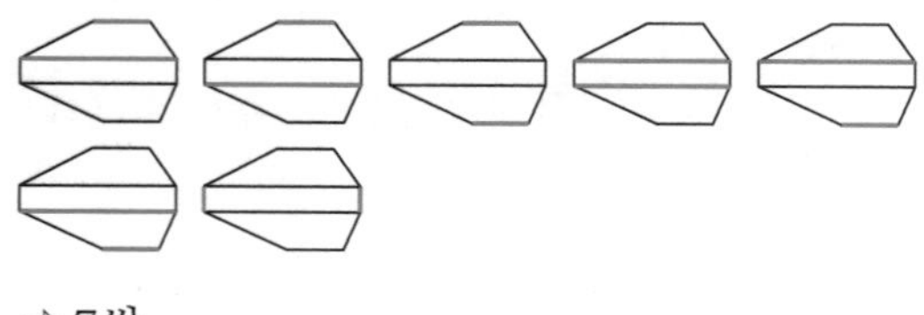

⇨ 7쌍

6 평행선을 모두 찾아 그으면

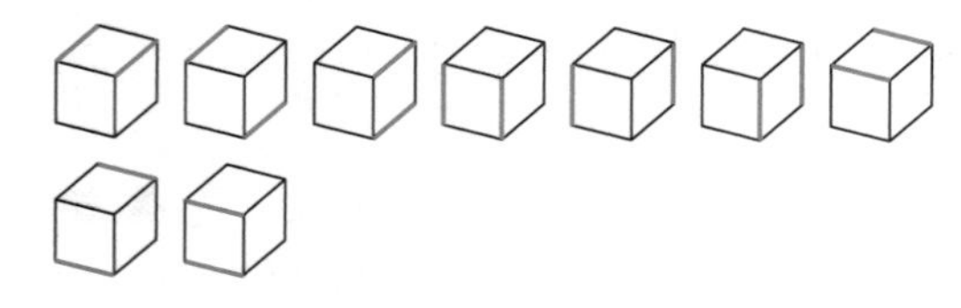

⇨ 9쌍

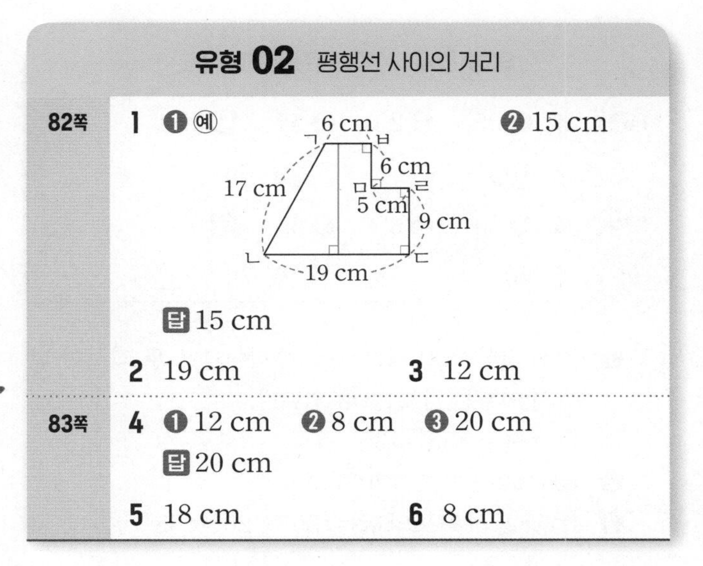

유형 02 평행선 사이의 거리

82쪽

1 ❶ 예 ❷ 15 cm

답 15 cm

2 19 cm　　3 12 cm

83쪽

4 ❶ 12 cm ❷ 8 cm ❸ 20 cm

답 20 cm

5 18 cm　　6 8 cm

1 ❶

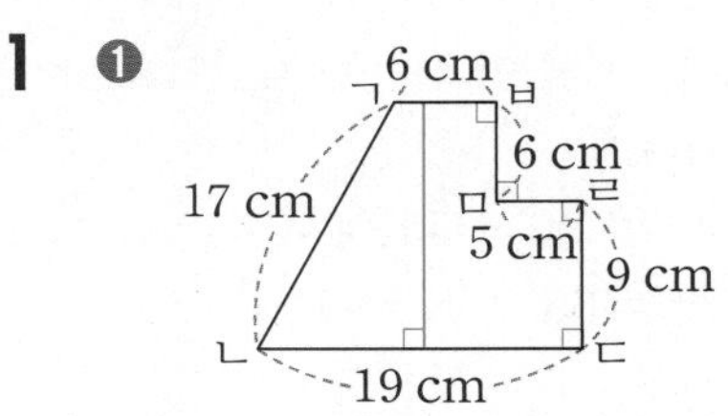

❷ (변 ㄱㅂ과 변 ㄴㄷ 사이의 거리)
=(변 ㅂㅁ)+(변 ㄹㄷ)
=6+9=15 (cm)

2

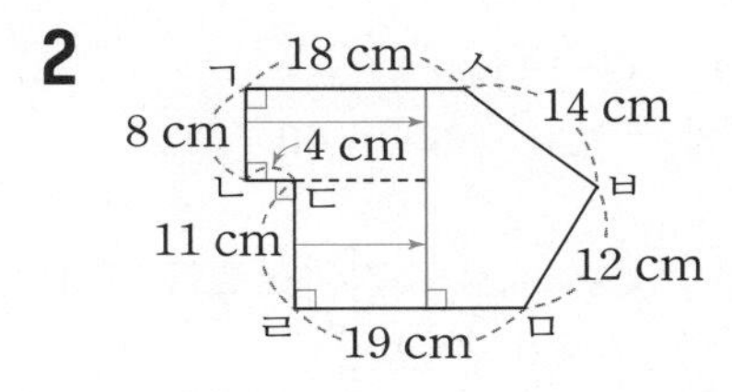

(변 ㄱㅅ과 변 ㄹㅁ 사이의 거리)
=(변 ㄱㄴ)+(변 ㄷㄹ)
=8+11=19 (cm)

3

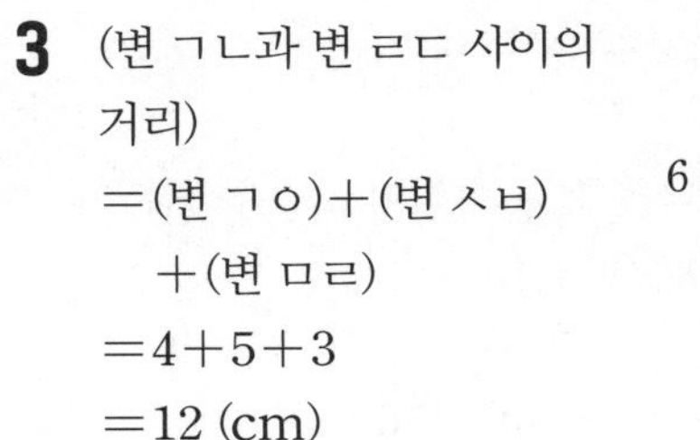

(변 ㄱㄴ과 변 ㄹㄷ 사이의 거리)
=(변 ㄱㅇ)+(변 ㅅㅂ)
+(변 ㅁㄹ)
=4+5+3
=12 (cm)

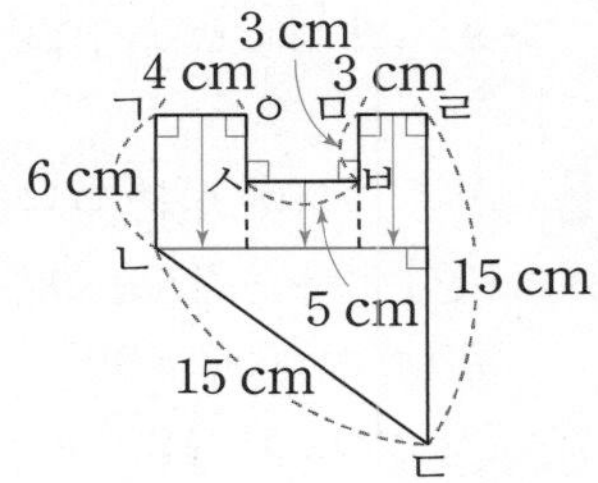

4 ❶ 직선 **가**와 직선 **나** 사이의 거리는 직선 **가**와 직선 **나** 사이의 수선의 길이이므로 12 cm입니다.

❷ 직선 **나**와 직선 **다** 사이의 거리는 직선 **나**와 직선 **다** 사이의 수선의 길이이므로 8 cm입니다.

❸ (직선 **가**와 직선 **다** 사이의 거리)
=(직선 **가**와 직선 **나** 사이의 거리)
+(직선 **나**와 직선 **다** 사이의 거리)
=12+8=20 (cm)

5 직선 **가**와 직선 **나** 사이의 거리는 8 cm이고, 직선 **나**와 직선 **다** 사이의 거리는 10 cm입니다.
⇨ (직선 **가**와 직선 **다** 사이의 거리)
=8+10=18 (cm)

6 직선 **가**와 직선 **나** 사이의 거리는 6 cm이고, 직선 **가**와 직선 **다** 사이의 거리는 14 cm입니다.
⇨ (직선 **나**와 직선 **다** 사이의 거리)
=(직선 **가**와 직선 **다** 사이의 거리)
−(직선 **가**와 직선 **나** 사이의 거리)
=14−6=8 (cm)

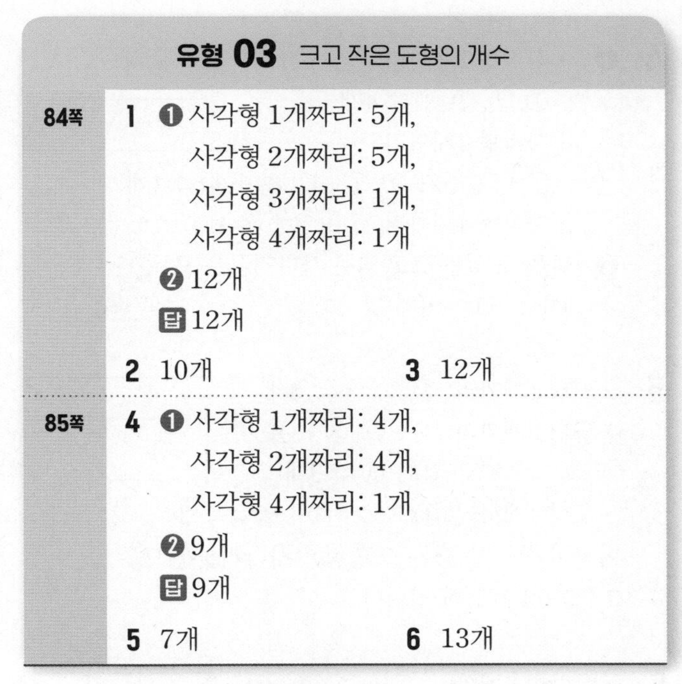

유형 03 크고 작은 도형의 개수

84쪽

1 ❶ 사각형 1개짜리: 5개,
사각형 2개짜리: 5개,
사각형 3개짜리: 1개,
사각형 4개짜리: 1개
❷ 12개
답 12개

2 10개　　3 12개

85쪽

4 ❶ 사각형 1개짜리: 4개,
사각형 2개짜리: 4개,
사각형 4개짜리: 1개
❷ 9개
답 9개

5 7개　　6 13개

1 ❶

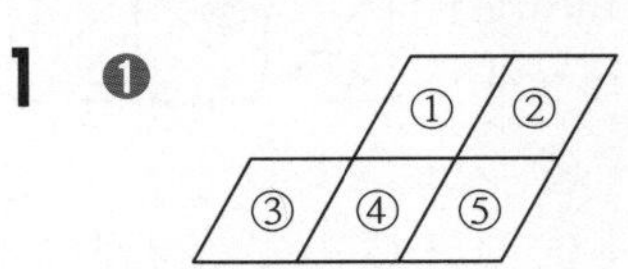

• 사각형 1개짜리: ①, ②, ③, ④, ⑤ ⇨ 5개
• 사각형 2개짜리: ①+②, ③+④, ④+⑤, ①+④, ②+⑤ ⇨ 5개
• 사각형 3개짜리: ③+④+⑤ ⇨ 1개
• 사각형 4개짜리: ①+②+④+⑤ ⇨ 1개

❷ 찾을 수 있는 크고 작은 평행사변형은 모두 5+5+1+1=12(개)입니다.

2 • 삼각형 2개짜리:
①+②, ③+④, ⑤+⑥, ⑦+⑧
⇨ 4개

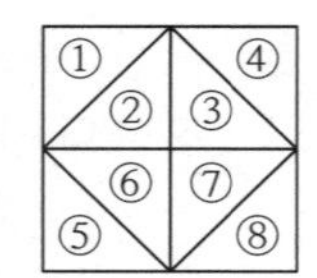

• 삼각형 4개짜리:
①+②+③+④, ⑤+⑥+⑦+⑧,
①+②+⑤+⑥, ③+④+⑦+⑧,
②+③+⑥+⑦ ⇨ 5개
• 삼각형 8개짜리:
①+②+③+④+⑤+⑥+⑦+⑧ ⇨ 1개
따라서 찾을 수 있는 크고 작은 평행사변형은 모두
4+5+1=10(개)입니다.

3

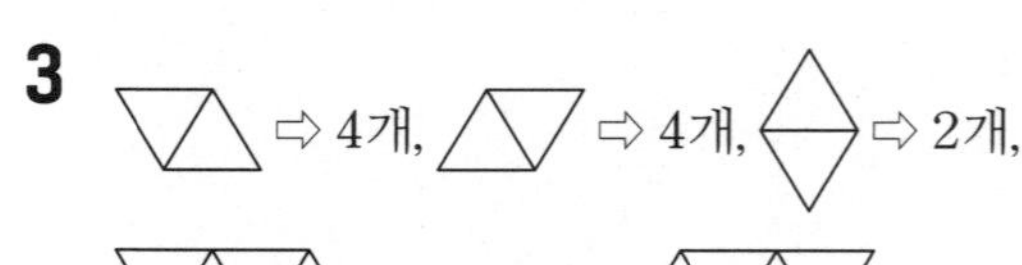

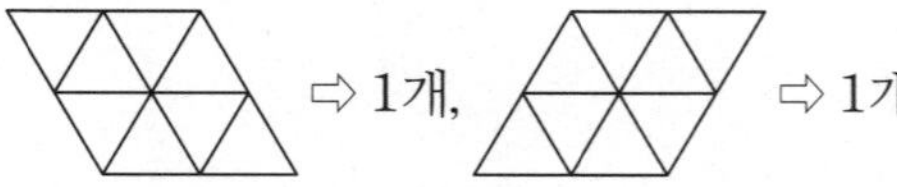

따라서 찾을 수 있는 크고 작은 마름모는 모두
4+4+2+1+1=12(개)입니다.

4 ❶ • 사각형 1개짜리:
①, ②, ③, ④ ⇨ 4개

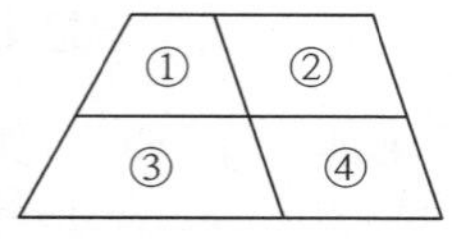

• 사각형 2개짜리:
①+②, ③+④, ①+③, ②+④ ⇨ 4개
• 사각형 4개짜리: ①+②+③+④ ⇨ 1개

❷ 찾을 수 있는 크고 작은 사다리꼴은 모두
4+4+1=9(개)입니다.

5 • 도형 1개짜리: ①, ②, ③ ⇨ 3개
• 도형 2개짜리: ①+②, ③+④,
①+③ ⇨ 3개

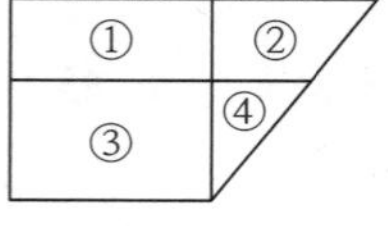

• 도형 4개짜리: ①+②+③+④ ⇨ 1개
따라서 찾을 수 있는 크고 작은 사다리꼴은 모두
3+3+1=7(개)입니다.

6 • 삼각형 2개짜리: ①+②, ③+④,
⑤+⑥ ⇨ 3개

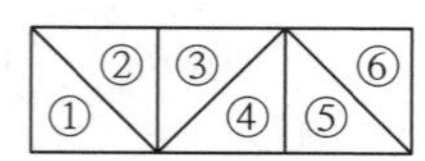

• 삼각형 3개짜리: ①+②+③, ②+③+④,
③+④+⑤, ④+⑤+⑥ ⇨ 4개
• 삼각형 4개짜리: ①+②+③+④, ②+③+④+⑤,
③+④+⑤+⑥ ⇨ 3개
• 삼각형 5개짜리: ①+②+③+④+⑤,
②+③+④+⑤+⑥ ⇨ 2개
• 삼각형 6개짜리: ①+②+③+④+⑤+⑥ ⇨ 1개
따라서 찾을 수 있는 크고 작은 사다리꼴은 모두
3+4+3+2+1=13(개)입니다.

유형 04 수직으로 만날 때 각도

86쪽	**1** ❶ 35° ❷ 20° ❸ 55° 답 55°
	2 105° **3** 60°
87쪽	**4** ❶ 90° ❷ 35° ❸ 55° 답 55°
	5 40° **6** 70°

1 ❶ 직선 **가**와 직선 **나**는 서로 수직이므로 두 직선이 만나서 이루는 각도는 90°입니다.
㉠=90°−55°=35°
❷ ㉡=90°−70°=20°
❸ (㉠과 ㉡의 각도의 합)=35°+20°=55°

2 직선 **가**와 직선 **나**는 서로 수직이므로 두 직선이 만나서 이루는 각도는 90°입니다.
㉠=90°−25°=65°, ㉡=90°−50°=40°
⇨ (㉠과 ㉡의 각도의 합)=65°+40°=105°

3 직선 **가**와 직선 **나**는 서로 수직이므로 두 직선이 만나서 이루는 각도는 90°입니다.
㉠=90°−30°=60°
한 직선이 이루는 각도는 180°이므로
㉡=180°−㉠=180°−60°=120°
⇨ (㉠과 ㉡의 각도의 차)=120°−60°=60°

4 ❶ 선분 ㄴㅁ과 선분 ㅁㄷ은 서로 수직이므로 두 선분이 만나서 이루는 각도는 90°입니다.
⇨ (각 ㄴㅁㄷ)=90°
❷ 한 직선이 이루는 각도는 180°이므로
(각 ㄷㅁㄹ)=180°−55°−90°=35°
❸ 삼각형 ㄷㄹㅁ에서
(각 ㄹㄷㅁ)=180°−35°−90°=55°

5 선분 ㄱㅁ과 선분 ㅁㄹ은 서로 수직이므로 두 선분이 만나서 이루는 각도는 90°입니다.
⇨ (각 ㄱㅁㄹ)=90°
(각 ㄱㅁㄴ)=180°−90°−40°=50°
삼각형 ㄱㄴㅁ에서
(각 ㄴㄱㅁ)=180°−90°−50°=40°

6 (각 ㅂㄴㄷ)=90°−20°=70°
선분 ㄴㅂ과 선분 ㅂㄷ은 서로 수직이므로
(각 ㄴㅂㄷ)=90°
삼각형 ㅂㄴㄷ에서
(각 ㅂㄷㄴ)=180°−90°−70°=20°
⇨ (각 ㄹㄷㅁ)=90°−20°=70°

유형 05 평행할 때 각도

88쪽	1 ❶ 75° ❷ 135° ❸ 135° 답 135°	
	2 95°	3 75°
89쪽	4 ❶ 55° ❷ 105° ❸ 105° 답 105°	
	5 110°	6 85°
90쪽	7 ❶ (그림) ❷ 각 ㄱㄴㅁ: 40°, 각 ㄷㄴㅁ: 25° ❸ 65° 답 65°	
	8 100°	9 50°
91쪽	10 ❶ 60° ❷ 60° 답 60°	
	11 100°	12 70°

1 ❶ 평행선이 한 직선과 만날 때 생기는 서로 같은 위치에 있는 두 각의 크기는 같으므로 ㉡=75°

❷ ㉢=㉡+60°=75°+60°=135°

❸ 평행선이 한 직선과 만날 때 생기는 서로 같은 위치에 있는 두 각의 크기는 같으므로 ㉠=㉢=135°

2 평행선이 한 직선과 만날 때 생기는 서로 같은 위치에 있는 두 각의 크기는 같으므로 ㉡=50°, ㉢=145°

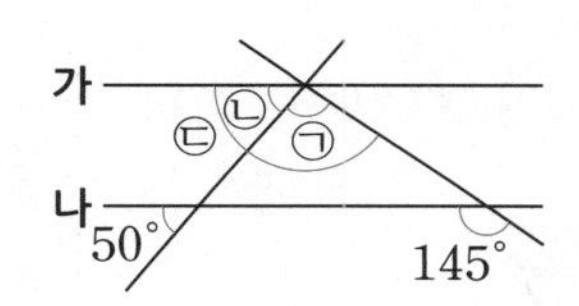

⇨ ㉠=㉢−㉡=145°−50°=95°

다른 풀이

서로 마주 보는 두 각의 크기는 같으므로 ㉡=50°

㉢=180°−145°=35°

삼각형에서

㉠=180°−50°−35°=95°

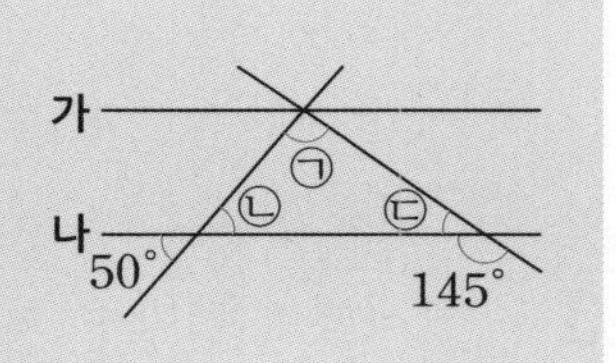

참고

두 직선이 한 점에서 만날 때 서로 마주 보는 두 각의 크기는 같습니다.

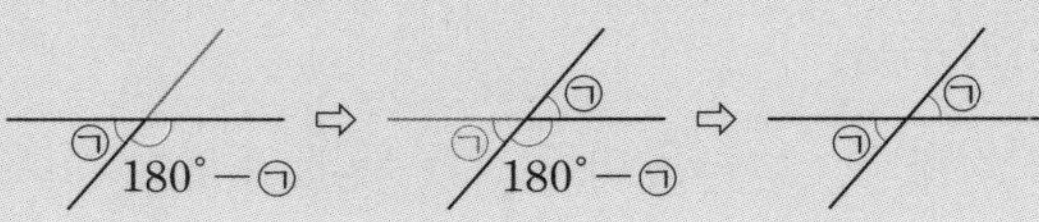

3 평행선이 한 직선과 만날 때 생기는 서로 같은 위치에 있는 두 각의 크기는 같으므로 ㉡=110°

㉢=180°−110°=70°

삼각형 ㄱㄴㄷ에서

㉠=180°−35°−70°=75°

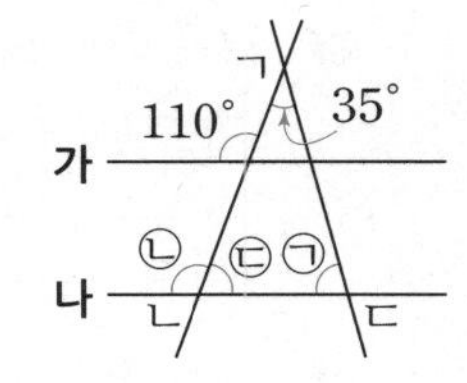

4 ❶ 평행선이 한 직선과 만날 때 생기는 서로 같은 위치에 있는 두 각의 크기는 같으므로 ㉡=55°

❷ ㉢=50°+㉡=50°+55°=105°

❸ 평행선이 한 직선과 만날 때 생기는 서로 엇갈린 위치에 있는 두 각의 크기는 같으므로 ㉠=㉢=105°

5 평행선이 한 직선과 만날 때 생기는 서로 엇갈린 위치에 있는 두 각의 크기는 같으므로

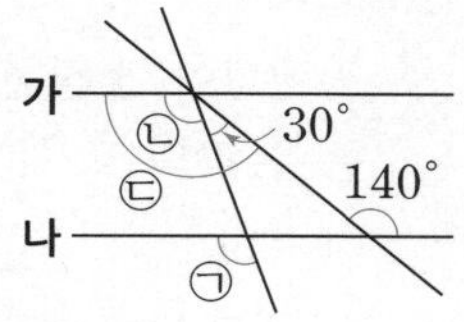

㉢=140°

⇨ ㉡=㉢−30°=140°−30°=110°

평행선이 한 직선과 만날 때 생기는 서로 같은 위치에 있는 두 각의 크기는 같으므로 ㉠=㉡=110°

다른 풀이

㉡=180°−140°=40°

삼각형에서

㉢=180°−30°−40°=110°

서로 마주 보는 두 각의 크기는 같으므로 ㉠=㉢=110°

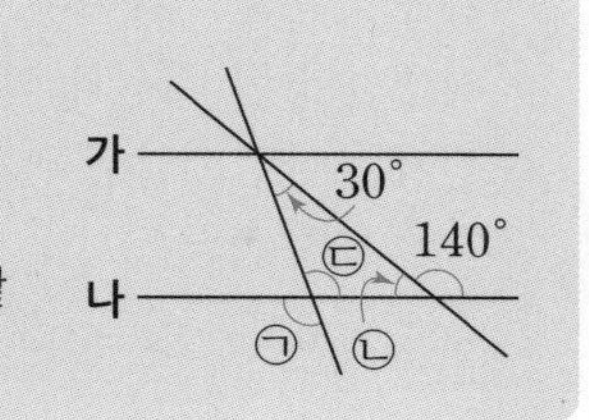

6 평행선이 한 직선과 만날 때 생기는 서로 엇갈린 위치에 있는 두 각의 크기는 같으므로 ㉡=35°

평행선이 한 직선과 만날 때 생기는 서로 같은 위치에 있는 두 각의 크기는 같으므로 ㉢=60°

삼각형에서 ㉠=180°−35°−60°=85°

7 ❶

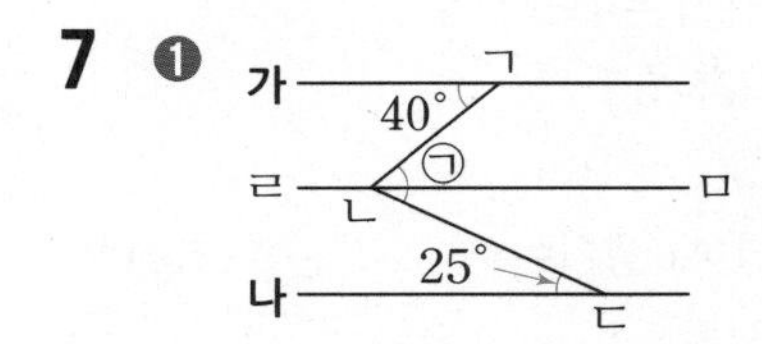

❷ 평행선이 한 직선과 만날 때 생기는 서로 엇갈린 위치에 있는 두 각의 크기는 같으므로

(각 ㄱㄴㅁ)=40°, (각 ㄷㄴㅁ)=25°

❸ ㉠=(각 ㄱㄴㅁ)+(각 ㄷㄴㅁ)=40°+25°=65°

다른 풀이

점 ㄷ에서 직선 **가**에 수선을 그으면

㉡=90°−25°=65°

㉢=180°−40°=140°

사각형 ㄱㄴㄷㄹ에서

㉠=360°−140°−90°−65°

=65°

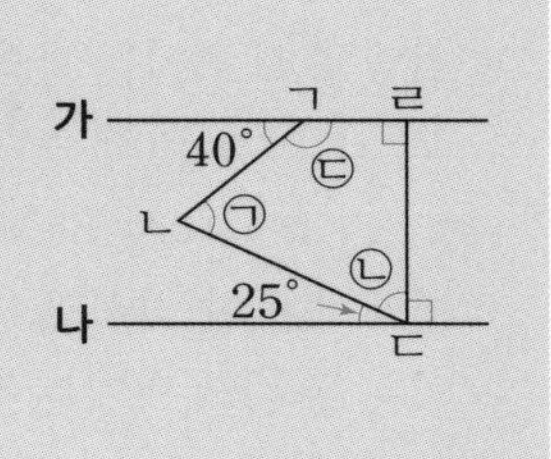

8 직선 **가**, 직선 **나**와 평행하면서 각 ㉠의 꼭짓점을 지나는 선분을 긋습니다.
평행선이 한 직선과 만날 때 생기는 서로 엇갈린 위치에 있는 두 각의 크기는 같으므로
㉡$=20^\circ$
평행선이 한 직선과 만날 때 생기는 서로 같은 위치에 있는 두 각의 크기는 같으므로
㉢$=80^\circ$
⇨ ㉠$=$㉡$+$㉢$=20^\circ+80^\circ=100^\circ$

9 직선 **가**, 직선 **나**와 평행하면서 65°인 각의 꼭짓점을 지나는 선분을 긋습니다.

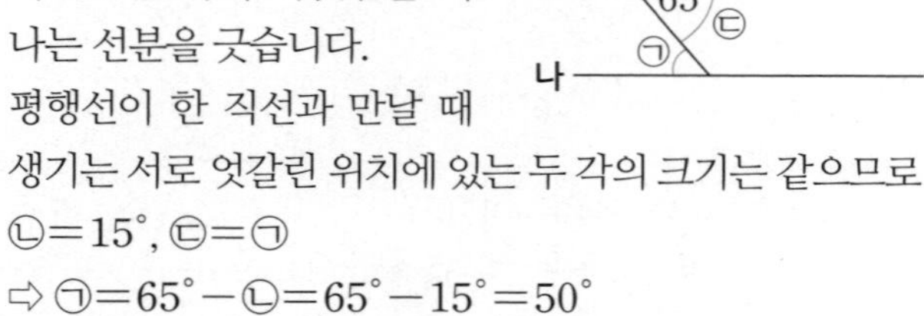

평행선이 한 직선과 만날 때 생기는 서로 엇갈린 위치에 있는 두 각의 크기는 같으므로
㉡$=15^\circ$, ㉢$=$㉠
⇨ ㉠$=65^\circ-$㉡$=65^\circ-15^\circ=50^\circ$

10 ❶ 접었을 때 겹치는 각의 크기는 같으므로
(각 ㅅㅁㄷ)$=$(각 ㄹㅁㄷ)$=30^\circ$
⇨ (각 ㅅㅁㄹ)$=30^\circ+30^\circ=60^\circ$
❷ 평행선이 한 직선과 만날 때 생기는 서로 같은 위치에 있는 두 각의 크기는 같으므로
㉠$=$(각 ㅅㅁㄹ)$=60^\circ$

> **참고**
> 직사각형은 마주 보는 두 쌍의 변이 서로 평행합니다.

11 접었을 때 겹치는 각의 크기는 같으므로
(각 ㅇㅈㄴ)$=$(각 ㅇㅈㅂ)$=50^\circ$
⇨ (각 ㅂㅈㄴ)$=50^\circ+50^\circ=100^\circ$
평행선이 한 직선과 만날 때 생기는 서로 같은 위치에 있는 두 각의 크기는 같으므로
㉠$=$(각 ㅂㅈㄴ)$=100^\circ$

12 평행선이 한 직선과 만날 때 생기는 서로 엇갈린 위치에 있는 두 각의 크기는 같으므로
(각 ㄹㄴㄷ)$=$(각 ㅂㄹㄴ)$=35^\circ$
접었을 때 겹치는 각의 크기는 같으므로
(각 ㅂㄴㄹ)$=$(각 ㄹㄴㄷ)$=35^\circ$
⇨ (각 ㅂㄴㄷ)$=35^\circ+35^\circ=70^\circ$
평행선이 한 직선과 만날 때 생기는 서로 엇갈린 위치에 있는 두 각의 크기는 같으므로
㉠$=$(각 ㅂㄴㄷ)$=70^\circ$

유형 06 변의 길이

92쪽	**1** ❶ (위에서부터) 14, 11, 11, 11 ❷ 72 cm 답 72 cm **2** 64 cm **3** 50 cm
93쪽	**4** ❶ 평행사변형에 ○표 ❷ 변 ㄹㅁ: 8 cm, 변 ㅁㄷ: 9 cm ❸ 27 cm 답 27 cm **5** 18 cm **6** 34 cm
94쪽	**7** ❶ 70° ❷ 이등변삼각형에 ○표 ❸ 6 cm 답 6 cm **8** 21 cm **9** 12 cm

1 ❶ 정사각형은 네 변의 길이가 모두 같으므로
(변 ㅂㄷ)
$=$(변 ㄷㄹ)
$=$(변 ㅂㅁ)
$=$(변 ㄹㅁ)$=11$ cm
평행사변형은 마주 보는 두 변의 길이가 같으므로
(변 ㄱㅂ)$=$(변 ㄴㄷ)$=14$ cm,
(변 ㄱㄴ)$=$(변 ㅂㄷ)$=11$ cm
❷ (굵은 선의 길이)
$=14+11+14+11+11+11=72$ (cm)

2 평행사변형은 마주 보는 두 변의 길이가 같고, 마름모는 네 변의 길이가 모두 같습니다.
⇨ (굵은 선의 길이)
$=12+8+12+12+12+8$
$=64$ (cm)

3 평행사변형은 마주 보는 두 변의 길이가 같습니다.
⇨ (굵은 선의 길이)
$=9+7+9+9+7+9$
$=50$ (cm)

4 ❶ 사각형 ㄱㄴㅁㄹ은 마주 보는 두 쌍의 변이 서로 평행하므로 평행사변형입니다.
❷ 평행사변형은 마주 보는 두 변의 길이가 같으므로
(변 ㄹㅁ)$=$(변 ㄱㄴ)$=8$ cm,
(변 ㄴㅁ)$=$(변 ㄱㄹ)$=15$ cm
⇨ (변 ㅁㄷ)$=24-15=9$ (cm)
❸ (삼각형 ㄹㅁㄷ의 세 변의 길이의 합)
$=8+9+10=27$ (cm)

5 사각형 ㄱㄴㅁㄹ은 마주 보는 두 쌍의 변이 서로 평행하므로 평행사변형입니다.
평행사변형은 마주 보는 두 변의 길이가 같으므로
(변 ㄹㅁ)=(변 ㄱㄴ)=7 cm,
(변 ㄴㅁ)=(변 ㄱㄹ)=12 cm
⇨ (변 ㅁㄷ)=18−12=6 (cm)
따라서 삼각형 ㄹㅁㄷ의 세 변의 길이의 합은
7+6+5=18 (cm)입니다.

6 삼각형 ㄱㄴㅁ은 이등변삼각형이므로
(변 ㄱㅁ)=(변 ㄱㄴ)=9 cm
⇨ (변 ㅁㄹ)=20−9=11 (cm)
사각형 ㄴㄷㄹㅁ은 마주 보는 두 쌍의 변이 서로 평행하므로 평행사변형입니다.
평행사변형은 마주 보는 두 변의 길이가 같으므로
(변 ㄴㄷ)=(변 ㅁㄹ)=11 cm,
(변 ㅁㄴ)=(변 ㄹㄷ)=6 cm
따라서 사각형 ㄴㄷㄹㅁ의 네 변의 길이의 합은
11+6+11+6=34 (cm)입니다.

7 ❶ 평행사변형에서 마주 보는 두 각의 크기는 같으므로
(각 ㄱㄴㄷ)=(각 ㄱㄹㄷ)=70°
❷ 삼각형 ㄱㄴㅁ에서
(각 ㄱㅁㄴ)=180°−70°−40°=70°
두 각의 크기가 70°로 같으므로
삼각형 ㄱㄴㅁ은 이등변삼각형입니다.
❸ 삼각형 ㄱㄴㅁ은 이등변삼각형이므로
(변 ㄱㅁ)=(변 ㄱㄴ)=6 cm

8 평행사변형에서 마주 보는 두 각의 크기는 같으므로
(각 ㄴㄷㄹ)=(각 ㄴㄱㄹ)=30°
삼각형 ㄷㄹㅁ에서
(각 ㄷㄹㅁ)=180°−75°−30°=75°
두 각의 크기가 75°로 같으므로
삼각형 ㄷㄹㅁ은 이등변삼각형입니다.
⇨ (변 ㄷㅁ)=(변 ㄷㄹ)=21 cm

9 평행사변형에서 이웃한 두 각의 크기의 합은 180°이므로
(각 ㄱㄹㄷ)=180°−120°=60°
삼각형 ㄷㄹㅁ에서
(각 ㄷㅁㄹ)=180°−60°−60°=60°로 세 각의 크기가 모두 같으므로 삼각형 ㄷㄹㅁ은 정삼각형입니다.
⇨ (변 ㅁㄹ)=(변 ㄷㄹ)=9 cm
평행사변형은 마주 보는 두 변의 길이가 같으므로
(변 ㄴㄷ)=(변 ㄱㄹ)=3+9=12 (cm)

유형 07 이어 붙여 만든 도형에서 각도

95쪽	1 ❶ 115° ❷ 65° 답 65°	
	2 120°	3 85°
96쪽	4 ❶ 75° ❷ 105° ❸ 105° 답 105°	
	5 30°	6 135°
97쪽	7 ❶ 이등변삼각형에 ○표 ❷ 140° ❸ 20° 답 20°	
	8 10°	9 40°

1 ❶ 마름모에서 마주 보는 두 각의 크기는 같으므로
(각 ㅂㄷㄹ)=(각 ㅂㅁㄹ)=105°
⇨ (각 ㅂㄷㄴ)=220°−105°=115°
❷ 평행사변형에서 이웃한 두 각의 크기의 합은 180°이므로 (각 ㄱㄴㄷ)=180°−115°=65°

2 마름모에서 마주 보는 두 각의 크기는 같으므로
(각 ㅂㄷㄹ)=(각 ㅂㅁㄹ)=75°
⇨ (각 ㅂㄷㄴ)=135°−75°=60°
평행사변형에서 이웃한 두 각의 크기의 합은 180°이므로
(각 ㄱㄴㄷ)=180°−60°=120°

3 평행사변형 ㄱㄴㅅㅂ에서 마주 보는 두 각의 크기는 같으므로 (각 ㄴㅅㅂ)=(각 ㄴㄱㅂ)=145°
평행사변형 ㄴㄷㄹㅅ에서 이웃한 두 각의 크기의 합은 180°이므로
(각 ㄴㅅㄹ)=180°−50°=130°
한 점에서 돌린 한 바퀴의 각도는 360°이므로
(각 ㅂㅅㄹ)=360°−145°−130°=85°
마름모 ㅂㅅㄹㅁ에서 마주 보는 두 각의 크기는 같으므로
(각 ㅂㅁㄹ)=(각 ㅂㅅㄹ)=85°

4 ❶ 삼각형 ㄱㄴㄷ은 이등변삼각형이므로
(각 ㄱㄷㄴ)+(각 ㄱㄴㄷ)=180°−30°=150°에서
(각 ㄱㄷㄴ)=(각 ㄱㄴㄷ)=150°÷2=75°
❷ 한 직선이 이루는 각도는 180°이므로
(각 ㄱㄷㄹ)=180°−75°=105°
❸ 평행사변형에서 마주 보는 두 각의 크기는 같으므로
(각 ㄱㅁㄹ)=(각 ㄱㄷㄹ)=105°

5 삼각형 ㅁㄷㄹ은 이등변삼각형이므로
(각 ㅁㄷㄹ)+(각 ㅁㄹㄷ)=180°−120°=60°에서
(각 ㅁㄷㄹ)=(각 ㅁㄹㄷ)=60°÷2=30°
(각 ㄴㄷㅁ)=180°−30°=150°
마름모에서 이웃한 두 각의 크기의 합은 180°이므로
(각 ㄱㄴㄷ)=180°−150°=30°

6 삼각형 ㄱㄴㄷ은 이등변삼각형이므로
(각 ㄱㄷㄴ)=(각 ㄱㄴㄷ)=45°,
(각 ㄴㄱㄷ)=180°−45°−45°=90°
(각 ㄱㄷㄹ)=180°−45°=135°
평행사변형에서 이웃한 두 각의 크기의 합은 180°이므로
(각 ㄷㄱㅁ)=180°−135°=45°
⇨ (각 ㄴㄱㅁ)=90°+45°=135°

7 ❶ 마름모는 네 변의 길이가 모두 같으므로
(변 ㄱㄹ)=(변 ㄱㄴ)
정사각형은 네 변의 길이가 모두 같으므로
(변 ㄱㄹ)=(변 ㄱㅂ)
⇨ (변 ㄱㄴ)=(변 ㄱㅂ)이므로
삼각형 ㄱㄴㅂ은 이등변삼각형입니다.
❷ 마름모에서 이웃한 두 각의 크기의 합은 180°이므로
(각 ㄴㄱㄹ)=180°−130°=50°
정사각형의 한 각의 크기는 90°이므로
(각 ㄹㄱㅂ)=90°
⇨ (각 ㄴㄱㅂ)=50°+90°=140°
❸ 삼각형 ㄱㄴㅂ은 이등변삼각형이므로
(각 ㄱㅂㄴ)+(각 ㄱㄴㅂ)=180°−140°=40°에서
(각 ㄱㅂㄴ)=(각 ㄱㄴㅂ)=40°÷2=20°

8 마름모는 네 변의 길이가 모두 같으므로
(변 ㅂㄷ)=(변 ㄴㄷ)
정사각형은 네 변의 길이가 모두 같으므로
(변 ㅂㄷ)=(변 ㄷㄹ)
⇨ (변 ㄴㄷ)=(변 ㄷㄹ)이므로
삼각형 ㄷㄴㄹ은 이등변삼각형입니다.
마름모에서 이웃한 두 각의 크기의 합은 180°이므로
(각 ㅂㄷㄴ)=180°−110°=70°
정사각형의 한 각의 크기는 90°이므로 (각 ㅂㄷㄹ)=90°
⇨ (각 ㄴㄷㄹ)=70°+90°=160°
삼각형 ㄷㄴㄹ은 이등변삼각형이므로
(각 ㄷㄴㄹ)+(각 ㄷㄹㄴ)=180°−160°=20°에서
(각 ㄷㄴㄹ)=(각 ㄷㄹㄴ)=20°÷2=10°

9 마름모는 네 변의 길이가 모두 같으므로
(변 ㄷㅁ)=(변 ㄱㅁ)
정삼각형은 세 변의 길이가 모두 같으므로
(변 ㄷㅁ)=(변 ㅁㄹ)
⇨ (변 ㄱㅁ)=(변 ㅁㄹ)이므로
삼각형 ㅁㄱㄹ은 이등변삼각형입니다.
마름모에서 이웃한 두 각의 크기의 합은 180°이므로
(각 ㄱㅁㄷ)=180°−140°=40°
정삼각형의 한 각의 크기는 60°이므로 (각 ㄷㅁㄹ)=60°
⇨ (각 ㄱㅁㄹ)=40°+60°=100°
삼각형 ㅁㄱㄹ은 이등변삼각형이므로
(각 ㅁㄱㄹ)+(각 ㅁㄹㄱ)=180°−100°=80°에서
(각 ㅁㄱㄹ)=(각 ㅁㄹㄱ)=80°÷2=40°

유형 08 접은 종이에서 각도

98쪽	1 ❶ 60° ❷ 160° ❸ 20° 답 20°	
	2 80°	3 35°
99쪽	4 ❶ 75° ❷ 70° ❸ 55° 답 55°	
	5 35°	6 65°

1 ❶ 평행사변형에서 이웃한 두 각의 크기의 합은 180°이므로 (각 ㄱㄴㄷ)=180°−120°=60°
❷ 접었을 때 겹치는 각의 크기는 같으므로
(각 ㅅㅇㄴ)=(각 ㅅㅇㅁ)=40°
삼각형 ㅅㄴㅇ에서
(각 ㄴㅅㅇ)=180°−60°−40°=80°
접었을 때 겹치는 각의 크기는 같으므로
(각 ㅁㅅㅇ)=(각 ㄴㅅㅇ)=80°
⇨ (각 ㄴㅅㅁ)=80°+80°=160°
❸ 한 직선이 이루는 각도는 180°이므로
(각 ㄱㅅㅁ)=180°−160°=20°

2 접었을 때 겹치는 각의 크기는 같으므로
(각 ㄹㅁㅅ)=(각 ㅂㅁㅅ)=15°
평행사변형에서 이웃한 두 각의 크기의 합은 180°이므로
(각 ㄱㄹㄷ)=180°−65°=115°
삼각형 ㄹㅁㅅ에서
(각 ㄹㅅㅁ)=180°−15°−115°=50°
접었을 때 겹치는 각의 크기는 같으므로
(각 ㅂㅅㅁ)=(각 ㄹㅅㅁ)=50°
⇨ (각 ㄹㅅㅂ)=50°+50°=100°
(각 ㅂㅅㄷ)=180°−100°=80°

3 마름모에서 이웃한 두 각의 크기의 합은 180°이므로
(각 ㄱㄴㄷ)=180°−125°=55°
접었을 때 겹치는 각의 크기는 같으므로
(각 ㄴㅇㄷ)=(각 ㅂㅇㄷ)=80°
삼각형 ㅇㄴㄷ에서
(각 ㅇㄷㄴ)=180°−55°−80°=45°
접었을 때 겹치는 각의 크기는 같으므로
(각 ㅇㄷㅂ)=(각 ㅇㄷㄴ)=45°
⇨ (각 ㄴㄷㅂ)=45°+45°=90°
마름모에서 마주 보는 두 각의 크기는 같으므로
(각 ㄴㄷㄹ)=(각 ㄴㄱㄹ)=125°
⇨ (각 ㅂㄷㄹ)=125°−90°=35°

4 ❶ 평행사변형에서 이웃한 두 각의 크기의 합은 180°이므로 (각 ㄱㄴㄷ)=180°−105°=75°

❷ 접었을 때 겹치는 각의 크기는 같으므로
(각 ㅁㄷㅅ)=(각 ㅁㄱㄴ)=105°
⇨ (각 ㅁㄷㄴ)=105°−35°=70°

❸ 사각형 ㄱㄴㄷㅁ에서
(각 ㄱㅁㄷ)=360°−105°−75°−70°=110°
접었을 때 겹치는 각의 크기는 같으므로
(각 ㅂㅁㄷ)=(각 ㄱㅁㅂ)=110°÷2=55°

5 평행사변형에서 이웃한 두 각의 크기의 합은 180°이므로
(각 ㄹㄷㅇ)=180°−130°=50°
접었을 때 겹치는 각의 크기는 같으므로
(각 ㅁㅂㅅ)=(각 ㅁㄹㄷ)=130°
⇨ (각 ㅁㅂㄷ)=130°−20°=110°
사각형 ㅁㅂㄷㄹ에서
(각 ㄹㅁㅂ)=360°−130°−50°−110°=70°
접었을 때 겹치는 각의 크기는 같으므로
(각 ㄹㅁㅇ)=(각 ㅂㅁㅇ)=70°÷2=35°

6 평행사변형에서 이웃한 두 각의 크기의 합은 180°이므로
(각 ㄴㄱㅁ)=180°−85°=95°
접었을 때 겹치는 각의 크기는 같으므로
(각 ㅁㄷㅅ)=(각 ㅁㄱㄴ)=95°
⇨ (각 ㅁㄷㅂ)=95°−45°=50°
사각형 ㄱㄴㄷㅁ에서
(각 ㄱㅁㄷ)=360°−95°−85°−50°=130°
접었을 때 겹치는 각의 크기는 같으므로
(각 ㄱㅁㅂ)=(각 ㄷㅁㅂ)=130°÷2=65°

단원 4 유형 마스터

100쪽	**01** 2개	**02** 12 cm	**03** 58 cm
101쪽	**04** 85°	**05** 60°	**06** 23 cm
102쪽	**07** 45 cm	**08** 30°	**09** 80°
103쪽	**10** 30°	**11** 13개	**12** 100°

01 수선이 있는 글자: ㄹ, ㅋ
평행선이 있는 글자: ㄹ, ㅋ, ㅎ
따라서 수선도 있고 평행선도 있는 글자는 ㄹ, ㅋ으로 모두 2개입니다.

02 직선 **가**와 직선 **나** 사이의 거리는 8 cm이고, 직선 **나**와 직선 **다** 사이의 거리는 4 cm입니다.
⇨ (직선 **가**와 직선 **다** 사이의 거리)=8+4=12 (cm)

03 정삼각형은 세 변의 길이가 모두 같으므로
(변 ㄹㄷ)=(변 ㅁㄷ)=8 cm
평행사변형은 마주 보는 두 변의 길이가 같으므로
(변 ㄱㄴ)=(변 ㄹㄷ)=8 cm,
(변 ㄱㄹ)=(변 ㄴㄷ)=13+8=21 (cm)
⇨ (평행사변형 ㄱㄴㄷㄹ의 네 변의 길이의 합)
=21+8+21+8=58 (cm)

04 평행선이 한 직선과 만날 때 생기는 서로 같은 위치에 있는 두 각의 크기는 같으므로
가, 나, ㉢, ㉡, ㉠, 40°, 125°
㉡=40°, ㉢=125°
⇨ ㉠=㉢−㉡=125°−40°=85°

05 평행선이 한 직선과 만날 때 생기는 서로 엇갈린 위치에 있는 두 각의 크기는 같으므로
가, 나, 75°, ㉡, ㉠, 45°
㉡=45°
삼각형에서 ㉠=180°−45°−75°=60°

06 사각형 ㅁㄴㄷㄹ은 마주 보는 두 쌍의 변이 서로 평행하므로 평행사변형입니다.
평행사변형은 마주 보는 두 변의 길이가 같으므로
(변 ㅁㄴ)=(변 ㄹㄷ)=7 cm,
(변 ㅁㄹ)=(변 ㄴㄷ)=13 cm
⇨ (변 ㄱㅁ)=19−13=6 (cm)
따라서 삼각형 ㄱㄴㅁ의 세 변의 길이의 합은
6+10+7=23 (cm)입니다.

07 마름모는 네 변의 길이가 모두 같으므로
(변 ㅁㄹ)=(변 ㄷㄹ)=(변 ㄱㄷ)=(변 ㄱㅁ)=9 cm
(각 ㄱㄷㄴ)=180°−120°=60°
이등변삼각형 ㄱㄴㄷ에서
(각 ㄱㄴㄷ)=(각 ㄱㄷㄴ)=60°,
(각 ㄴㄱㄷ)=180°−60°−60°=60°
이등변삼각형 ㄱㄴㄷ은 세 각의 크기가 모두 같으므로 정삼각형입니다.
⇨ (변 ㄱㄴ)=(변 ㄴㄷ)=(변 ㄱㄷ)=9 cm
→ (사각형 ㄱㄴㄹㅁ의 네 변의 길이의 합)
=9+9+9+9+9=45 (cm)

08 직선 **가**와 직선 **나**는 서로 수직이므로 두 직선이 만나서 이루는 각도는 90°입니다.
㉡의 각도를 ㉠+30°라 하면
㉠+㉡=90°, ㉠+㉠+30°=90°,
㉠+㉠=90°−30°=60°
⇨ ㉠=60°÷2=30°

09 마름모에서 이웃한 두 각의 크기의 합은 180°이므로
(각 ㄴㄱㄹ)$=180°-70°=110°$
접었을 때 겹치는 각의 크기는 같으므로
(각 ㄱㅁㅂ)=(각 ㅅㅁㅂ)$=20°$
삼각형 ㄱㅂㅁ에서
(각 ㄱㅂㅁ)$=180°-110°-20°=50°$
접었을 때 겹치는 각의 크기는 같으므로
(각 ㅅㅂㅁ)=(각 ㄱㅂㅁ)$=50°$
⇨ (각 ㄱㅂㅅ)$=50°+50°=100°$
(각 ㅅㅂㄴ)$=180°-100°=80°$

10 평행사변형은 이웃한 두 각의 크기의 합이 180°이므로
(각 ㄱㅂㄷ)=(각 ㄱㄴㄷ)$=180°-100°=80°$
직사각형의 한 각의 크기는 90°이므로
(각 ㄷㅂㅁ)$=90°$
사각형 ㄱㄴㅁㅂ에서
(각 ㄱㄴㅁ)$=360°-100°-80°-90°-40°=50°$
⇨ (각 ㅅㄴㄷ)=(각 ㄱㄴㄷ)−(각 ㄱㄴㅁ)
$=80°-50°=30°$

11
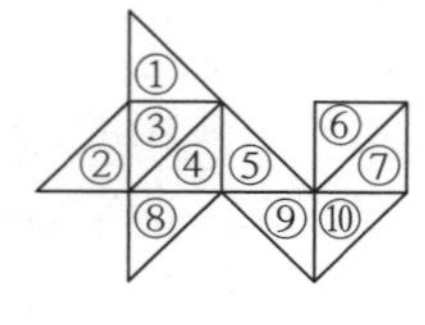

- 삼각형 2개짜리:
  ②+③, ③+④, ⑥+⑦,
  ④+⑧, ⑤+⑨, ⑦+⑩
  ⇨ 6개
- 삼각형 3개짜리:
  ①+③+④, ②+③+④, ③+④+⑤,
  ③+④+⑧, ⑥+⑦+⑩ ⇨ 5개
- 삼각형 4개짜리:
  ①+③+④+⑧, ②+③+④+⑤ ⇨ 2개

따라서 찾을 수 있는 크고 작은 사다리꼴은 모두
$6+5+2=13$(개)입니다.

12 삼각형 ㅁㄷㄹ은 이등변삼각형이므로
(각 ㅁㄷㄹ)+(각 ㅁㄹㄷ)$=180°-30°=150°$에서
(각 ㅁㄷㄹ)=(각 ㅁㄹㄷ)$=150°\div2=75°$
마름모에서 마주 보는 두 각의 크기는 같으므로
(각 ㄱㅁㄷ)=(각 ㄱㄴㄷ)$=130°$
마름모는 네 변의 길이가 모두 같으므로
(변 ㅁㄱ)=(변 ㅁㄷ)
⇨ 삼각형 ㅁㄱㄷ은 이등변삼각형입니다.
삼각형 ㅁㄱㄷ은 이등변삼각형이므로
(각 ㅁㄱㄷ)+(각 ㅁㄷㄱ)$=180°-130°=50°$에서
(각 ㅁㄱㄷ)=(각 ㅁㄷㄱ)$=50°\div2=25°$
⇨ (각 ㄱㄷㄹ)$=25°+75°=100°$

5 꺾은선그래프

유형 01 세로 눈금의 크기

106쪽	**1** ❶ 10명 ❷ 160명 답 160명
	2 12번 **3** 244개
107쪽	**4** ❶ 8 mm ❷ 4칸 ❸ 2 mm 답 2 mm
	5 5가구

1 ❶ 4월의 세로 눈금 8칸이 80명을 나타내므로
세로 눈금 한 칸은 $80\div8=10$(명)을 나타냅니다.
❷ 신생아가 가장 많이 태어난 때는 점이 가장 높게 위치한 6월이고, 이때의 신생아는 160명입니다.

2 13일의 세로 눈금 13칸이 26번을 나타내므로
세로 눈금 한 칸은 $26\div13=2$(번)을 나타냅니다.
턱걸이를 가장 적게 한 날은 점이 가장 낮게 위치한 10일이고, 이때의 기록은 12번입니다.

3 금요일의 세로 눈금 11칸이 44개를 나타내므로
세로 눈금 한 칸은 $44\div11=4$(개)를 나타냅니다.
화요일: 56개, 수요일: 48개, 목요일: 60개, 토요일: 36개
⇨ (화요일부터 토요일까지의 샌드위치 판매량)
$=56+48+60+44+36=244$(개)

4 ❶ **(가)** 그래프의 세로 눈금 한 칸은
$20\div5=4$ (mm)를 나타냅니다.
2018년에 24 mm, 2019년에 32 mm이므로
2018년과 2019년의 적설량의 차는
$32-24=8$ (mm)입니다.
❷ **(나)** 그래프에서 2018년과 2019년의 세로 눈금 칸 수의 차는 4칸입니다.
❸ **(나)** 그래프에서 2018년과 2019년의 세로 눈금 칸 수의 차 4칸이 8 mm를 나타내므로 **(나)** 그래프의 세로 눈금 한 칸은 $8\div4=2$ (mm)를 나타냅니다.

5 **(가)** 그래프의 세로 눈금 한 칸은 $50\div5=10$(가구)를 나타냅니다.
2014년에 80가구, 2016년에 110가구이므로
2014년과 2016년의 다문화 가족 수의 차는
$110-80=30$(가구)입니다.
(나) 그래프에서 2014년과 2016년의 세로 눈금 칸 수의 차 6칸이 30가구를 나타내므로 **(나)** 그래프의 세로 눈금 한 칸은 $30\div6=5$(가구)를 나타냅니다.

유형 02 꺾은선그래프 해석하기	
108쪽	1 ❶ 2 cm ❷ 2월: 4 cm, 6월: 24 cm ❸ 20 cm 답 20 cm
	2 0.8 kg 3 2.2 ℃
109쪽	4 ❶ 0.1 ℃ ❷ 오후 6시: 36.6 ℃, 오후 7시: 37 ℃ ❸ 예 36.8 ℃ 답 예 36.8 ℃
	5 예 720 cm 6 예 138 cm
110쪽	7 ❶ 2000명 ❷ 2020년과 2021년 사이 ❸ 12000명 늘었습니다. 답 12000명 늘었습니다.
	8 0.4 cm 9 10400대
111쪽	10 ❶ 20 m ❷ 40 m ❸ 280 m 답 280 m
	11 94회 12 30분 후

1 ❶ 세로 눈금 한 칸은 $10 \div 5 = 2$ (cm)를 나타냅니다.
❷ 식물의 키는 2월에 4 cm, 6월에 24 cm입니다.
❸ 식물의 키는 2월부터 6월까지 $24-4=20$ (cm) 자랐습니다.

2 세로 눈금 5칸이 0.5 kg을 나타내고
$0.1+0.1+0.1+0.1+0.1=0.5$이므로
세로 눈금 한 칸은 0.1 kg을 나타냅니다.
강아지의 무게는 4월에 2.1 kg, 8월에 2.9 kg이므로
강아지의 무게는 4월부터 8월까지 $2.9-2.1=0.8$ (kg) 늘었습니다.

3 세로 눈금 5칸이 1 ℃를 나타내고
$0.2+0.2+0.2+0.2+0.2=1$이므로
세로 눈금 한 칸은 0.2 ℃를 나타냅니다.
운동장의 기온은 오전 6시에 10.2 ℃, 오전 10시에 12.4 ℃이므로 운동장의 기온은 오전 6시부터 오전 10시까지 $12.4-10.2=2.2$ (℃) 올랐습니다.

4 ❶ 세로 눈금 5칸이 0.5 ℃를 나타내고
$0.1+0.1+0.1+0.1+0.1=0.5$이므로
세로 눈금 한 칸은 0.1 ℃를 나타냅니다.
❷ 체온은 오후 6시에 36.6 ℃, 오후 7시에 37 ℃입니다.
❸ 오후 6시 30분의 경훈이의 체온은 오후 6시의 체온 36.6 ℃와 오후 7시의 체온 37 ℃의 중간값인 36.8 ℃였을 것입니다.

5 세로 눈금 한 칸은 $100 \div 5 = 20$ (cm)를 나타냅니다.
오전 9시 30분의 해수면 높이는 오전 9시의 해수면 높이 740 cm와 오전 10시의 해수면 높이 700 cm의 중간값인 720 cm였을 것입니다.

6 세로 눈금 한 칸은 $10 \div 5 = 2$ (cm)를 나타냅니다.
2021년 7월의 키는 2021년 1월의 키 132 cm와 2022년 1월의 키 144 cm의 중간값인 138 cm였을 것입니다.

7 ❶ 세로 눈금 한 칸은 $10000 \div 5 = 2000$(명)을 나타냅니다.
❷ 인구의 변화가 가장 큰 때는 선이 가장 많이 기울어진 때인 2020년과 2021년 사이입니다.
❸ 2020년에 38000명, 2021년에 50000명이므로 인구는 $50000-38000=12000$(명) 늘었습니다.

8 세로 눈금 5칸이 1 cm를 나타내고
$0.2+0.2+0.2+0.2+0.2=1$이므로
세로 눈금 한 칸은 0.2 cm를 나타냅니다.
연필 길이의 변화가 가장 작은 때는 선이 가장 적게 기울어진 때인 16일과 17일 사이이고, 연필의 길이는 16일에 12.6 cm, 17일에 12.2 cm이므로
이때 연필을 $12.6-12.2=0.4$ (cm) 사용했습니다.

9 세로 눈금 한 칸은 $1000 \div 5 = 200$(대)를 나타냅니다.
컴퓨터 생산량의 변화가 가장 큰 때는 선이 가장 많이 기울어진 때인 2018년과 2019년 사이이고,
생산량은 2018년에 8600대, 2019년에 9800대이므로
변화가 가장 큰 때의 변화량은
$9800-8600=1200$(대)입니다.
(2022년의 생산량)=(2021년의 생산량)+1200
=9200+1200=10400(대)

10 ❶ 세로 눈금 한 칸은 $100 \div 5 = 20$ (m)를 나타냅니다.
❷ 소민이가 10초 동안 달리는 거리는 40 m입니다.
❸ (70초 동안 달리는 거리)
=(50초 동안 달린 거리)+40+40
=200+40+40=280 (m)

11 세로 눈금 한 칸은 $20 \div 5 = 4$(회)를 나타내므로
이서는 매일 줄넘기를 16회씩 늘립니다.
(10일에 해야 하는 줄넘기 횟수)
=(9일에 한 줄넘기 횟수)+16
=78+16=94(회)

12 세로 눈금 한 칸은 $50 \div 5 = 10$ (L)를 나타내므로
5분 동안 빠져나가는 물은 30 L입니다.
20분 후에 남아 있는 물이 60 L이고,
$60-30-30=0$이므로 물탱크에 있던 물이 모두 빠져나가는 때는 수도를 열고 $20+5+5=30$(분) 후입니다.

유형 03 꺾은선그래프 비교하기

112쪽	1 ❶ 120개 ❷ 150개 ❸ ㉯ 공장 답 ㉯ 공장 2 역사 박물관
113쪽	3 ❶ 2020년 ❷ 200 kg ❸ 600 kg 줄었습니다. 답 600 kg 줄었습니다. 4 40명 줄었습니다.
114쪽	5 ❶ 5회 ❷ 30회 답 30회 6 180개 7 12분
115쪽	8 ❶ 2번 ❷ 15일 ❸ 4번 답 15일, 4번 9 7월, 28 mm 10 8 mm

1 ❶ ㉮ 공장 그래프의 세로 눈금 한 칸은
$100 \div 5 = 20$(개)를 나타냅니다.
생산량이 가장 많았던 때는 8월(480개)이고,
가장 적었던 때는 10월(360개)입니다.
⇨ $480 - 360 = 120$(개)

❷ ㉯ 공장 그래프의 세로 눈금 한 칸은
$150 \div 5 = 30$(개)를 나타냅니다.
생산량이 가장 많았던 때는 6월(780개)이고,
가장 적었던 때는 10월(630개)입니다.
⇨ $780 - 630 = 150$(개)

❸ $120 < 150$이므로
생산량의 차가 더 큰 공장은 ㉯ 공장입니다.

다른 풀이
㉮ 공장: 세로 눈금 한 칸은 20개를 나타내고 생산량이 가장 많았던 때와 가장 적었던 때의 세로 눈금의 차는 6칸입니다. ⇨ $20 \times 6 = 120$(개)
㉯ 공장: 세로 눈금 한 칸은 30개를 나타내고 생산량이 가장 많았던 때와 가장 적었던 때의 세로 눈금의 차는 5칸입니다. ⇨ $30 \times 5 = 150$(개)
따라서 생산량의 차가 더 큰 공장은 ㉯ 공장입니다.

2 • 역사 박물관 그래프의 세로 눈금 한 칸은
$50 \div 5 = 10$(명)을 나타냅니다.
관람객이 가장 많았던 때는 27일(360명)이고,
가장 적었던 때는 26일(260명)입니다.
⇨ $360 - 260 = 100$(명)
• 과학 박물관 그래프의 세로 눈금 한 칸은
$100 \div 5 = 20$(명)을 나타냅니다.
관람객이 가장 많았던 때는 28일(560명)이고,
가장 적었던 때는 27일(440명)입니다.
⇨ $560 - 440 = 120$(명)
$100 < 120$이므로
관람객 수의 차가 더 작은 박물관은 역사 박물관입니다.

3 ❶ 쌀 소비량 그래프에서 5년 전에 비해 가장 많이 줄어든 때는 선이 가장 많이 기울어진 때인 2020년입니다.
❷ 쌀 생산량 그래프의 세로 눈금 한 칸은
$1000 \div 5 = 200$ (kg)을 나타냅니다.
❸ 2015년 쌀 생산량: 10800 kg
2020년 쌀 생산량: 10200 kg
따라서 2020년 쌀 생산량은 5년 전에 비해
$10800 - 10200 = 600$ (kg) 줄었습니다.

4 세로 눈금 한 칸은 $100 \div 5 = 20$(명)을 나타냅니다.
남학생 수의 변화가 전년도에 비해 가장 큰 때는 선이 가장 많이 기울어진 때인 2021년입니다.
2020년 여학생 수: 620명
2021년 여학생 수: 580명
따라서 2021년도 여학생은 전년도에 비해
$620 - 580 = 40$(명) 줄었습니다.

5 ❶ 세로 눈금 한 칸은 $25 \div 5 = 5$(회)를 나타냅니다.
❷ 태겸이가 돌린 횟수가 하율이가 돌린 횟수보다 더 많은 때는 태겸이의 점이 하율이의 점보다 더 높게 위치한 24일이고 이때 태겸이는 30회 돌렸습니다.

6 세로 눈금 한 칸은 $50 \div 5 = 10$(개)를 나타냅니다.
㉮ 공장의 불량품이 ㉯ 공장의 불량품보다 더 적은 때는 ㉮ 공장의 점이 ㉯ 공장의 점보다 더 낮게 위치한 3월이고 이때 ㉯ 공장의 불량품은 180개입니다.

7 세로 눈금 한 칸은 $10 \div 5 = 2$(분)을 나타냅니다.
나원이의 독서 시간이 우빈이의 독서 시간보다 처음으로 많아진 때는 나원이의 점이 우빈이의 점보다 처음으로 더 높게 위치한 목요일입니다.
나원이의 독서 시간은 수요일에 20분, 목요일에 32분이므로 목요일은 전날보다 독서를 $32 - 20 = 12$(분) 더 오래 했습니다.

8 ❶ 세로 눈금 한 칸은 $10 \div 5 = 2$(번)을 나타냅니다.
❷ 두 사람의 기록의 차가 가장 작은 때는 도담이의 점과 재인이의 점의 사이가 가장 적게 벌어진 때인 15일입니다.
❸ 15일의 도담이의 기록은 22번, 재인이의 기록은 26번이므로 이때의 기록의 차는 $26 - 22 = 4$(번)입니다.

9 세로 눈금 한 칸은 $20 \div 5 = 4$ (mm)를 나타냅니다.
두 마을의 강수량의 차가 가장 큰 때는 ㉮ 마을의 점과 ㉯ 마을의 점의 사이가 가장 많이 벌어진 때인 7월입니다.
7월의 강수량은
㉮ 마을이 68 mm, ㉯ 마을이 40 mm이므로
이때의 강수량의 차는 $68 - 40 = 28$ (mm)입니다.

10 ㉮ 마을의 강수량이 ㉯ 마을의 강수량보다 더 많은 때는 ㉮ 마을의 점이 ㉯ 마을의 점보다 더 높게 위치한 3월, 6월, 7월입니다.
이 중 두 마을의 강수량의 차가 가장 작은 때는 ㉮ 마을의 점과 ㉯ 마을의 점의 사이가 가장 적게 벌어진 때이므로 3월입니다.
3월의 강수량은 ㉮ 마을이 24 mm, ㉯ 마을이 16 mm 이므로 이때의 강수량의 차는 $24-16=8$ (mm)입니다.

유형 04 모르는 자료 값

116쪽

1 ❶ 40명
❷ 8월: 440명, 9월: 360명, 11월: 520명, 12월: 640명
❸ 400명 답 400명

2 46분　　3 54000원

117쪽

4 ❶ 26초 ❷ 목요일: 30초, 금요일: 32초
❸
(초) 30
20
0
기록/요일 월 화 수 목 금 (요일)

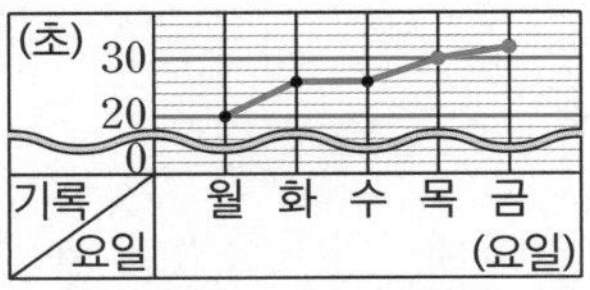

5
(개) 500
400
300
0
생산량/월 7 8 9 10 11 12 (월)

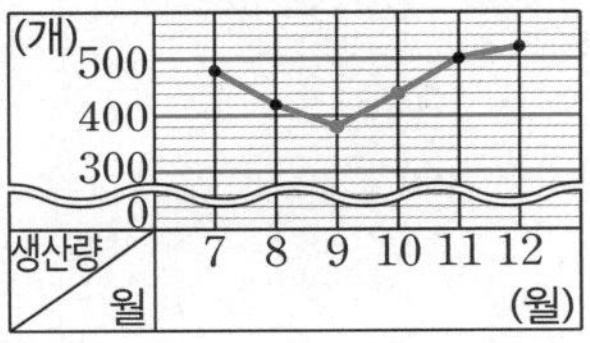

6 38 kg

118쪽

7 ❶ 1640명
❷ 월요일: 800명, 화요일: 840명
❸
(명) 900
800
700
0
입장객 수/요일 월 화 수 목 금 (요일)

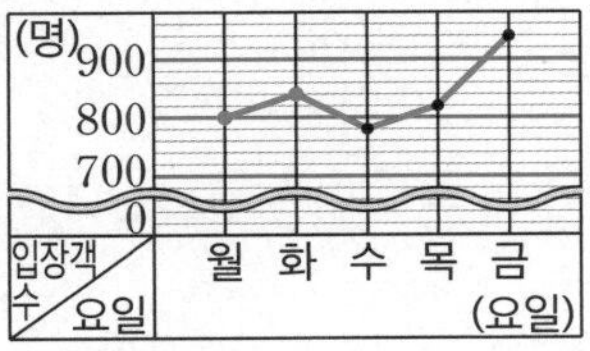

8
(명) 80
65
50
0
입학생 수/연도 2018 2019 2020 2021 2022 (년)

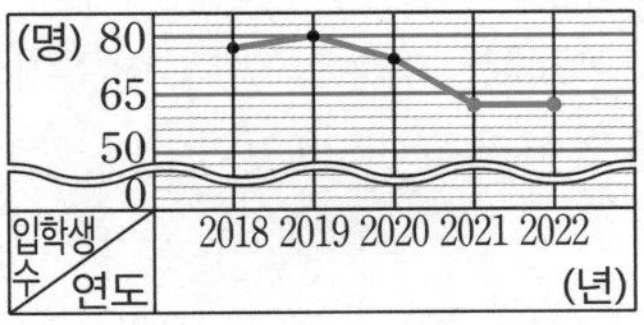

9 120권

1 ❶ 세로 눈금 한 칸은 $200\div5=40$(명)을 나타냅니다.
❷ 관광객 수를 각각 알아보면
8월: 440명, 9월: 360명, 11월: 520명, 12월: 640명
❸ (10월의 관광객 수)
$=2360-440-360-520-640=400$(명)

2 세로 눈금 한 칸은 $10\div5=2$(분)을 나타내므로 운동 시간을 각각 알아보면
월요일: 52분, 수요일: 42분, 목요일: 56분, 금요일: 58분
⇨ (화요일의 운동 시간)
$=254-52-42-56-58=46$(분)

3 세로 눈금 한 칸은 $10\div5=2$(봉지)를 나타내므로 판매량을 각각 알아보면
11일: 54봉지, 12일: 48봉지, 13일: 40봉지
⇨ (10일의 쿠키 판매량)$=178-54-48-40$
$=36$(봉지)
(10일에 쿠키를 판매한 값)
$=1500\times36=54000$(원)

4 ❶ 세로 눈금 한 칸은 $10\div5=2$(초)를 나타내므로 수요일의 기록은 26초입니다.
❷ (목요일의 기록)$=26+4=30$(초)
(금요일의 기록)$=62-30=32$(초)

5 세로 눈금 한 칸은 $100\div5=20$(개)를 나타내므로 8월의 생산량은 420개입니다.
(9월의 생산량)$=420-40=380$(개)
(10월의 생산량)$=820-380=440$(개)

6 세로 눈금 한 칸은 $10\div5=2$ (kg)을 나타냅니다.
동생의 몸무게는 7살에 24 kg, 8살에 28 kg이므로
(7살에서 8살의 몸무게의 변화량)
$=28-24=4$ (kg)
⇨ (10살의 몸무게)$=$(9살의 몸무게)$+4$
$=34+4=38$ (kg)

7 ❶ 세로 눈금 한 칸은 $100\div5=20$(명)을 나타냅니다.
입장객 수를 각각 알아보면
수요일: 780명, 목요일: 820명, 금요일: 940명
(월요일과 화요일의 입장객 수의 합)
$=4180-780-820-940$
$=1640$(명)
❷ 월요일의 입장객 수를 □명이라 하면
화요일의 입장객 수는 (□$+40$)명이므로
□$+$□$+40=1640$, □$+$□$=1640-40=1600$
⇨ □$=1600\div2=800$
따라서 월요일의 입장객은 800명,
화요일의 입장객은 $800+40=840$(명)입니다.

8 세로 눈금 한 칸은 $15 \div 5 = 3$(명)을 나타냅니다.
입학생 수를 각각 알아보면
2018년: 77명, 2019년: 80명, 2020년: 74명
(2021년과 2022년의 입학생 수의 합)
$= 355 - 77 - 80 - 74 = 124$(명)
2021년의 입학생 수를 $\square$명이라 하면
2022년의 입학생 수도 $\square$명이므로
$\square + \square = 124$ ⇨ $\square = 124 \div 2 = 62$

9 세로 눈금 한 칸은 $50 \div 5 = 10$(권)을 나타냅니다.
빌려 간 책 수를 각각 알아보면
2월: 100권, 3월: 140권, 5월: 190권, 6월: 160권
(4월과 7월에 빌려 간 책 수의 합)
$= 890 - 100 - 140 - 190 - 160 = 300$(권)
4월에 빌려 간 책 수를 $\square$권이라 하면
7월에 빌려 간 책 수는 $(\square - 60)$권이므로
$\square + \square - 60 = 300$,
$\square + \square = 300 + 60 = 360$
⇨ $\square = 360 \div 2 = 180$
따라서 7월에 빌려 간 책은 $180 - 60 = 120$(권)입니다.

단원 5 유형 마스터

119쪽
01 56개 **02** 오후 2시, 0.8 ℃
03 120 km

120쪽
04 사과 **05** 24일, 2 cm
06 430명

121쪽
07 (타) 300, 200, 100, 0 / 타수, 월: 3, 4, 5, 6, 7 (월)

08 (kg) 200, 150, 100, 0 / 배출량, 월: 6, 7, 8, 9, 10 (월)

09 100봉지

01 12일의 세로 눈금 7칸이 28개를 나타내므로
세로 눈금 한 칸은 $28 \div 7 = 4$(개)를 나타냅니다.
팥빵 생산량이 가장 많은 날은 점이 가장 높게 위치한 15일이고, 이때의 생산량은 56개입니다.

02 세로 눈금 5칸이 1 ℃를 나타내고
$0.2 + 0.2 + 0.2 + 0.2 + 0.2 = 1$이므로
세로 눈금 한 칸은 0.2 ℃를 나타냅니다.
한 시간 전에 비해 수온의 변화가 가장 큰 때는 선이 가장 많이 기울어진 때인 오후 2시입니다.
수온은 오후 1시가 10.4 ℃, 오후 2시가 11.2 ℃이므로 오후 2시의 수온은 한 시간 전보다
$11.2 - 10.4 = 0.8$ (℃) 올랐습니다.

03 세로 눈금 한 칸은 $75 \div 5 = 15$ (km)를 나타내므로
자동차는 10분에 15 km씩 가고 있습니다.
1시간 20분 = 80분이므로
(80분 동안 가는 거리)
= (50분 동안 간 거리) + 15 + 15 + 15
$= 75 + 15 + 15 + 15$
$= 120$ (km)

04
- 사과 판매량 그래프의 세로 눈금 한 칸은 $50 \div 5 = 10$(개)를 나타냅니다.
가장 많았던 때는 10일(190개)이고,
가장 적었던 때는 8일(140개)입니다.
⇨ $190 - 140 = 50$(개)
- 배 판매량 그래프의 세로 눈금 한 칸은 $20 \div 5 = 4$(개)를 나타냅니다.
가장 많았던 때는 11일(192개)이고,
가장 적었던 때는 10일(144개)입니다.
⇨ $192 - 144 = 48$(개)

$50 > 48$이므로
판매량의 차가 더 큰 과일은 사과입니다.

05 세로 눈금 한 칸은 1 cm를 나타냅니다.
차가 가장 작은 때는 지수의 점과 현준이의 점의 사이가 가장 적게 벌어진 때인 24일입니다.
24일의 기록은 지수가 166 cm, 현준이가 168 cm이므로 이때의 기록의 차는 $168 - 166 = 2$ (cm)입니다.

06 세로 눈금 한 칸은 $50 \div 5 = 10$(명)을 나타냅니다.
㉯ 도서관의 이용자가 ㉮ 도서관의 이용자보다 30명 더 많은 때는 ㉯ 도서관의 점이 ㉮ 도서관의 점보다
$30 \div 10 = 3$(칸) 더 높게 위치한 11월입니다.
11월의 이용자 수는 ㉮ 도서관이 200명, ㉯ 도서관이 230명이므로 모두 $200 + 230 = 430$(명)입니다.

07 세로 눈금 한 칸은 $100 \div 5 = 20$(타)를 나타냅니다.
3월에 220타, 4월에 160타이므로
(3월에 비해 4월에 줄어든 타수)
$= 220 - 160 = 60$(타)
⇨ (4월에 비해 5월에 늘어난 타수)
$= 60 \times 2 = 120$(타)
따라서 5월의 타수는 $160 + 120 = 280$(타)입니다.

다른 풀이
3월에 비해 4월에 줄어든 타수는 세로 눈금 3칸입니다.
4월에 비해 5월에 늘어난 타수는 3월에 비해 4월에 줄어든 타수의 2배이므로
5월의 타수는 4월의 타수보다 세로 눈금 $3 \times 2 = 6$(칸) 더 높게 점을 찍으면 됩니다.

08 세로 눈금 한 칸은 $50 \div 5 = 10$ (kg)을 나타냅니다.
배출량을 각각 알아보면
8월: 170 kg, 9월: 150 kg, 10월: 190 kg
(6월과 7월의 배출량의 합)$= 820 - 170 - 150 - 190$
$= 310$ (kg)
6월의 배출량을 □ kg이라 하면
7월의 배출량은 (□$+50$) kg이므로
□$+$□$+50 = 310$,
□$+$□$= 310 - 50 = 260$
⇨ □$= 260 \div 2 = 130$
따라서 7월의 배출량은 $130 + 50 = 180$ (kg)입니다.

09 누적을 나타내는 그래프이므로 선의 기울어진 정도가 그날의 판매량을 나타냅니다.
라면을 가장 많이 판매한 때는 선이 가장 많이 기울어진 때인 3일입니다.
세로 눈금 한 칸은 $100 \div 5 = 20$(봉지)를 나타내므로
2일의 누적 판매량: 120봉지
3일의 누적 판매량: 220봉지
(3일의 판매량)
$=$(3일의 누적 판매량)$-$(2일의 누적 판매량)
$= 220 - 120 = 100$(봉지)

6 다각형

유형 01 정다각형의 변의 길이

124쪽	1 ❶ 45 cm ❷ 72 cm ❸ 27 cm 답 27 cm 2 90 cm 3 나윤, 14 cm
125쪽	4 ❶ 35 cm ❷ 정오각형 답 정오각형 5 정구각형 6 정육각형
126쪽	7 ❶ 13개 ❷ 5 답 5 8 7 9 64 cm

1 ❶ 정오각형은 다섯 변의 길이가 모두 같으므로
(정오각형의 둘레)$= 9 \times 5 = 45$ (cm)
❷ 정팔각형은 여덟 변의 길이가 모두 같으므로
(정팔각형의 둘레)$= 9 \times 8 = 72$ (cm)
❸ $45 < 72$이므로
(두 정다각형의 둘레의 차)
$= 72 - 45 = 27$ (cm)

2 (정육각형의 둘레)$= 5 \times 6 = 30$ (cm)
(정십각형의 둘레)$= 6 \times 10 = 60$ (cm)
⇨ (두 정다각형의 둘레의 합)
$= 30 + 60 = 90$ (cm)

3 나윤: (정구각형의 둘레)$= 11 \times 9 = 99$ (cm)
동호: (정오각형의 둘레)$= 17 \times 5 = 85$ (cm)
$99 > 85$이므로 나윤이가 그린 도형의 둘레가
$99 - 85 = 14$ (cm) 더 깁니다.

4 ❶ (정다각형의 둘레)
$=$(색 테이프의 전체 길이)
$-$(만들고 남은 색 테이프의 길이)
$= 50 - 15 = 35$ (cm)
❷ 정다각형의 한 변의 길이가 7 cm이므로
(정다각형의 변의 수)$= 35 \div 7 = 5$(개)
변이 5개인 정다각형이므로
만든 정다각형은 정오각형입니다.

5 (정다각형의 둘레)$= 70 - 16 = 54$ (cm)
정다각형의 한 변의 길이가 6 cm이므로
(정다각형의 변의 수)$= 54 \div 6 = 9$(개)
변이 9개인 정다각형이므로
만든 정다각형은 정구각형입니다.

6 (정팔각형의 둘레)$=4\times8=32$ (cm)
(한 변의 길이가 8 cm인 정다각형의 둘레)
$=$(색 테이프의 전체 길이)$-$(정팔각형의 둘레)
$=80-32=48$ (cm)
(한 변의 길이가 8 cm인 정다각형의 변의 수)
$=48\div8=6$(개)
변이 6개인 정다각형이므로
한 변의 길이가 8 cm인 정다각형은 정육각형입니다.

7 ❶ 만든 도형은 정다각형의 변 13개로 둘러싸여 있습니다.
❷ 정다각형 3개의 변의 길이는 모두 같으므로
(정다각형의 한 변의 길이)$=65\div13=5$ (cm)
따라서 □ 안에 알맞은 수는 5입니다.

8 만든 도형은 정다각형의 변 11개로 둘러싸여 있습니다.
정다각형 3개의 변의 길이는 모두 같으므로
(정다각형의 한 변의 길이)$=77\div11=7$ (cm)
따라서 □ 안에 알맞은 수는 7입니다.

9 (정육각형의 한 변의 길이)$=24\div6=4$ (cm)
만든 도형은 정다각형의 변 16개로 둘러싸여 있습니다.
정다각형 4개의 변의 길이는 모두 같으므로
(만든 도형의 둘레)$=4\times16=64$ (cm)

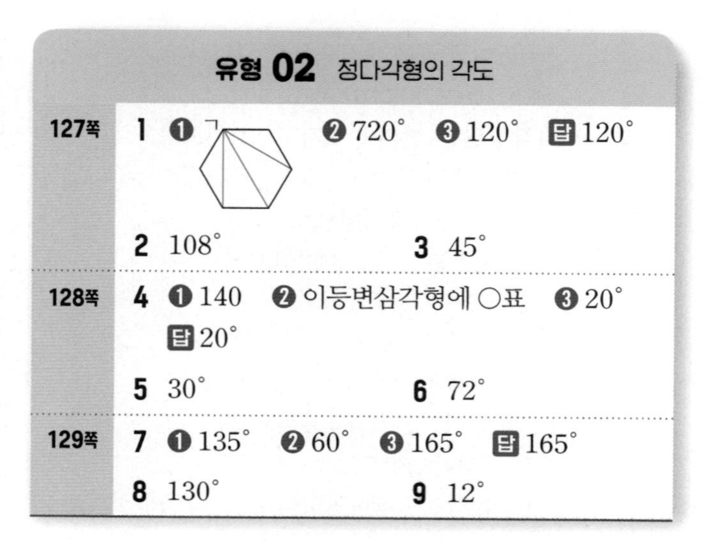

유형 02 정다각형의 각도

127쪽	1 ❶ ㄱ (정육각형 그림) ❷ 720° ❸ 120° 답 120°
	2 108° 3 45°
128쪽	4 ❶ 140 ❷ 이등변삼각형에 ○표 ❸ 20° 답 20°
	5 30° 6 72°
129쪽	7 ❶ 135° ❷ 60° ❸ 165° 답 165°
	8 130° 9 12°

1 ❶ 정육각형에 선을 그어 삼각형 4개로 나눌 수 있습니다.

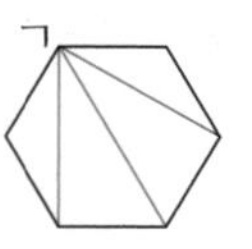

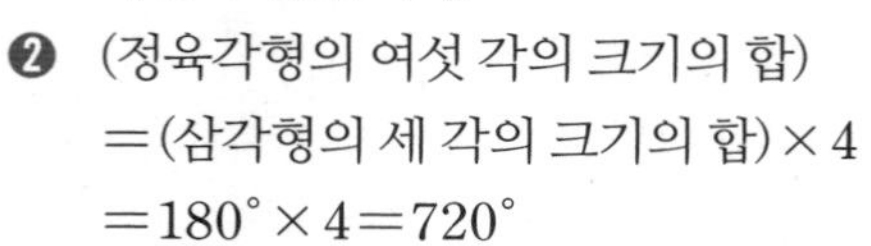

❷ (정육각형의 여섯 각의 크기의 합)
$=$(삼각형의 세 각의 크기의 합)$\times4$
$=180^\circ\times4=720^\circ$

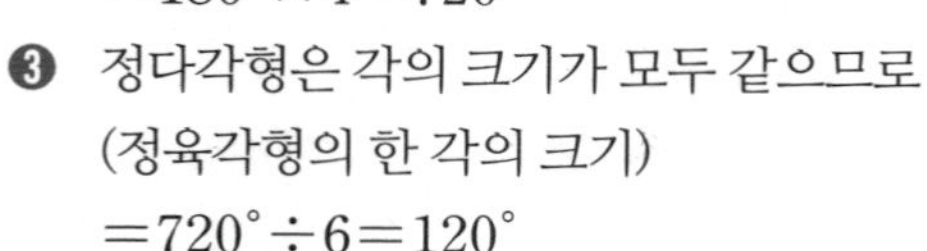

❸ 정다각형은 각의 크기가 모두 같으므로
(정육각형의 한 각의 크기)
$=720^\circ\div6=120^\circ$

참고
정육각형을 사각형 2개로 나누어 정육각형의 여섯 각의 크기의 합을 구할 수도 있습니다.
(정육각형의 여섯 각의 크기의 합)
$=$(사각형의 네 각의 크기의 합)$\times2$
$=360^\circ\times2=720^\circ$

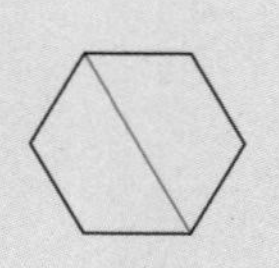

2 정오각형에 선을 그어 삼각형 3개로 나눌 수 있습니다.
(정오각형의 다섯 각의 크기의 합)
$=$(삼각형의 세 각의 크기의 합)$\times3$
$=180^\circ\times3=540^\circ$
(정오각형의 한 각의 크기)
$=540^\circ\div5=108^\circ$

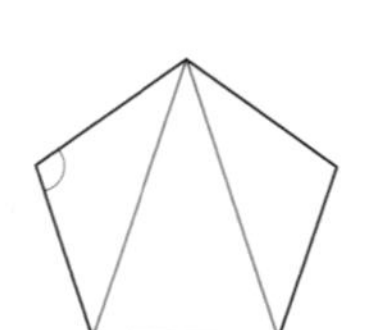

3 정팔각형에 선을 그어 삼각형 6개로 나눌 수 있습니다.
(정팔각형의 여덟 각의 크기의 합)
$=$(삼각형의 세 각의 크기의 합)$\times6$
$=180^\circ\times6=1080^\circ$
(정팔각형의 한 각의 크기)
$=1080^\circ\div8=135^\circ$
⇨ ㉠$=180^\circ-135^\circ=45^\circ$

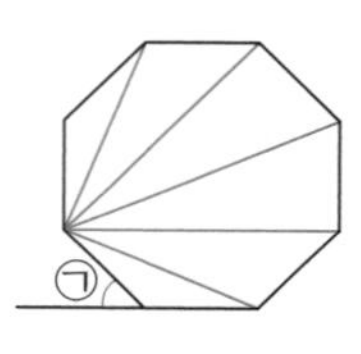

4 ❶ (정구각형의 아홉 각의 크기의 합)
$=180^\circ\times7=1260^\circ$
□$=1260^\circ\div9=140^\circ$

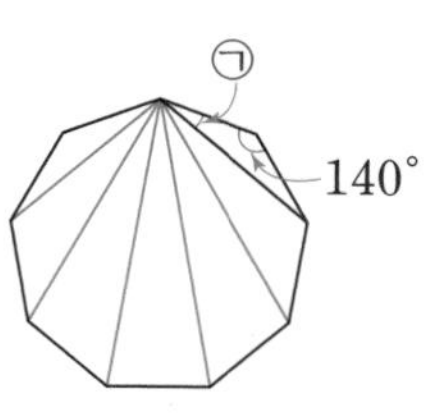

❷ 정구각형은 변의 길이가 모두 같으므로 주어진 삼각형은 두 변의 길이가 같은 이등변삼각형입니다.
❸ 이등변삼각형은 두 각의 크기가 같으므로 주어진 삼각형의 나머지 한 각의 크기는 ㉠의 각도와 같습니다.
㉠$+$㉠$=180^\circ-140^\circ=40^\circ$
⇨ ㉠$=40^\circ\div2=20^\circ$

5 (정육각형의 여섯 각의 크기의 합)
$=180^\circ\times4=720^\circ$
(정육각형의 한 각의 크기)
$=720^\circ\div6=120^\circ$
정육각형은 변의 길이가 모두 같으므로 삼각형 ㄱㄴㄷ은 이등변삼각형입니다.
삼각형 ㄱㄴㄷ은 이등변삼각형이므로
(각 ㄴㄱㄷ)+(각 ㄴㄷㄱ)$=180^\circ-120^\circ=60^\circ$에서
(각 ㄴㄱㄷ)=(각 ㄴㄷㄱ)$=60^\circ\div2=30^\circ$

6 정오각형이 삼각형과 사각형으로 나누어져 있으므로
(정오각형의 다섯 각의 크기의 합)
$=180^\circ+360^\circ=540^\circ$
(정오각형의 한 각의 크기)
$=540^\circ\div5=108^\circ$
정오각형은 변의 길이가 모두 같으므로
주어진 삼각형은 이등변삼각형입니다.
이등변삼각형은 두 각의 크기가 같으므로

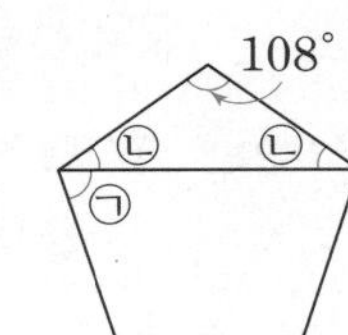

㉡+㉡$=180^\circ-108^\circ=72^\circ$
⇨ ㉡$=72^\circ\div2=36^\circ$
㉠$=108^\circ-36^\circ=72^\circ$

7 ❶ (정팔각형의 여덟 각의 크기의 합)
$=180^\circ\times6=1080^\circ$
㉡$=1080^\circ\div8=135^\circ$

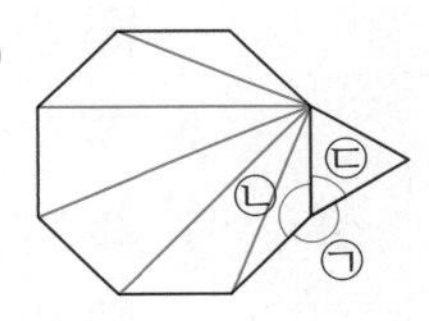

❷ 정삼각형의 한 각의 크기는 60°이므로 ㉢$=60^\circ$
❸ ㉠$=360^\circ-135^\circ-60^\circ=165^\circ$

8 (정구각형의 아홉 각의 크기의 합)
$=180^\circ\times7=1260^\circ$
(정구각형의 한 각의 크기)
$=1260^\circ\div9=140^\circ$
정사각형의 한 각의 크기는 90°이므로
㉠$=360^\circ-140^\circ-90^\circ=130^\circ$

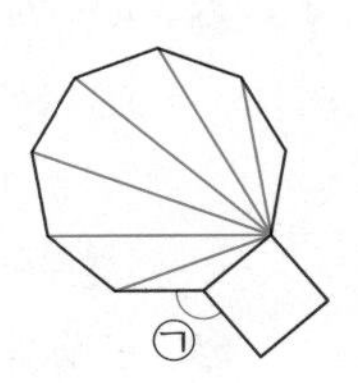

9 • (정육각형의 여섯 각의 크기의 합)
$=180^\circ\times4=720^\circ$
(정육각형의 한 각의 크기)
$=720^\circ\div6=120^\circ$
• (정오각형의 다섯 각의 크기의 합)
$=180^\circ\times3=540^\circ$
(정오각형의 한 각의 크기)
$=540^\circ\div5=108^\circ$
⇨ ㉠$=360^\circ-120^\circ-120^\circ-108^\circ=12^\circ$

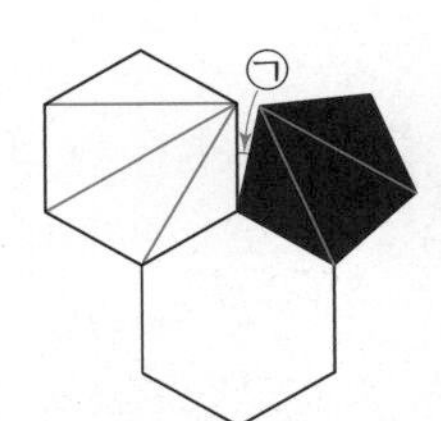

유형 03 대각선의 수

130쪽	**1** ❶ 2 / 10 / 2, 5 ❷ 20개 ❸ 25개 답 25개
	2 23개 **3** 8개
131쪽	**4** ❶ 12개 ❷ 54개 답 54개
	5 65개 **6** 44개
132쪽	**7** ❶ 28 / 3 ❷ 7개 ❸ 칠각형 답 칠각형
	8 팔각형 **9** 정구각형

1 ❶ ① 한 꼭짓점에서 그은 대각선 수: 2개
② 꼭짓점 5개에서 그을 수 있는 대각선 수: 2개씩 5쌍 ⇨ $2\times5=10$(개)
③ 오각형의 대각선 수: $10\div2=5$(개)

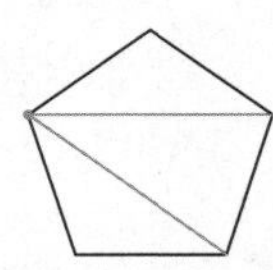

❷ ① 한 꼭짓점에서 그은 대각선 수: 5개
② 꼭짓점 8개에서 그을 수 있는 대각선 수: 5개씩 8쌍 ⇨ $5\times8=40$(개)
③ 팔각형의 대각선 수: $40\div2=20$(개)

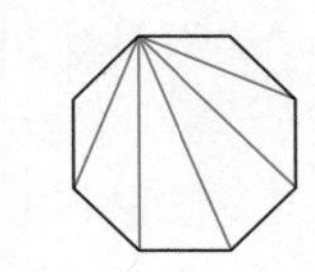

❸ (대각선 수의 합)$=5+20=25$(개)

2 • 칠각형에서
① 한 꼭짓점에서 그은 대각선 수: 4개
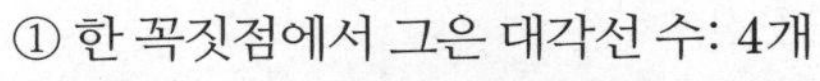
② 꼭짓점 7개에서 그을 수 있는 대각선 수: 4개씩 7쌍 ⇨ $4\times7=28$(개)
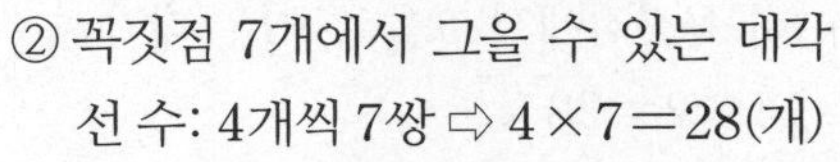
③ 칠각형의 대각선 수: $28\div2=14$(개)

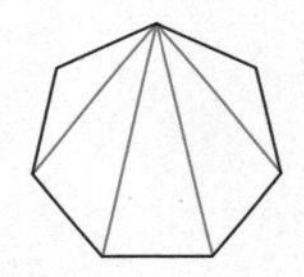

• 육각형에서
① 한 꼭짓점에서 그은 대각선 수: 3개
② 꼭짓점 6개에서 그을 수 있는 대각선 수: 3개씩 6쌍 ⇨ $3\times6=18$(개)
③ 육각형의 대각선 수: $18\div2=9$(개)

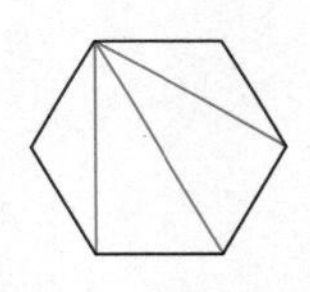

⇨ (대각선 수의 합)$=14+9=23$(개)

3 • 십각형에서
① 한 꼭짓점에서 그은 대각선 수: 7개
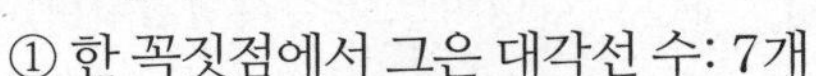
② 꼭짓점 10개에서 그을 수 있는 대각선 수: 7개씩 10쌍 ⇨ $7\times10=70$(개)
③ 십각형의 대각선 수: $70\div2=35$(개)

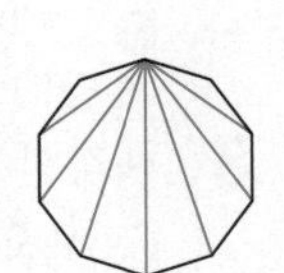

• 구각형에서
① 한 꼭짓점에서 그은 대각선 수: 6개
② 꼭짓점 9개에서 그을 수 있는 대각선 수: 6개씩 9쌍 ⇨ $6\times9=54$(개)
③ 구각형의 대각선 수: $54\div2=27$(개)

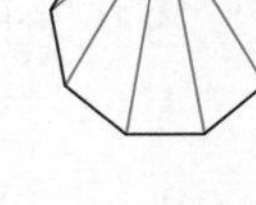

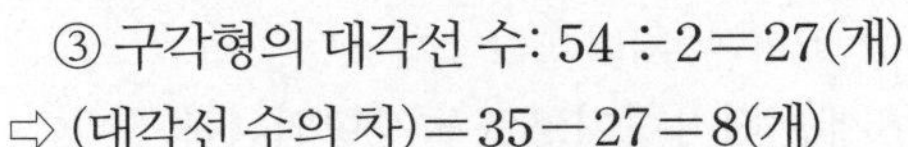
⇨ (대각선 수의 차)$=35-27=8$(개)

4 ❶ 한 꼭짓점에서 그을 수 있는 대각선이 9개이므로
꼭짓점은 $9+3=12$(개)입니다.
(3: 자기 자신과 이웃한 두 꼭짓점 수)

❷ 꼭짓점 12개에서 각각 9개씩 그을 수 있으므로
$9\times12=108$(개)
2개씩 겹쳐진 대각선을 한 번만 세면
대각선은 모두 $108\div2=54$(개)입니다.

5 한 꼭짓점에서 그을 수 있는 대각선이 10개이므로
꼭짓점은 $10+3=13$(개)입니다.
꼭짓점 13개에서 각각 10개씩 그을 수 있으므로
$10\times13=130$(개)
2개씩 겹쳐진 대각선을 한 번만 세면
대각선은 모두 $130\div2=65$(개)입니다.

6 한 꼭짓점에서 그을 수 있는 대각선이 8개이므로
꼭짓점은 $8+3=11$(개)입니다.
꼭짓점 11개에서 각각 8개씩 그을 수 있으므로
$8\times11=88$(개)
2개씩 겹쳐진 대각선을 한 번만 세면
대각선은 모두 $88\div2=44$(개)입니다.

7 ❶ • 대각선 수는
(꼭짓점 수)×(한 꼭짓점에서 그을 수 있는 대각선 수)
의 곱을 2로 나눈 값으로 14개입니다.
⇨ (꼭짓점 수)
×(한 꼭짓점에서 그을 수 있는 대각선 수)
$=14\times2=28$
• (꼭짓점 수)
=(한 꼭짓점에서 그을 수 있는 대각선 수)+3
⇨ (꼭짓점 수)
−(한 꼭짓점에서 그을 수 있는 대각선 수)
$=3$

❷ $4\times1=4$, $5\times2=10$, $6\times3=18$, $7\times4=28$……
이므로 차가 3인 두 수 중에서 곱이 28인 두 수는
4와 7입니다.
⇨ 꼭짓점은 7개입니다.

❸ 꼭짓점이 7개인 다각형이므로 칠각형입니다.

8 대각선이 20개이므로
(꼭짓점 수)×(한 꼭짓점에서 그을 수 있는 대각선 수)
$=20\times2=40$
(꼭짓점 수)−(한 꼭짓점에서 그을 수 있는 대각선 수)
$=3$
차가 3이고 곱이 40인 두 수를 찾으면
$4\times1=4$, $5\times2=10$, $6\times3=18$, $7\times4=28$,
$8\times5=40$…… ⇨ 5와 8
꼭짓점이 8개인 다각형이므로 팔각형입니다.

9 대각선이 27개이므로
(꼭짓점 수)×(한 꼭짓점에서 그을 수 있는 대각선 수)
$=27\times2=54$
(꼭짓점 수)−(한 꼭짓점에서 그을 수 있는 대각선 수)
$=3$
차가 3이고 곱이 54인 두 수를 찾으면
$4\times1=4$, $5\times2=10$, $6\times3=18$, $7\times4=28$,
$8\times5=40$, $9\times6=54$…… ⇨ 6과 9
윤건이가 그린 정다각형은 꼭짓점이 9개이므로
정구각형입니다.

유형 04 대각선의 성질 이용하여 길이 구하기

133쪽	1 ❶ 선분 ㄴㅁ: 4 cm, 선분 ㄷㅁ: 9 cm ❷ 9 cm ❸ 22 cm 답 22 cm	
	2 24 cm	3 30 cm
134쪽	4 ❶ 10 cm ❷ 10 cm ❸ 20 cm 답 20 cm	
	5 32 cm	6 14 cm
135쪽	7 ❶ (왼쪽에서부터) 9, 9 / 9, 9, 9, 9 ❷ 36 cm 답 36 cm	
	8 28 cm	9 34 cm

1 ❶ 평행사변형은 한 대각선이 다른 대각선을 똑같이 둘로 나누므로
(선분 ㄴㅁ)=(선분 ㄴㄹ)÷2=8÷2=4 (cm)
(선분 ㄷㅁ)=(선분 ㄱㄷ)÷2=18÷2=9 (cm)

❷ 평행사변형은 마주 보는 두 변의 길이가 같으므로
(변 ㄴㄷ)=(변 ㄱㄹ)=9 cm

❸ (삼각형 ㅁㄴㄷ의 세 변의 길이의 합)
$=4+9+9=22$ (cm)

2 마름모는 한 대각선이 다른 대각선을 똑같이 둘로 나누므로
(선분 ㄱㅁ)=16÷2=8 (cm)
(선분 ㅁㄹ)=12÷2=6 (cm)
마름모는 네 변의 길이가 모두 같으므로
(변 ㄱㄹ)=(변 ㄱㄴ)=10 cm
⇨ (삼각형 ㄱㅁㄹ의 세 변의 길이의 합)
$=8+6+10=24$ (cm)

3 평행사변형은 한 대각선이 다른 대각선을 똑같이 둘로 나누므로
(선분 ㄱㅁ)=14÷2=7 (cm)
(선분 ㄴㅁ)=20÷2=10 (cm)
평행사변형은 마주 보는 두 변의 길이가 같으므로
(변 ㄱㄴ)=(변 ㄹㄷ)=13 cm
⇨ (삼각형 ㄱㄴㅁ의 세 변의 길이의 합)
=13+10+7=30 (cm)

4 ❶ 직사각형은 한 대각선이 다른 대각선을 똑같이 둘로 나누므로
(선분 ㄴㄹ)=(선분 ㄹㅁ)×2=5×2=10 (cm)
❷ 직사각형은 두 대각선의 길이가 같으므로
(선분 ㄱㄷ)=(선분 ㄴㄹ)=10 cm
❸ (두 대각선의 길이의 합)=10+10=20 (cm)

5 정사각형은 한 대각선이 다른 대각선을 똑같이 둘로 나누므로
(선분 ㄱㄷ)=8×2=16 (cm)
정사각형은 두 대각선의 길이가 같으므로
(선분 ㄴㄹ)=(선분 ㄱㄷ)=16 cm
⇨ (두 대각선의 길이의 합)=16+16=32 (cm)

6 직사각형은 두 대각선의 길이가 같으므로
(선분 ㄱㄷ)=(선분 ㄴㄹ)=56÷2=28 (cm)
직사각형은 한 대각선이 다른 대각선을 똑같이 둘로 나누므로
(선분 ㄴㅁ)=(선분 ㄴㄹ)÷2=28÷2=14 (cm)

7 ❶ 정사각형은 네 변의 길이가 모두 같으므로
(선분 ㄱㅂ)=(선분 ㅂㄹ)=(선분 ㄱㅁ)=9 cm
마름모는 한 대각선이 다른 대각선을 똑같이 둘로 나누므로
(선분 ㄷㅂ)=(선분 ㄱㅂ)=9 cm
(선분 ㄴㅂ)=(선분 ㄹㅂ)=9 cm
❷ (선분 ㄱㄷ)=9×2=18 (cm)
(선분 ㄴㄹ)=9×2=18 (cm)
⇨ (두 대각선의 길이의 합)=18+18=36 (cm)

8 정사각형은 네 변의 길이가 모두 같으므로
(선분 ㄴㅂ)=(선분 ㅂㄷ)=(선분 ㅁㄷ)=7 cm
마름모는 한 대각선이 다른 대각선을 똑같이 둘로 나누므로
(선분 ㄴㄹ)=7×2=14 (cm)
(선분 ㄱㄷ)=7×2=14 (cm)
⇨ (두 대각선의 길이의 합)=14+14=28 (cm)

9 직사각형은 마주 보는 두 변의 길이가 같으므로
(선분 ㅁㄹ)=(선분 ㄷㅂ)=11 cm
(선분 ㅁㄷ)=(선분 ㄹㅂ)=6 cm
마름모는 한 대각선이 다른 대각선을 똑같이 둘로 나누므로
(선분 ㄴㄹ)=11×2=22 (cm)
(선분 ㄱㄷ)=6×2=12 (cm)
⇨ (두 대각선의 길이의 합)=22+12=34 (cm)

유형 05 대각선의 성질 이용하여 각도 구하기

136쪽	1 ❶ 50° ❷ 이등변삼각형에 ○표 ❸ 65° 답 65°	
	2 35°	3 80°
137쪽	4 ❶ 25° ❷ 이등변삼각형 ❸ 25° 답 25°	
	5 40°	6 45°
138쪽	7 ❶ 60° ❷ 정삼각형 ❸ 27 cm 답 27 cm	
	8 21 cm	9 48 cm
139쪽	10 ❶ 정삼각형 ❷ 10 cm ❸ 5 cm 답 5 cm	
	11 2 cm	12 24 cm

1 ❶ 한 직선이 이루는 각도는 180°이므로
(각 ㄱㅁㄴ)=180°−130°=50°
❷ 직사각형은 두 대각선의 길이가 같고, 한 대각선이 다른 대각선을 똑같이 둘로 나누므로
(선분 ㄱㅁ)=(선분 ㄷㅁ)=(선분 ㄹㅁ)
=(선분 ㄴㅁ)
⇨ (선분 ㄱㅁ)=(선분 ㄴㅁ)이므로
삼각형 ㄱㄴㅁ은 이등변삼각형입니다.
❸ 삼각형 ㄱㄴㅁ은 이등변삼각형이므로
(각 ㄴㄱㅁ)=(각 ㄱㄴㅁ)=㉠
㉠+㉠=180°−50°=130°
⇨ ㉠=130°÷2=65°

2 (각 ㄴㅁㄷ)$=180^\circ-70^\circ=110^\circ$
직사각형은 두 대각선의 길이가 같고, 한 대각선이 다른 대각선을 똑같이 둘로 나눕니다.
⇨ (선분 ㄴㅁ)=(선분 ㄷㅁ)이므로
삼각형 ㅁㄴㄷ은 이등변삼각형입니다.
삼각형 ㅁㄴㄷ은 이등변삼각형이므로
(각 ㅁㄴㄷ)+(각 ㅁㄷㄴ)$=180^\circ-110^\circ=70^\circ$에서
(각 ㅁㄴㄷ)=(각 ㅁㄷㄴ)$=70^\circ\div2=35^\circ$

3 직사각형은 두 대각선의 길이가 같고, 한 대각선이 다른 대각선을 똑같이 둘로 나눕니다.
⇨ (선분 ㄷㅁ)=(선분 ㄹㅁ)이므로
삼각형 ㅁㄷㄹ은 이등변삼각형입니다.
삼각형 ㅁㄷㄹ은 이등변삼각형이므로
(각 ㅁㄷㄹ)=(각 ㅁㄹㄷ)$=40^\circ$
(각 ㄷㅁㄹ)$=180^\circ-40^\circ-40^\circ=100^\circ$
⇨ (각 ㄴㅁㄷ)$=180^\circ-100^\circ=80^\circ$

4 ❶ 마름모는 두 대각선이 서로 수직으로 만나므로
(각 ㄱㅁㄹ)$=90^\circ$
삼각형 ㄱㅁㄹ에서
(각 ㄱㄹㅁ)$=180^\circ-65^\circ-90^\circ=25^\circ$
❷ 마름모는 네 변의 길이가 모두 같습니다.
⇨ (변 ㄱㄴ)=(변 ㄱㄹ)이므로
삼각형 ㄱㄴㄹ은 이등변삼각형입니다.
❸ 삼각형 ㄱㄴㄹ은 이등변삼각형이므로
(각 ㄱㄴㅁ)=(각 ㄱㄹㅁ)$=25^\circ$

5 마름모는 두 대각선이 서로 수직으로 만나므로
(각 ㄱㅁㄴ)$=90^\circ$
삼각형 ㄱㄴㅁ에서
(각 ㄴㄱㅁ)$=180^\circ-50^\circ-90^\circ=40^\circ$
마름모는 네 변의 길이가 모두 같습니다.
⇨ (변 ㄱㄴ)=(변 ㄴㄷ)이므로
삼각형 ㄴㄱㄷ은 이등변삼각형입니다.
삼각형 ㄴㄱㄷ은 이등변삼각형이므로
(각 ㄴㄷㅁ)=(각 ㄴㄱㅁ)$=40^\circ$

6 정사각형은 두 대각선이 서로 수직으로 만나므로
(각 ㄱㅁㄴ)$=90^\circ$
정사각형은 두 대각선의 길이가 같고, 한 대각선이 다른 대각선을 똑같이 둘로 나눕니다.
⇨ (선분 ㄱㅁ)=(선분 ㄴㅁ)이므로
삼각형 ㅁㄱㄴ은 이등변삼각형입니다.
삼각형 ㅁㄱㄴ은 이등변삼각형이므로
(각 ㅁㄱㄴ)+(각 ㅁㄴㄱ)$=180^\circ-90^\circ=90^\circ$에서
(각 ㅁㄱㄴ)=(각 ㅁㄴㄱ)$=90^\circ\div2=45^\circ$

7 ❶ (각 ㄱㅁㄴ)$=180^\circ-120^\circ=60^\circ$
❷ 직사각형은 두 대각선의 길이가 같고, 한 대각선이 다른 대각선을 똑같이 둘로 나눕니다.
⇨ (선분 ㄱㅁ)=(선분 ㄴㅁ)이므로
삼각형 ㄱㄴㅁ 은 이등변삼각형입니다.
삼각형 ㄱㄴㅁ은 이등변삼각형이므로
(각 ㅁㄱㄴ)+(각 ㅁㄴㄱ)$=180^\circ-60^\circ=120^\circ$에서
(각 ㅁㄱㄴ)=(각 ㅁㄴㄱ)$=120^\circ\div2=60^\circ$
세 각의 크기가 모두 같으므로
삼각형 ㄱㄴㅁ은 정삼각형입니다.
❸ 삼각형 ㄱㄴㅁ은 정삼각형이므로
(선분 ㄱㄴ)=(선분 ㄱㅁ)=(선분 ㄴㅁ)
$=18\div2=9$ (cm)
⇨ (삼각형 ㄱㄴㅁ의 세 변의 길이의 합)
$=9\times3=27$ (cm)

8 (각 ㄹㅁㄷ)$=180^\circ-120^\circ=60^\circ$
직사각형은 두 대각선의 길이가 같고, 한 대각선이 다른 대각선을 똑같이 둘로 나눕니다.
⇨ (선분 ㄹㅁ)=(선분 ㄷㅁ)이므로
삼각형 ㄹㅁㄷ은 이등변삼각형입니다.
삼각형 ㄹㅁㄷ은 이등변삼각형이므로
(각 ㅁㄷㄹ)+(각 ㅁㄹㄷ)$=180^\circ-60^\circ=120^\circ$에서
(각 ㅁㄷㄹ)=(각 ㅁㄹㄷ)$=120^\circ\div2=60^\circ$
세 각의 크기가 모두 같으므로
삼각형 ㄹㅁㄷ은 정삼각형입니다.
(선분 ㄷㄹ)=(선분 ㄹㅁ)=(선분 ㄷㅁ)
$=14\div2=7$ (cm)
⇨ (삼각형 ㄹㅁㄷ의 세 변의 길이의 합)
$=7\times3=21$ (cm)

9 (각 ㅂㅅㄷ)$=180^\circ-120^\circ=60^\circ$
직사각형은 두 대각선의 길이가 같고, 한 대각선이 다른 대각선을 똑같이 둘로 나눕니다.
⇨ (선분 ㅂㅅ)=(선분 ㄷㅅ)이므로
삼각형 ㅅㄷㅂ은 이등변삼각형입니다.
삼각형 ㅅㄷㅂ은 이등변삼각형이므로
(각 ㅅㅂㄷ)+(각 ㅅㄷㅂ)$=180^\circ-60^\circ=120^\circ$에서
(각 ㅅㅂㄷ)=(각 ㅅㄷㅂ)$=120^\circ\div2=60^\circ$
세 각의 크기가 모두 같으므로
삼각형 ㅅㄷㅂ은 정삼각형입니다.
(선분 ㅂㄷ)=(선분 ㄷㅅ)=(선분 ㅂㅅ)
$=24\div2=12$ (cm)
사각형 ㅂㄷㄹㅁ은 한 변의 길이가 12 cm인 정사각형이므로
(사각형 ㅂㄷㄹㅁ의 네 변의 길이의 합)
$=12\times4=48$ (cm)

10 ❶ 마름모는 네 변의 길이가 모두 같습니다.
⇨ (변 ㄱㄴ)=(변 ㄴㄷ)이므로
삼각형 ㄱㄴㄷ은 이등변삼각형입니다.
삼각형 ㄱㄴㄷ은 이등변삼각형이므로
(각 ㄴㄱㄷ)+(각 ㄴㄷㄱ)=180°−60°=120°에서
(각 ㄴㄱㄷ)=(각 ㄴㄷㄱ)=120°÷2=60°
세 각의 크기가 모두 같으므로
삼각형 ㄱㄴㄷ은 정삼각형입니다.
❷ 삼각형 ㄱㄴㄷ은 정삼각형이므로
(선분 ㄱㄷ)=(선분 ㄱㄴ)=10 cm
❸ 마름모는 한 대각선이 다른 대각선을 똑같이 둘로 나누므로
(선분 ㄱㅁ)=10÷2=5 (cm)

11 마름모는 네 변의 길이가 모두 같습니다.
⇨ (변 ㄱㄴ)=(변 ㄱㄹ)이므로
삼각형 ㄱㄴㄹ은 이등변삼각형입니다.
삼각형 ㄱㄴㄹ은 이등변삼각형이므로
(각 ㄱㄴㄹ)+(각 ㄱㄹㄴ)=180°−60°=120°에서
(각 ㄱㄴㄹ)=(각 ㄱㄹㄴ)=120°÷2=60°
세 각의 크기가 모두 같으므로
삼각형 ㄱㄴㄹ은 정삼각형입니다.
⇨ (선분 ㄴㄹ)=(선분 ㄱㄹ)=4 cm
마름모는 한 대각선이 다른 대각선을 똑같이 둘로 나누므로
(선분 ㅁㄹ)=4÷2=2 (cm)

12 마름모는 네 변의 길이가 모두 같습니다.
⇨ (변 ㄱㄹ)=(변 ㄷㄹ)이므로
삼각형 ㄱㄷㄹ은 이등변삼각형입니다.
삼각형 ㄱㄷㄹ은 이등변삼각형이므로
(각 ㄹㄱㄷ)+(각 ㄹㄷㄱ)=180°−60°=120°에서
(각 ㄹㄱㄷ)=(각 ㄹㄷㄱ)=120°÷2=60°
세 각의 크기가 모두 같으므로
삼각형 ㄱㄷㄹ은 정삼각형입니다.
마름모는 한 대각선이 다른 대각선을 똑같이 둘로 나누므로
(선분 ㄱㄷ)=3×2=6 (cm)
정삼각형 ㄱㄷㄹ에서
(선분 ㄱㄹ)=(선분 ㄷㄹ)=(선분 ㄱㄷ)=6 cm
마름모 ㄱㄴㄷㄹ의 한 변의 길이가 6 cm이므로
(마름모 ㄱㄴㄷㄹ의 네 변의 길이의 합)
=6×4=24 (cm)

단원 6 유형 마스터

140쪽	01 21 cm	02 4	03 4개
141쪽	04 18°	05 45°	06 60°
142쪽	07 8 cm	08 9개	09 32 cm
143쪽	10 십일각형	11 20개	12 24개

01 평행사변형은 한 대각선이 다른 대각선을 똑같이 둘로 나누므로
(선분 ㄷㅁ)=14÷2=7 (cm)
(선분 ㄹㅁ)=12÷2=6 (cm)
따라서 삼각형 ㄹㅁㄷ의 세 변의 길이의 합은
6+7+8=21 (cm)입니다.

02 만든 도형은 정다각형의 변 12개로 둘러싸여 있습니다.
정다각형 4개의 변의 길이는 모두 같으므로
(정다각형의 한 변의 길이)
=48÷12=4 (cm)
따라서 □ 안에 알맞은 수는 4입니다.

03 (철사의 길이)=(정십이각형의 둘레)
=15×12=180 (cm)
(정구각형의 모든 변의 길이의 합)
=5×9=45 (cm)
따라서 이 철사로 정구각형은 180÷45=4(개)까지 만들 수 있습니다.

04 • 정사각형의 한 각의 크기는 90°이므로
㉠=180°−90°=90°
• (정오각형의 다섯 각의 크기의 합)
=(삼각형의 세 각의 크기의 합)×3
=180°×3=540°
(정오각형의 한 각의 크기)
=540°÷5=108°
⇨ ㉡=180°−108°=72°
→ (㉠과 ㉡의 각도의 차)=90°−72°=18°

05 정팔각형이 사각형 3개로 나누어져 있으므로
(정팔각형의 여덟 각의 크기의 합)
=360°×3=1080°
(정팔각형의 한 각의 크기)
=1080°÷8=135°
⇨ ㉠=135°−90°=45°

06 마름모는 두 대각선이 서로 수직으로 만나므로
(각 ㄴㅁㄷ)$=90^\circ$
삼각형 ㄴㅁㄷ에서
(각 ㄴㄷㅁ)$=180^\circ-30^\circ-90^\circ=60^\circ$
마름모는 네 변의 길이가 모두 같습니다.
⇨ (변 ㄱㄴ)$=$(변 ㄴㄷ)이므로
　삼각형 ㄴㄱㄷ은 이등변삼각형입니다.
삼각형 ㄴㄱㄷ은 이등변삼각형이므로
(각 ㄴㄱㅁ)$=$(각 ㄴㄷㅁ)$=60^\circ$

07 (선분 ㄱㄷ)$=$(원의 지름)
$=$(큰 정사각형의 한 변의 길이)
$=16$ cm
정사각형은 한 대각선이 다른 대각선을 똑같이 둘로 나누므로
(선분 ㄱㅇ)$=$(선분 ㄱㄷ)$\div 2=16\div 2=8$ (cm)

08 • 오각형에서
① 한 꼭짓점에서 그은 대각선 수: 2개
② 꼭짓점 5개에서 그을 수 있는 대각선 수: 2개씩 5쌍 ⇨ $2\times 5=10$(개)
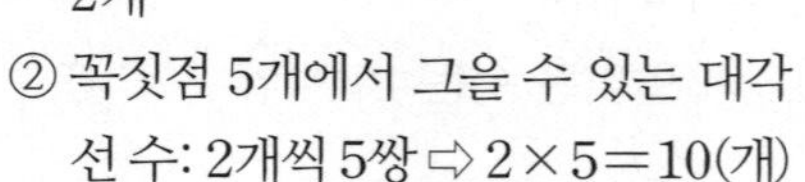
③ 오각형의 대각선 수: $10\div 2=5$(개)
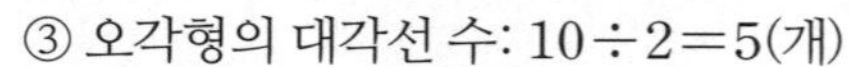
• 칠각형에서
① 한 꼭짓점에서 그은 대각선 수: 4개
② 꼭짓점 7개에서 그을 수 있는 대각선 수: 4개씩 7쌍 ⇨ $4\times 7=28$(개)
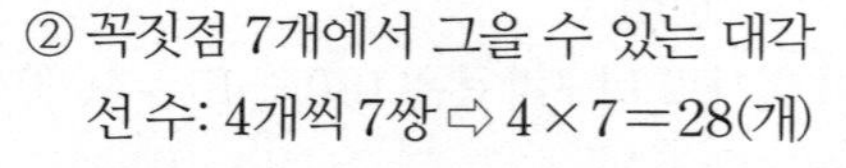
③ 칠각형의 대각선 수: $28\div 2=14$(개)
⇨ (대각선 수의 차)$=14-5=9$(개)

09 (각 ㅂㅅㄷ)$=180^\circ-120^\circ=60^\circ$
직사각형은 두 대각선의 길이가 같고, 한 대각선이 다른 대각선을 똑같이 둘로 나눕니다.
⇨ (선분 ㅂㅅ)$=$(선분 ㄷㅅ)이므로
　삼각형 ㅅㅂㄷ은 이등변삼각형입니다.
삼각형 ㅅㅂㄷ은 이등변삼각형이므로
(각 ㅅㅂㄷ)$+$(각 ㅅㄷㅂ)$=180^\circ-60^\circ=120^\circ$에서
(각 ㅅㅂㄷ)$=$(각 ㅅㄷㅂ)$=120^\circ\div 2=60^\circ$
세 각의 크기가 모두 같으므로
삼각형 ㅅㅂㄷ은 정삼각형입니다.
⇨ (선분 ㅂㄷ)$=$(선분 ㄷㅅ)$=$(선분 ㅂㅅ)
$=16\div 2=8$ (cm)
사각형 ㄱㄴㄷㅂ은 한 변의 길이가 8 cm인 정사각형이므로
(사각형 ㄱㄴㄷㅂ의 네 변의 길이의 합)
$=8\times 4=32$ (cm)

10 대각선이 44개이므로
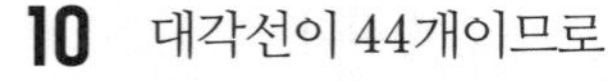
(꼭짓점 수)$\times$(한 꼭짓점에서 그을 수 있는 대각선 수)
$=44\times 2=88$
(꼭짓점 수)$-$(한 꼭짓점에서 그을 수 있는 대각선 수)
$=3$
차가 3이고 곱이 88인 두 수를 찾으면
$4\times 1=4$, $5\times 2=10$, $6\times 3=18$, $7\times 4=28$,
$8\times 5=40$, $9\times 6=54$, $10\times 7=70$,
$11\times 8=88$…… ⇨ 8과 11
한울이가 그린 다각형은 꼭짓점이 11개이므로
십일각형입니다.

11 가장 많이 사용하여 채울 때는 가장 작은 모양 조각으로 채울 때이므로 **가** 모양 조각으로 채울 때입니다.

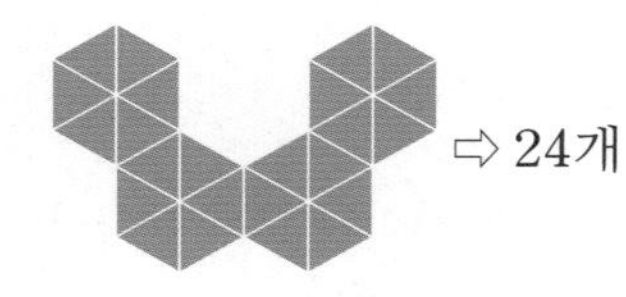
⇨ 24개

가장 적게 사용하여 채울 때는 가장 큰 모양 조각으로 채울 때이므로 **라** 모양 조각으로 채울 때입니다.

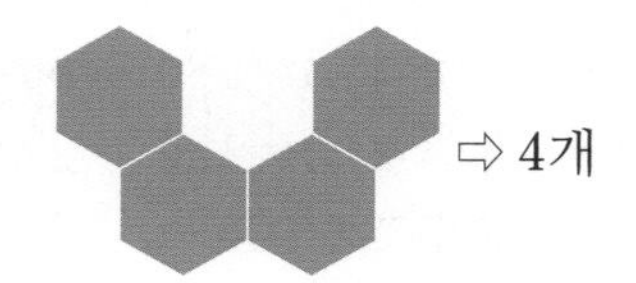
⇨ 4개

따라서 가장 많이 사용하여 채울 때와 가장 적게 사용하여 채울 때의 모양 조각의 개수의 차는
$24-4=20$(개)입니다.

참고
나 모양 조각으로 채우면 12개, **다** 모양 조각으로 채우면 8개로 채울 수 있습니다. 이외에도 **가** 모양 조각 12개와 **나** 모양 조각 6개 등으로 채울 수도 있습니다.

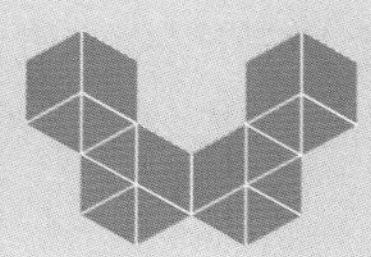

12 사다리꼴 모양 조각 2개를 오른쪽과 같이 이어 붙이면
2 cm 4 cm
2 cm
긴 변의 길이가 $2+4=6$ (cm),
짧은 변의 길이가 2 cm인 직사각형 모양을 만들 수 있습니다.
이 직사각형 모양으로 긴 변의 길이가 18 cm, 짧은 변의 길이가 8 cm인 직사각형을 채우려면
긴 변에 $18\div 6=3$(개)씩, 짧은 변에 $8\div 2=4$(개)씩 필요합니다.
⇨ (필요한 직사각형 모양의 수)$=3\times 4=12$(개)
따라서 사다리꼴 모양 조각은 모두 $12\times 2=24$(개) 필요합니다.

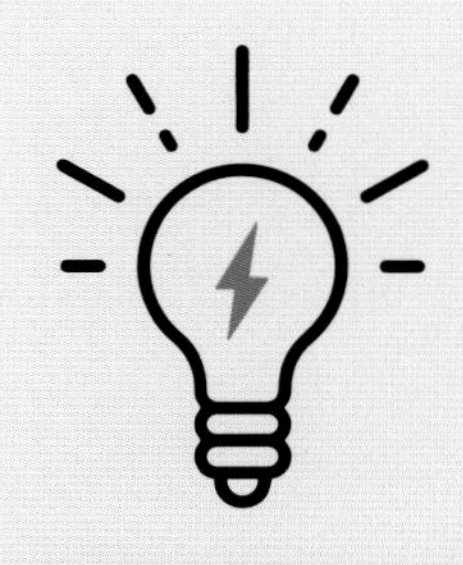

기적의 학습서

오늘도 한 뼘 자랐습니다.

정답과 풀이

길벗스쿨